ESD-Schutz

Hartmut Berndt

ESD-Schutz

Normen, Konzepte und Messtechnik
in der Praxis

3., überarbeitete und erweiterte Auflage

TAE

Kontakt & Studium
Band 675
Herausgeber: Prof. Dr.-Ing. Dr. h.c. Wilfried J. Bartz
Dipl.-Ing. Hans-Joachim Mesenholl

expert

Bibliografische Information der Deutschen Nationalbibliothek
Die Deutsche Nationalbibliothek verzeichnet diese Publikation in der Deutschen Nationalbibliografie; detaillierte bibliografische Daten sind im Internet über http://dnb.dnb.de abrufbar.

Dischingerweg 5 · D-72070 Tübingen

Internet: www.expertverlag.de
eMail: info@verlag.expert

Printed in Germany

ISBN 978-3-8169-3235-2 (Print)
ISBN 978-3-8169-8235-7 (ePDF)

Vorwort zur 3. Ausgabe

Das Buch beschreibt die Anforderungen und gibt Hinweise für die Erstellung eines ESD-Control-Systems (ESD-Kontrollprogramm), um elektronische Bauelemente und Baugruppen vor einer Schädigung durch elektrostatische Entladungen und Felder zu schützen.

Ausgehend von den Gefährdungsmodellen (HBM, MM, CDM sowie weiteren Varianten) werden Lösungsvarianten beschrieben. Der Leser wird dazu befähigt, die Einrichtung von ESD-Arbeitsplätzen oder kompletten ESD-Bereichen zu planen, umzusetzen und zu überwachen. Schwerpunkte sind dabei, Hinweise für die praktische Umsetzbarkeit eines ESD-Control-Systems zu geben.

Basis bilden dafür die gültigen Normen DIN EN 61340-5-1 und DIN IEC/TR 61340-5-2 sowie die ANSI/ESD S20.20-2014. Bei der Interpretation der Anforderungen für das ESD-Control-System werden alle Ausgaben der Normen herangezogen (z. B. von 2001, 2008 und 2017). Hintergrund ist die Tatsache, dass dem Leser sinnvolle Hinweise zur Anwendung der Normen gegeben werden sollen. Dabei soll auch auf bewährte Maßnahmen der vorhergehenden Versionen zurückgegriffen werden. Grundsätzlich kann gesagt werden, die elektrostatischen Anforderungen haben sich über die vielen Jahre nicht geändert. Sie wurden nur angepasst.

Damit der Leser umfassend informiert wird, werden die DIN- und ANSI-Normen vergleichend herangezogen. Es kommt bei der täglichen Anwendung immer wieder zu Fragen aus beiden Normenwerken.

Ein sehr schwieriges Thema ist das Verständnis der Messverfahren bzw. der gewonnen Messergebnisse. Anhand von Beispielen werden einige Besonderheiten erklärt.

Inhalt

1 Einleitung

Elektronische Bauelemente und Baugruppen sind sehr empfindlich gegenüber elektrostatischen Auf- und Entladevorgängen. Dabei gilt dies für alle aktiven elektronischen Bauelemente und Baugruppen mit diesen Bauelementen. Erfahrungen haben gezeigt, dass in diese Kategorie alle SMD-Kondensatoren und SMD-Widerstände zusätzlich einzubeziehen sind. Dünn- und Dickschichtstrukturen werden ebenfalls immer sensibler gegenüber elektrostatischen Entladevorgängen. Von einer Verbesserung oder Reduzierung der Ausfälle auf PCB oder Leiterplatten kann nicht ausgegangen werden. Bei elektronischen Bauelementen gilt grundsätzlich, dass das empfindlichste elektronische Bauelement die Empfindlichkeit der gesamten Baugruppe bestimmt. Hier ist davon auszugehen, dass die Baugruppe umschlossen sein muss und in Betrieb ist. Erst dann besteht keine Gefahr durch elektrostatische Ladungen oder Felder.

Die Tabelle 1.1 veranschaulicht die Entwicklung der Bauelementeabmessungen in den nächsten Jahren und zugleich den Anstieg der Empfindlichkeit. Es genügt, wenn elektrostatische Auf- oder Entladevorgänge in der Nähe des Bauelementes erfolgen. Allein das dabei entstehende elektrostatische Feld führt zu Veränderungen auf oder im Bauelement. In der Tabelle 1 wird auch gezeigt, dass mit der Abnahme der Bauelementeabmessungen auch die elektrostatische Feldstärke, die die elektronischen Bauelemente beeinflussen kann, sich um mindestens den Faktor 4 reduzieren wird. D.h., elektronische Bauelemente werden immer empfindlicher gegenüber elektrostatischen Ladungen und Felder, oder die Ladungen und Felder, die die ESDS beeinflussen, werden immer kleiner. Der Trend wird sich massiv in den nächsten Jahren fortsetzen.

Tabelle 1.1 Entwicklung der Bauelementeabmessungen bis 2030 [1]

Jahr	**2000**	**2003**	**2009**	**2012**	**2015**	**2020**	**2026**	**2030**
Abmessungen in mm	180	100	50	32	25	14	10	10
Elektrostatische Ladung (nC)	25	1,5	0,25	0,125	0,08	0,04	0,01	0,01
Elektrostatisches Feld (V/cm)	200	125	50	35	25	15	10	< 10

Elektronische Bauelemente unterscheiden sich durch zwei grundlegende Schädigungsmechanismen; erstens Schädigungen durch eine elektrostatische Spannung und zweitens durch die Energie des Entladestroms, der durch die elektrostatische Entladung hervorgerufen wird.

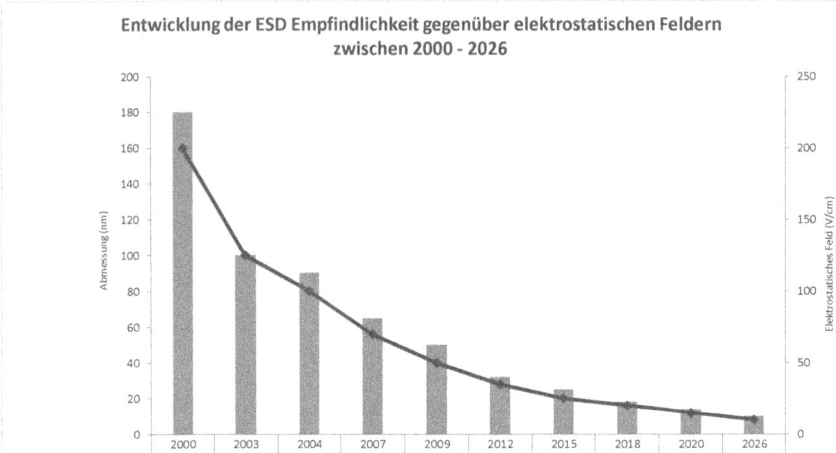

	2000	2003	2004	2007	2009	2012	2015	2018	2020	2026
Abmessungen (nm)	180	100	90	65	50	32	25	18	14	10
Elektrostatisches Feld (V/cm)	200	125	100	70	50	35	25	20	15	10

Bild 1.1: Entwicklung der Bauelementeempfindlichkeit gegenüber ESD in den nächsten Jahren

Die nach MOS- und CMOS-Technologien hergestellten integrierten Schaltkreise weisen einen extrem niedrigen Energieverbrauch auf, zeichnen sich durch eine hohe Störsicherheit aus und lassen einen relativ einfachen Schaltungsaufbau zu. Die CMOS-Technik baut auf der schon viele Jahre bekannten MOS-Technik auf. Bedingt durch den prinzipiellen Aufbau des MOS-Transistors ist die kritischste Stelle das Gateoxid. Das Gateoxid ist vergleichbar mit einer sehr dünnen Folie, die elektrostatisch aufgeladen wird und an der es dann zum Durchschlag kommen kann, wenn sich zu viele Ladungen angesammelt haben. Da das Gateoxid sehr dünn ist (< 10 nm), ist auch die Ladungsmenge sehr klein, die diese Schicht zerstören kann. Ein weiterer Nachteil ist, dass dieses Gateoxid eine kleine Kapazität darstellt, die bereits vorher elektrostatische Ladungen gesammelt haben kann, diese speichert und durch eine zusätzliche, sehr kleine Entladung zerstört werden könnte.

Demgegenüber unterscheiden sich bipolare Bauelemente grundsätzlich durch den Schädigungsmechanismus. Das Grundprinzip ist hier die Zerstörung des pn-Überganges durch einen hohen Entladestrom, der durch eine elektrostatische Entladung verursacht wird. Gegenüber den MOS- und CMOS-Bauelementen, bei denen die Schädigung durch die eigentliche elektrostatische Aufladung oder Spannung hervorgerufen wird, liegt hier eine Schädigung durch einen sehr hohen Strom vor. Bei einer elektrostatischen Entladung fließen die Ladungen über das Bauelement ab. Der fließende Strom zerstört die pn-Übergänge. Nicht nur Transistoren, sondern auch Dioden und Leistungsbauelemente werden nachweislich durch elektrostatische Entladevorgänge geschädigt.

Nach den Zerstörungsmechanismen können die Bauelemente in „spannungsempfindliche" und „energieempfindliche" Bauelemente eingeordnet werden. Weiterhin führt die Reduzierung der Abmessungen der elektronischen Bauelemente dazu, dass nicht mehr die eigentliche Aufladung oder elektrostatische Spannung betrachtet werden kann. Die Entladeenergie gewinnt eine immer größere Bedeutung. Energiebetrachtungen werden in Zukunft unumgänglich sein, wenn elektrostatische Vorgänge betrachtet werden.

Der erste Teil befasst sich mit den theoretischen Grundlagen und den klassischen Entstehungsmechanismen für elektrostatische Ladungen. Die Schwerpunkte liegen dabei auf der Beschreibung des elektrostatischen Feldes und dessen Parametern sowie auf den klassischen Entstehungsmechanismen – Reibung (Triboelektrizität) und Influenz.

Durch die sich immer weiter entwickelnden messtechnischen Möglichkeiten zur Untersuchung elektrostatischer Ladungen ergeben sich ständig neue Erkenntnisse. Daraus werden grundlegende Zusammenhänge besonders hinsichtlich der Entstehung elektrostatischer Ladungen und den Beeinflussungsmöglichkeiten für elektronische Bauelemente abgeleitet. Aus den daraus entwickelten Fehlermodellen werden die Entstehungsmechanismen hergeleitet. Ein Schwerpunkt liegt dabei auf der Darstellung der Effekte bei bipolaren Bauelementen und Feldeffekt-Bauelementen.

1.1 Entstehung elektrostatischer Ladungen und Wirkung auf elektronische Bauelemente und Baugruppen

Elektrostatische Ladungen entstehen durch mechanische Vorgänge, wie z. B. Reibung, oder durch elektrostatische Felder, wie z. B. Influenz. Elektrostatische Aufladungen entstehen im täglichen Leben immer und ohne die Beeinflussung durch äußere Umstände. Erst die Entladung kann elektronische Bauelemente und Baugruppen zerstören. Der Verlauf der Entladung elektrostatischer Ladungen hängt von verschiedenen Faktoren ab:

- Umweltparameter (Luftfeuchtigkeit, Temperatur)
- Gestaltung und geometrische Abmessungen der Entladungsgegenstände
- Annäherungsgeschwindigkeit, z. B. der Hand einer geladenen Person an das Bauelement, oder in Maschinen, die Bewegung oder Führung von Bauelementen und Leiterplatten
- Entladung direkt über die Hand (Finger) oder über einen metallischen Gegenstand (z. B. Werkzeuge, Zuführung, Bestückungseinrichtung)

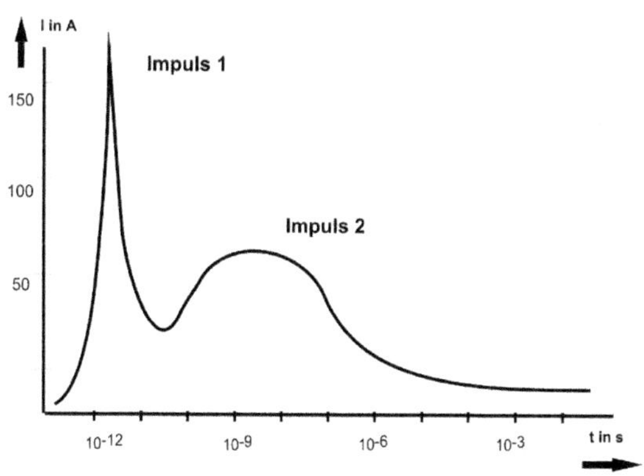

Bild 1.2: Typische Entladekurve für eine menschliche Körperentladung, der erste Impuls ergibt sich bei einer Entladung über einen metallischen Gegenstand (z. B. Pinzette, Schraubendreher aus Metall, Schraubenzieher)

Im Bild 1.2 wird eine annähernd realistische Entladungskurve einer menschlichen Körperentladung dargestellt. Dieser Kurvenverlauf tritt besonders im Spannungsbereich von 0 V bis 3 ... 4 kV auf, der für elektronische Bauelemente interessant ist [2]. Der steile Anstieg des Stromes zu Beginn der Entladung war mit der früheren Messtechnik nicht nachweisbar. Die Anstiegszeiten liegen im Bereich von 300 ... 350 ps, mit schnelleren Geräten können noch Werte im Bereich von 50 ... 100 ps nachgewiesen werden. Dieser steile Anstieg des Entladestromes einer Körperentladung zerstört alle elektronischen Bauelemente. Mit größter Wahrscheinlichkeit und guter Reproduzierbarkeit lässt sich dieser Impulsverlauf bei der Entladung eines Menschen über einen metallischen Gegenstand nachweisen.

Physikalisch ist der Effekt so zu erklären: Beim Entladevorgang kommt es an der Metallspitze zu einer Konzentration des elektrischen Feldes. Grafisch veranschaulicht bedeutet dies, die Abstände der Feldlinien werden immer geringer. Die elektrische Feldstärke wird an der Spitze sehr groß. Die Stromdichte *D* nimmt sehr stark zu. Somit entstehen bei der Entladung über einen spitzen und elektrisch leitenden Gegenstand sehr hohe Stromstärken. In der Literatur [2, 3, 4] werden Werte von 60 A (Spitzenwerte liegen bei 160 A) eines Entladestromimpulses angegeben. Analog sieht der Entladevorgang einer Person über einen Finger aus, da dieser als elektrisch leitend angesehen werden kann. Diese hohen Stromstärken äußern sich beim Menschen nur durch einen kurzzeitigen Schmerz. Diese Entladeströme müssten durch elektronische Bauelemente abgeführt werden. Dies ist bei den immer kleiner werdenden Abmessungen nicht möglich. Für diese Bauelemente kommt jede Hilfe zu spät. Der zweite Anstieg kann dadurch erklärt werden, dass jeder elektrische Leiter eine Induktivität aufweist. Auch der Finger eines Menschen ist ein Leiter mit einer definierten induktiven Komponente. Die Induktivität speichert Energie, die im Wechsel wieder abgegeben wird. Besonders beim Charged Device Model (CDM) gewinnt die Induktivität an Bedeutung.

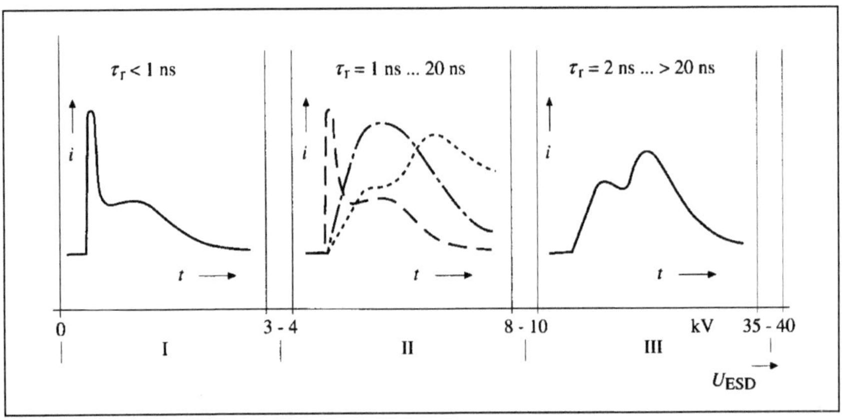

Bild 1.3: Vergleich der Entladekurven für elektrostatische Entladungen

Ein Problem bei der Untersuchung von ESD-Ereignissen und der Anwendung von ESD-Simulationsverfahren ist die Reproduzierbarkeit der Messergebnisse. Beim Entladevorgang selbst kann ein Funken entstehen und Korona Entladung auftreten. Der Funke ist ein Phänomen mit komplexem Charakter, der von den Umweltbedingungen sowie von den durch Korona-Effekte hervorgerufenen Rückentladungen beeinflusst wird. daneben durch eine ungleichmäßige Annäherungsgeschwindigkeit des Stimulators und verschiedene andere Effekte [2].

Zwei Beeinflussungsmechanismen werden an den folgenden Bildern dargestellt. Zum einen, eine Person nähert sich direkt einem elektronischen Bauelementen. Die Person ist elektrostatisch aufgeladen. Das von der Person hervorgerufene elektrostatische Feld kann vor der eigentlichen Berührung bereits das elektronische Bauelement beeinflussen. Das elektrische Feld kann eine Ladungsverschiebung und damit eine elektrostatische Aufladung auf dem Bauelement provozieren. Ein direkter Kontakt mit dem Bauelement oder der Baugruppe ist nicht notwendig. Ein elektrostatisches Potential ist vorhanden.

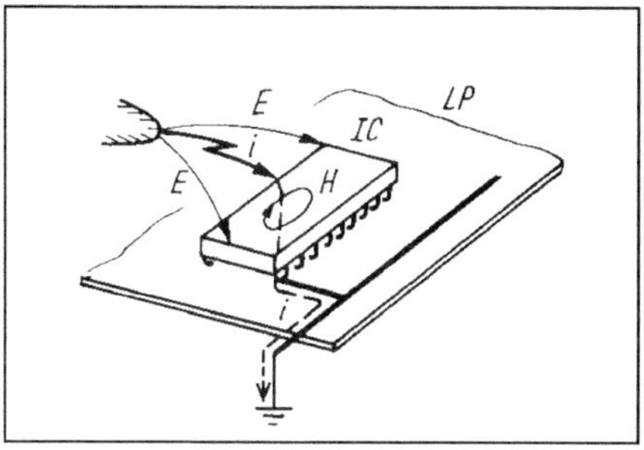

Bild 1.4: Beeinflussung eines elektronischen Bauelements durch das elektrostatische Feld eines Fingers und die folgende Entladung über das Bauelement [7]

Ähnlich sieht der Sachverhalt aus, wenn die Person elektrostatisch aufgeladen ist und sich einem PCB nähert. Über verschiedene Leitungen und Leiterbahnen können elektrostatische Felder eingekoppelt werden. Auch hier bewirken die elektrischen Felder Ladungsverschiebungen, die wiederum eine elektrostatische Spannung erzeugen. Die elektrostatischen Aufladungen werden auf der Leiterplatte (PCB) von den verschiedenen Bauelementen und Strukturen gespeichert. Bei einem Kontakt mit einem geerdeten Teil fließen die elektrostatischen Ladungen von diesen und der Leiterplatte ab und verursachen Schäden. Gerade bei elektronischen Baugruppen in Gehäusen mit Anschlüssen nach außen ist dieser Vorgang nachvollziehbar.

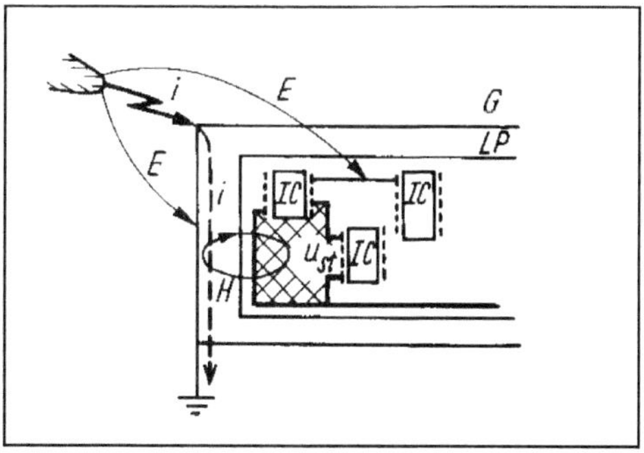

Bild 1.5: Einkopplung eines elektrostatischen Feldes in eine Leiterplatte (PCB) [7]

1.2 Klassische Entstehungsmechanismen

Es werden zwei grundlegende Entstehungsmechanismen unterschieden: Reibung oder Triboelektrizität und Influenz oder elektrische Felder. Ausgehend von der Definition

„Elektrostatische Aufladungen sind Ansammlungen von positiven und negativen Ladungsträgern auf Leitern und Nichtleitern, die durch Reibung oder Influenz entstehen."

werden die grundlegenden Entstehungsmechanismen vorgestellt. Dabei werden grundlegende Zusammenhänge erklärt. In der Erklärung wird nicht darauf eingegangen, ob die elektrostatischen Aufladungen positiv oder negativ sind. Grundsätzlich sind alle elektrostatischen Aufladungen für elektronische Bauelemente und Baugruppen gefährlich. Sicher gibt es Unterschiede, aber die werden erst in der nächsten Zeit untersucht. Weiterhin laden sich leitfähige Materialien, genauso wie nicht leitfähige Materialien, elektrostatisch auf. Da aber die Beweglichkeit der Elektronen in einem Leiter sehr hoch ist, wird keine Aufladung zurückbleiben, wenn die Quelle für elektrostatische Aufladungen „abgestellt" wurde. Die Elektronen neigen zu einem sofortigen Ladungsausgleich oder Abbau der Potentialdifferenz. Nur auf isolierenden Materialien bleiben die Aufladungen erhalten, weil hier die Beweglichkeit der Elektronen sehr gering oder überhaupt nicht vorhanden ist.

1.2.1 Triboelektrizität – Reibungselektrizität

Die häufigste Art der Entstehung elektrostatischer Ladungen ist die Reibung. Unter Reibung versteht man das Gleiten und Berühren zweier zuerst neutraler Körper aus denselben oder unterschiedlichen Materialien. Der mechanische Vorgang bewirkt eine Veränderung der Ladungskonzentration an der Oberfläche beider Körper. Einige Körper können elektrische Ladungen aufnehmen andere abgeben (vgl. Bild 1.6). Für die Entstehung von unterschiedlichen Ansammlungen von elektrostatischen Ladungen genügt kurzzeitiges Berühren. Eine Ursache für das Wandern der Elektronen von einem zum anderen Körper ist die Elektronenaustrittsarbeit der beteiligten Körper. Je nach Höhe der Elektronenaustrittsarbeit werden von einem zum anderen Körper oder Gegenstand Elektronen transportiert. Messbar sind die unterschiedlichen Ladungsträgeransammlungen erst nach der Trennung, der an dem Vorgang beteiligten Körper. Die Polarität und die Höhe der elektrostatischen Ladungen hängen von den spezifischen Materialeigenschaften der beteiligten Körper ab. Wichtige Parameter sind dabei Oberflächenrauhigkeit, Oberflächenstruktur, Dielektrizitätskonstante, elektrische Volumen- und Oberflächenleitfähigkeit sowie äußere Umgebungsbedingungen. Das Bild 1.6 zeigt einen einfachen Vorgang zur Ladungsentstehung. Zwei Körper berühren sich und werden danach wieder getrennt.

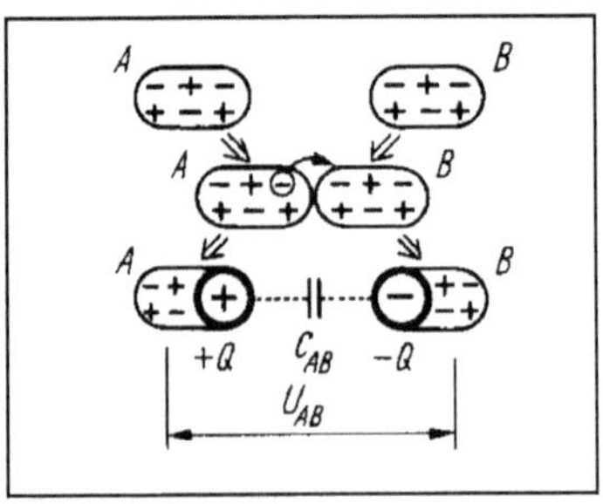

1 Zwei Substanzen A, B befinden sich in neutralem Zustand

2 Berührungs- und Reibungsphase
A lädt sich positiv auf
B lädt sich negativ auf

3. A ist positiv, B ist negativ aufgeladen

Bild 1.6: Prinzip der Aufladung durch Berührung, Kontakt oder Reibung [8]

In der Berührungsphase werden Ladungen ausgetauscht. Nach dem Trennen der Körper bleiben verschiedene Ladungsverteilungen zurück. Es besteht eine Potentialdifferenz.

Viele Untersuchungen haben inzwischen gezeigt, dass kurzzeitiges Berühren zweier Körper ausreicht, um elektrostatische Ladungen zu erzeugen. Sind an dem mechanischen Vorgang gut elektrisch leitfähige Stoffe beteiligt, kommt es nach der Trennung zum sofortigen Ladungsausgleich, hervorgerufen durch die hohe Beweglichkeit der Ladungsträger im Material. Die messbare Kontaktspannung, d.h. die elektrostatische Aufladung, ist dabei sehr gering bzw. Null. Besteht ein Körper aus einem elektrisch schlecht leitenden Material oder einem Isolierstoff, kann die Ladung nicht ausgeglichen werden bzw. abfließen. In dem Material selbst besteht keine Beweglichkeit der Ladungsträger. Führt man diese Ladung vom Reib- oder Kontaktpartner weg, und kommt es zu keinem Ladungsausgleich im oder auf dem Material bleiben die Ladungen bestehen. Die Kontaktspannung steigt mit zunehmendem Abstand. Sie ist abhängig von der eigentlichen Ladungsmenge und der Kapazität des Körpers, auf dem sie sich befindet.

Der Reibung analoge Vorgänge sind Zerreißen, Deformieren, Verspritzen, Versprühen, Vermischen, Verdampfen, Kristallisieren usw. Allgemein kann man sagen, dass bei der Relativbewegung zweier im Kontakt befindlicher Stoffe aus denselben oder unterschiedlichen Materialien *immer* elektrostatische Aufladungen entstehen. Ein typischer oder auch klassischer Aufladevorgang ist das Laufen einer Person über einen Fußboden. Bei jedem Schritt kommt es zur Ladungstrennung, der so genannten Reibungsaufladung an der Schuhsohle. Die elektrostatische Aufladung, d.h., die elektrostatische Ladung wird auf der Person, die eine elektrische Kapazität darstellt, gespeichert. Bei jedem Schritt werden neue Ladungsträger akkumuliert. Theoretisch kann ein Teil der Ladungen von der Person zurück auf den Fußboden fließen, aber nur theoretisch. Denn alle beteiligten Materialien, außer der Person, sind Nichtleiter und damit können keine Ladungsträger abfließen. Die elektrostatischen Ladungen bleiben auf der Person. Die Person speichert diese Ladungen. Bild 1.7 a) zeigt den Aufladevorgang einer Person beim Gehen. Das Diagramm in Bild 1.7 b) lässt die hohen Aufladungen erkennen. Die maximale Aufladung der Person ist begrenzt. Sie endet bei ca. 35 kV.

a) b)

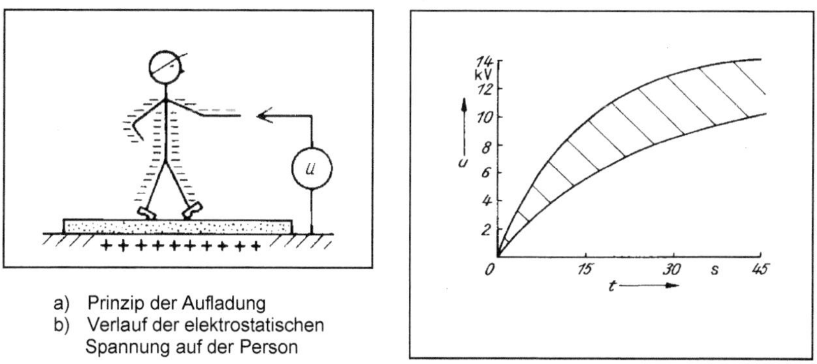

a) Prinzip der Aufladung
b) Verlauf der elektrostatischen Spannung auf der Person

Bild 1.7: Die Aufladung einer Person beim Gehen über einen Fußboden (z. B. synthetischer Teppich)

1.2.2 Ladungsentstehung durch Influenz – Einfluss von einem elektrischen Feld

Das zweite Grundprinzip zur Bildung elektrostatischer Aufladungen ist die Influenz. Elektrostatische Aufladungen entstehen, wenn z. B. ein gut isolierter, neutraler Körper in ein elektrisches Feld gebracht wird. Die Ladungen auf diesem Körper sind zuerst ausgeglichen, wenn das Feld noch nicht anliegt. Ist die elektrische Feldstärke genügend groß, so kommt es zur Ladungsverschiebung auf dem vorher neutralen Körper. Wird dieser nun kurzzeitig auf einer Seite geerdet, so können die dort befindlichen positiven Ladungen zum Erdpotential abfließen. Nimmt man nunmehr den Körper aus dem elektrischen Feld bzw. schaltet das Feld ab, so ist dieser immer noch elektrostatisch aufgeladen.

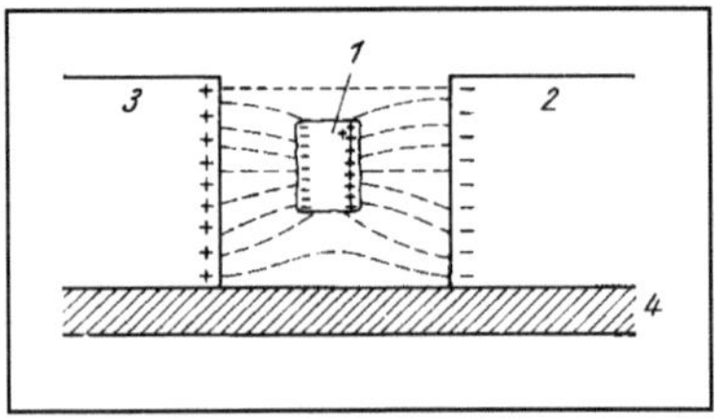

1. Ladungstrennung auf einem Körper durch Einwirkung eines elektrischen Feldes

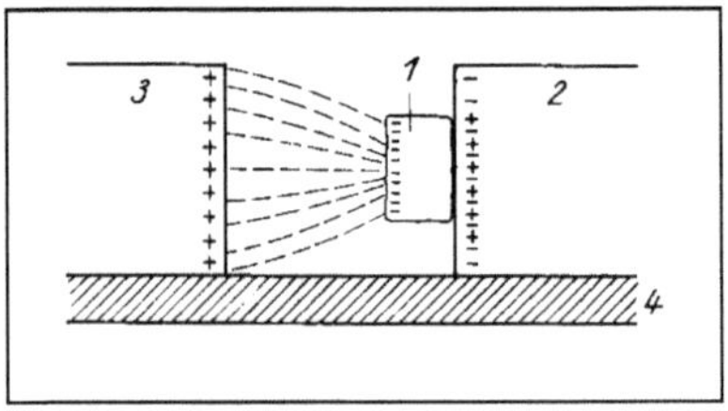

2. Abfluss der positiven Ladungen durch kurzzeitiges Berühren mit dem Erdpotential

Bild 1.8: Aufladevorgang durch Influenz

Genauso wie bei der triboelektrischen Aufladung gilt auch hier: Grundsätzlich laden sich alle Körper und Materialien elektrostatisch auf. Bei elektrisch gut leitenden Materialien kommt es sofort nach Abschaltung des elektrischen Feldes zum Ladungsausgleich. Nur bei elektrisch schlecht leitenden Materialien, also Isoliermaterialien, bleiben die elektrischen Ladungen in so genannten „Ladungsinseln" bestehen. Bisher wurde dieser Aufladevorgang wenig berücksichtigt, weil alle mechanischen Vorgänge zur Entstehung überwogen. Inzwischen können viele mechanische Vorgänge so gestaltet werden, dass elektrostatische Aufladungen minimiert werden. Jetzt gewinnen immer mehr die Auflademechanismen durch elektrische Felder an Bedeutung. Sicher gab es diese auch schon vorher, nur dominierten bisher andere Mechanismen. Besonders in Maschinen, Anlagen, Transporteinrichtungen usw. gibt es sehr viele Quellen, die elektrische Felder erzeugen. Aktuelle Bedeutung hat die Gestaltung der elektronischen Baugruppen für Fahrzeuge. Die elektronischen Baugruppen sind geschlossen, aber viele Anschlüsse führen nach außen und sind zum Teil ungeschützt. Über diese Anschlüsse können nun elektrische Felder eingekoppelt werden, die dann Ladungsverschiebungen in den Baugruppen hervorrufen und damit elektrostatische Aufladungen produzieren. Es ist kein direkter Kontakt notwendig, es genügt, wenn das elektrische Feld die Kontakte erreicht.

1.2.3 Berechnung der elektrostatischen Aufladung

Für die weiteren Analysen der elektrostatischen Aufladungen werden die Polarität und die Quantität untersucht. Die Polarität der auftretenden Spannung bzw. Ladung lässt sich schwer voraussagen. Aus der Literatur sind viele Methoden bekannt, die alle zu unterschiedlichen Ergebnissen führen. Eine weit verbreitete Methode ist die nach COEHN.

Alfred Coehn hat im 19. Jahrhundert für Isolatoren allgemein definiert:

Bei Berührung lädt sich der Stoff mit der größeren Dielektrizitätskonstante positiv auf.

Wobei die Reihe inzwischen mit neuen Materialien ergänzt wurde. Inzwischen ist bekannt, dass die Dielektrizitätszahl frequenzabhängig ist. Außerdem besagen neue Erkenntnisse, dass auch gleiche Materialien, die in Kontakt miteinander kommen, sich elektrostatisch aufladen. Somit ist die Definition von Coehn nicht mehr allgemein gültig.

Weiterhin spielt bei der Betrachtung der Gefahren, die durch elektrostatische Aufladungen entstehen und bei der Möglichkeit, diese abzuleiten oder zu vermeiden, die Polarität nicht unbedingt die entscheidende Rolle. Bisherige Untersuchungen zeigen unterschiedliche Ergebnisse bei der Betrachtung einer positiven bzw. negativen elektrostatischen Aufladung. Nähere Analysen wurden bisher nur sporadisch realisiert. Eine qualitative Analyse wurde nicht durchgeführt.

Die quantitative Ermittlung der elektrostatischen Aufladungen hängt von den Eigenschaften des Gegenstandes, d.h. dessen Dielektrizitätskonstante, dessen Oberflächeneigenschaften und der Kontaktspannung ab.

Tabelle 1.2 Triboelektrische Reihe mit Angaben zu Dielektrizitätskonstanten

	Material	Dielektrizitätszahl ε_r
+	Luft	1,00055
	Menschliche Hände	
	Asbest	
	Katzenfell	
	Glas	2 ... 12
	Glimmer	4 ... 8
	Menschenhaar	
	Nylon	
	Wolle	
	Pelz	
	Blei	
	Seide	
	Aluminium	
	Papier	2 ... 2.5
	Baumwolle	
	Stahl	
	Holz	
	Bernstein	
	Siegellack	
	Hartgummi	3 ... 4
	Nickel, Kupfer	
	Silber, Messing	
	Gold, Platin	
	Schwefel	
	Acetat (Essigsäureverbindung), Kunstseide	
	Polyäthylen (PE)	
	Polypropylen (PP)	
	Polyvinylchlorid (PVC)	
	Silizium	
-	Teflon	

Einen wesentlichen Einfluss auf die Messergebnisse haben zusätzlich die Umweltparameter: Luftfeuchtigkeit und Temperatur. Das Bild 1.9 zeigt die Abhängigkeit der elektrostatischen Aufladung von der Luftfeuchtigkeit. Bei sehr hoher Luftfeuchtigkeit ist die elektrostatische Aufladung relativ gering, aber immer noch zu hoch für elektronische Bauelemente und Baugruppen.

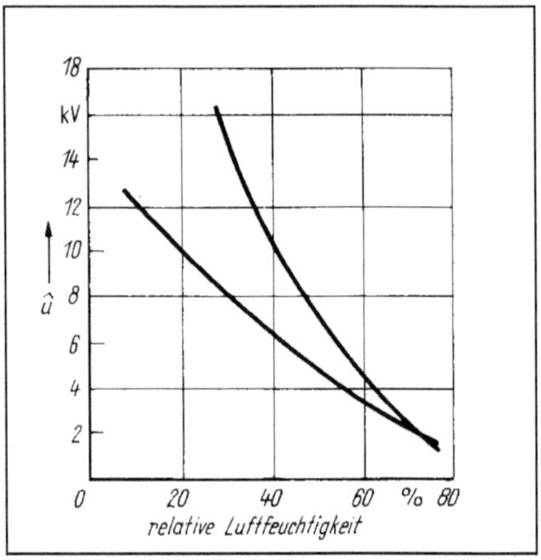

Bild 1.9: Abhängigkeit der elektrostatischen Aufladung von der Luftfeuchtigkeit

Es wird davon ausgegangen, dass es sich um lineare und statische Vorgänge handelt. Somit können die gespeicherten Ladungen unter folgenden Voraussetzungen ermittelt werden:

Zwei Körper besitzen einen definierten Abstand *d* zueinander. Nimmt man an, dass die sich berührenden Flächen *A* wie zwei Kondensatorplatten parallel zueinander stehen gilt folgende Beziehung:

$$C = \varepsilon_0 \; \varepsilon_r \; \frac{A}{d} \qquad (1.1)$$

ε_0, ε_r = absolute und relative Dielektrizitätskonstante des Mediums zwischen den sich berührenden Flächen.

Die Ladung errechnet sich nach

$$Q = C \cdot U \qquad (1.2)$$

Mit Gleichung (1.1) errechnet sich nach Gleichung (1.2) die Ladungsmenge *Q* zu

$$Q = \frac{\varepsilon_0 \varepsilon_r A}{d} \; U \qquad (1.3)$$

$\varepsilon_0 \, \varepsilon_r \, A = K_M$ = Materialkonstante

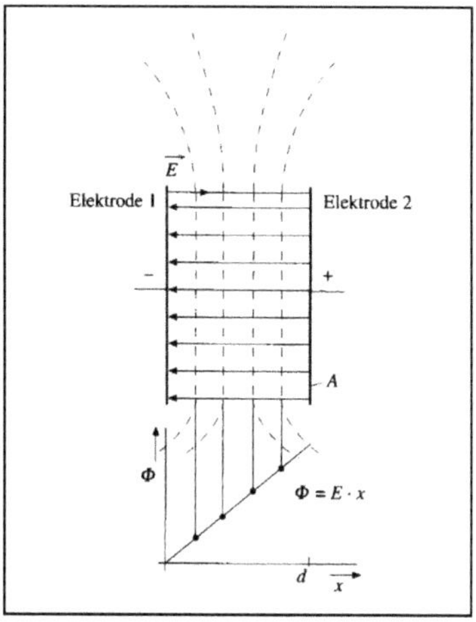

Bild 1.10: Typische Kondensatoranordnung (Plattenkondensator)

Q = konstant, da es sich um einen Isolator handelt und die Ladungen auf der Oberfläche nicht abfließen können. Ist die Spannung, mit der der Körper aufgeladen wurde, bekannt, so ergibt sich die Ladung aus

$$Q = K_M \frac{U_K}{d} \tag{1.4}$$

Zur Erklärung der Abhängigkeit von U und d wird die Gleichung (1.4) nach U umgestellt, es ergibt sich die Kontaktspannung U_K

$$U_K = \frac{Q}{K_M} d \tag{1.5}$$

Aus Gleichung (1.5) ist zu ersehen, dass mit steigendem Abstand d der Flächen auch die Kontakt-Spannung U_K ansteigt.

Elektrostatische Ladungen können nur auf schlecht leitenden bzw. isolierenden Stoffen längere Zeit bestehen. Bei ihnen und bei Isolatoren werden die Oberflächenleitfähigkeit und damit die Lebensdauer nur von der Umgebung, also von der Luftfeuchtigkeit und der Umgebungstemperatur bestimmt. Auf leitenden Materialien ist die Lebensdauer der elektrostatischen Ladungen infolge der großen elektrischen Leitfähigkeit gering. Isolatoren besitzen eine schlechte bzw. keine elektrische Leitfähigkeit und sind demzufolge sehr gute Generatoren für elektrostatische Ladungen.

Zusammenfassend ist festzustellen, dass elektrostatische Ladungen durch die Relativbewegung zweier Körper oder Gegenstände, die sich in Kontakt miteinander befinden, entstehen können. Für das Entstehen elektrostatischer Ladungen ist mechanische Arbeit notwendig. Unter Kontakt zweier Körper versteht man den molekularen Abstand beider Oberflächen. Ein Körper kann an den anderen Körper Elektronen abgeben bzw. von diesem aufnehmen. Wird vergleichsweise das Entstehen elektrostatischer Ladungen durch Influenz betrachtet, ist elektrische Arbeit der Grund für die Ladungsansammlungen. Das Entstehen von Ladungen wird beeinflusst durch die Umgebungsbedingungen (Luftfeuchtigkeit und Temperatur). Je niedriger die relative Luftfeuchtigkeit, desto größer die Wahrscheinlichkeit, dass gefährliche elektrostatische Aufladungen entstehen. D.h., Ladungsverschiebungen bleiben bestehen und bilden Potentialdifferenzen.

Berechnung der Aufladung eines Menschen
Grundvoraussetzung ist die Tatsache, dass der Mensch gegenüber dem Erdpotential einen Kondensator mit einer definierten Kapazität bildet. Empirisch wurden Kapazitätswerte zwischen 100 und 300 pF für einen menschlichen Körper ermittelt. Geht eine Person z. B. über einen synthetischen Fußbodenbelag kann sich diese Person auf Werte bis 15000 V, theoretisch maximal 35000 V, aufladen. Die Person speichert dabei eine Energie von

$$W = \frac{1}{2} C_K U^2 = \frac{1}{2}\,(100 \ldots 300)\,pF \cdot 15000\,V^2 \approx 10 \ldots 35\,mJ \tag{1.6}$$

Bei der Annäherung an ein geerdetes Elektronikgehäuse findet ein Funkenüberschlag statt, da die Bedingungen $R < 2\sqrt{\frac{L}{C_K}}$ in der Regel erfüllt ist. Die Entladung erfolgt als überaperiodisch gedämpfter Vorgang. Der Strom folgt einer Doppelexponentialfunktion. Der Anstieg ist durch die Zeitkonstante $\tau_1 = \frac{L}{R}$ und der abfallende Zweig durch die Zeitkonstante $\tau_2 = RC_g$ geprägt. In der Praxis sind verschiedene abweichende Stromverlaufsformen zu beobachten, vgl. Bild 1.3.

Einige Einflussfaktoren sind:

- Höhe der eigentlichen elektrostatischen Spannung und der damit verbundene Zusammenhang zur Koronaentladung
- Annäherungsgeschwindigkeit des geladenen Objektes an das leitfähige oder geerdete Gerät
- Anwesenheit metallischer Gegenstände
- Geometrie und Oberflächenbeschaffenheit der Objekte zwischen denen die Entladung stattfindet.
- Umgebungsbedingungen: Temperatur, Luftdruck, Luftfeuchtigkeit, Staubpartikel
- Impedanzverhältnisse im Entladestromkreis

Als kritische Beispiele werden immer Computerräume oder Computerarbeitsplätze angeführt, weil hier die elektrostatische Aufladung und die folgenden Entladungen sehr gut zu beobachten sind. Oft werden dort besonders „lärmdämmende“ Materialien eingesetzt, die sich besonders hoch elektrostatisch aufladen. Die Personen registrieren hier auch sehr stark die Entladungen gegenüber sehr gut leitenden Einrichtungen. Oft werden aber die Auswirkungen auf die Computertechnik nicht berücksichtigt. Computer werden neu gestartet und funktionieren meistens wieder. Elektronische Bauelemente können nicht neu gestartet werden, sondern hier gibt es dauerhafte Veränderungen in der Struktur im Inneren des Bauelementes.

1.2.4 Mechanismen, die die elektrostatische Aufladung beeinflussen

Elektrostatische Aufladevorgänge hängen von vielen Faktoren ab. Neben den eigentlichen Umweltbedingungen spielen natürlich auch Materialeigenschaften wie Oberflächenrauigkeit, Oberflächenwiderstand, Verschmutzungen, Trenngeschwindigkeit usw. eine Rolle, aber auch die elektrischen Verhältnisse wie Reibungselektrizität und Kontaktspannung sind komplex zu betrachten.

1.2.4.1. Materialeigenschaften

Oberflächenrauigkeit, Oberflächenbeschaffenheit
Einen begrenzten Einfluss auf die Höhe der elektrostatischen Aufladung hat die mechanische Oberflächenbeschaffenheit. Besonders die Oberflächenrauigkeit, d.h. die Anzahl der Berührungspunkte, bestimmt die Aufladungsspannung mit. Eine raue Oberfläche hat wenige Kontaktpunkte, es können nur wenige Atome am Ladungsverschiebungsvorgang teilnehmen, folglich ist die elektrostatische Aufladung geringer. Sehr glatte und ebene Oberflächen haben wesentlich mehr Kontaktmöglichkeiten und neigen daher zu höherer elektrostatischer Aufladung. Ein weiteres Kriterium ist die Oberflächenverschmutzung. Je nach Art des Stoffs, der die Oberfläche bedeckt, kann es zu höheren und niedrigeren Aufladungen kommen.

Oberflächenwiderstand und Entstehen von Ladungen
Die elektrische Leitfähigkeit auf der Oberfläche eines Materials hat ebenfalls Einfluss auf das Entstehen elektrostatischer Ladungsansammlungen. Ist die Oberflächenleitfähigkeit sehr gering, d.h., ist der Oberflächenwiderstand sehr hoch, können erstens elektrostatische Ladungen entstehen, aber sie können zweitens nicht schnell genug wieder abfließen. Ist der Oberflächenwiderstand ausreichend gering, können weniger Ladungen entstehen bzw. die Ladungen, die durch Reibung oder Kontakt auftreten, fließen ausreichend schnell wieder ab. Der Oberflächenwiderstand wird auch durch die Oberflächenbeschaffenheit und die Oberflächenverunreinigung bestimmt. Sind die Verunreinigungen z. B. sehr gut leitfähig, dann ist der Oberflächenwiderstand niedrig, handelt es sich aber um ein sehr gut isolierendes Material, ist die Leitfähigkeit sehr gering und der Widerstand sehr hoch. Bei Fußböden werden oft Wachse eingesetzt. Diese Materialien sind in der Regel Isolatoren, und damit erhöhen sie den Oberflächenwiderstand. Das Material neigt zu höheren elektrostatischen Aufladungen. Der Oberflächenwiderstand hängt also nicht nur von den eigentlichen Materialeigenschaften des Körpers ab, sondern auch von den Umgebungsbedingungen, also von relativer Luftfeuchtigkeit und Temperatur. Steigt die relative Luftfeuchtigkeit an, sinkt der Oberflächenwiderstand, und die elektrostatischen Ladungen fließen ebenfalls ab.

Trenngeschwindigkeit
Die Trenngeschwindigkeit bestimmt gleichfalls die Höhe der elektrostatischen Aufladung. Bei einem sehr schnellen Trennvorgang kann kein oder nur ein sehr kleiner „Rückstrom" der Elektronen fließen. Bei sehr langsamer Trennung können bei einer sehr guten Oberflächenleitfähigkeit die Ladungen zurückfließen und sich noch ausgleichen. Bei einer sehr schnellen Trennbewegung neigen Materialien mit einem relativ geringen Oberflächenwiderstand zu sehr hohen Aufladungen. Dagegen kann es bei einer sehr langsamen Trennbewegung bei sehr hochohmigem Material doch noch zum Ladungsausgleich kommen. Bei der Betrachtung der heute sehr kritischen Vorgänge, z. B. in automatischen Bestückungsvorrichtungen, spielt die Trenngeschwindigkeit eine bedeutende Rolle. Von Rückentladungen oder Rückströmen kann dann nicht mehr gesprochen werden. Die elektrostatischen Ladungen sammeln sich z. B. auf den elektronischen Bauelementen an, genauer gesagt auf den Gehäusen derselben. Die Gehäuse sind immer aus nichtleitfähigen Materialien.

1.2.4.2. *Reibungselektrizität und Kontaktspannung*

Reibungselektrizität und Kontaktspannung sind Definitionen, die zur Erklärung der elektrostatischen Auf- und Entladevorgänge verwendet werden. Elektrostatische Aufladungen kommen nicht allein durch Reibung zustande, sondern erst durch die folgende Trennung der Gegenstände bzw. Reibpartner. Die hohen elektrostatischen Spannungen entstehen durch Vergrößern des Abstands zwischen den Körpern. Dabei nimmt die elektrostatische Aufladung mit dem Abstand proportional zu. Die Kontaktspannung ist die eigentliche Erklärung für die hohen elektrostatischen Spannungen im kV-Bereich.

Reibungselektrizität
Der klassische Vorgang des Reibens einer Siegellackstange oder eines Hartgummistabs mit einem Stück Fell oder einem seidenen Lappen ist hinreichend bekannt. Entfernt man das Reibmittel, zieht die Stange leichte Teilchen oder Papierschnipsel an. Gleiches Verhalten zeigen Bernstein mit Wolle oder Glas mit Wolle oder Leder. Diese Art der Ladungserzeugung ist die älteste bekannte Möglichkeit zur Erzeugung elektrostatischer Ladungen.

Dazu einige geschichtliche Etappen: Bereits um 600 v.C. erkannte *Thales von Milet* die Eigenschaft des Bernsteins, leichte Teilchen anzuziehen. Erst 2000 Jahre später wies der Leibarzt der Königin Elizabeth von England *Gilbert* (1540 – 1603) nach, dass viele andere Materialien ein ähnliches Verhalten aufweisen. Er führte die Bezeichnung „elektrisch“ ein. *W. Charleton* verwendete als erster die Bezeichnung „Elektrizität“ (um 1650). Zum Nachweis der Ladungen dienten Elektroskope und Elektrometer (vgl. Kapitel 5, Messverfahren). Am bekanntesten ist dabei das Blättchenelektroskop. Für quantitative Messungen wurde das Braun'sche Elektrometer genutzt. Etwa 100 Jahre später erkannte *Alfred Coehn* (1863 – 1938), dass die Reibung beider Körper aneinander nicht unbedingt erforderlich ist. Er wies nach, dass die Berührung und nachfolgende Trennung zweier stofflich unterschiedlicher Körper ausreicht, um sie elektrostatisch aufzuladen. Als Versuchsobjekt diente *Coehn* eine Paraffinkugel. Taucht man sie in Wasser und nimmt sie wieder heraus, ist die Kugel negativ und das Wasser positiv geladen.

Kontaktspannung
Bereits bei der Erklärung der Reibungselektrizität wurde darauf hingewiesen, dass nicht nur die Reibung entscheidend ist für die elektrostatische Aufladung und die damit verbundene Spannung, sondern der Abstand, d.h. die folgende Trennung der an der Reibung beteiligten Gegenstände. Zwei feste Gegenstände berühren sich, d.h., sie nähern sich bis auf den molekularen Abstand (etwa 10^{-9} m bis 10^{-10} m). Dabei kommt es zur Wechselwirkung der Atome an den Grenzschichten, d.h., die Atome des einen Körpers können auf die Elektronen des anderen einwirken. Entsprechend der Größe des Energieinhalts (Elektronenaffinität/ Elektronenaustrittsarbeit) kann es vorkommen, dass der eine Gegenstand Elektronen abgibt und der andere diese in seine Oberfläche aufnimmt. Es bildet sich eine so genannte elektrische Doppelschicht. Zwischen beiden Schichten besteht aufgrund der Elektronenverteilung eine Kontaktspannung. Werden nun die beiden Körper getrennt, vergrößert sich der Abstand der geladenen Flächen zueinander. Man kann diese Flächen wie einen Plattenkondensator betrachten, d.h., bei der Vergrößerung des Abstands der Flächen des Kondensators sinkt die Kapazität, die Spannung steigt jedoch an, da die Ladung des gesamten Systems konstant bleibt. Dieser Vorgang führt zu den typisch hohen Spannungen, wie sie für elektrostatische Aufladungen charakteristisch sind. Die daran beteiligten Körper können aus denselben oder unterschiedlichen Materialien bestehen. Typische Doppelschichten sollen näher betrachtet werden.

Doppelschicht an Isolatoren
Vom Aufbau der Atome eines Körpers hängt es ab, ob ein Körper Elektronen aufnimmt oder abgibt. Prinzipiell geben Isolatoren nur sehr schwer Elektronen ab, da sie fast keine freien Elektronen haben und da die Bindung zwischen Elektron und Atomkern sehr fest und stabil ist. Im Gegensatz dazu wurde nachgewiesen, dass es praktisch keinen Nichtleiter gibt. Auch Isolatoren weisen eine elektrische Leitfähigkeit auf. Im Vergleich zu den Metallen ist sie jedoch viel kleiner. Die wenigen freien Ladungsträger von Isolatoren können Ladungen aufnehmen bzw. abgeben. Infolge ihrer geringen Oberflächenleitfähigkeit bleiben die Ladungen sehr lange erhalten und können mit dem Körper sehr weit transportiert werden. Nur entsprechende äußere Umstände führen zum Entladen. Zur Bestimmung der Polarität der Aufladungen an Isolatoren gibt es zwei klassische Untersuchungsmöglichkeiten:

1. Ein Hartgummistab wird mit einem Seidenlappen gerieben.
2. Ein Glasstab wird mit einem Seidenlappen gerieben.

Die nachfolgende Untersuchung des Glas- und des Hartgummistabs ergab, dass der Hartgummistab positiv und der Glasstab negativ geladen war. Im Ergebnis solcher Untersuchungen wurden verschiedene Spannungsreihen aufgestellt (Tabelle 1.3). Jeder Körper der Reihe lädt sich im Kontakt mit einem nachfolgenden positiv auf, bei Berührung mit einem vorangehenden negativ. *Alfred Coehn* hat für Isolatoren allgemein definiert:

Bei Berührung lädt sich der Stoff mit der größeren Dielektrizitätskonstante positiv auf.

Tabelle 1.3 Spannungsreihe für Isolatoren

+	Haare (Katzenfell, Fuchsschwanz)
	Glas
	Wolle
	Papier
	Seide
	Kautschuk
	Harze (Siegellack, Hartgummi)
	Bernstein
-	Schwefel

Doppelschicht Metall-Isolator
Beim Kontakt eines metallischen Gegenstandes mit einem Isolator sind die Verhältnisse nach der Trennung leicht zu erklären. Da die Metalle ständig über freie Elektronen an der Oberfläche verfügen, die sie leicht abgeben können, sind die Isolatoren negativ und die Metalle stets positiv geladen. Ein klassisches Experiment zum Nachweis ist das Eintauchen einer Schwefelkugel in flüssiges Quecksilber. Das Quecksilber gibt Ladungen ab und ist positiv geladen, die Schwefelkugel negativ.

Doppelschicht an Metallen
Im Jahr 1794 entdeckte *Volta*, dass zwei verschiedene Metalle ungleich elektrisch geladen sind, wenn sie nach der Berührung wieder voneinander getrennt werden. Die Potentialdifferenz zwischen zwei Metallen, auch Volta'sche Kontaktspannung genannt, ist unabhängig vom absoluten Wert des Potentials, von der Ladung sowie von Größe und Form der Berührungsfläche. Die Kontaktspannung ist bedingt abhängig vom ungeladenen Isolator Luft, der die Gegenstände umgibt, sowie der Oberflächenbeschaffenheit und der chemischen Zusammensetzung beider Metalle.

Volta stellte eine Spannungsreihe für metallische Leiter auf (Tabelle 1.4). Die nach der Trennung zweier Metalle bzw. Metallplatten vorhandene Spannung liegt weit unter den Spannungen, die bei Isolatoren auftreten. Zwei Gründe erklären diese niedrige Spannung: Erstens ist die Oberfläche uneben, so dass sich der molekulare Kontakt auf wenige Stellen beschränkt, und zweitens werden die Platten nicht an allen Stellen gleichzeitig getrennt. Durch die Leitfähigkeit des Metalls selbst fließen die Ladungen bereits über die letzten vorhandenen Kontaktstellen wieder ab, d.h., nach der Trennung ist nicht mehr die vollständige Ladung vorhanden. Die äußere Kontaktspannung, auch Volta'sche Spannung genannt, ist gleich der Differenz der Austrittsarbeit beider Metalle.

Tabelle 1.4 Spannungsreihe für metallische Leiter

+	Zink
	Blei
	Zinn
	Messing
	Eisen
	Kupfer
	Gold
	Silber
	Platin
	Kohle
	Graphit
-	Bernstein

1.3 Allgemeine Entlademechanismen

Das Entstehen elektrostatischer Aufladungen ist im ersten Schritt für elektronische Bauelemente und Baugruppen ungefährlich. Erst die Entladung führt zur Beeinflussung und Zerstörung elektronischer Bauelemente und Baugruppen.

Ausfallanalysen an elektronischen Bauelementen haben gezeigt, dass nicht nur MOS- und CMOS-Bauelemente, sondern gleichfalls auch alle bipolare Bauelemente gefährdet sind. Besonders betroffen sind dabei solche Schaltkreise, die Eingangsschaltungen mit SFET zur Erhöhung der Eingangsimpedanz und Steigerung der Eingangsempfindlichkeit aufweisen. Das betrifft im Einzelnen die gesamten BiFET-Operationsverstärker und Analog-Digital-Wandler. Die dünnen Gateoxidschichten bei MOS-Bauelementen und die schmalen pn-Übergänge der bipolaren Bauelemente schlagen schon bei sehr niedrigen elektrostatischen Spannungen durch. Das Gateoxid ist z. B. ein hochaufladbarer Isolator mit begrenzter Kapazität. Bei den verwendeten Gateoxiddicken von weniger als 10 nm bis 180 nm beträgt die Kapazität nur etwa 1 pF bis 5 pF. Die pn-Übergänge der bipolaren Anordnungen werden durch zu hohe Ströme, die beim Abfluss der elektrostatischen Ladungen zu niedrigeren Potentialgebieten hin auftreten, zerstört. Unterschieden wird dabei zwischen spannungs- und energieempfindlichen Bauelementen. Unbedingt zu beachten sind, wie zu Beginn erwähnt, die Entladeströme über SMD-Widerstände und die Auflademechanismen von SMD-Kondensatoren. Es gibt immer mehr „elektrostatische Vorgänge" bei diesen Bauelementetypen, die zu Schäden führen.

Bei der Untersuchung der Wirkung elektrostatischer Ladungen auf elektronische Bauelemente, Baugruppen und Geräte kann von drei prinzipiellen Ladungsquellen ausgegangen werden:

- Eine Person berührt ein Bauelement und gibt die gespeicherten Ladungen an dieses ab. Die Ladungen fließen über das Bauelement zum Erdpotential ab.
- Ein elektronisches Bauelement oder Gerät wirkt selbst als Kondensatorplatte und speichert Ladungen. Beim Kontakt mit Erdpotential wird durch den Entladungsimpuls eine Schädigung hervorgerufen.
- Ein geladenes Objekt befindet sich in einem elektrischen Feld. Über dem Gateoxid bzw. dem pn-Übergang eines Bauelementes wird ein Potential erzeugt, es kommt zur Entstehung elektrostatischer Aufladungen. Bei der Entladung kommt es zum Durchbruch.

Aus diesen drei Ladungsquellen leiten sich die drei bzw. vier grundsätzlichen Modelle für die Entstehung elektrostatischer Ladungen ab:

- HUMAN BODY MODEL — Modell unter Einbeziehung des menschlichen Körpers – Körperentladung
- CHARGED DEVICE MODEL — Modell vom geladenen Objekt – Geräteentladungsmodell
- MACHINE MODEL — Maschinenmodell
- FIELD INDUCED MODEL — Modell, bei dem die Ladung durch ein elektrisches Feld hervorgerufen wird.

Bisher bekannt und ausreichend beschrieben wurden die Körperentladung und deren Einfluss auf elektronische Bauelemente. In der letzten Zeit haben sich jedoch für die Betrachtung der Fehlermechanismen auch die anderen Fehlermodelle besonders bei elektronischen Bauelementen und Baugruppen durchgesetzt. Das „Machine Model“ ist eine Verschärfung des HBM und wird sehr oft angewandt, weil das CDM und das FIM noch nicht umfassend bzw. noch nicht erklärt sind. Die Beschreibung und die Definition des CDM sind sehr schwierig, weil es viele Möglichkeiten für die Entladung eines ESDS geben kann. Allein aus der Tabelle 1.5 ergeben sich 3 Varianten. Bisher werden zwei davon weiter beschrieben, das „socketed“ und das „non socketed“ Modell. Bei dem einen Modell steckt das ESDS in einer Fassung beim zweiten liegt es z. B. auf einem Arbeitsplatz mit den Anschlüssen (pins) in der Luft.

Tabelle 1.5 Alle Modelle und die derzeit gültigen Normen und Vorschriften

	Modell	**Beschreibung**	**Normen**
1	Human Body Model (HBM)	Modell unter Einbeziehung des menschlichen Körpers, Körperentladung	DIN EN 61340-3-1; DIN IEC 60749-26 ANSI/ESDA/JEDEC JS-001-2017
2	Charged Device Model (CDM)	Modell vom geladenen Objekt, Geräteentladungsmodell	Entwürfe: DIN EN 61340-3-3; DIN IEC 60749-28 ANSI/ESDA/JEDEC JS-002-2018
3	Machine Model (MM)	Maschinenmodell	DIN EN 61340-3-2 DIN IEC 60749-27 ANSI/ESD STM5.2
4	Field Induced Model (FIM)	Modell, bei dem die Ladung durch ein elektrisches Feld hervorgerufen wird	Noch keine Norm oder Entwurf vorhanden

1.4 Fehlermodelle

Der folgende Abschnitt beschreibt die wichtigsten derzeit verfügbaren Fehlermodelle und die Mechanismen, die angewandt werden, um elektronische Bauelemente und Baugruppen zu prüfen. Ausgehend von den Quellen für elektrostatische Aufladungen werden die einzelnen Entlademodelle beschrieben.

1.4.1 Human Body Model (HBM) – Körperentladungsmodell

Zum Vergleich mit den Entstehungsmechanismen wird zuerst das Human Body Model betrachtet werden. Die Person ist die größte und gefährlichste Quelle für elektrostatische Aufladungen. Eine Person kann durch eine einfache Bewegung eine bedeutende Ladungsmenge erzeugen. Allein durch das Laufen auf einem synthetischen Teppich werden Spannungen von mindestens 5 kV erzeugt [8]. Berührt eine geladene Person ein elektronisches Bauelement oder ein elektronisches Gerät, so überträgt sie einen großen Teil der Ladungen, die sie gespeichert hatte, auf das Bauelement. Das Bauelement speichert die Ladungen oder führt sie direkt zum Erdpotential ab. Der Entladeimpuls enthält genügend Energie, um Veränderungen der Bauelementeparameter hervorzurufen. Im Bild 1.11a ist eine Person dargestellt, die elektrostatisch aufgeladen ist und sich gerade an einer Maschine entlädt. Zu berücksichtigen sind dabei die Widerstände zwischen Person und Fußboden, Person und Entladepfad (Erdung der Maschine), die Kapazität der Person gegenüber dem Fußboden (Körperkapazität) und der eigentliche Entladestrom. Das Bild 1.11b zeigt das Schaltungsbild für die Personenentladung und das HBM.

a) b)

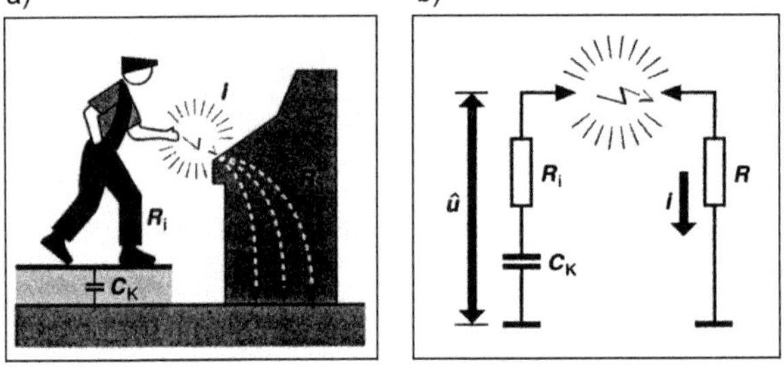

R_i = R_K Körperwiderstand der Person
R = R_C Widerstand im Entladestromkreis
i = Entladestrom
C_K = Körperkapazität
u = elektrostatische Aufladung

Bild 1.11: Entladung einer elektrostatisch aufgeladenen Person, z. B. an einer geerdeten Maschine

Für die Berechnung der elektrostatischen Aufladung der Person und dem Entladestrom werden zusätzlich der Geräte- der Maschinenwiderstand und ein parasitärer pn-Übergang einbezogen, der später erklärt wird.

Bild 1.12 zeigt das für die Entladung einer Person bekannte Ersatzschaltbild. Der Körperwiderstand R_K liegt im Bereich von 1000 Ω bis 2000 Ω und die Körperkapazität C_K zwischen 100 pF und 250 pF. Für den Fall, dass eine Person auf 2000 V geladen war, errechnet sich die gespeicherte Energie W_{el} des Körpers nach Gleichung (1.7) zu 0.2 mJ (C_K = 100 pF, R_K = 1500 Ω):

$$W_{el} = \frac{1}{2} C U^2 \tag{1.7}$$

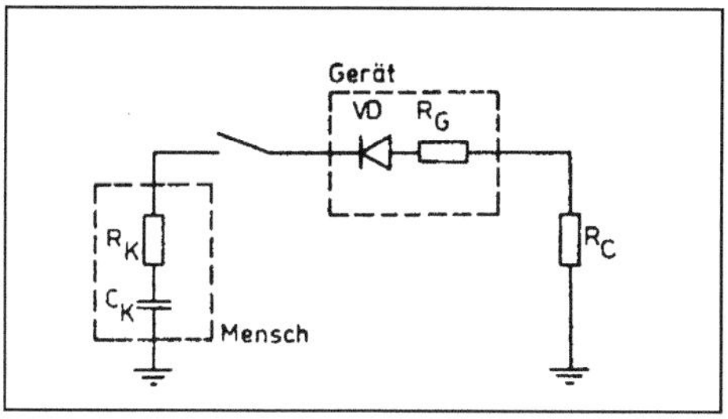

R_K = Körperwiderstand
R_C = Kontaktwiderstand zur Erde
C_K = Körperkapazität
R_G = Gerätewiderstand
V_D = parasitärer pn-Übergang

Bild 1.12: Ersatzschaltung für eine Körperentladung

Bei einem Gerätewiderstand R_G von 10 Ω ergeben sich bei einer Impulsdauer von einigen 1/10 μs Leistungen von mehreren kW. Solche extrem kurze Entladungszeiten und die damit verbundenen hohen Leistungen führen zum Aufschmelzen der Siliziumgebiete. Es finden förmlich Explosionen an der Siliziumoberfläche statt, die man anhand von Kraterbildungen gut im Elektronenmikroskop sehen kann, Bild 1.13. Der Kraterdurchmesser beträgt dabei 6 ... 8 μm. Zum Vergleich erfordert ein Aufschmelzen von Silizium (Krater in der Größenordnung von 1μm) eine Mindestenergie von etwa 1μJ.

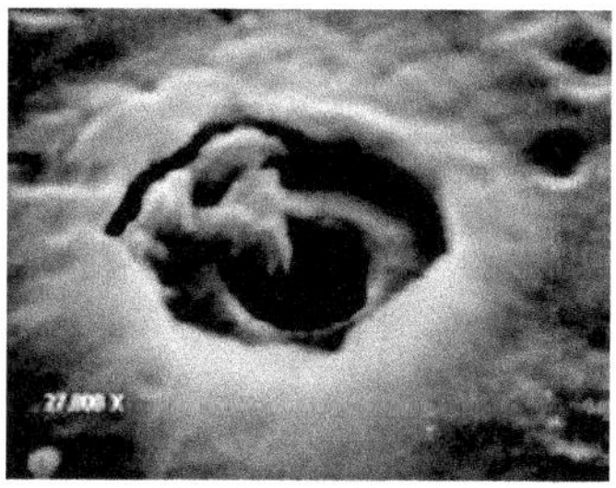

Bild 1.13: Krater in einer Siliziumschicht hervorgerufen durch eine elektrostatische Entladung

Die im Bild 1.12 gezeigte Schaltung wird in abgewandelter Form zur Bestimmung der Schädigungsschwelle elektronischer Bauelemente, in Form des so genannten Kondensatortests, verwendet.

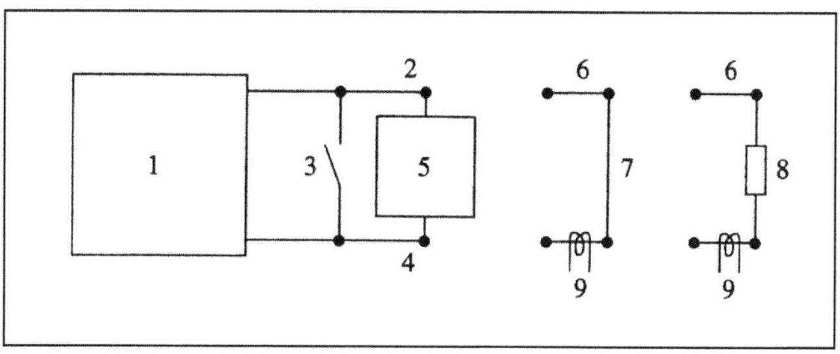

Bild 1.14: Ersatzschaltung für das HBM [13]

1 HBM-ESD-Impulsgenerator
2 Anschlussklemme A
3 Schalter
4 Anschlussklemme B
5 Zu prüfendes Bauelement (DUT)
6 Lastwiderstand
7 Kurzschlussbrücke
8 Widerstand, R = 500 Ω
9 Strommesswandler

Das Bild 1.14 zeigt die aktuell verwendete Ersatzschaltung für das HBM, der so genannte HBM-ESD-Generator. Diese Ersatzschaltung muss die Verhältnisse bei der Entladung eines Menschen widerspiegeln. Zwei Grenzfälle werden simuliert, einmal durch einen Widerstand (8) und zum anderen der Kurzschlussfall (7). Dabei werden die Anforderungen an die Stromkurven für verschiedene Spannungen überprüft. Die Bilder 1.15 und 1.16 zeigen die geforderten Stromkurven bei verschiedenen Anstiegs- bzw. Abfallzeiten des Entladeimpulses.

Die Generatorschaltung ist nach langen Untersuchungen festgelegt wurden. Die Entladevorrichtung enthält ein Impulserfassungssystem, einen Hochspannungswiderstand und einen Stromwandler zur Messwerterfassung. Die Grenzfrequenz beträgt 350 MHz, die Prüfung erfolgt als Einzelimpulsmessung. Grundsätzlich ist die Prüfung für die elektronischen Bauelemente zerstörend. Es werden festgelegte Stichprobenprüfungen durchgeführt. Nach der Prüfung werden die Bauelemente nach ESD-Spannungsfestigkeitsbereiche eingeordnet. Die Prüfparameter können der gültigen Norm entnommen werden.

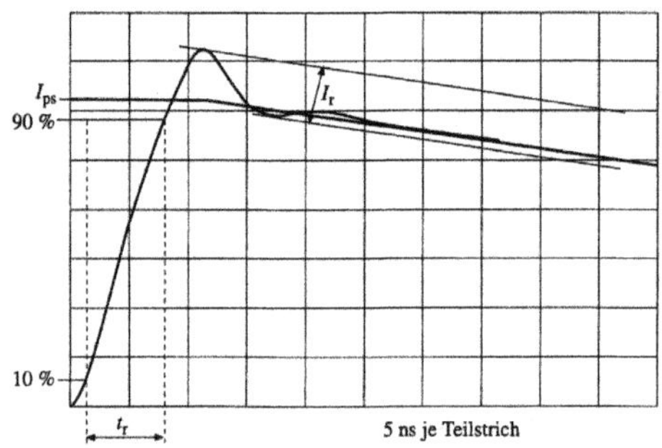

Bild 1.15: Entladekurve für eine genormte Personenentladung mit Abschlusswiderstand (6)

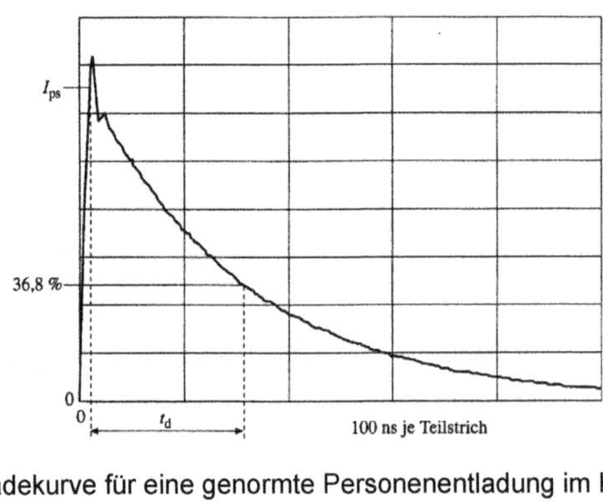

Bild 1.16: Entladekurve für eine genormte Personenentladung im Kurzschlussfall (7)

Die elektronischen Bauelemente werden nach diesem Test in verschiedene Kategorien eingeteilt. Diese Kategorien werden oft verwendet, um die Anforderungen an ESD-Arbeitsplätze zu unterscheiden. Von vielen Anwendern werden diese Klassen immer mehr verwendet. Grundsätzlich muss aber gelten, dass alle ESD-Arbeitsplätze gleich gut ausgerüstet sind.

Tabelle 1.6 HBM – ESD-Empfindlichkeitsklassen [14]

Klasse	Spannungsbereich V
0Z	0 bis < 50
0A	50 bis < 125
0B	125 bis < 250
1A	250 bis < 500
1B	500 bis < 1000
1C	1000 bis < 2000
2	2000 bis < 4000
3A[1]	4000 bis < 8000
3B[1]	> 8000

Anmerkung: [1]Die weitere Unterscheidung in Klasse 3A und 3B wird in dem Standard ANSI/ESDA/JEDEC JS-001-2017 [103] beschrieben.

Die HBM-Generatorschaltung und die Entladekurven sind in der vorhandenen Norm DIN EN 61340-3-1 genau definiert. Elektronische Bauelemente werden nach diesen Vorschriften auf ihre Empfindlichkeit gegenüber elektrostatischen Aufladungen getestet. Diese Vorgänge entsprechen weitestgehend der Realität, obwohl neuere Untersuchungen zeigen, dass z. B. die Kapazität der Person von anderen Faktoren abhängig ist und damit einen anderen Wert besitzt. Die Kapazität einer Person soll sich nach neuesten Untersuchungen zwischen 600 und 800 pF bewegen. Damit ergeben sich geänderte Entlademodelle, die bisher noch nicht berücksichtigt wurden. Die Person kann heute weitestgehend elektrostatisch beherrscht und ausgerüstet werden. Sie spielt also bei ordnungsgemäßer ESD-Ausrüstung eine untergeordnete Rolle. Vielmehr sind die folgenden Modelle von größerer Bedeutung, denn diese Vorgänge können durch die Person sehr wenig beeinflusst werden. Elektrostatische Aufladungen werden weitestgehend von Maschinen und Anlagen erzeugt. Früher gab es diese Entstehungsmechanismen sicher auch, aber die „Probleme" mit den Personen haben diese überdeckt.

1.4.2 Machine Model (MM) – Maschinenmodell

In Anlehnung an das HBM wurde in den 70er Jahren in Japan ein verschärftes Entladungsmodell entworfen. Ausgangspunkt war, dass das normale HBM nicht das Worst-Case-Szenario repräsentiert, also den schlechtesten Fall. Aus diesem Grund entstand ein weiteres Modell mit einer Entladekapazität von 200 pF und einer direkten Entladung auf das Bauelement ohne bzw. mit einem sehr kleinen Serienwiderstand im Entladepfad. Das Modell wurde als „Machine Model" (MM) bekannt. Die Japaner benutzten es vor allem für die Nachbildung der Vorgänge in automatischen Bestückungssystemen und Fertigungslinien, weil keine anderen Modelle definiert waren. Das „Machine Model" ist also das Worst-Case-HBM. Es bildet die realen Situationen in der Fertigung nach, z. B. die schnelle Entladung bei der Leiterplattenbestückung oder an einer Fassung auf einem automatischen Tester. An diesen Stellen ist kein Serienwiderstand vorhanden. Die Entladung verläuft direkt vom geladenen Bauelement oder von der geladenen und bestückten Leiterplatte zum Metall. Bei diesem Modell wirken allerdings andere parasitäre Elemente stärker, z. B. Induktivitäten. In Bild 1.17 ist ein „Machine Model" mit einer Induktivität im Entladestromkreis dargestellt. Aus den praktischen Erfahrungen entstand ein Prüfmodell für die Simulation, das Maschinenmodell (MM). Die dazugehörige Norm DIN EN 61340-3-2

[15] basiert auf dem folgenden Generator. Dieser simuliert immer einen gleichbleibenden MM-Entladeimpuls. Damit wird der so genannte MM-Fehler immer gleich nachgebildet. Das Bild 1.17 ist das Ersatzschaltbild für den MM-ESD-Generator.

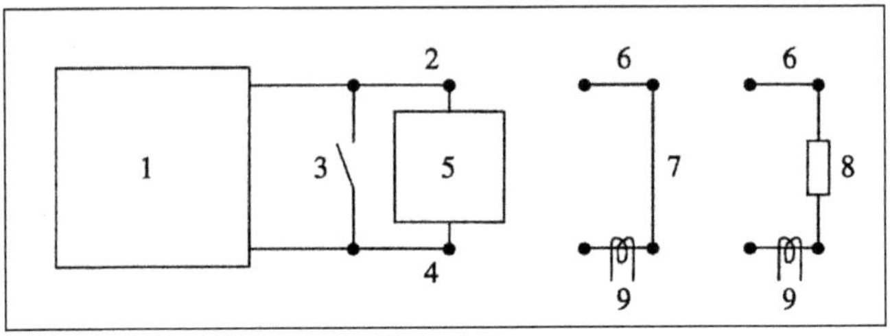

Bild 1.17: Generatorschaltung für den MM-ESD-Impuls [15]

1 MM-ESD-Impulsgenerator
2 Anschlussklemme A
3 Schalter
4 Anschlussklemme B
5 zu prüfendes Bauelement (DUT)
6 Lastwiderstand
7 Kurzschlussbrücke
8 Widerstand, R = 500 Ω
9 Strommesswandler

Das Verhalten des Impulsgenerators hängt neben den parasitären Induktivitäten auch sehr stark von den parasitären Kapazitäten ab. Gleichzeitig gilt hier, dass Doppel- bzw. Mehrfachentladungen vermieden werden müssen, zumindest beim Testvorgang. Diese verfälschen das Messergebnis entscheidend. Es ergibt sich eine Entladekurve, die bestimmt wird durch Induktivitäten und Kapazitäten, vgl. Bild 1.18. Es kommt zu Mehrfachentladungen.

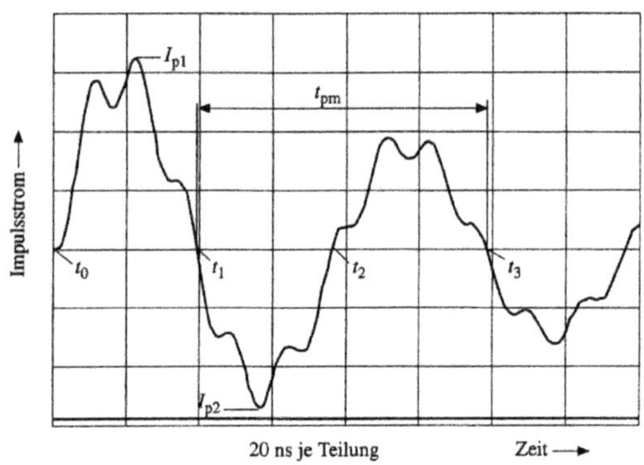

Bild 1.18: Entladekurve für eine genormte Entladung nach dem MM im Kurzschlussfall

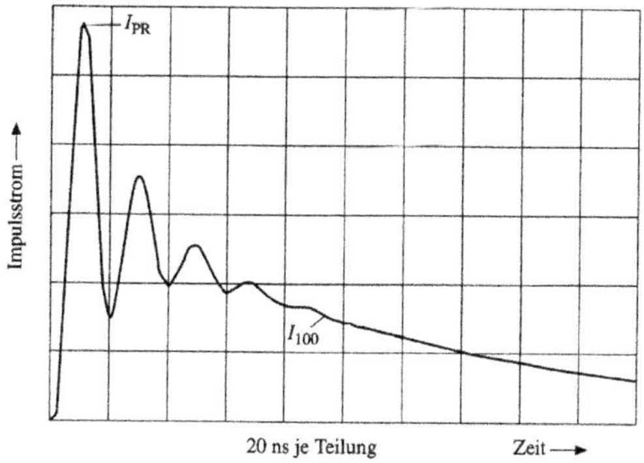

Bild 1.19: Entladekurve für eine genormte Entladung nach dem MM mit Abschlusswiderstand

Das MM-Modell unterscheidet verschiedene Empfindlichkeitsklassen für ESDS. In den Elektronikanforderungen der Automobilindustrie, wo dieses Modell eine sehr entscheidende Rolle spielt, werden diese Empfindlichkeitsklassen zur Qualifikation von Elektronikzulieferern verwendet.

Tabelle 1.7 MM-ESD-Empfindlichkeitsklassen [16]

Klasse	**Spannungsbereich V**
1	0 bis < 100
2	100 bis < 200
3	200 bis < 400
4	≥ 400

Das Maschinenmodell wird heute sehr häufig verwendet, weil die folgenden Modelle noch sehr viele Unklarheiten besitzen. Oder anders gesagt, die folgenden Modelle spiegeln die Realität wider, sind aber schwer umzusetzen, weil viele Faktoren diese beeinflussen. Es können immer nur bestimmte Sonderfälle berücksichtigt werden.

1.4.3 Charged Device Model (CDM) – Modell vom geladenen Objekt

Das folgende Modell gewinnt immer mehr Bedeutung. Bei diesem Entladungsmodell wird davon ausgegangen, dass das Bauelement selbst der Verursacher von elektrostatischen Entladungen ist. Früher wurde in der Literatur diese Art der Entstehung von Ladungen auch als „Furniture ESD“ bezeichnet [6].

Das elektronische Bauelement wirkt in diesem Fall selbst als Kondensator. Es sammelt Ladungen auf, z. B. beim Gleiten durch ein Stangenmagazin oder beim Kontakt mit einem anderen geladenen Gegenstand. Außerdem entstehen elektrostatische Ladungen z. B. beim Herausnehmen aus einem leitfähigen Tray oder einem Gurt. Elektrostatische Ladungen entstehen grundsätzlich beim Aufnehmen auch aus einem leitfähigen Material, da das elektronische Bauelement ein nichtleitfähiges Gehäuse besitzt. Das elektronische Bauelement ist also nach jedem mechanischen Vorgang, gleichgültig ob es sich um eine Bewegung in einem Bestückungsautomaten oder eine andere Vorrichtung handelt, elektrostatisch aufgeladen. Aber erst die Entladung zerstört das Bauelement. Die Entladung kann direkt oder indirekt über die weiteren Vorgänge erfolgen. Entsprechend den Bildern 1.4 und 1.5 genügt es, wenn das Bauelement in die Nähe eines „entladungsfähigen" Punktes kommt. Auch ein elektrisches oder elektrostatisches Feld kann die Entladung provozieren. Durch den Entladeimpuls und den damit verbundenen Entladestrom, je nachdem ob die Ladung über das Gehäuse direkt zur Erde oder über das Chip zur Erde abfließen kann, kommt es zu Schäden an pn-Übergängen, Dielektrika oder anderen Bauelementekomponenten. Die Bilder 1.20 und 1.21 repräsentieren die Ersatzschaltbilder für die Entladung elektrostatischer Ladungen an bipolaren und MOS-typischen Bauelementestrukturen. Als Schaltungselemente werden dabei wirksam: die Bauelementekapazität C_b, die Leitungsinduktivitäten L_d und die Bahnwiderstände r_d. Zuerst betrachten wir die bipolaren Bauelementestrukturen (Bild 1.20), die so genannten energieempfindlichen Bauelemente. Die parasitären Kapazitäten am Eingang (Basis) liegen im Bereich von 1 pF bis 20 pF. Mit diesen kann das Bauelement Energien bis zu 100 µJ speichern. Bei einem sehr niedrigen Kontaktwiderstand R_C von wenigen mΩ und einer Leitungsinduktivität L_d von etwa 10 nH kann diese Energie je nach Ladungsmenge eine direkte oder indirekte Verbindung zum Erdpotential realisieren. Eine indirekte Verbindung ist dabei ein elektrostatisches Feld, das eine Mindestfeldstärke übersteigt. Wobei die Feldstärke im Bereich von wenigen V/cm liegen kann. Es erfolgt zuerst ein Anstieg der Spannung am pn-Übergang, danach erfolgt der Abfluss der elektrostatischen Ladungen. Bei einer Anstiegszeit des Entladestromimpulses von einigen ns wird eine Leistung pro Impuls von einigen 100 W bis zu 1000 W erreicht. Derartige Leistungen genügen, um die Bauelementeparameter entscheidend zu verändern bzw. die Bauelemente ganz zu zerstören. Wunsch und Bell [17] beschrieben anhand eines einfachen Modells die Berechnung der Schwellspannung, die für die Zerstörung von Dioden und Transistoren, oder allgemein pn-Übergängen, durch einen ESD-Impuls notwendig ist.

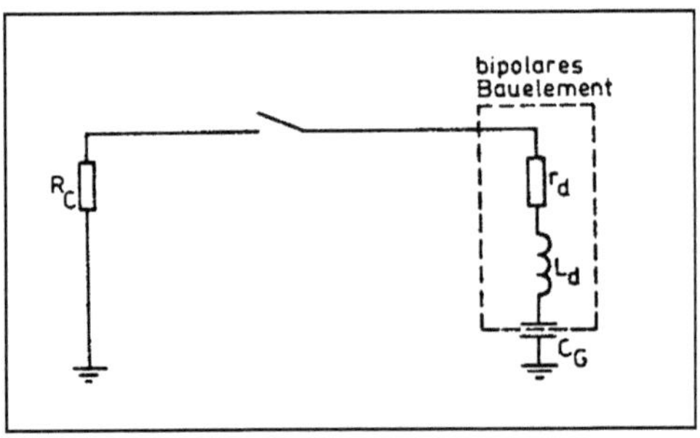

R_G = Widerstand im Gerät
L_G = Induktivität des Gerätes
C_G = Gerätekapazität
R_C = Kontaktwiderstand zur Erde

Bild 1.20: Ersatzschaltbild für ein bipolares Bauelement

Im Bild 1.21 wird das Modell eines typischen MOS-Bauelementes dargestellt. R_1, L_1 und C_1 repräsentieren den Widerstand, die Induktivität und die Kapazität der einzelnen Entladungswege. Die Punkte P_i und P_{i+1} sind Punkte, zwischen denen Potentialdifferenzen als Funktion der Zeit auftreten.

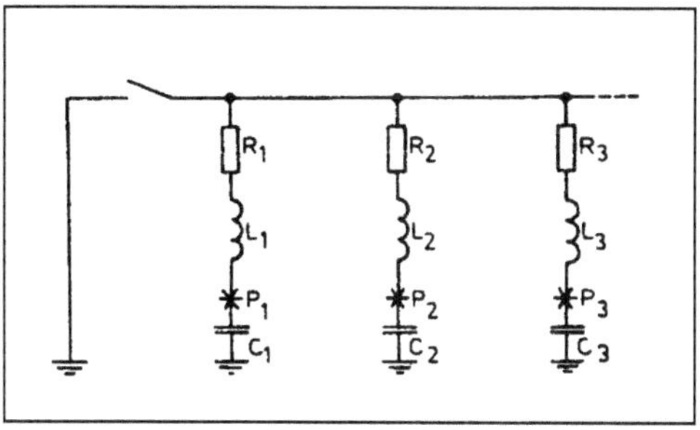

R_i = Widerstand im i-ten Entladungspfad
L_i = Induktivität im i-ten Entladungspfad
C_i = Kapazität im i-ten Entladungspfad
R_C = Kontaktwiderstand zur Erde

zwischen den Punkten P_i und P_{i+1} tritt das Potential als Funktion der Zeit auf

Bild 1.21: Ersatzschaltung für ein MOS-typisches Bauelement

Wird ein Pin geerdet, steht jeder weitere Pfad des Bauelementes in Beziehung mit einem anderen und charakterisiert den Entladungsweg in Abhängigkeit von der Zeitkonstanten. Diese ist durch den Anstieg der Potentialdifferenz zwischen den einzelnen Pfaden gegeben. Ist die Potentialdifferenz genügend groß, kann es zum thermischen Durchbruch bzw. zum Aufschmelzen der metallischen Leitbahnen kommen. Das Potential auf dem Bauelement ergibt sich aus der Differenz des Potentials der einzelnen Entladungspfade

$$U = U_i - U_{i+1} \frac{Q_i - Q_{i+1}}{C_i - C_{i+1}} \qquad (1.8)$$

Die gespeicherte elektrische Energie berechnet sich aus der Beziehung

$$W_{el} = \frac{1}{2} \frac{(Q_i - Q_{i+1})^2}{(C_i - C_{i+1})^2} \qquad (1.9)$$

Bei der Betrachtung des Modells vom geladenen Objekt wird davon ausgegangen, dass die Ladung Q triboelektrisch, d.h., durch mechanische Bewegungen der Ladungsträger erzeugt wird. Für diese Betrachtungsweise wird außerdem angenommen, dass das Bauelement eine Platte des Kondensators ist und die andere geerdet ist. Als Dielektrikum wird Luft vorausgesetzt. Im Realfall ist die Kapazität des Bauelementes eine Variable. Die Kapazität ist abhängig von der Bauelemente- bzw. Gerätegröße, der Konstruktion und der Orientierung des Bauelements zur Erde. Bei einer Änderung der Bauelementeposition ändert sich die effektive dielektrische Dicke und demzufolge die Kapazität. Bei einem bekannten Potential variiert die gespeicherte Energie umgekehrt zur Bauelementekapazität. Bei einer bekannten und konstanten Ladung Q kann eine Umorientierung des Bauelementes eine Zu- oder Abnahme des Potentials und damit seiner gespeicherten Energie hervorrufen [17]. Die Tabelle 1.8 zeigt die Abhängigkeit der Kapazität eines Bauelements von seiner Lage zum Erdpotential. Als Basis werden typische Gehäuse im DIL Format verwendet. Bei anderen Bauelementegehäusen ergeben sich ähnliche Werte. Werden die Gehäuse kleiner, können theoretisch weniger Ladungen gespeichert werden. Damit werden die Bauelemente grundsätzlich auch empfindlicher gegenüber elektrostatischen Entladevorgängen. Ein Sachverhalt der in den nächsten Jahren entscheidend zum Tragen kommen wird. Bei einer Reduzierung der Abmessungen werden die elektronischen Bauelemente empfindlicher gegenüber elektrostatischen Ladungen. Die bisherigen Betrachtungen sind dann hinfällig. Für weitere Untersuchungen wird immer ein Schwellwert von 100 V elektrostatischer Aufladung angenommen. Zukünftig sind das maximal 25 oder 18 V.

Tabelle 1.8 Kapazität eines Bauelementes in Abhängigkeit von seiner Lage zur Erde

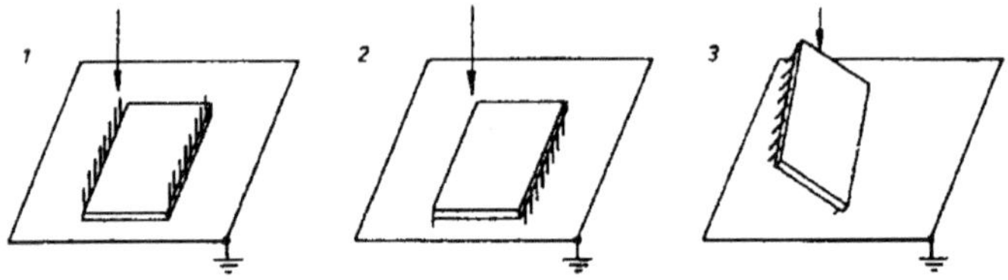

Gehäusetyp	C_{AB}/pF	C_{AB}/pF	C_{AB}/pF
16 pin DIP Plaste	2.9	2.0	1.4
18 pin DIP Plaste	3.6	2.3	1.6
24 pin DIP Plaste	7.1	3.9	2.0
24 pin DIP Keramik	28.0	3.6	2.0
40 pin DIP Keramik	52.0	6.6	2.8

Die eigentliche Prüfung nach diesem Modell muss die Empfindlichkeit von elektronischen Bauelementen gegenüber elektrostatischen Entladungen festlegen. Dieses Verfahren ist, wie schon erwähnt, sehr kritisch und von vielen Faktoren abhängig. Diese Faktoren können kaum betrachtet werden. Eine Messung der eigentlichen Quellen elektrostatischer Aufladungen wird immer schwieriger. Meistens ist die vorhandene oder verfügbare Messtechnik außerdem nicht ausreichend klein oder schnell.

In dem folgenden Bild 1.22 wird ein Beispiel für die Aufladung und Entladung eines elektronischen Bauelementes nach dem CDM gezeigt. Zum einen ist die Lage des Bauelementes schwierig und zum anderen ist der Moment der Entladung schwer zu simulieren. Die Entladung kann über die Metallschiene zu früh erfolgen, oder es gibt mehrere Entladungen.

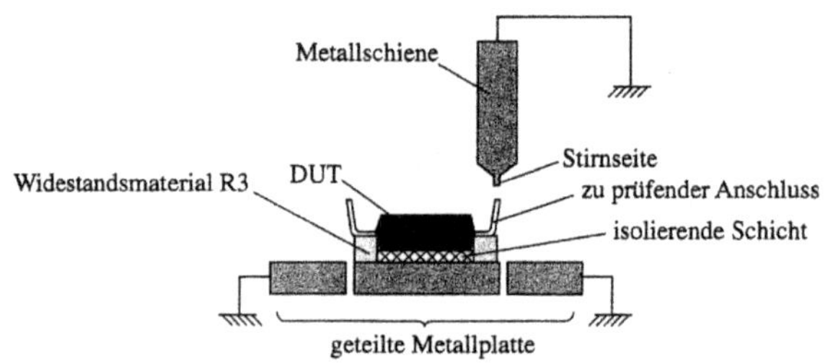

Bild 1.22: Ein Beispiel für eine Vorrichtung zur Prüfung von elektronischen Bauelementen nach dem CDM

Die Entladekurve in Bild 1.23 ist ebenfalls eine modellierte Kurve bei festgelegten Parametern. Bisher wird von definierten Schädigungsschwellen ausgegangen. Die Parameter und Grenzwerte sind in verschiedenen Normentwürfen [18, 19] festgelegt. Die Vorrichtung, entsprechend Bild 1.24, muss vor jeder Prüfung neu kalibriert werden. Dies ist wiederum sehr aufwendig.

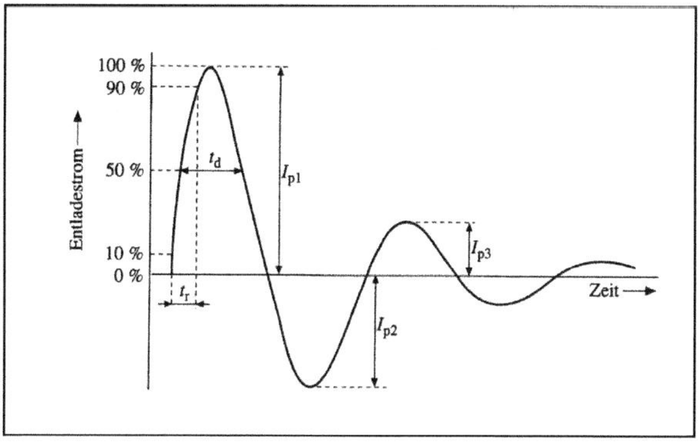

Bild 1.23: Verlauf des Entladestromes am Messaufbau entsprechend Bild 1.24

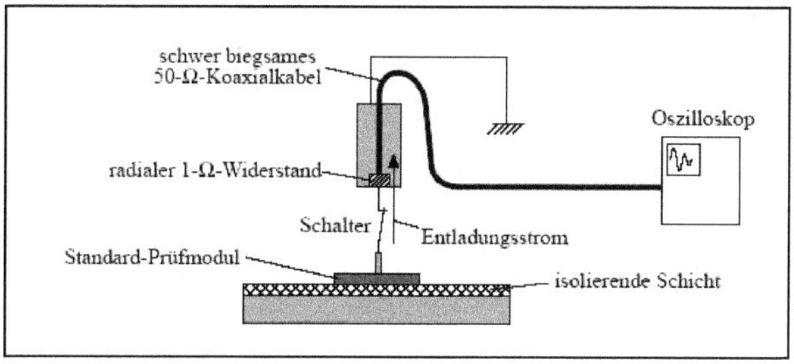

Bild 1.24: Messschaltung für den Entladestrom

Klasse[1]	**Spannungsbereich in V**[2]
C0a	< 125
C0b	125 bis < 250
C1	250 bis < 500
C2a	500 bis < 750
C2b	750 bis < 1000
C3	≥ 1000[3]

Anmerkungen: [1] „C" bedeutet CDM Modell
[2] die Testbedingungen sind dem aktuellen Standard ESDA/JEDEC JS-002-2018 [107] zu entnehmen
[3] Oberhalb von 1000 V sind die Testbedingungen abhängig vom Aufbau und der Geometrie des Gehäuses abhängig.

Tabelle 1.9: Spannungsempfindlicheitsklassen nach dem CDM Model [107]

Beachtet werden muss zusammenfassend die Tatsache, dass z. B. elektronische Bauelemente bei einem CDM-Test nicht ausfallen, aber einen HBM-Test nicht bestehen. Es handelt sich hier um grundlegend andere Mechanismen. Die gefunden Aussagen können auch nur schwer erklärt werden. Die Fehlermodelle SDM (socketed charge device model) [18] oder TLP (transmission line puls) [20] sollen weitere Erkenntnisse bringen.

Die Schädigung von elektronischen Bauelementen erfolgt heute immer mehr durch Maschinen und Anlagen. Der Mensch wird inzwischen durch die ESD-Kontrollmaßnahmen so ausgerüstet, dass er nicht aufgeladen ist oder die elektrostatischen Ladungen gefahrlos abgeleitet werden können. Die Maschinen und Anlagen können nach heutigen Erkenntnissen nicht so einfach „ESD-gerecht" gestaltet werden. Unterschieden werden muss zwischen dem Aufbau der Maschine und dem eigentlichen Bearbeitungsvorgang, denn erst bei diesen Vorgängen treten elektrostatische Aufladungen und Potentialdifferenzen auf, die die Bauelemente schädigen. Dabei ist das elektronische Bauelement genauso eine Ladungsquelle, wie die zu bestückende Leiterplatte. Aus diesem Grund liefert nur die Prüfung nach CDM oder SDM für diesen Vorgang Aussagen zur Empfindlichkeit elektronischer Bauelemente. Die Prüfverfahren selbst sind schwer zu beschreiben, da die Verhältnisse in den Maschinen noch nicht ausreichend untersucht sind. Zum einen fehlen einfach geeignete Sensoren, um die Quellen zu finden, und zum anderen ist der Vorgang damit schwer zu beschreiben.

1.4.4 Field Induced Model (FIM) – Feldbezogene Entstehung und Entladung von elektrostatischen Ladungen

Bei diesem Modell steht das Bauelement in Beziehung mit einem elektrostatischen Feld, das wiederum durch ein geladenes Objekt hervorgerufen wird. Es ist allgemein bekannt, dass alle geladenen Objekte von einem elektrostatischen Feld umgeben sind. Damit existiert ein Potentialgradient zwischen geladenem Objekt und Erdpotential. MOS-Strukturen reagieren anders als bipolare, wenn sie in ein stationäres elektrisches Feld gebracht werden. Der Grund ist die unterschiedliche Kondensatorstruktur. Aus diesem Grund werden zwei unterschiedliche Fehlermodelle und Ersatzschaltbilder verwendet. Die Ersatzschaltungen entsprechen grundsätzlich den Bildern 1.20 und 1.21 des vorhergehenden Abschnittes. Wird eine MOS-Kondensatorstruktur in ein elektrostatisches Feld gebracht, so wird ein Potential über dem Gateoxid aufgebaut. Dieses Potential liegt normalerweise unter der Durchbruchspannung des Gateoxides. Die Ursache ist die gegenüber der Luft höhere dielektrische Kraft des Halbleiterdielektrikums. Elektrostatische Ladungen können vom Dielektrikum des Gateoxides gespeichert werden. Je nach Größe oder Kapazität des Gateoxides müssen die gespeicherten Ladungen nicht zum sofortigen Ausfall des elektronischen Bauelementes führen. Erst weitere elektrostatische Aufladungen führen zu einer Überschreitung des Grenzwertes und zu einem Abfluss der gesamten elektrostatischen Ladungen, der dann den Ausfall des Bauelementes erzeugt. Leider können die elektrostatischen Ladungen, die sich auf dem Dielektrikum befinden, nicht gemessen werden.

Elektronische Bauelemente haben sehr kleine Abmessungen. Der Potentialgradient, der sich aufbaut, ist ebenfalls sehr klein. Es ist schwer vorauszusagen, wie hoch das elektrostatische Feld sein muss, um die Entladung zu starten. In jedem Fall führt die Entladung zu Schäden, latenten oder dauerhaften.

Wird z. B. ein derartiges elektronisches Bauelement, dass bereits Ladungen im Dielektrikum gespeichert hat, in ein elektrostatisch geladenes Transportmagazin oder in einen elektrostatisch geladenen Lagerbehälter gelegt und das dort vorhandene elektrostatische Feld besitzt eine ausreichende Intensität, dann kann dieses den Abfluss der elektrostatischen Ladungen vom Dielektrikum provozieren. Der Entladestromimpuls führt dann zur Zerstörung des Gateoxides und damit des gesamten Bauelementes. Diese Gefahren werden immer unterschätzt. Das Problem ist, dass keine ausreichenden Schädigungsmechanismen und vor allem Parameter bekannt sind. Modelle sind bisher nicht entworfen worden, weil viele Faktoren noch unbekannt sind. Diese unbekannten Faktoren können das Modell aber entscheidend beeinflussen. Es ist z. B. bisher nicht bekannt, wie hoch das eigentliche Feld sein muss, um Ladungen im pn-Übergang zu transportieren. Dieser Wert kann rechnerisch ermittelt werden, aber Untersuchungen an elektronischen Bauelementen können nur durch zerstörende Messmethoden erfolgen. Eine Untersuchung während des eigentlichen Schädigungsvorganges ist nicht möglich, höchstens an Modellen. Aber auch das ist bisher nicht erfolgt. Erste Ansätze gibt es in einem gemischten Modell aus CDM und FIM oder einem erweiterten CDM [18, 19].

1.4.5 Charged Board Model (CBM) und Field Induced Charged Board Model (FICBM)

Neben den bereits besprochenen Fehlermodellen für elektronische Bauelemente (ESDS) gibt es weitere Überlegungen zu zwei anderen Fehlermodellen. Bei diesen Modellen wird nicht vom Einzelbauelement ausgegangen, sondern von der gesamten Leiterplatte oder Baugruppe. Die Leiterplatte selbst besteht aus einem sehr hoch aufladbaren Material; sie ist also elektrostatisch aufgeladen. Auf dieser befinden sich verschiedene Bauelemente, die wiederum auch elektrostatisch aufgeladen sein können. Die Leiterplatte (PCB) kann also selbst Quelle für elektrostatische Auf- und Entladevorgänge sein. Dabei können Einzelbauelemente oder ganze Baugruppen geschädigt werden. Zwischen der direkten Entladung und einer speziellen Feldwirkung wird bei beiden Modellen unterschieden. Bisher gibt es keine speziellen Modellaufbauten oder Schädigungsmodelle [91].

1.5 Allgemeine Fehlermodelle von elektronischen Bauelementen

Fehler durch elektrostatische Ladungen werden allgemein durch einen ESD-Impuls hervorgerufen. Prinzipiell kann zwischen leichten oder harmlosen und schweren Fehlern unterscheiden werden. Entsprechend der englischsprachigen Literatur kann man auch von „soft" und „hard" Fehlern sprechen.

Leichte Fehler sind das Ergebnis einer ESD-Entladung im Inneren einer elektronischen Einrichtung, ohne dass das elektronische Bauelement total zerstört wird. Das bei der Entladung entstehende elektrostatische Feld erzeugt eine Beeinflussung der elektronischen Schaltung oder einzelner Schaltungselemente. ESD-Entladungsimpulse können kapazitiv oder induktiv eingekoppelt werden. Der dabei entstehende Strom und das damit verbundene elektrische Feld existieren nur sehr kurz, können aber durch ihre Intensität bedeutende Effekte im Gerät hervorrufen. ESD-Transienten sind nicht nur der Teil eines Signalproblems, sondern des gesamten elektronischen Systems. Im Allgemeinen werden geringe Energien oder sehr kleine Spannungsänderungen bei hohen Impedanzen zum Schalten von Geräten oder Speichern von Daten gefordert. Damit sind diese elektronischen Systemkomponenten aber sehr empfindlich gegenüber ESD-Ereignissen. Leichte Fehler können die Arbeit von elektronischen Einrichtungen beeinflussen. Die Einkopplung von ESD-Impulsen in elektronische Einrichtungen kann zu Veränderungen der gespeicherten Daten führen, eingeschlossen sind dabei sämtliche Speichermedien, sowohl elektronische als auch magnetische Datenträger. Im Vergleich zu den schweren Fehlern sind sie nicht sofort erkennbar und können zu irgendeinem schwer vorher bestimmbaren Zeitpunkt auftreten. Kommen sie mehrfach vor, so können sie die Lebensdauer bestimmter Teile einer Einrichtung oder des gesamten Systems reduzieren. Als grundlegend schwere ESD-Fehler werden die folgenden drei Fehlermechanismen bezeichnet:

- Thermischer Durchbruch eines Überganges (Thermischer Lawinendurchbruch)
- Dielektrischer Durchbruch
- Aufschmelzen der Metallisierung

Die drei Beispiele für schwere ESD-Fehler, die zur Zerstörung der Bauelemente durch elektrostatische Fehler führen können, verteilen sich wie folgt auf die Bauelementetechnologien [8]:

90 % aller bipolaren Bauelemente werden durch einen thermischen Durchbruch und nur 10 % durch das Aufschmelzen der Leitbahnen zerstört. Bei MOS-Schaltkreisen sieht es umgekehrt aus: 63 % werden durch Aufschmelzen der Metallisierung und nur 27 % durch einen dielektrischen Durchbruch geschädigt. Hier ist wieder der Unterschied zwischen spannungsgefährdeten und energiegefährdeten Bauelementen zu sehen.

1.5.1 Thermischer Durchbruch

Elektrostatische Entladungsvorgänge verursachen vorrangig bei bipolaren Bauelementen thermische Durchbrüche. Es kommt zum Kurzschluss des pn-Überganges und damit zum Ausfall des Bauelementes sowie des gesamten Gerätes. Zum Aufschmelzen des pn-Überganges kommt es aber nur, wenn die Schwelle des thermischen Durchbruches am Übergang überschritten wurde. Beim ersten Durchbruch steigt der Strom an und führt zu einer thermischen

Beanspruchung des Überganges. Es kommt zur Ausbildung eines Schmelzkanals und damit zur Zerstörung des Überganges. Mit steigender Miniaturisierung der integrierten Schaltkreise werden die pn-Übergänge immer schmaler, dass führt folglich zu einer größeren ESD-Empfindlichkeit.

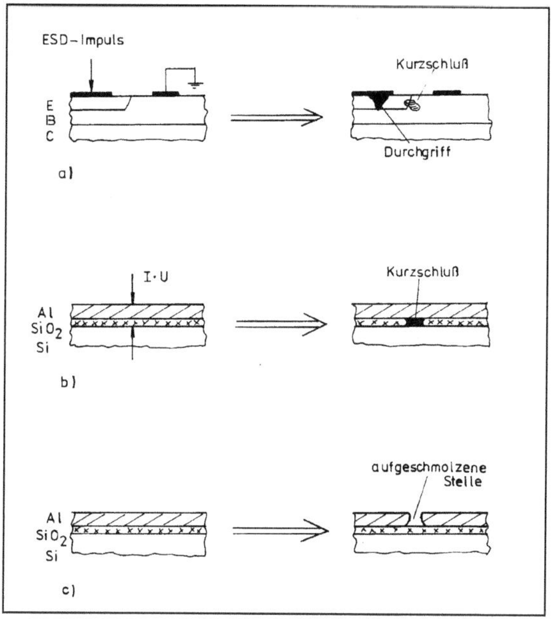

a) Thermischer Durchbruch

b) Dielektrischer Durchbruch

c) Aufschmelzen der Metallisierung

Bild 1.25: ESD-Fehler bei elektronischen Bauelementen

Dieser Ausfallmechanismus des thermischen Durchbruches ist ein typischer Vorgang für ein energieempfindliches Bauelement.

1.5.2 Dielektrischer Durchbruch

Der primäre Fehlermechanismus bei MOS-Strukturen ist der Gateoxid-punch-through oder Gateoxiddurchgriff (siehe Bild 1.25b). Er ereignet sich, wenn eine ausreichend große Potentialdifferenz über dem dielektrischen Gebiet (Gateoxid) vorhanden ist und damit die Durchbruchspannung des Gebietes überschritten wurde. Ist der Gateoxid-punch-through einmal erfolgt, so genügen sehr kleine Energiemengen, um einen Kurzschluss zu erzeugen. Diese Form eines Fehlers ist vergleichbar mit einem Fehler, der durch eine überhöhte Spannung hervorgerufen wird. Die Spannung kann sowohl von einem ESD-Ereignis herrühren oder von einer anderen zu hohen Spannung. Der Fehler kann zum Ausfall oder zu einer begrenzten Einsetzbarkeit des Bauelementes führen. Die Durchbruchspannung solch einer isolierten Gateoxidschicht ist eine Funktion der Impulsanstiegszeit, also der Zeit, die erforderlich ist für den Lawinendurchbruch des isolierten Materials.

$$U_{BR} = \frac{I_{ESD}}{C_{GATE}} f(t_a) \qquad (1.10)$$

Zur Reduzierung der ESD-Empfindlichkeit werden von den Halbleiterherstellern integrierte Eingangsschutzschaltungen in die Bauelemente eingebaut. Diese zusätzlichen Schaltungselemente bewirken einen begrenzten Gateschutz. In vielen Fällen wird der Eingangstransistor des Schutznetzwerkes selbst durch einen ESD-Impuls zerstört. Dieser Fehlermechanismus schließt den Bereich der thermischen Schäden der strombegrenzenden Widerstände und der Schutzdiodenübergänge der Eingangsschutzschaltungen ein, sowie die Gateoxidschäden der Bauelemente. Wie in dem Fall des thermischen Durchbruches der bipolaren Transistoren werden auch MOS-Bauelemente bei einer Reduzierung der Strukturabmessungen sowie einer Erhöhung der Packungsdichte empfindlicher gegenüber ESD.

1.5.3 Aufschmelzen der Metallisierung

Fehler können sich auch ereignen, wenn durch einen ESD-Transienten eine bedeutende Zunahme der Bauelementetemperatur hervorgerufen wird und diese zum Aufschmelzen der Metallisierung oder der Bonddrähte führt (vgl. Bild 1.25c). Mehrfach wurden theoretische Modelle aufgestellt, die die Berechnung der Ströme, in Abhängigkeit vom Material und der stromdurchflossenen Querschnittsfläche sowie der Dauer des Stromflusses, erlaubt. Das Aufschmelzen der Metallisierung ist häufig ein zweiter oder Folge-Fehlermechanismus. Er ereignet sich oft als Folge eines zweiten Durchbruches oder eines Gateoxiddurchgriffes. Zuerst wird ein Kurzschluss verursacht, danach fließt ein genügend großer Strom. Dieser bewirkt ein Aufschmelzen der metallisierten Leitbahnen. Bei diesem Fehler fällt zuerst der pn-Übergang oder das Gateoxid aus und als zweites erfolgt das Aufschmelzen der Metallisierung. Nach einer ersten Vorschädigung fällt das Bauelement somit vollkommen aus.

1.5.4 Unterschiede bei den verschiedenen Bauelementetechnologien

Ausgehend von den unterschiedlichen Bauelementetechnologien wird unterschieden zwischen spannungs- und energieempfindlichen Bauelementen und Baugruppen. Bei der Zerstörung von elektronischen Bauelementen existieren danach zwei verschiedene Mechanismen: ein Strom- und ein Spannungsmodus. Früher waren nur MOS-Bauelemente gegenüber elektrostatischen Entladungen gefährdet, heute können alle Bauelementetypen zerstört werden. MOS-Bauelemente sind typische Vertreter für spannungsempfindliche Bauelemente, bipolare dagegen sind stromempfindlich.

Im Fall des Spannungsmodus in einem MOS-Transistor fließt in dem Moment kein Strom, in dem die Spannung angelegt wurde. Der Strom über dem Gateoxid (Dielektrikum) ist annähernd null. Ist die elektrische Spannung unter dem Durchbruchpegel, dann passiert nichts, d.h., das Gateoxid wird nicht zerstört. Die elektrostatischen Ladungen können aber vom Gateoxid gespeichert werden. Für den Spannungsmodus gibt es jetzt zwei Möglichkeiten: Entweder das Gateoxid ist nicht vorgeladen, aber die elektrostatische Spannung ist über dem Durchbruchpegel, dann wird das Gateoxid sofort zerstört. Der andere Fall tritt ein, wenn das Gateoxid bereits elektrostatische Ladungen gespeichert hat, und jetzt eine Spannung angelegt wird, die sich zu den Ladungen addiert und jetzt insgesamt über der Durchbruchspannung liegt. In der Folge wird das Gateoxid zerstört. Bei dieser einfachen Erklärung wurden viele parasitäre Effekte vernachlässigt, z. B. Leck- oder nichtlineare Ströme sowie Tunnelströme in sehr dünnen Gateoxiden.

Bipolare Transistoren sind energieempfindliche Bauelemente. Hier wird davon ausgegangen, dass über dem pn-Übergang im Betrieb ein normaler Strom fließt. Eine elektrostatische Entladung verursacht dann einen höheren Strom, der wiederum den eigentlichen pn-Übergang höher belastet. Diese Belastung muss vom Übergang in z. B. Wärme umgesetzt werden. Das führt dazu, dass die Materialien am pn-Übergang bei sehr hohen Strömen verdampfen. Die Folge ist wiederum, dass der Strom weiter ansteigt und das Bauelement endgültig zerstört wird.
Zukünftig müssen diese Aspekte stärker beachtet werden. Neben den eigentlichen Halbleiterbauelementen sind auch andere passive Bauelemente immer mehr durch elektrostatische Entladungen gefährdet. Die weitere Reduzierung der Abmessungen der Bauelemente führt zu Erhöhung der ESD-Empfindlichkeit von elektronischen Bauelementen.

1.6 Wirkungen von ESD auf MOS-Strukturen

1.6.1 Aufbau und Wirkungsweise eines MOS-Transistors

MOS- und CMOS-Transistoren sind Feldeffektanordnungen, die durch kleine Spannungen gesteuert werden. Bild 1.26 zeigt einen Querschnitt von einem MOS-Transistor (n-Kanal Enhancement Transistor). Die Steuerung des Stromflusses erfolgt durch ein elektrisches Feld, das über dem Gate an den Transistor angelegt wird.

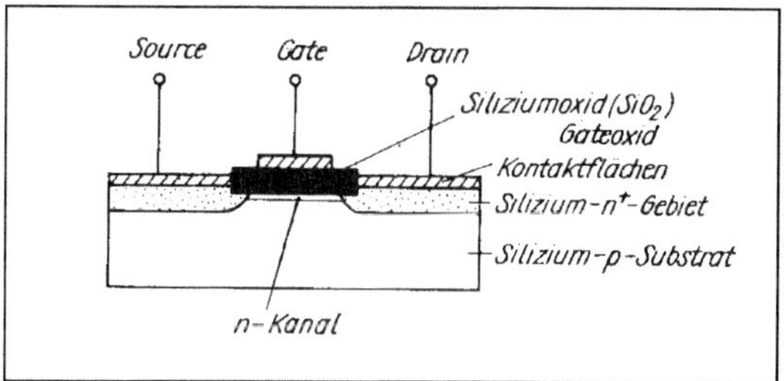

Bild 1.26: Querschnitt eines MOS-Transistors

Es gibt verschiedene Möglichkeiten für den Aufbau eines MOS-Transistors: IGFET (Isolator Gate-FET), JFET (Junction-FET), SFET (Sperrschicht-FET) usw. Neben der Art des Gates werden die Bauelemente nach der Art der Entstehung des zu steuernden Gebietes unterschieden: Verarmungs- (Depletion) oder Anreicherungs- (Enhancement) Typ. Ist der elektrische Kanal bereits im spannungslosen Zustand vorhanden, spricht man vom Verarmungstyp. Wird dieser Kanal durch Anlegen einer äußeren Spannung erzeugt, handelt es sich um einen Anreicherungstyp. Der Kanal selbst kann n- oder p-leitend sein. Die CMOS-Technik ist eine Weiterentwicklung der MOS-Technik zu einer leistungslosen Digitaltechnik. Die CMOS-Schaltungsanordnung besteht aus einem Depletion- und einem Enhancement-Transistor. Für die weiteren Betrachtungen stellt die Anordnung Metall-Isolator-Halbleitermaterial (Gate-SiO_2-Kanal) einen Plattenkondensator hoher Güte dar. Das Gateoxid besteht aus SiO_2 mit einer Dicke von weniger als 10 nm. Das Siliziumoxid ist ein sehr guter Isolator. Bei der Entladung, z. B. einer Person an der Gateelektrode, speichert das Siliziumoxid die abgegebene Ladungsmenge. Die Kapazität ist, bedingt durch die Abmessungen, sehr gering. Es kommt sehr schnell zu einem Durchschlag dieser dünnen Schicht. Durch die Anordnung der einzelnen Schichten und der Forderung nach einer leistungslosen Steuerung liegt der Eingangswiderstand im spannungslosen Zustand in der Größenordnung von 10^{12} bis 10^{16} Ω. Dieser Eingangswiderstand bedingt eine sehr schnelle Aufladung der Gateelektrode durch äußere Einflüsse (z. B. Luftbewegungen, Medienströmungen usw.).

1.6.2 Entladung an einem MOS-Transistor

Bild 1.27 zeigt das Ersatzschaltbild für die Entladung einer Person an einem MOS-Transistor. Für die Spannung am Gate zum Zeitpunkt t gilt die Beziehung

$$U_G = U_S \; \frac{C'}{C_G} \; 1 - e^{\frac{-t}{RC'}} \qquad (1.11)$$

mit

$$\frac{1}{C'} = \frac{1}{C_G} + \frac{1}{C_S}$$

R = Innenwiderstand der Spannungsquelle und gesamter Entladungswiderstand
U_S = Leerlaufspannung der elektrostatischen Spannungsquelle

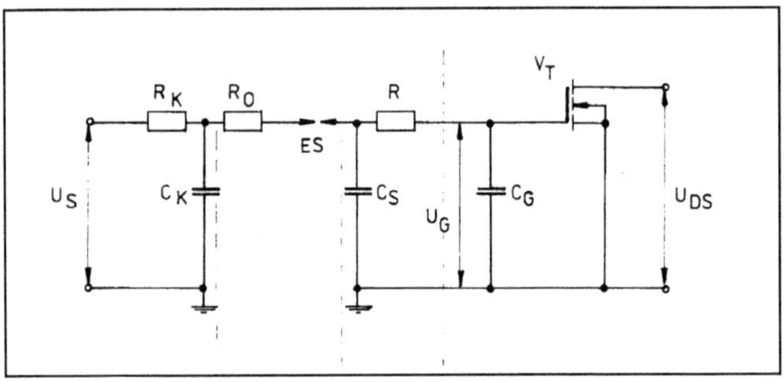

Bild 1.27: Ersatzschaltung für die Entladung einer Person am Gate eines MOS-Transistors

Bild 1.28 zeigt den Verlauf von U_G bei der Entladung einer Person am Gate des Transistors. U_G steigt an und nähert sich asymptotisch dem Wert

$$U_S = \frac{C}{C_G}$$

Dieser Wert ist dabei kleiner als die Leerlaufspannung U_S. Aus der Gleichung (1.11) lässt sich die Leerlaufspannung der elektrostatischen Spannungsquelle errechnen, wenn U_{Smax} bekannt ist.

$$U_S = \frac{U_{S\max}}{\frac{C'}{C_G} 1 - e^{\frac{-t}{RC'}}} \qquad (1.12)$$

Für die Berechnung der zulässigen Leerlaufspannung wird vorausgesetzt, dass nach

$$\frac{t}{RC'} = 5 \qquad \text{99 \% der Endspannung erreicht wird.}$$

Setzt man die Werte für die Ersatzschaltelemente des menschlichen Körpers ein und nimmt an, dass dieser Körper auf ca. 1500 V aufgeladen wurde, so ergibt sich ein Wert von etwa 480 V am Gate. Die nach Gleichung (1.12) erfolgte Berechnung der zulässigen Spannung am Gate zeigt, dass die Leerlaufspannung am Gate fast 5 x höher liegt, als zulässig ist.

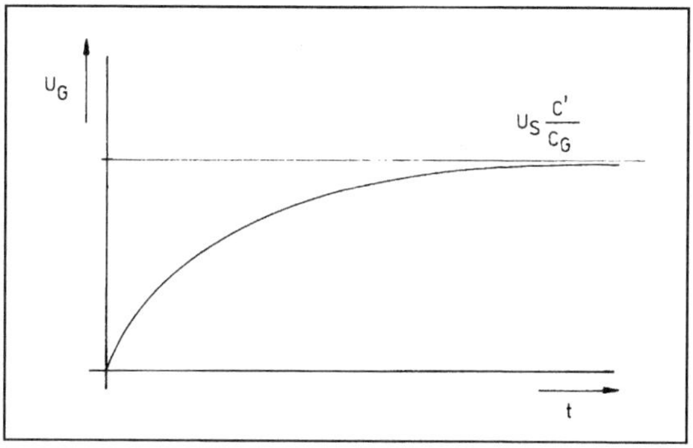

Bild 1.28: Verlauf der Spannung U_G

1.6.3 Leistungs-MOS-Transistoren

Bisher werden nur MOS-Strukturen von sehr kleinen Bauelementen betrachtet. Einige Untersuchungen an Leistungs-MOS-Transistoren zeigen, dass auch hier Beeinflussungen durch Belastungen mit ESD-Impulsen auftraten. Gerade latente Fehler, die sich über einen Zeitraum akkumulieren, sind hier zu beobachten.

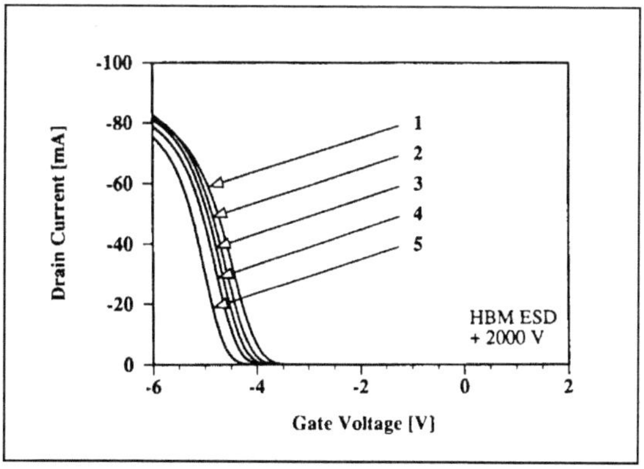

Bild 1.29: Typischer Strom-Spannungsverlauf eines n-Kanal-MOSFET nach einer Belastung mit ± 250 V ESD-Impuls

Durch den Einfluss mehrerer ESD-Impulse kommt es mit der Zeit zur Veränderung des Gatestromes. Die Bilder 1.29 und 1.30 dokumentieren Untersuchungen an Leistungsbauelementen, die elektrostatisch belastet wurden [21].

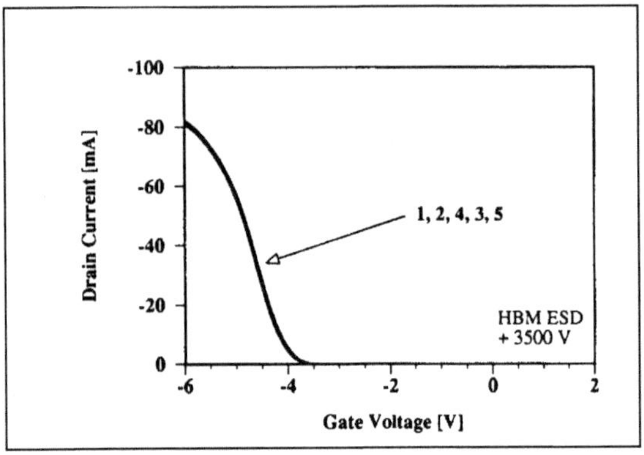

Bild 1.30: Veränderung des Gatestromes eines n-Kanal-Leistungs-MOSFETs durch Belastung mit ESD-Impulsen

1.6.4 Mehrfache ESD-Fehler – Überlagerung von Fehlern – Latente Fehler und Degradation

Grundsätzlich kommt es im elektronischen Bauelement zu einer Überlagerung der ESD-Fehler oder zu einer Akkumulation der schädigenden Effekte. Prinzipiell kann festgestellt werden, dass jeder ESD-Impuls unterhalb der Schädigungsschwelle zu einer späteren Zerstörung des elektronischen Bauelementes führt. Die Lebensdauer von ESD-belasteten-Bauelementen verringert sich mit jedem ESD-Impuls. Allgemein fallen sie und damit ganze Geräte zu einem späteren Zeitpunkt total aus. Mehrfache ESD-Fehler können auch unter dem Aspekt der Vorschädigung oder Degradation von elektronischen Bauelementen betrachtet werden. Oft ist es überhaupt nicht nachweisbar, wann ein elektronisches Bauelement geschädigt wurde. Die Aussage, dass es bei elektronischen Bauelementen keine Degradation gibt, ist falsch. Die bisherigen und die weiteren Ausführungen werden zeigen, dass alle Teile von elektronischen Bauelementen elektrostatische Ladungen speichern können. Viele Gebiete der Bauelementestrukturen bestehen aus isolierenden Schichten. Diese speziellen Schichten und Übergänge im eigentlichen Bauelement sind Kapazitäten oder parasitäre Kapazitäten, die elektrostatische Ladungen speichern können.

Die Bilder 1.31 und 1.32 zeigen Beispiele für den Kennlinienverlauf eines elektronischen Bauelementes, dass durch elektrostatische Entladungen beeinflusst wurde. Veränderungen bei verschiedenen Parametern sind deutlich zu erkennen. Grundsätzlich können die Bauelemente weiterhin funktionieren, ohne dass Veränderungen festgestellt werden. Die Bauelemente können aber auch zu einem schwer voraussehbaren Zeitpunkt ausfallen. Damit ist es schwer zu sagen, wann die Geräte oder Systeme nicht mehr funktionieren. Es kann sogar vorkommen, dass vorgeschädigte elektronische Bauelemente überhaupt nicht ausfallen. Es gibt keine Möglichkeit, diese Veränderungen in den elektronischen Bauelementen zu ermitteln bzw. zu messen und damit Ausfälle vorauszusagen.

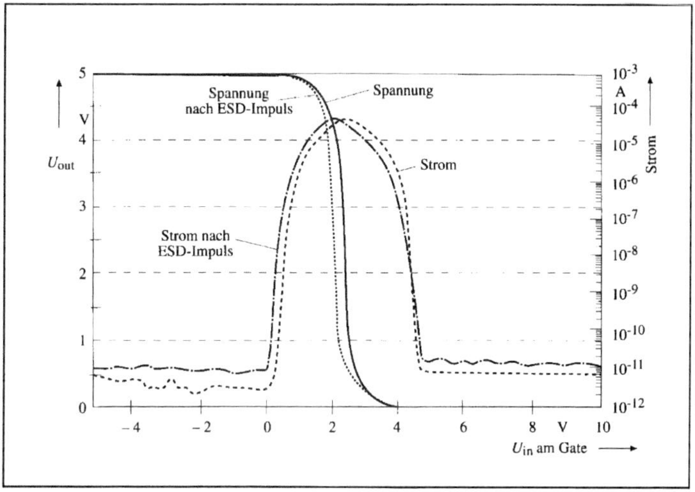

Bild 1.31: Typischer Strom-Spannungs-Kennlinienverlauf eines CMOS-Inverters nach einer Belastung mit einem ESD-Impuls von -250 V

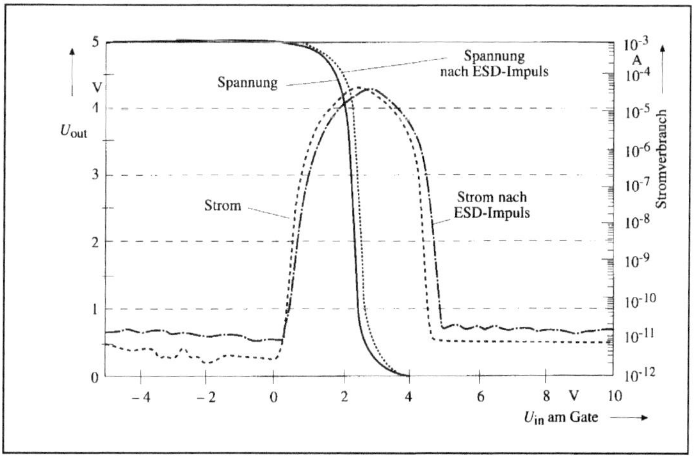

Bild 1.32: Typischer Strom-Spannungs-Kennlinienverlauf eines CMOS-Inverters nach einer Belastung mit einem ESD-Impuls von +250 V

Zur Verständigung wird im folgenden Bild 1.33 der allgemeine Aufbau von einem CMOS-Inverter gezeigt. Das Bild 1.34 stellt den unbelasteten Strom-Spannungsverlauf dieses Bauelementes dar.

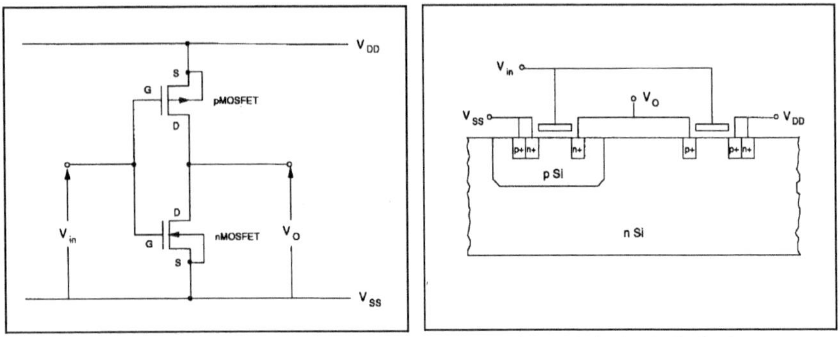

a) Schaltung
b) Querschnitt durch die Struktur

Bild 1.33: Typischer Aufbau eines CMOS-Inverters

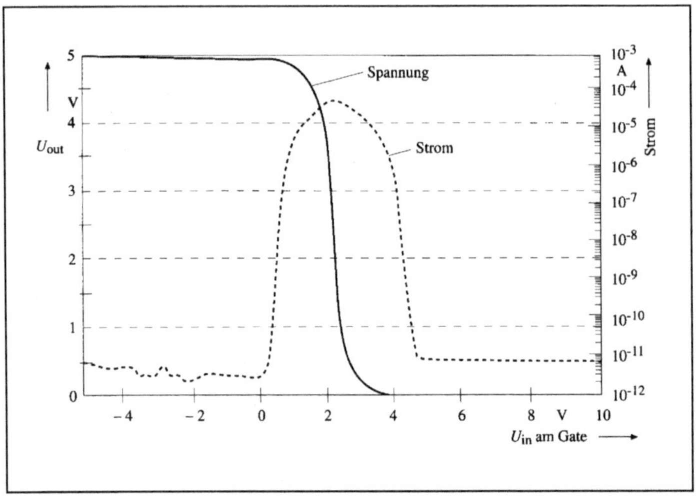

Bild 1.34: Typischer Strom-Spannungs-Kennlinienverlauf des CMOS-Inverters

1.6.5 Wirkungen von ESD auf bipolare Bauelemente

Im Bild 1.35 wird das Ersatzschaltbild für die Entladung einer Person an einem bipolaren Transistor gezeigt. Die wirkenden Schaltungselemente unterscheiden sich wesentlich von dem Ersatzschaltbild einer Entladung an einem MOS-Transistor. Anstelle der Gatekapazität sind die aktiven Elemente Bahn- bzw. Leitungswiderstände, Leitungsinduktivitäten sowie Emitter- und Kollektorkapazitäten angeben.

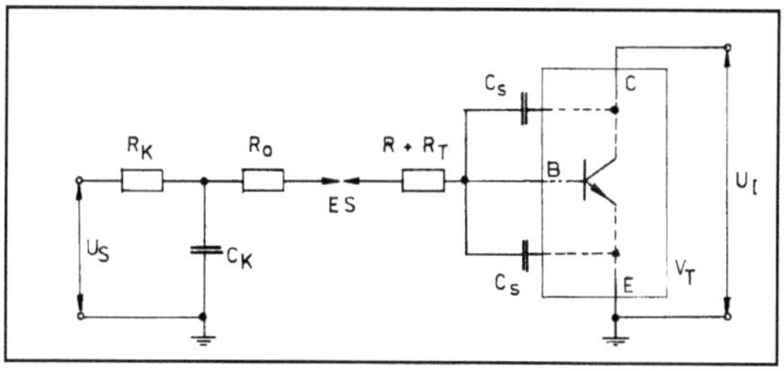

Bild 1.35: Typische Ersatzschaltung für die Entladung einer Person am Eingang eines bipolaren Transistors

Die bisherigen Ausführungen zu den Fehlermechanismen waren nur qualitativ und wiesen auf prinzipielle Vorgänge hin. Im Folgenden sollen einige numerische Analysen die bisherigen Feststellungen unterstützen.

1.6.5.1. Das Wunsch-Bell-Modell zur Bestimmung von Fehlerpegeln

Das Modell von Wunsch und Bell [17] ist ein einfaches mathematisches Verfahren zur Bestimmung der ESD-Spannungsschwelle von Dioden und Transistoren bei Impulsspannungen. Dieses Modell verwendet das Verhältnis der Leistung pro Flächeneinheit zu der thermischen Charakteristik des Halbleiters. Diese wiederum wird verwendet zur Berechnung des lokalen Temperaturanstieges und der Schwelle der Leistungsdichte für einen Fehler. Fehler ereignen sich dann, wenn die Temperatur am pn-Übergang den Schmelzpunkt des Halbleitermaterials erreicht. Wunsch und Bell beschrieben ein eindimensionales Modell für einen Impuls mit umgekehrter Polarität, der an einem pn-Übergang mit einer großen Durchbruchspannung wirkt. In diesem Fall steigen immer alle Spannungen, die über dem Übergang anliegen, an und die primäre Wärmequelle ist in dem Verarmungsgebiet (Depletion) lokalisiert. Für solch ein Modell werden die Fehlerbedingungen durch:

$$P_f = \sqrt{\pi \cdot \kappa \cdot \rho \cdot c_p}\ \left[T_m - T_0\right] \cdot \sqrt{t_f} \tag{1.13}$$

gegeben, wobei:

P	=	im pn-Übergang umgesetzte Leistung
A	=	Fläche des pn-Überganges
k	=	thermische Leitfähigkeit
p	=	Dichte
C_p	=	spezifische Wärme
T_m	=	Fehlertemperatur
T	=	Initialtemperatur
t	=	ESD-Impulsdauer

ist.

Es wird vorausgesetzt, dass die gesamte Leistung im Bauelement bzw. über dem Bauelement selbst vorkommt, mit einem resultierenden eindimensionalen Wärmeabfluss. In praktischen Fällen wird ein Teil der Leistung im Silizium-Substrat verteilt, damit ist der resultierende Wärmestrom nicht eindimensional. Wenn man annimmt, dass die Leistung bei oder in der Nähe des pn-Überganges verteilt wird und wenn außerdem angenommen wird, dass das Übergangsgebiet ein flächenbegrenztes Gebiet des Strompfades ist, ist die Berechnung annähernd richtig. Das Wunsch-Bell-Modell kann zur Bestimmung des angenäherten Fehlerpegels von integrierten Schaltkreisen in Folge eines Stromimpulses, der durch ESD erzeugt wurde, verwendet werden.

1.6.5.2. Berechnung der ESD-Spannungsschwelle von pn-Übergängen

Speakman [21] wendete das Wunsch-Bell-Modell zur Bestimmung der ESD-Spannungsschwelle an. Berührt eine geladene Person ein Pin und ein anderes Pin ist geerdet, so fließt die Ladung durch das Bauelement zum Erdpotential. Das Ergebnis ist ein schnell abfallender Stromimpuls. Der maximale Wert des Stromes hängt von der Initialspannung und dem gesamten Widerstand, durch den der Strom auf seinem Weg zur Erde fließt, ab. Der Winkel des abfallenden Impulses wird durch die Zeitkonstante des Entladungsnetzwerkes, also dem Produkt aus Entladewiderstand und Kapazität des geladenen Objektes, bestimmt.

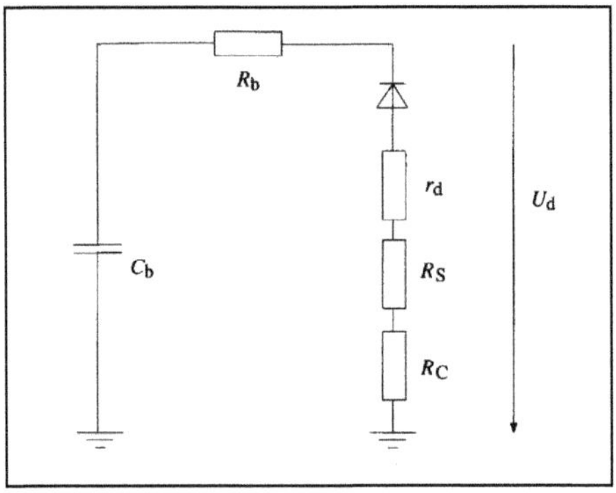

Bild 1.36: Schaltungsnetzwerk für den Entladungsweg

Das Bild 1.36 zeigt ein vergleichbares Netzwerk für den Stromentladungsweg. In diesem Bild ist C_b die Kapazität des geladenen Körpers mit Anschluss zur Erde und R_b ist der Körperwiderstand. U_d ist die Spannungsspitze, die über dem pn-Übergang (umgekehrte Durchbruchspannung oder Spannungsspitze im Vorwärtsbetrieb, abhängig von dem direkten Stromfluss) wirkt, r_d ist der innere dynamische Widerstand des pn-Überganges, R_S ist der innere Widerstand des Halbleitersubstrates und R_1^C ist der Kontaktwiderstand des Bauelementes zur Erde. Die Übergangskapazität und die vorhandenen parasitären Kapazitäten wurden für dieses einfache Modell vernachlässigt.

Initialisiert ein Körper mit der Kapazität C_b und einem statischen Potential U_b eine Entladung durch das Bauelement, wie im Bild gezeigt wird, so erhalten wir einen exponentiell abfallenden Entladeimpuls der folgenden Form:

$$i(t) = I_p \, e^{\frac{-t}{\tau_d}} \tag{1.14}$$

und

$$I_p = \frac{U_p - U_d}{R_b + r_d + R_S + R_1^C} \tag{1.15}$$

wobei I_p = der Spitzenwert des Stromes

und τ_d = die Entladungszeitkonstante ist.

Die Entladungszeitkonstante τ_d ist gegeben durch

$$\tau_d = \left(R_b + r_d + R_S + R_1^C\right)C_b \tag{1.16}$$

Erfolgt der Stromfluss vom Emitter durch den Emitter-Basis-Übergang zum Basis-Kontakt wird die Leistung am pn-Übergang und der Basis sowie zwischen dem Übergang und dem Basis-Kontakt verteilt. Dieses Gebiet trägt auf Grund seiner geschlossenen (inneren) Anordnung zur Zunahme der Temperatur des Siliziums in der Nähe des pn-Überganges bei. Die gesamte Leistung, die bei oder in der Nähe des Überganges verteilt wird, ist eine Funktion der Zeit

$$P(t) = U_d\ i(t) + R_S\, i^2 \tag{1.17}$$

wobei U_d die Spitzenspannung über dem Übergang ist und sowohl die umgekehrte Durchbruchspannung oder die vorherige Spannungsspitze sein könnte, abhängig von dem direkten Stromfluss. U_d und R_S sind komplexe Funktionen der Temperatur.

Zur Bestimmung eines angenäherten Wertes für die ESD-Spannungsschwelle wird angenommen, dass diese Parameter konstant sind. Den Ausdruck für die momentane Leistungsverteilung $P(t)$ erhält man durch Substitution des momentanen Stromes $i(t)$ in die Gleichung (1.17). Demzufolge ist

$$P(t) = U_d I_p e^{\frac{-t}{\tau_d}} + R_S I_p^2 e^{\frac{-2t}{\tau_d}} \tag{1.18}$$

Da die Stromkurve ein exponentiell abfallender Impuls ist, wird annähernd 99 % der Leistung in den ersten 5 Zeitkonstanten verteilt. Folglich wird die durchschnittliche Leistung im Zeitraum von $t = 0$ bis $t = 5\ \tau_d$ im Substrat verteilt.

Die Leistung P_{av} errechnet sich unter Verwendung der Impulsbreite von $5\ \tau_d$

$$P_{av} = \frac{1}{5\tau_d} \int_0^{5\tau_d} P(t)dt \tag{1.19}$$

$$= \frac{1}{5\tau_d} \int_0^{5\tau_d} U_d I_p e^{\frac{-t}{\tau_d}}\, dt + \frac{1}{5\tau_d} \int_0^{5\tau_d} R_S I_p^2 e^{\frac{-2t}{\tau_d}}\, dt \tag{1.20}$$

$$= \frac{U_d I_p}{5}\ (1 - e^{-5}) + \frac{R_S I_p^2}{10}\ (1 - e^{-10})$$

$$P_{av} \Rightarrow \frac{U_d I_p}{5} + \frac{R_S I_p^2}{10}$$

Durch Einsetzen von P_{av} für P und $5\ \tau_d$ für t in Gleichung (1.15) kann das Wunsch-Bell-Modell zur numerischen Analyse von ESD-Fehlern bei integrierten Schaltkreisen, vorrangig bipolaren Bauelementen, angewendet werden. Auch der Ausdruck für U_b kann leicht berechnet werden durch Einsetzen der Gleichung (1.17) in die Gleichung (1.20):

$$U_b = U_d + \frac{R_b + r_d + R_S + R_1^C}{R_S}\left(U_d^2 + 10 R_S P_{av} A\right) - U_d \tag{1.21}$$

Unter Verwendung der Gleichungen (1.15) und (1.21) und der Kenntnis der Bauelementeparameter, der Bauelementeabmessungen und der geladenen Körperkapazität kann die ESD-Spannungsschwelle für einen bipolaren Schaltkreis ermittelt werden. Die Gleichung (1.15) ist im Bild 1.37 grafisch dargestellt. Unter Verwendung bestimmter Parameter für Silizium mit T_m = 1398 °C, der Schmelztemperatur für Silizium.

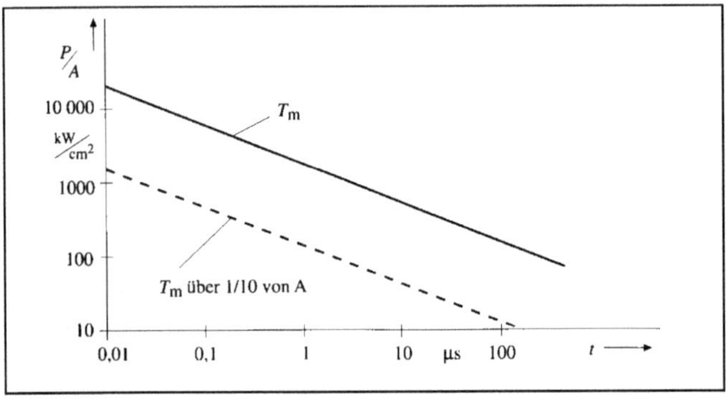

Bild 1.37: Fehlerbedingung für einen pn-Übergang

Die Gleichung (1.15) kann dann ausgedrückt werden als

$$\frac{P}{A} = kt^{-\frac{1}{2}} \tag{1.22}$$

Bild 1.38 stellt die Fehlerleistung in Abhängigkeit von der Impulszeit dar. Aufschlussreich sind die drei ausgeprägten Abschnitte der Zeitabhängigkeit des Leistungsfehlers. Dieser Kurvenverlauf zeigt, dass für sehr kurze Impulszeiten, die Fehlerleistung annähernd eine Abhängigkeit von t^{-1} aufweist, d.h. konstante Energie. Die Ursache für diese Abhängigkeit ist, dass für sehr kurze Impulszeiten, in denen große Ströme fließen, die Schmelztemperatur erreicht wird, d.h., das Substrat wird annähernd adiabatisch [22] erwärmt. Für kontinuierliches Arbeiten ist die Fehlerleistung annähernd konstant.

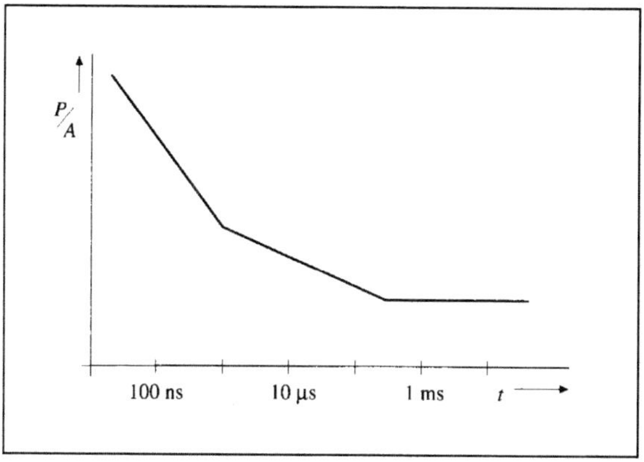

Bild 1.38: Fehlerleistung in Abhängigkeit von der Impulszeit

Zusammenfassend kann festgestellt werden, dass das Fehlermodell von Wunsch und Bell sehr gut bei bipolaren Strukturen, Transistoren und Dioden angewendet werden kann, um die ESD-Spannungsschwelle zu ermitteln. Voraussetzung ist, dass es sich um einmalige und lineare Vorgänge handelt. Dann sind die Berechnungen auch reproduzierbar. Natürlich hängen sie von vielen elektrischen Parametern ab, vor allem von denen, die als linear angenommen wurden. Für weitere Berechnungen wurden Untersuchungen durchgeführt. Diese Ergebnisse sind weit komplexer und erfordern einen größeren Rahmen.

2 ESD-Normen – DIN EN 61340-5-1 und DIN IEC/TR 61340-5-2, ANSI ESD S20.20

2.1 Übersicht über die Entwicklung der Normenfamilie IEC 61340-x-x „Electrostatics"

Bereits im Jahr 1991 gab es die erste europäische Richtlinie vom CENELEC, die CECC 00015, welche Hinweise für den Aufbau von ESD-Arbeitsplätzen und -Arbeitsbereichen gab. Diese Richtlinie ging davon aus, dass elektronische Bauelemente und Baugruppen durch elektrostatische Aufladungen gefährdet werden können. Die Basis bildete die ESD-Schädigungsschwelle für elektronische Bauelemente. Sie lag damals bei 100 V für elektrostatische Aufladungen oder als elektrostatisches Feld bei 100 V/m. Diese Richtlinie entstand aus vielen Richtlinien, die bereits von verschiedenen Firmen aus verschiedenen Ländern vorlagen. Die eigentlich erste Vorschrift, die sich mit diesem Thema beschäftigte, war die der NASA:

NASA-Vorschrift MSC 16642 Antistatic Specification NASA – Safe Handling Practices for Electrostatic Sensitive Devices

in der Ausführung von 1978 für die Raumfahrt in den USA. Inzwischen wurde dieser Military-Standard mehrfach erneuert und lag zuletzt in der Fassung vom 12/92 als MIL-STD 1686 B [23] vor. Komplettiert wurde diese Vorschrift durch das ESD-Kontrollhandbuch DOD-HDBK-263 B [24]. Alle amerikanischen Standards wurden im Jahr 1999 zu einem neuen ESD-Handbuch zusammengefasst, dem allgemeinen amerikanischen ESD-Standard: ANSI/ESD S20.20-1999.

Im europäischen Rahmen wurde die CENELEC-Vorschrift CECC 00015 von den meisten Ländern akzeptiert. In Deutschland war die DIN EN 100015 von Juni 1993 an das entsprechende Konformitätspapier. Bei der täglichen Arbeit mit dieser Richtlinie ergaben sich ständig neue Erkenntnisse. Die langjährige Überarbeitung führte zu einer verbesserten Richtlinie für den ESD-Schutz. Seit 1998 bzw. 1999 lagen die international bestätigten Exemplare, als so genannter „Technical Report Type II": IEC 61340-5-1 und IEC 61340-5-2 [10, 11] vor. Die Standards wurden im August 2001 bzw. Januar 2002 in die deutschen Normen DIN EN 61340-5-1 und DIN EN 61340-5-2 (aktuell: DIN IEC/TR 61340-5-2 [98]) übernommen.

Inzwischen sind der Entwicklungs- sowie der Erkenntnisprozess zum Inhalt dieser internationalen Vorschriften vorangeschritten und die Normen wurden vollständig überarbeitet. So konnte nun bereits die zweite überarbeitete Norm (Juli 2017), für die Anforderungen zum ESD-Schutz von elektronischen Bauelementen und Baugruppen erscheinen. In diesem Standard wurden die ESD-Anforderungen aus den beiden Vorschriften DIN EN 61340-5-1 und DIN EN 61340-5-1 Beiblatt 1 sowie das ESD-Handbuch aus der ANDSI/ESD S20.20-2014 zusammengeführt. Die DIN EN 61340-5-1 Beiblatt 1 wurde wieder umbenannt zur DIN IEC/TR 61340-5-2.

Einige Hinweise sollen nun zur Entstehung eines internationalen Standards folgen. Zuerst entsteht aus einer Idee ein so genannter Vorschlag für ein Normungsprojekt (NP). Aus diesem Projekt wird eine Arbeitsgruppe von weltweiten Experten gebildet. Diese erarbeiten daraus

Normenentwürfe, die wiederum weltweit diskutiert werden. Nach der Beseitigung aller Differenzen, oder besser gesagt der meisten, entsteht dann ein neuer weltweit gültiger Standard. Alles läuft unter der Kontrolle des „International Electrotechnical Committee" (Internationale Elektrotechnische Kommission) oder auch IEC ab.

Alle Normen, die sich mit Elektrostatik befassen, werden seit einigen Jahren im „Technical Committee" (Technisches Komitee) 101 (TC 101) des IEC bearbeitet. Dazu gehören die folgenden Standards sowie aktuellen Projekte, die alle mit der Nomenklatur 61340 beginnen. Alle Standards und Projekte können zu 5 Gruppen zusammengefasst werden. Die ersten beiden Gruppen 1 und 2 beschäftigen sich mit grundlegenden Vorschriften zur Elektrostatik, Definitionen und Messverfahren. Der Bereich 3 beinhaltet alle Fehlermodelle, angefangen vom HBM, über das MM und die zukünftig wichtigen CDM und FIM. Im Abschnitt 1 wurden diese bereits beschrieben. Die Gruppen 4 und 5 bearbeiten die praktischen Messverfahren für ESD-Materialien und Ausrüstungen und die speziellen Anforderungen für Elektronikbereiche und den dazugehörigen Verpackungsmaterialien.

Gruppe 1: Grundsätzliche Definitionen

IEC 61340-1, TR Ed. 1:	Guide to the principles of electrostatic phenomena and their measurement
IEC 61340-1-2, Ed. 1: Electrostatics - Part 1-2:	Definitions of all parts of the Electrostatic-Series 61340-x-y (derzeit nicht in Bearbeitung)

Gruppe 2: Grundlegende Messverfahren für Elektrostatik

IEC 61340-2-x	
IEC 61340-2-1: Electrostatics - Part 2-1:	Measurement methods – Ability of materials and products to dissipate static electric charge
IEC 61340-2-2 TR Ed. 1.0: Electrostatics - Part 2-2:	Measurement methods – Measurement of chargeability
IEC 61340-2-3 Ed. 1.0: Electrostatics - Part 2-3:	Methods of test for determining the resistance and resistivity of solid planar materials used to avoid electrostatic charge accumulation

Gruppe 3: Fehlermodelle

IEC 61340-3-x	
IEC 61340-3-1 Ed. 1.0: Electrostatics - Part 3-1:	Methods for simulation of electrostatic effects – Human body model (HBM) – Component testing
IEC 61340-3-2 Ed. 1.0: Electrostatics - Part 3-2:	Methods for simulation of electrostatic effects – Machine model (MM) – Component testing

Gruppe 4: Praktische Messverfahren für Materialien und Ausrüstungen

IEC 61340-4-x

IEC 61340-4-1 Ed. 1.0: Electrostatics - Part 4:	Standard test methods for specific applications – Section 1: Electrostatic behaviour of floor coverings and installed floors
IEC 61340-4-1 Ed. 2.0: Electrostatics - Part 4:	Standard test methods for specific applications – Section 1: Electrostatic behaviour of floor coverings and installed floors
IEC 61340-4-2 Ed. 1.0: Electrostatics - Part 4-2:	Standard test methods for specific applications – Test methods for garments
IEC 61340-4-3 Ed. 1.0: Electrostatics - Part 4.3:	Standard test methods for specific applications – Footwear
IEC 61340-4-4 Ed. 1.0: Electrostatics - Part 4-4:	Standard test methods for specific applications – Electrostatic protection of flexible intermediate Bulk containers (FIBC) – Test methods and requirements
IEC 61340-4-5 Ed. 1.0: Electrostatics - Part 4-5:	Standard test methods for specific applications – Methods for characterising the electrostatic Protection of footwear and flooring in combination
IEC 61340-4-6 Ed. 1.0: Electrostatics - Part 4-6:	Standard test methods for specific applications – Wrist straps
IEC 61340-4-7 Ed. 1.0: Electrostatics - Part 4-7:	Standard test methods for specific applications – Ionization
IEC 61340-4-8 Ed. 1.0: Electrostatics - Part 4-8:	Standard test methods for specific applications – Discharge Shielding-Bags
IEC 61340-4-9 Ed. 1.0: Electrostatics - Part 4-9:	Standard test methods for specific applications – Garments

Gruppe 5: Anforderungen zum Schutz elektronischer Bauelemente und Baugruppen

IEC 61340-5-x

IEC 61340-5-1 Ed. 1.0: Electrostatics - Part 5-1:	Protection of electronic devices from electrostatic phenomena – General requirements
IEC 61340-5-2 Ed. 1.0: Electrostatics - Part 5-2:	Protection of electronic devices from electrostatic phenomena – User Guide
IEC 61340-5-3 Ed. 1.0: Electrostatics – Part 5-3	Protection of electronic devices from electrostatic phenomena – Properties and requirements classifications for packaging intended for electrostatic discharge sensitive devices
IEC 61340-5-4 Ed. 1.0: Electrostatics – Part 5-4	Protection of electronic devices from electrostatic phenomena - Compliance verification
IEC/TR 61340-5-5 Ed. 1.0 Electrostatics – Part 5-5	Protection of electronic devices from electrostatic phenomena - Packaging systems used in electronic manufacturing

Die Tabelle 2.1 ist eine Auflistung dieser Standards und gibt gleichzeitig an, welche bereits als DIN Standard erschienen sind. Ergänzend enthält die Tabelle Standards, die in den Elektronikbereichen angewandt werden. Einige Standards sind in Parallelgremien (z. B. TC 47) andere nicht als IEC-Standard erschienen.

DIN Nomenklatur	Jahr	Titel	VDE Nomenklatur
DIN IEC/TR 61340-1	2014-06	Elektrostatik – Teil 1: Elektrostatische Vorgänge – Grundlagen und Messungen	VDE 0300-1
DIN EN 61340-2-1	2003-06	Elektrostatik - Teil 2-1: Messverfahren – Fähigkeit von Materialien und Erzeugnissen, elektrostatische Ladungen abzuleiten	VDE 0300-2-1
DIN EN 61340-2-1	2014-12	Entwurf IEC 101/425A/CD 2104	VDE 0300-2-1
PD IEC 61340-2-2	2000-11	Elektrostatik, Messmethoden, Messung und Aufladbarkeit (Entwurf 2000-11-15)	-
DIN EN 61340-2-3	2000-12	Elektrostatik – Teil 2-3: Prüfverfahren zur Bestimmung des Widerstandes und des spezifischen Widerstandes von festen planaren Werkstoffen, die zur Vermeidung elektrostatischer Aufladung verwendet werden	VDE 0300-2-3
DIN EN 61340-2-3	2015-04	Entwurf IEC 101/459/CD 2014	VDE 0300-2-3
DIN EN 61340-3-1	2008-03	Elektrostatik – Teil 3-1: Verfahren zur Simulation elektrostatischer Effekte – Prüfpulsformen der elektrostatischen Entladung für das Human Body Model (HBM)	VDE 0300-3-1
DIN EN 61340-3-2	2007-11	Elektrostatik – Teil 3-2: Verfahren zur Simulation elektrostatischer Effekte – Prüfpulsformen der elektrostatischen Entladung für das Machine Model (MM)	VDE 0300-3-2
DIN EN 60749-27	2013-04	Halbleiterbauelemente – Mechanische und klimatische Prüfverfahren – Teil 27: Prüfung der Empfindlichkeit gegen elektrostatische Entladungen (ESD) – Machine Model (MM)	-
DIN EN 61340-4-1	2016-04	Elektrostatik – Teil 4-1: Standard-Prüfverfahren für spezielle Anwendungen – Elektrischer Widerstand von Bodenbelägen und verlegten Fußböden	VDE 0300-4-1
DIN IEC/TS 61340-4-2	2016-01	Elektrostatik - Teil 4-2: Standard-Prüfverfahren für spezielle Anwendungen - Elektrostatische Eigenschaften von Textilien	VDE 0300-4-2
DIN EN 1815	2014-08	Elastische und Laminat-Bodenbeläge – Beurteilung des elektrostatischen Verhaltens	-
DIN EN 1081	1998-04	Elastische Bodenbeläge - Bestimmung des elektrischen Widerstandes	-
DIN/IEC TS 61340-4-2	2016-01	Elektrostatik – Teil 4-2:	VDE 0300-4-2

		Standard-Prüfverfahren für spezielle Anwendungen – Elektrostatische Eigenschaften von Textilien	
DIN EN 1149-1	2006-09	Schutzkleidung - Elektrostatische Eigenschaften - Teil 1: Prüfverfahren für die Messung des Oberflächenwiderstandes	-
DIN EN 1149-2	1997-11	Schutzkleidung - Elektrostatische Eigenschaften - Teil 2: Prüfverfahren für die Messung des elektrischen Widerstandes durch ein Material (Durchgangswiderstand)	-
DIN EN 1149-3	2004-07	Schutzkleidung - Elektrostatische Eigenschaften - Teil 3: Prüfverfahren für die Messung des Ladungsabbaus	-
DIN EN IEC 61340-4-3	2018-10	Elektrostatik - Teil 4-3: Standard-Prüfverfahren für spezielle Anwendungen - Schuhwerk	VDE 0300-4-3
DIN EN IEC 61340-4-4	2015-11	Elektrostatik – Teil 4-4: Normprüfverfahren für spezielle Anwendungen – Einordnung flexibler Schüttgutbehälter (FIBC) in elektrostatischer Hinsicht	VDE 0300-4-4
DIN EN 61340-4-5	2005-03	Elektrostatik – Teil 4-5: Standard-Prüfverfahren für spezielle Anwendungen – Verfahren zur Charakterisierung der elektrostatischen Schutzwirkung von Schuhwerk und Boden in Kombination mit einer Person	VDE 0300-4-5
DIN EN 61340-4-6	2016-04	Elektrostatik – Teil 4-6: Standard-Prüfverfahren für spezielle Anwendungen – Handgelenkerdungsbänder	VDE 0300-4-6
DIN EN 61340-4-7	2018-01	Elektrostatik – Teil 4-7: Standard-Prüfverfahren für spezielle Anwendungen – Ionisation	VDE 0300-4-7
DIN EN 61340-4-8	2015-08	Elektrostatik – Teil 4-8: Standard-Prüfverfahren für spezielle Anwendungen – Schirmwirkung gegen elektrostatische Entladung - Beutel	VDE 0300-3-8
DIN EN 61340-4-9	2017-03	Elektrostatik – Teil 4-9: Standard-Prüfverfahren für spezielle Anwendungen – Bekleidung	VDE 0300-4-9
DIN EN 61340-5-1	2017-07	Elektrostatik – Teil 5-1: Schutz von elektronischen Bauelementen gegen elektrostatische Phänomene – Allgemeine Anforderungen	VDE 0300-5-1
DIN IEC/TR 61340-5-2	2019-04	Elektrostatik – Teil 5-2: Schutz von elektronischen Bauelementen gegen elektrostatisch Phänomene – Benutzerhandbuch	VDE 0300-5-2
DIN EN 61340-5-3	2016-04	Elektrostatik – Teil 5-3: Schutz von elektronischen Bauelementen gegen elektrostatische Phänomene – Eigenschaften und Anforderungen für die Klassifizierung von Verpackungen welche für Bauelemente verwendet werden, die	VDE 0300-5-3

		gegen elektrostatische Entladungen empfindlich sind	
IEC/TR 61340-5-4	-	Electrostatics - Part 5-4: Protection of electronic devices from electrostatic phenomena - Compliance verification	-
IEC/TR 61340-5-5	-	Electrostatics - Part 5-5: Protection of electronic devices from electrostatic phenomena - Packaging systems used in electronic manufacturing	-
DIN EN 62631-1	2012-03	Dielektrische und resistive Eigenschaften fester Elektroisolierstoffe - Teil 1: Grundlagen	-
DIN EN 62631-3-1	2017-01	Dielektrische und resistive Eigenschaften fester Isolierstoffe - Teil 3-1: Bestimmung resistiver Eigenschaften (Gleichspannungsmethoden) - Durchgangswiderstand und spezifischer Durchgangswiderstand, Basisverfahren	VDE 0307-3-1
DIN EN 62631-3-2	2016-10	Dielektrische und resistive Eigenschaften fester Isolierstoffe - Teil 3-2: Bestimmung von Widerstandseigenschaften (Gleichstromverfahren) - Oberflächenwiderstand und spezifischer Oberflächenwiderstand	VDE 0307-3-2
DIN EN 62631-3-3	2016-10	Dielektrische und resistive Eigenschaften fester Isolierstoffe - Teil 3-3: Bestimmung resistiver Eigenschaften (Gleichspannungsmethoden) – Isolationswiderstand	VDE 0307-3-3

Tabelle 2.1 Stand der ESD-Normen April 2019

2.2 Grundspezifikation – Allgemeine Anforderungen für den Schutz elektronischer Bauelemente und Baugruppen vor elektrostatischen Entladungen

Ausgehend von den grundlegenden Anforderungen, den Einsatzbereichen und Definitionen wird der optimale Einsatz von ESD-Kontrollmaßnahmen vorbereitet.

Die Norm DIN EN 61340-5-1 [10] geht davon aus, dass alle elektronischen Bauelemente und Baugruppen vor elektrostatischen Entladungen und elektrostatischen Feldern geschützt werden müssen. In der Einleitung (Scope) wird darauf hingewiesen, dass die beschriebenen ESD-Kontrollmaßnahmen so ausgelegt sind, dass keine elektrostatischen Entladungen von mehr als 100 V nach HBM auftreten dürfen. Die Ausgabe von 2017 [97] unterscheidet nun zwischen Schäden durch HBM, CDM und einem sogenannten „Isolierenden Leiter". Die Grenzwerte liegen jetzt bei 100 V nach HBM, 200 V nach CDM und 35 V bei einem „Isolierten Leiter". Der isolierte Leiter soll das bisherige Maschinen Modell (MM) ablösen.

Entsprechend der DIN EN 61340-5-1 sind alle aktiven elektronischen Bauelemente und Baugruppen gegenüber elektrostatischen Entladungen zu schützen. Nach den Fassungen (2008 + 2017) [12; 97] sind als ESDS-Schaltkreise, Einzelhalbleiter, Dick- und Dünnfilmwiderstände, gedruckte Schaltungen (PCBs) und piezoelektrische Kristalle einzustufen. In die zu schützenden Bauelemente werden damit auch passive elektronische Bauelemente, Widerstände und Kondensatoren mit einbezogen. Zurückkommend auf die Schädigungsmechanismen aus dem Abschnitt 1.5 ist diese Ergänzung logisch. Grundsätzlich wird unterschieden zwischen spannungs- und energieempfindlichen Bauelementen. Die passiven Bauelemente sind durch die Energie der elektrostatischen Entladung zu schädigen.

Aus diesen neuen Ansätzen ergeben sich gleichzeitig neue Anforderungen an die Ausrüstung von ESD-Arbeitsplätzen und Bereichen. Besonders die Anforderungen an Verpackungsmaterialien werden schwieriger, aber da die passiven Bauelemente mit einbezogen werden, ist der Unterschied bei den verschiedenen zulässigen Materialien dann geringer.

Für Reinraumbereiche, höher als Klasse 5 nach ISO 14644-1, können die ESD-Kontrollmaßnahmen, die im Folgenden beschrieben werden, normal angewandt werden. Für höhere Anforderungen an die Reinheitsklassen, Klasse 5 oder niedriger, dürfen die ESD-Kontrollmaßnahmen nur unter dem Gesichtspunkt der Kontamination eingesetzt werden. Für Reinraumbereiche gelten ansonsten dieselben ESD-Anforderungen.

Zum Schluss wird auf die Personensicherheit hingewiesen. Die Anforderungen sind in allen Ländern verschieden. Es müssen die jeweils gültigen Vorschriften eingehalten werden. Selbstverständlich gilt erst Personenschutz und dann ESD-Schutz.

Alle ESD-Kontrollmaßnahmen gelten nicht für elektrisch zündfähige explosive Teile, brennbare Flüssigkeiten oder Gase. [9]

Die Normen [12; 97] gehen davon aus, dass ESD-Schäden durch folgende Vorgänge hervorgerufen werden:

1. eine aufgeladene Person oder ein Objekt, das mit dem ESDS in Kontakt kommt
2. ein ESDS kommt in direkten Kontakt mit einer sehr leitfähigen Oberfläche, während es einem elektrostatischen Feld ausgesetzt ist
3. ein ESDS kommt in Kontakt mit Masse

Diese drei Mechanismen spiegeln die im Abschnitt 1 getroffenen Grundaussagen wider.

2.3 Definitionen

Die Definitionen beziehen sich auf die vorliegenden Normen und Vorschriften DIN EN 61340-5-1 und DIN EN 61340-5-1 Beiblatt 1 in den Ausführungen von 2001 und 2002. In den neueren Fassungen von 2008/2009 bzw. 2017/2019 werden diese Definitionen nicht mehr so umfassend beschrieben.

2.3.1 Allgemeine Definitionen

Aus der klassischen Physik stammt der Begriff der *Elektrostatischen Entladung*. Elektrostatische Entladung ist „ein Ausgleich von elektrostatischen Ladungen zwischen zwei Körpern", die unterschiedliches Potential haben. Das Potential kann „durch direkten Kontakt verursacht oder durch ein elektrostatisches Feld induziert" wurden sein.

Elektrostatische Entladung (ESD)
Ist der Übergang von Ladung zwischen Körpern mit verschiedenen elektrostatischen Potentialen, verursacht durch direkten Kontakt oder influenziert durch ein elektrostatisches Feld. [10]

Elektrostatisch gefährdetes Bauelement (ESDS)
Die Definition für ein elektrostatisch gefährdetes Bauelement (ESDS) wurde bereits im Abschnitt 2.2 beschrieben: „Ein diskretes Bauelement, eine integrierte Schaltung oder eine Baugruppe, die durch elektrostatische Felder oder elektrostatische Entladung, die bei routinemäßiger Handhabung, Prüfung und bei Transport auftreten, beschädigt werden können." Die Norm schließt hier alle elektronischen Bauelemente ein, sowohl aktive wie auch passive Bauelemente. Erfahrungen haben, wie vor beschrieben, gezeigt, dass auch Widerstände und Kondensatoren geschädigt werden können. Eine Verallgemeinerung sollte aber nicht erfolgen, denn Stecker, Transformatoren usw. können nicht durch ESD zerstört werden. Wesentlich ist die aufgeführte Anmerkung, denn nicht nur der Totalausfall ist entscheidend, sondern „jede Form von Minderung oder Fehlfunktion in den Leistungsmerkmalen des Bauelements".

Bauelement, das gegen elektrostatische Entladungen empfindlich ist (ESDS)
Diskretes Bauelement, integrierte Schaltung oder Baugruppe, die durch elektrostatische Felder oder elektrostatische Entladung während routinemäßiger Handhabung, Prüfung und Transport geschädigt werden kann. [10]

Der eigentliche Bereich, in denen ESDS ungeschützt gehandhabt werden und in dem es zu keinem Ausfall kommen darf, ist die ESD-Schutzzone oder die EPA, der Bereich, in dem die ESDS mit einem Minimalrisiko an Schädigung durch elektrostatische Entladung oder elektrostatische Felder gehandhabt werden können.

ESD-Schutzzone (EPA)
Bereich, in dem ESDS mit einem akzeptablen Schädigungsrisiko durch elektrostatische Entladungen oder Felder gehandhabt werden können. [10]

Neben stationären ESD-Bereichen werden die nichtstationären Bereiche sehr oft vernachlässigt. Die folgende Definition beschreibt dies:

Arbeiten im Feldbereich
Handhabung von ESDS innerhalb einer zeitweiligen EPA. [10]

Für die Einstufung der ESDS ist die Definition der *Spannungsempfindlichkeit* eines Bauelementes oder einer Baugruppe erforderlich. Die geltenden Vorschriften unterscheiden zwischen Empfindlichkeit und Spannungsfestigkeit. Grundsätzlich bestimmt das empfindlichste Einzelbauelement die Anforderungen für die gesamte Baugruppe (PCB).

ESDS-Spannungsempfindlichkeitsschwelle
Die maximale Spannung, bei der die ESDS keinen ESD-Schaden erleiden. [10]

ESDS-Spannungsempfindlichkeitsschwelle einer Baugruppe
Das empfindlichste ESDS auf der Baugruppe. [10]

ESD-Spannungsfestigkeit
Höchstes ESD-Belastungsniveau, das keinen Ausfall des Bauelementes verursacht. [10]

Bei der Angabe zur Definition der Spannungsempfindlichkeit bzw. -festigkeit fehlt das Prüfverfahren. Die vorliegenden Vorschriften gehen grundsätzlich von dem HBM aus. In der Praxis überwiegt aber das CDM immer mehr, besonders dort wo elektronische Bauelemente automatisch bearbeitet werden. Ergänzend wird die Definition der Bauelementgefährdungsspannung angegeben. Weitere Angaben erfolgen dazu nicht, wären aber sinnvoll. Da die Vorschriften der Fehlermodelle HBM und MM sowie CDM usw. überarbeitet bzw. neu erarbeitet werden, ist anzunehmen, dass dazu weitere Angaben folgen werden.

Bauelement-Gefährdungsspannung
Jede Spannung, die geeignet ist, ein Bauelement zu schädigen. [10]

Für alle ESD-Kontrollmaßnahmen ist es grundsätzlich notwendig, dass keine Potentialdifferenzen auftreten. Die Version der DIN EN 61340-5-1 (2008) beschreibt dieses ESD-Kontrollprinzip wie folgt:

„A. Eine Entladung von aufgeladenen, leitfähigen Objekten in ein Bauelement ist zu vermeiden. Dies kann dadurch erreicht werden, dass alle Leiter in der Umgebung, [...], an eine bekannte oder künstliche Masse (wie in Schiffen oder Flugzeugen) angeschlossen [...] werden. Dieser Anschluss erzeugt einen Potentialausgleich zwischen allen Gegenständen und dem Personal. Elektrostatik-Schutz kann auch durch ein Potential oberhalb von „Null“ Volt erzielt werden, solange alle Gegenstände auf dem gleichen Potential sind.“ [10]

Unter leitfähigen Objekten werden neben Gegenständen auch Personen eingeordnet. Grundprinzip ist immer gleiches Potential, damit keine Entladungen erfolgen. Zur Vereinfachung werden Erdpotential oder Schutzleiter verwendet. Aber immer ist dies nicht möglich, z. B. auf beweglichen Gegenständen (Schiffe, Flugzeuge, etc.) oder bei vorübergehenden Arbeitsplätzen (Servicearbeitsplätze). Folgende Begriffe werden dazu definiert:

EPA-Erdungspunkt (EBP)
Festgelegter Punkt, an den eine EPA-Ausrüstung angeschlossen werden kann. [10]

EPA-Erdungseinrichtung
Gemeinsame Einrichtung, an die alle Elemente in der ESD-Schutzzone elektrisch leitend angeschlossen sind. [10]

EPA-Erde
Das im Arbeitsbereich eingerichtete einheitliche Potential, das sicherstellt, dass das elektrische Potential der gehandhabten Gegenstände und aller Sachen, mit denen sie in Kontakt kommen könnten, das gleiche ist. [10]

Der Bezug auf „Erde“ ist nicht ganz korrekt, sondern es muss grundsätzlich nur gleiches Potential vorhanden sein. Dazu sind die neuen zusätzlichen Definitionen besser:

Potentialausgleichsanschluss
Der Anschluss oder die Verbindung aller ESD-Systemelemente, die bei Nicht-Vorhandensein einer Geräte- oder Hilfserde dazu dient, dass sich die Ladungen gleichmäßig auf die Systemelemente verteilen. Die Verteilung der Ladungen beseitigt Potentialdifferenzen zwischen den Systemelementen und schließt die Möglichkeit einer ESD-Entladung aus. [10]

Gemeinsamer Erdungspunkt
1. Ein geerdeter Baustein, an dem zwei oder mehr Leiter angeschlossen sind.
2. Ein System oder eine Methode, zwei oder mehr Leiter zu verbinden, um beide Gegenstände auf ein gemeinsames Potential zu bringen. [10]

Geräteerde
1. Der Erdungspunkt an dem der Schutzleiter am geräteseitigen Ende der Leitung mit irgendeinem Teil des Gerätes verbunden wird.
2. Der dritte Anschlussdraht einer Steckdose.
3. Der gesamte niedrig impedante Pfad eines Teils eines elektrischen Gerätes zu einer harten Erdungselektrode. [10]

Zusammenfassend kann festgestellt werden, dass der Erdungsanschluss oder Potentialausgleichsanschluss ein festgelegter Punkt ist, an dem das Erdungskabel eines Handgelenkerdungsbandes oder eines Gerätes angeschlossen werden kann. Dagegen ist die ESD-Erdungseinrichtung eine gemeinsame Einrichtung, über die die angeschlossenen Bestandteile innerhalb der ESD-Schutzzone (EPA) miteinander verbunden sind. Alle Anschlusspunkte, an denen alle Erdungskabel und Spiralkabel der Handgelenkerdungsbänder angeschlossen werden, sind also die Erdungspunkte. Alle anderen Einrichtungen, die der Ableitung elektrostatischer Ladungen dienen, bezeichnet man vereinfachter weise als ESD-Erdungseinrichtung. Besser ist hier der neue Begriff Potentialausgleichsanschluss.

2.3.2 Widerstandsdefinitionen

Bevor die Materialeigenschaften definiert werden, sollen zuerst Widerstandsdefinitionen erklärt werden. Die Messverfahren selbst werden ausführlich im Abschnitt 5 beschrieben.

Elektrische Leitfähigkeit
Als elektrische Leitfähigkeit wird der reziproke Wert des spezifischen elektrischen Widerstands eines Materials definiert, Maßeinheit S/m, d.h. $1/(\Omega/m)$.

Spezifischer elektrischer Widerstand
Der spezifische elektrische Widerstand eines Materials ist der elektrische Widerstand eines Probekörpers von 1 m Länge und 1 m^2 Querschnitt (Maßeinheit: Ωm)

Oberflächenwiderstand
Der Oberflächenwiderstand ist der Quotient aus einer Gleichspannung (V), die zwischen zwei Elektroden auf einer Oberfläche des Probekörpers angelegt wird, und dem Strom (A) zwischen den Elektroden. [23] Der Oberflächenwiderstand kann auch beschrieben werden als der Widerstandswert, der gemessen wird zwischen zwei Elektroden, die in einem definierten Abstand auf der Probenoberfläche angeordnet sind. Zu beachten ist, dass bei der Messung ein unbekannter Teil des Volumens der Probe miterfasst wird.

Der *spezifische Oberflächenwiderstand* entspricht dem Oberflächenwiderstand eines Quadrates, bei dem die Elektroden an zwei gegenüberliegenden Seiten angebracht sind. Oder der spezifische Oberflächenwiderstand ist der auf ein definiertes Oberflächenquadrat bezogene Widerstandswert, wobei die Elektroden an den zwei gegenüberliegenden Seiten des Quadrats angebracht sein müssen. Der Widerstand ist unabhängig von der Fläche bzw. von der Seitenlänge des Quadrats. Aus Gründen der Vergleichbarkeit der Messergebnisse sollten diese Größen definiert werden.

Anmerkung: In der Literatur wird oft der spezifische Oberflächenwiderstand mit der „Maßeinheit" Ω/sq (Ohm/Fläche) angegeben. Das zusätzliche Zeichen weist jedoch nur auf die flächenbezogene Größe hin.

Durchgangswiderstand
Als Durchgangswiderstand wird der Widerstandswert definiert, der zwischen zwei Elektroden gemessen wird, die die Probe auf der Ober- und Unterseite kontaktieren, so dass im Wesentlichen der Strom durch das Volumen der Probe fließt. Der Stromfluss an der Oberfläche der Probe entlang wird vernachlässigt.

Der *spezifische Durchgangswiderstand* ist der Quotient aus einer Gleichspannungsfeldstärke (V/m) und der stationären Stromdichte (A/m^2) im Werkstoff. [23] Der spezifische Durchgangswiderstand ist in der Praxis, der Durchgangswiderstand eines Würfels mit der Einheitslänge, wobei die Elektroden an den gegenüberliegenden Flächen des Würfels angebracht sind.

Anmerkung: Der spezifische Durchgangswiderstand ist in der Praxis ungeeignet, wenn es sich um inhomogene Werkstoffe handelt.

Volumenwiderstand R_V
Bei verschiedenen Materialprüfnormen wird ein *Widerstand zwischen zwei Punkten* angegeben. Definiert ist dieser als Widerstand, gemessen zwischen zwei Elektroden, die auf der Nutzfläche angebracht sind. [24]

Der *Volumenwiderstand* ist definiert als das „Verhältnis zwischen der Gleichspannung, die zwischen zwei Elektroden angelegt ist, welche sich an zwei gegenüberliegenden Flächen eines Werkstoffes befinden, und der Stromstärke zwischen den Elektroden zu einer gegebenen Zeit nach dem Anlegen der Spannung unter Vernachlässigung möglicher Polarisationserscheinungen an den Elektroden." [23]

Als *spezifischer Volumenwiderstand* wird der gemessene Volumenwiderstand bezogen auf das Material, d.h. unter Einbeziehung der Materialkonstanten, bezeichnet. Als wichtigste Materialkonstante geht hier die Dielektrizitätszahl ε_r ein.

Ableitwiderstand
Der Ableitwiderstand eines Gegenstandes ist der elektrische Widerstand zwischen einer an den Gegenstand angelegten Elektrode und Erde. Der Ableitwiderstand ist z. B. der Widerstand, der zwischen einer Elektrode auf der Oberfläche einer Probe und dem Erdungsanschluss oder an einer Kupferleitbahn eines leitfähig verlegten Fußbodens gemessen wird. Der Widerstand, der zwischen Oberfläche und Erdpotential gemessen wird, kann auch als Erdableitwiderstand bezeichnet werden.

Dieser Erdableitwiderstand wird auch definiert als *Widerstand gegen Erde*. Das ist der Widerstand, der zwischen Erde oder einem erdungsfähigen Punkt und einer einzelnen Elektrode gemessen wird, die auf der Nutzfläche angebracht ist. [25]

2.3.3 Materialeigenschaften

Die Eigenschaften von ESD-Materialien werden wie folgt definiert:

Elektrostatisch leitfähig ist ein Material (z. B. Verpackungsmaterial), wenn der Oberflächenwiderstand $\geq 1 \cdot 10^2\ \Omega$ und $< 1 \cdot 10^4\ \Omega$ ist.

Anmerkung: Diese Definition verweist auf eine spezielle Norm für elektronische Bauelemente mit einer speziellen Messmethode (DIN EN 61340-2-3) und einer speziellen Ringelektrode, die einen Korrekturfaktor 10 besitzt. Eigentlich ist elektrostatisch leitfähig mit einem Widerstand zwischen $\geq 1 \cdot 10^3\ \Omega$ und $< 1 \cdot 10^6\ \Omega$ definiert. [26]
Der untere Grenzwert wird in den neuen Normen DIN EN 61340-5-1 und DIN IEC/TR 61340-5-2 von 2017/2019 nicht mehr angeführt.

Elektrostatisch ableitfähig ist ein Material (z. B. Verpackungsmaterial), wenn der Oberflächenwiderstand $\geq 1 \cdot 10^4\ \Omega$ und $< 1 \cdot 10^{11}\ \Omega$ ist.

Anmerkung: Diese Definition verweist auf eine spezielle Norm für elektronische Bauelemente mit einer speziellen Messmethode (DIN EN 61340-2-3) und einer speziellen Ringelektrode, die einen Korrekturfaktor 10 besitzt. Eigentlich ist elektrostatisch ableitfähig mit einem Widerstand zwischen $\geq 1 \cdot 10^6\ \Omega$ und $< 1 \cdot 10^{12}\ \Omega$ definiert. [26]

Isolierend ist ein Material, wenn der Oberflächenwiderstand $\geq 1 \cdot 10^{11}\ \Omega$ ist.

Anmerkung: Diese Definition verweist auf eine spezielle Norm für elektronische Bauelemente mit einer speziellen Messmethode (DIN EN 61340-2-3) und einer speziellen Ringelektrode, die einen Korrekturfaktor 10 besitzt. Eigentlich ist elektrostatisch isolierend mit einem Widerstand $\geq 1 \cdot 10^{12}\ \Omega$ definiert. [26]

Abschirmendes Material, oder genauer: Material mit einer *Schirmwirkung gegen elektrostatische Entladung*, wurde früher mit Widerstandswerten definiert. Diese Materialien lassen sich aber oft nicht so bewerten. Aus diesem Grund wird dieses Material definiert als: Sperre oder Einhüllung, die den Stromdurchgang begrenzt und die Energie einer elektrostatischen Entladung derart dämpft, dass die maximale Energie einer Human-Body-Entladung von 1000 V höchstens 50 nJ beträgt.

Anmerkung: Das Messverfahren und die Auswertung werden im Abschnitt 5 beschrieben. Der maximal zulässige Wert für die Energie wird zukünftig (ab 2020) von 50 nJ auf 20 nJ geändert.

Mit den Begriffen: elektrostatisch leitend, ableitend und abschirmend sind ESD-Materialien umfassend definiert. In der Praxis werden die älteren Definitionen antistatisch, astatisch oder low charging verwendet. Der letzte Begriff sollte die ersten beiden Definitionen ablösen. Da aber keine genauen technischen Grenzwerte oder Eigenschaften festgelegt wurden, sind sie für Materialdefinitionen ungeeignet. In neuen Normen wurden sie nicht mehr verwendet. In der zukünftigen Verpackungsvorschrift (ab 2020) wird unter besonderen Anforderungen diese Materialeigenschaft wieder zugelassen. Die Grenzwerte werden dann vom Anwender definiert, bisher galt folgende Definition:

Der Begriff „antistatisch" wurde definiert als: „Material mit der Eigenschaft, beim Reiben an oder Trennen von ähnlichen Materialien die Erzeugung von Aufladungen zu minimieren." Ein direkter Zusammenhang zu Widerstandswerten wurde vermieden. Als „low charging" wurde ein Material definiert, dass eine „geringe Neigung zur Ladungstrennung und Generierung durch Kontakt oder Reibung mit anderen Materialien" besitzt.

2.4 Die Normen DIN EN 61340-5-1 und DIN IEC/TR 61340-5-2 (neu ab 04/2019)

Beide Standards sind eine positive Weiterentwicklung der Versionen DIN EN 100015 oder CECC 00015. Der Teil 61340-5-1 enthält die Anforderungen an ESD-gerechte-Materialien, die eingesetzt werden müssen – zum Schutz von elektronischen Bauelementen und Baugruppen vor elektrostatischen Entladungen und Feldern. Der Teil 61340-5-2 (Teil 5-1 Beiblatt 1 (2009)) ist eine Ergänzung oder besser: das Handbuch zum Verstehen der ESD-Anforderungen. Die Grundprinzipien für elektrostatische Auf- und Entladevorgänge ändern sich nicht mit einer Norm, sondern nur die technischen Anforderungen oder Merkmale. Viele Beschreibungen für Ausrüstungen wurden vereinfacht. Im Wesentlichen wird alles auf bestimmte Widerstandswerte zurückgeführt. D.h., die eigentlichen Anforderungen werden auf ca. 2 Seiten und einer Tabelle beschrieben. Wenn diese eingehalten werden, sollte es keine elektrostatischen Aufladungen in einer EPA oder an ESD-Arbeitsplätzen größer 100 V geben. Der Anhang bzw. die Messverfahren sind noch nicht ausgereift. Das neue Konzept der Normenfamilie 61340-x-x löst jetzt die Messverfahren weitestgehend heraus und beschreibt diese in den Gruppen 61340-2-x und 61340-4-x. Die Norm selbst bezieht sich dann immer auf diese Standardmessmethoden. So können neue Erkenntnisse für Messmethoden viel schneller umgesetzt werden, ohne die eigentlichen Grundanforderungen zu ändern.

Die Norm DIN EN 61340-5-1 (2001) beschrieb bereits den Aufbau und die Einrichtung von ESD-Schutzzonen. Dabei kann es sich um Einzelarbeitsplätze oder komplette ESD-Bereiche handeln. Es werden auch zeitweilige Arbeitsplätze (Feldarbeitsplatz) beschrieben.

Zusätzlich werden ESD-Arbeitsplätze in Reinraumbereichen oder so genannte Hochspannungsprüfplätze spezifiziert.

Der Komplex Verpackungen aus der Norm wird umfassend im Abschnitt 4 behandelt. Hier sind neue Vorschriften in Vorbereitung.

Ein wesentlicher Abschnitt der Norm war der Komplex 9 „Qualitätsverantwortung". Grundsätzlich ist die Betriebs- oder Firmenleitung für die Umsetzung der Norm zuständig. Firmen die elektronische Bauelemente oder Baugruppen herstellen, diese bestücken oder Verarbeiten und Geräte herstellen, müssen ESD-Kontrollmaßnahmen umsetzen. Ohne diese können elektronische Bauelemente nicht verarbeitet werden. Die Firmenleitung ist für die *„Ernennung eines ESD-Beauftragten verantwortlich".* [10]

Es darf natürlich nicht vergessen werden, dass die Person, die eigentliche und gefährlichste Quelle für elektrostatische Aufladungen ist. Aus diesem Grund müssen die Mitarbeiter so unterwiesen werden, dass eine Eigenverantwortung gegenüber elektrostatischen Auf- und Entladungen vorhanden ist.

Der ESD-Koordinator ist „nur" der Ausführende der Festlegungen des Managements. Das Management muss Schulungen durchführen und ist verantwortlich für die Einführung, Überprüfung, Beaufsichtigung und Pflege der ESD-Bereiche.

Der ESD-Koordinator ist dann verantwortlich, dass ESD-Ausrüstungen die Anforderungen der Norm erfüllen. Er muss sicherstellen, dass die Schulung den Anforderungen entspricht. Weiterhin muss er sicherstellen, dass eine interne Verfahrensanweisung auf Basis der Norm erarbeitet wird und allen Mitarbeitern zur Verfügung steht. Natürlich ist er der Ansprechpartner für alle ESD-Fragen. Er muss entsprechend qualifiziert werden.

Gleichzeitig wurden im Komplex 9 und 10 Anweisungen für die Überprüfung der ESD-Ausrüstungen und notwendige Audits gegeben. Diese Anweisungen wurden in den folgenden

Versionen nicht mehr extra ausgewiesen und galten als vorausgesetzt. D. h., der ESD-Koordinator ist in der Lage, diese Anweisungen selbst zu erstellen. Da das aber immer schwierig ist, in den meisten Fällen ist die Funktion „ESD-Koordinator“ eine „Nebentätigkeit“, wird in den folgenden Abschnitten 3 und 4 auf diese Besonderheiten eingegangen. Die damaligen Angaben gelten auch heute noch als Basis für alle Überprüfungen und Audits im ESD-Bereich.

Anmerkung:
Grundsätzlich werden alle 3 Ausführungen der DIN EN 61340-5-1 und DIN EN 61340-5-1 Beiblatt 1 bzw. DIN IEC/TR 61340-5-2 aus den Jahren 2001/2002, 2008/2009 und 2017/2019 aufgeführt. Für alle Ausführungen gibt es Übergangsfristen. Aber auch die Tatsache, dass die früheren Normen, die ESD-Anforderungen ausführlicher beschrieben haben und so gute Hinweise für die Erstellung des ESD-Kontrollprogramms geben können, ist hilfreich. Dem ESD-Koordinator kann dies sehr gut helfen.

2.5 Vergleich DIN EN 61340-5-1 und ANSI/ESD S20.20

Derzeit gibt es weltweit zwei gültige Vorschriften für die Einrichtung von ESD-Arbeitsplätzen bzw. -bereichen. Beide Vorschriften sind in verschiedenen Regionen gültig. Es kommt immer häufiger zu Überschneidungen, z. B. amerikanische Firmen arbeiten in Europa und europäische Firmen arbeiten in Nordamerika. Sie unterscheiden sich grundsätzlich. Die DIN EN 61340-5-1 (2001) beschreibt die Anforderungen an die einzelnen ESD-Ausrüstungen und beinhaltet Hinweise zu praktischen Messungen und Prüfvorschriften. Die ANSI/ESD S20.20 ist ein so genanntes Kontrollhandbuch, dass den Weg für die Einführung dieses ESD-Programms beschreibt. Die Ausgangspunkte sind bei beiden Vorschriften die gleichen, es müssen ESDS vor elektrostatischen Entladungen und Feldern geschützt werden. Die Anforderungen für maximal zulässige elektrostatische Entladungen liegen für beide Vorschriften bei 100 V nach HBM. Im Vergleich zur DIN EN 61340-5-1 (2001) beschreibt die ANSI/ESD S20.20 nur den Weg, die Anforderungen werden allgemein beschrieben, die Messvorschriften sind nicht enthalten. Hier wird auf das Gesamtpaket der vorhandenen Standards der amerikanischen ESD-Assoziation verwiesen. Weiterhin unterscheidet die DIN EN 61340-5-1 nicht zwischen verschiedenen Bereichen, in denen ESDS geschützt werden. Hier wird grundsätzlich davon ausgegangen, dass in allen Bereichen, in denen diese ESDS gehandhabt werden, die gleichen Anforderungen notwendig sind. Die amerikanische Norm unterscheidet zwischen verschiedenen Anforderungen für verschiedene Bereiche. Dies ist nicht sinnvoll, weil ständige Änderungen in den Elektronikfertigungen durchgeführt werden und es sich damit ständig neue Situationen ergeben. Der zuständige ESD-Beauftragte müsste so ständig die internen Vorschriften ändern.

Die amerikanische Norm ANSI/ESD S20.20 beinhaltet ein ESD-Kontrollhandbuch, das sich aus administrativen und technischen Anforderungen zusammensetzt. Zu den administrativen Maßnahmen gehören:

- ein ESD-Kontrollprogramm, Anforderungen und Anleitung
- ein Schulungsprogramm
- **die Produktqualifizierung**
- ein vorgeschriebenes Überprüfungsprogramm

Die technischen Anforderungen enthalten alle Maßnahmen zu folgenden Ausrüstungen:

- Erdungssystem
- Personenerdungssystem
- ESD-Arbeitsplatzsystem
- Verpackungen
- Kennzeichnung
- Maschinen und Anlagen
- Handling

Die technischen Anforderungen müssen auch die entsprechenden Grenzwerte und Prüfvorschriften enthalten. Genauso gehören dazu festgelegte Zyklen zur Überprüfung der ESD-Anforderungen und Ausrüstungen.

Im Vergleich zu anderen Dokumenten geht die ANSI/ESD S20.20 von einem so genannten „Tailoring“ (Aufteilung) aus, d.h., für jeden Arbeitsplatztyp ist genau das richtige ESD-System auszusuchen und zu installieren. Die IEC-Standards hingegen gehen davon aus, dass alle ESDS gleich elektrostatisch empfindlich sind und demzufolge auch alle Arbeitsplätze so ausgerüstet werden müssen, dass alle ESD-Maßnahmen umgesetzt werden. Diese Methode hat den Vorteil, dass alle ESDS an allen ESD-Arbeitsplätzen bearbeitet werden können, ohne dass vorher geprüft werden muss, ob die vorhandenen ESD-Maßnahmen ausreichend sind. Wirtschaftlich gesehen ist die amerikanische Methode sinnvoller. Im Abschnitt 3 wird eine Methode beschrieben, die sicher ein guter Kompromiss zwischen allen Normen und Vorschriften sowie den Anforderungen zum ESD-Schutz von ESDS ist.

2.6 ESD-Norm DIN EN 61340-5-1 (2017)

Aus der vorher genannten Situation und aus der Notwendigkeit heraus die vorliegende Norm IEC 61340-5-1 zu überarbeiten, entstand eine neue Vorschrift. Diese beinhaltet gleichzeitig beide Normen, die IEC 61340-5-1 und die ANSI/ESD S20.20. Die internationale Norm IEC 61340-5-1 wurde 2016 veröffentlicht. Die deutsche Fassung erschien im Juli 2017.

Die neue Fassung beinhaltet folgende Abschnitte:

1. Anwendungsbereich
2. Normative Verweise
3. Begriffe/Definitionen
4. Personensicherheit
5. ESD-Kontrollprogramm
   - 5.1 Allgemein
   - 5.1.1 ESD-Kontrollprogramm Anforderungen
   - 5.1.2 ESD-Koordinator
   - 5.1.3 Tailoring/Anpassung
   - 5.2 Administrative Anforderungen
   - 5.2.1 ESD-Kontrollprogrammplan
   - 5.2.2 ESD-Schulungsplan
   - 5.2.3 **Produktqualifizierung**
   - 5.2.4 Plan zur Verifizierung der Einhaltung
   - 5.3 Technische Anforderungen
   - 5.3.1 Erdungs-/Potentialausgleichssysteme
   - 5.3.2 Personenerdung
   - 5.3.3 ESD-Schutzzonen (EPA)
   - 5.3.4 Verpackung
   - 5.3.5 Kennzeichnung

Damit ist die neueste Version so gegliedert, dass nur die wichtigsten technischen Anforderungen in dieser Norm aufgelistet werden. Alle weiteren Erklärungen und Beschreibungen werden in die neue DIN IEC/TR 61340-5-2 aufgenommen. Das frühere „Allgemeine Handbuch" ist zukünftig von größerer Bedeutung. Es beschreibt die administrativen und technischen Anforderungen sowie die notwendigen Messverfahren. Wobei hier nur die Anpassungen bzw. Abweichungen zu den Standardmessverfahren beschrieben werden.

Grundprinzip ist der Schutz von ESDS vor elektrostatischen Entladungen und Feldern, die größer als 100 V sind, unter Berücksichtigung des Human Body Models (HBM). Neben den Anforderungen liegt der Schwerpunkt auf der Erstellung des notwendigen „Programms zur Handhabung von ESD-empfindlichen Bauelementen und Baugruppen (ESDS)". Drei ESD-Schutzprinzipien werden genannt:

1. Die Entladung von aufgeladenen Personen, Objekten usw. über ESDS ist zu vermeiden. Dazu sind alle Personen, Objekte usw. auf gleiches Potential zu legen. Oder anders gesagt, Potentialdifferenzen sind unbedingt zu vermeiden.
2. Eine Entladung eines aufgeladenen Bauelements oder Baugruppe (ESDS) ist zu vermeiden. Diese Aufladung kann hervorgerufen werden durch Reibungselektrizität oder durch Influenz, ausgehend von elektrischen Feldern. Wenn eine Verbindung mit Potentialausgleich nicht möglich ist, hilft nur Ionisation zum Abbau der Ladungen.
3. Außerhalb der EPA dürfen zum Transport, zur Lagerung usw. von ESDS nur abschirmende Materialien eingesetzt werden (vgl. neue Norm zu Verpackungsmaterialien, in Vorbereitung [12]).

Neu ist die Festlegung zur Einstufung der elektronischen Bauelemente und Baugruppen (ESDS), dazu zählen zukünftig:

Mikroschaltkreise, Einzelhalbleiter, Dick- und Dünnfilmwiderstände, gedruckte Schaltungen und piezoelektrische Kristalle. Neben dem bisher in der Norm [7] verwendeten Modell werden zukünftig auch die anderen Fehlermodelle Machine Model (MM) und Charged Device Model (CDM) zur Bewertung der Gefährdung von ESDS herangezogen.

Der wichtigste Abschnitt ist der Teil 5 - das „ESD-Kontrollprogramm“. Das ESD-Kontrollprogramm untergliedert sich in administrative und technische Anforderungen. Durch die Firmenleitung/Betriebsleitung (Organisation) muss ein ESD-Kontrollprogramm Manager oder der ESD-Koordinator ernannt werden. Dieser ist zuständig für die Umsetzung und Kontrolle des ESD-Kontrollprogramms.

Zu den administrativen Anforderungen zählen:

1. der eigentliche Plan zur Einführung des ESD-Kontrollprogramms
2. der Schulungsplan
3. Produktqualifizierung
4. der Plan zur Überprüfung der ESD-Anforderungen

Die technischen Anforderungen enthalten folgende Punkte:

1. Erdungs- und Anschlusssysteme zur Vermeidung von Potentialdifferenzen
2. Personenerdung und Personenausrüstungen
3. ESD-Schutzzone
4. ESD-Verpackung

Bei den technischen Anforderungen wird auf bisherige Normen und Vorschriften verwiesen. Die Anforderungen entsprechen im Wesentlichen denen der vorherigen Norm DIN EN 61340-5-1. Herausgenommen wurden die Verpackungsanforderungen, die kurz im Abschnitt 5.3.5. abgehandelt werden. Da ESD-Verpackungen ein komplexes Thema sind, wurde die vorliegende amerikanische Vorschrift ANSI/ESD S541 überarbeitet und es erschien die IEC-Norm DIN EN 61340-5-3.

Alle Prüf- und Messverfahren werden zukünftig separat beschrieben. Die IEC 61340-5-1 (2016) enthält die notwendigen Anforderungen und Verweise auf aktuelle Prüfvorschriften. Damit ist die Handhabbarkeit von Prüfvorschriften effektiver geregelt. Die IEC 61340-5-1 (2017) wird effektiver und vermeidet Differenzen zwischen den IEC-Vorschriften und der amerikanischen Vorschrift.

Werden beide Normen mit der neuen Version der IEC 61340-5-1 (2016) verglichen, IEC 61340-5-1 und ANSI/ESD S20.20, ist zu erkennen, dass beide Normen verarbeitet und ein gemeinsames Normenwerk geschaffen wurde. Wobei fast alle Schwerpunkte der ANSI/ESD S20.20 in der neuen Fassung berücksichtigt wurden. Viele Teile der vorhergehenden IEC 61340-5-1 finden sich jetzt in der IEC 61340-5-2 (2018).

2.7 Kennzeichnung von ESDS und ESD-Arbeitsplätzen bzw. Bereichen

Grundprinzip bei der Kennzeichnung ist, dass „alle Verpackungen, die ESDS enthalten, [...] mit den geeigneten und vorgeschriebenen Warnhinweisen etikettiert oder gekennzeichnet" sein müssen. Die Bilder 2.1 und 2.2 zeigen das Grundsymbol und ein Beispiel für ein Etikett. Ist es möglich, dann sollen „alle ESDS gekennzeichnet" werden. „Die Kennzeichnung muss für die erwartete Lebensdauer der ESDS gewährleistet sein."

In der folgenden Anmerkung wird darauf hingewiesen, dass bestückte Bauelemente nicht einzeln gekennzeichnet werden müssen, es genügt, wenn die Leiterplatten (PCB), Behälter, Gehäuse, Träger, Verpackungen usw. gekennzeichnet sind. Die Etiketten sollten wenigstens das ESD-Symbol enthalten. Etiketten für Verpackungen sind so zu gestalten, dass neben dem ESD-Symbol Warnhinweise gegeben werden. Zusätzliche Informationen sind möglich, sollten aber vom eigentlichen Zweck nicht ablenken.

Bild 2.1 Grundsymbol

Bild 2.2 Etikett (Beispiel)

Sind in einer Baugruppe in einem Gehäuse mehrere ESDS, dann muss die Kennzeichnung so erfolgen, dass der Warnhinweis deutlich sichtbar ist, und die Anbringung so erfolgt, dass im „Erstzugriff" der Warnhinweis deutlich sichtbar ist. Die „auffälligste Kennzeichnung" muss an der äußeren Verpackung erfolgen, die ein ESDS enthält bzw. „auf seiner direkt anliegenden Verpackung". Es kann von keiner Wahrscheinlichkeit ausgegangen werden, wann welches ESDS berührt wird. Deshalb müssen die äußeren Verpackungen und Gehäuse deutlich gekennzeichnet werden, dass sie ESDS enthalten. Wesentlich ist der Hinweis, dass „auf den Lagerbehältern, Ablagekästen, Bauelementebehältern und Schienen (Anm.: Versandstangen) und anderen besonderen Behältern", Warnhinweise und Kennzeichnungen anzubringen sind.

Bild 2.3 ESD-Symbol für Verpackungen

„.“ S = shielding - elektrostatisch abschirmend
D = dissipative - elektrostatisch ableitfähig
C = conductive - elektrostatisch leitfähig
~~F = field shieldung - Feld abschirmend~~

Bild 2.4 ESD-Symbol für ESD-Ausrüstungen
(analog Bild 3 nur für „·“ = „EPA“)

Anmerkung: Die Spezifikation F = Field shielding - Feld abschirmend wird wieder gestrichen. (zukünftige Ausgabe der DIN EN 61340-5-3)

Bevor die eigentliche ESD-Schutzzone (EPA) beschrieben wird, erfolgt der Hinweis auf die deutlich sichtbare Kennzeichnung für das Personal. Die EPA muss abgegrenzt und mit Hinweisschildern gekennzeichnet werden. Die Schilder müssen von allen Seiten sichtbar sein. Ein Beispielschild zeigt Bild 2.5. Alle angegebenen Bestandeile müssen in dem Schild enthalten sein. Die Mindestgröße beträgt 300 mm · 150 mm.

Bild 2.5 Bereichsschild

Eine deutliche Kennzeichnung von Erdungsanschlüssen, Erdungspunkten und ESD-Erdungseinrichtungen muss erfolgen. Die Bilder geben Hinweise für derartige Kennzeichnungsschilder. Die Schilder können ergänzt oder vereinfacht werden, es muss jedoch gewährleistet werden, dass die zusätzlichen Angaben nicht vom allgemeinen Warnhinweis ablenken.

Bild 2.6 Beispiele für eine Kennzeichnung eines EBP

Wie bereits im vorigen Abschnitt erwähnt, sind auch die entsprechenden Unterlagen zu kennzeichnen. Besonders ist zu beachten, dass bereits bei den Bestellunterlagen darauf hingewiesen wird, dass vom Lieferanten eine entsprechende Kennzeichnung erfolgt.

2.8 Bestandteile einer ESD-Schutzzone (EPA)

Die Planung und der Entwurf einer EPA müssen so erfolgen, dass gewährleistet wird, dass ESDS zu keinem Zeitpunkt gefährdet werden. Elektrostatische Entladungen sind unbedingt zu vermeiden. Falls wirklich elektrostatische Entladungen erfolgen, sind diese klein zu halten. Von der Entladung ausgehende elektrische Felder dürfen einen Maximalwert nicht übersteigen.

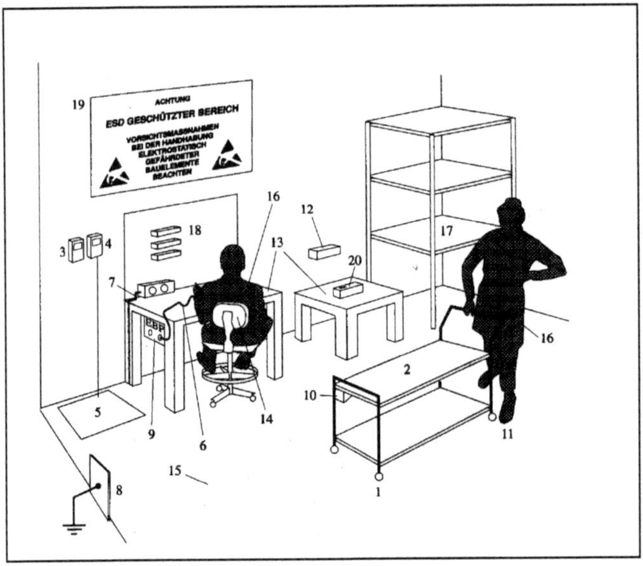

Bild 2.7 EPA-ESD-gerecht eingerichtet

Bei der Einrichtung einer EPA müssen die Sicherheitsanforderungen zum Schutz der Personen unbedingt beachtet werden (vgl. VDE 0100 [27]).

Anmerkungen zu Tabelle 2.2:

[1] Der minimale Widerstand wird durch die nationalen Festlegungen zum Personenschutz bestimmt; siehe entsprechende nationale Richtlinien und/oder IEC 61010-1, IEC 60479, IEC 60536 und IEC 60364.

[2] Wird das System Fußboden/Schuhwerk als primäres System zur Personenerdung verwendet, dann muss der Widerstand dieser Kombination (Systemwiderstand) im Bereich von $7{,}5 \cdot 10^5 \ldots 3{,}5 \cdot 10^7\ \Omega$ liegen (mit der Ausgabe von 2017, gilt nur noch ein maximaler Widerstand von $1 \cdot 10^9\ \Omega$.

[3] Oberhalb eines Widerstandswertes von $1 \cdot 10^9\ \Omega$ muss die Ableitzeit gemessen werden. Eine Entladung von 1000 V auf 100 V muss in weniger als 2 s erfolgen.

[4] Der Widerstand zwischen Sitzlehne und Armstütze zur leitfähigen Rolle muss kleiner als $1 \cdot 10^9\ \Omega$ sein.

[5] Der obere Grenzwert beim Systemtest muss $3{,}5 \cdot 10^7\ \Omega$ betragen, wenn Anmerkung [2)] realisiert wird, d.h., der Fußboden als primäres System zur Personenerdung benutzt wird. Wird der neue Grenzwert von $1 \cdot 10^9\ \Omega$ angewandt, dann ist die maximale elektrostatische Spannung auf der Person zu ermitteln. Diese darf den Wert von 100 V nicht übersteigen.

[6] Jeder Schuh muss einzeln getestet werden.

	DIN EN 100015		DIN EN 61340-5-1 2008		DIN EN 61340-5-1 2017		ANSI/ESD S20.20-2014	
Ausrüstungen/Geräte	Oberflächenwiderstand	Widerstand gegen Masse	Oberflächenwiderstand	Widerstand gegen Erde	Oberflächenwiderstand	Widerstand gegen Erde	Oberflächenwiderstand	Widerstand gegen Erde
	Ω		Ω		Ω		Ω	
Arbeitsoberflächen, Lagerregale, -fächer, Wagen	$1 * 10^{4}$ … $1 * 10^{9}$	$7,5 * 10^{5}$ … $1 * 10^{9}$	-	$7,5 * 10^{5}$ … $1 * 10^{9}$	-	$< 1 * 10^{9}$		$< 1 * 10^{9}$
Fußböden	$1 * 10^{4}$ … $1 * 10^{12}$ [3]	$7,5 * 10^{5}$ … $1 * 10^{12}$	-	$< 1 * 10^{9}$	-	$< 1 * 10^{9}$		$< 1 * 10^{9}$
Stühle	$1 * 10^{4}$ … $1 * 10^{9}$	$7,5 * 10^{5}$ … $1 * 10^{12}$ [3,4]	-	$< 1 * 10^{9}$	-	$< 1 * 10^{9}$		$< 1 * 10^{9}$
Bekleidung	$7,5 * 10^{5}$ … $1 * 10^{12}$ [3]		$\leq 1 * 10^{12}$ [3]	-	$\leq 1 * 10^{11}$ [3]	-	$1 * 10^{5}$ … $1 * 10^{11}$	
Handschuhe/Fingerlinge	$< 1 * 10^{6}$	$< 1 * 10^{5}$	-	-	-	-	-	
Werkzeuge					-	-	-	$< 1 * 10^{12}$
Widerstandswerte für die tägliche Überprüfung/Systemanforderungen/Systemwiderstand								
Handgelenkband	$< 1 * 10^{7}$			-	-	-	-	
Handgelenkband – Systemanforderungen		$9 * 10^{5}$ … $5 * 10^{6}$	-	$7,5 * 10^{5}$ … $3,5 * 10^{7}$	-	-		$< 3,5 * 10^{7}$
Handschuhe/Fingerlinge – Systemanforderungen			-		-			
Schuhe – Systemanforderung		$9 * 10^{5}$ … $3,5 * 10^{7}$	-	$< 1 * 10^{8}$ [5,6]	-	$< 1 * 10^{8}$ [5,6]	-	$< 1 * 10^{9}$
Systemwiderstand Fußboden – Schuhwerk			-	$< 3,5 * 10^{7}$ oder < 100 V	-	$< 1 * 10^{9}$ und < 100 V	-	$< 1 * 10^{9}$ und < 100 V

Tabelle 2.2 Entwicklung der Grenzwerte für ESD-Ausrüstungen in den verschiedenen Ausgaben der Normen

3 ESD-Control-Plan
Konzept zur Erstellung eines ESD-Kontrollplanes (5 Stufen für die Einführung eines ESD-Control-Systems)

3.1 ESD-Control-Plan – Einführung warum?

Die jahrelangen Erfahrungen auf dem Sektor ESD und ESD-Maßnahmen führten zu der Erkenntnis ein ESD-Control-System [28, 29] (auch: ESD-Kontrollsystem) zu erarbeiten. Dieses Kontrollsystem dient dazu optimale ESD-Kontrollmaßnahmen zu erarbeiten und später in einer Fertigung zu installieren. Grundsätzlich können alle ESD-Maßnahmen installiert werden, aber es ist sinnvoll und kosteneffizienter genau zu überlegen, welche ESD-Maßnahmen notwendig sind. Andernfalls können auch falsch angewandte ESD-Maßnahmen genau das Gegenteil erreichen, nämlich die elektronischen Bauelemente und Baugruppen nicht zu schützen, sondern eher zu schädigen. Außerdem kann dieses ESD-Control-System helfen, neue ESD-Schutzsysteme und neue ESD-Materialien zu entwickeln. Alle vorhandenen ESD-Maßnahmen und Materialien besitzen Grenzen für ihren Einsatzzweck. Der erarbeitete „ESD-Control-Plan" besteht aus 5 Etappen, die bei der Einführung eines ESD-Control-Systems helfen und die ESDS optimal schützen.

Zuerst werden einige ESD-Schutzsysteme vorgestellt, die von den Halbleiterherstellern verwendet werden und die ESDS sicherer gestalten. Leider haben die Maßnahmen Grenzen, die nur durch ein optimales ESD-Control-System hochgesetzt werden können.

3.2 ESD-Kontrollmaßnahmen

Die grundlegenden Ausführungen zur Entstehung elektrostatischer Aufladungen und deren Entladungen dienten dazu, die eigentlichen Wirkungen elektrostatischer Ladungen darzustellen. Es ging weder darum, die Gefahr zu übertreiben, noch zu unterschätzen. Es ging vor allem darum, die wirklichen Fehlerquellen und -mechanismen bei elektronischen Bauelementen zu verdeutlichen. Die folgenden Ausführungen dienen dazu, die verschiedenen Möglichkeiten von ESD-Kontrollmaßnahmen zu erläutern. ESD-Kontrollmaßnahmen sollen zum einen die Entstehung elektrostatischer Ladungen verhindern, zum anderen sollen diese, falls die Entstehung nicht zu vermeiden ist, die vorhandenen elektrostatischen Ladungen ableiten, ohne das elektronische Bauelemente oder Baugruppen mit diesen Bauelementen geschädigt werden. Ausgehend von den Fehlerquellen unterscheiden wir die folgenden Möglichkeiten zum Schutz elektronischer Bauelemente und Baugruppen:

1. Integration von Schutzschaltungen in den Schaltkreis bzw. Einbau in die Schaltung
2. Technologische Schutzmaßnahmen – Einhaltung der technologischen Parameter bei der Fertigung elektronischer Schaltkreise und Baugruppen
3. Organisatorische Schutzmaßnahmen – Gestaltung der Arbeitsplätze, Arbeitsräume, Schaffung ESD-gerechter Bereiche

3.2.1 Interne Schutzschaltungen des Halbleiterherstellers auf einem Chip

Theoretisch wäre es denkbar, so viele schaltungstechnische Maßnahmen vorzusehen, dass die elektrostatischen Ladungen, die an den elektronischen Bauelementen wirken, diese nicht schädigen können. Die schaltungstechnischen Maßnahmen werden aber durch verschiedene Faktoren eingeschränkt:

- Grenzen der verwendeten Bauelementetechnologien
- Strukturabmessungen, Platzbedarf auf dem Chip
- technologische Schritte bei der Fertigung der Schaltkreise
- dynamische Forderungen an die folgende Schaltung, z. B. Zugriffszeit bei Speichern
- Die Leistungsarme Steuerung der elektronischen Bauelemente wird durch zusätzliche Widerstände beeinflusst.
- Grundsätzlich wirkt eine Schutzschaltung nur dann optimal, wenn Masse und Betriebsspannung angeschlossen sind.

Eine Schutzschaltung kann nicht besser sein, als die eigentlichen Bauelemente-Fertigungstechnologien. Im Abschnitt zuvor wurde schon auf die Möglichkeiten der Schädigung von Schutzschaltungsnetzwerken hingewiesen. Auch Schutzschaltungen werden durch elektrostatische Entladungsvorgänge zerstört. Sie müssen aber wesentlich länger standhalten als die eigentliche Schaltung, d.h., die Durchbruchspannung muss wesentlich über der des eigentlichen Schaltungselementes liegen. Die folgenden Schutzschaltungselemente sind eine Auswahl typischer Grundschaltungen zum Schutz elektronischer Bauelemente vor elektrostatischen Entladungen. Die Schaltungen bestehen aus zusätzlichen Schaltungselementen und sind vorrangig für die Anordnung in integrierten Schaltkreisen vorgesehen. Prinzipiell sind die Schaltungen für positive und negative Überspannungen ausgelegt. Es ist durchaus möglich, die Schaltungsprinzipien auf diskrete Schaltungen zu übertragen. [8]

3.2.1.1. Widerstandsnetzwerk

Die einfachste Anordnung, sie bildet die Grundlage für die meisten Schutzschaltungsnetzwerke, ist die Reihenschaltung eines Widerstandes am Eingang des Transistors. Der Eingangswiderstand dient der Stromflussbegrenzung zur nachfolgenden aktiven Schaltung, z. B. zum Gateeingang. Grundsätzlich werden diffundierte Widerstände eingesetzt. Diese wirken als parasitäre pn-Übergänge, die wiederum das Schaltverhalten des Transistors beeinflussen. Es ist wesentlich optimaler, den Widerstand mit einer entsprechenden Anordnung aus Dioden zu kombinieren, damit der Schwellwert über der Gatespannung liegt. Ein entscheidender Nachteil dieser einfachen Anordnung ist die Beeinflussung der Schaltgeschwindigkeit. Die Dioden stellen gleichzeitig parasitäre Kapazitäten dar, die ein Ansteigen der RC-Zeitkonstante bewirken.

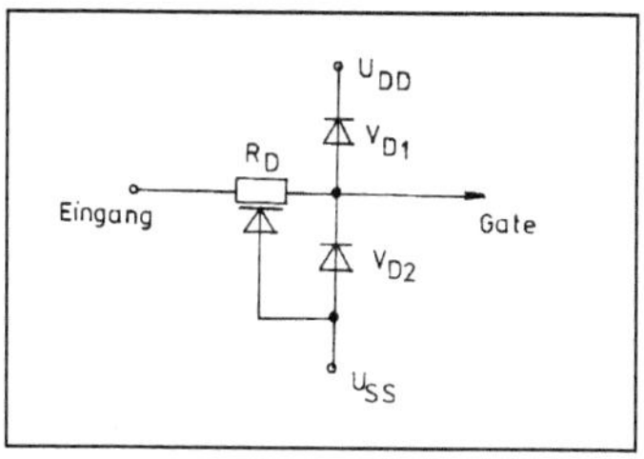

Anmerkung: Die vorgestellte Schaltungsanordnung bewirkt eine Vergrößerung der RC-Eingangszeitkonstante und führt zu einer Senkung der Schaltgeschwindigkeit.

Bild 3.1: Widerstandsnetzwerk

3.2.1.2. Diodenkombination

Eine weitere Schutzschaltung, die auch als äußere Beschaltung eines Transistors geeignet ist, ist die Anordnung einer pn-Flächendiode am Eingang, die in umgekehrter Richtung arbeitet. Die Durchbruchspannung liegt im Allgemeinen leicht über der des maximalen Gatepotentials. Während des normalen Betriebes ist die Diode umgekehrt gepolt, also in Sperrrichtung, und hat keine Auswirkungen auf die Schaltungsfunktion. Durch die zusätzlichen pn-Übergänge am Eingang, die mit zusätzlichen parasitären Kapazitäten verbunden sind, kommt es zum Ansteigen der Eingangskapazität und des Driftstromes.

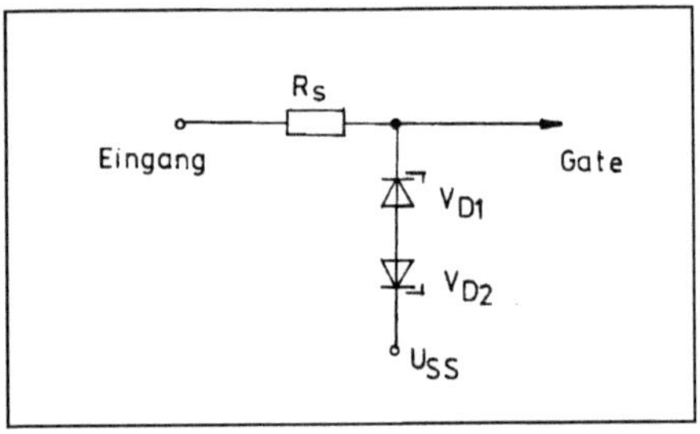

Anmerkung: Der zusätzliche pn-Übergang erhöht die Eingangskapazität und den Driftstrom. Die Verzögerungszeit nimmt zu. Die Schaltung wird grundsätzlich langsamer.

Bild 3.2: Diodenschutzschaltung

Erscheint eine ungewöhnlich hohe Spannung, z. B. eine elektrostatische Aufladung, am Gate, ist die Diode in Betrieb oder sie bricht in der entgegengesetzten Richtung durch. In bestimmten Betriebsarten können positive und negative Spannungen während des normalen Betriebes am Gate stehen. Deshalb werden generell zwei antiparallel angeordnete Dioden als Gateschutzdioden verwendet. Diese Diodenstrukturen nehmen einen minimalen Platz auf dem Chip ein. Einziger Nachteil ist eine minimale Zunahme der Verzögerungszeit. Wird diese Dioden-Anordnung jedoch allein verwendet, sind die Dioden leicht durch übermäßige Ströme, wie sie z. B. beim Schalten induktiver Lasten auftreten können, zerstörbar. Allein sind sie nicht sehr effektiv.

3.2.1.3. Widerstands-Dioden-Kombination

Ein wesentlich wirkungsvolleres Netzwerk ist die Kombination von Widerständen mit der Diodenanordnung. Der Widerstand begrenzt den Stromfluss zu den Dioden, und die Dioden schützen das Gateoxid vor der Zerstörung durch Überspannungen. Am besten sind diffundierte Widerstände geeignet, da die pn-Übergänge gleichzeitig die Diodenfunktion darstellen (Bild 3.3). Hierbei ist r_S der Widerstand pro Längeneinheit, R_S ist der gesamte Widerstand und r_d der dynamische Widerstand der Diode. Der Wert des verwendeten Eingangswiderstandes hängt von der Durchbruchimpedanz der Diode ab. Typische Werte sind 1 ... 2 kΩ.

Mit dieser Schaltungsanordnung ist es möglich, Transistoren vor elektrostatischen Potentialen bis 4 kV zu schützen. In der Schaltung ist die Diode V_D zur Zunahme der Stromdurchlassfähigkeit hinzugefügt wurden, wenn der Schutz für beide Polaritäten realisiert werden soll. Diese Dioden-Widerstandsanordnung ist sehr wirkungsvoll und benötigt ein minimales Gebiet im Layout. Sie ist aber durch ihren maximal zulässigen Strom begrenzt.

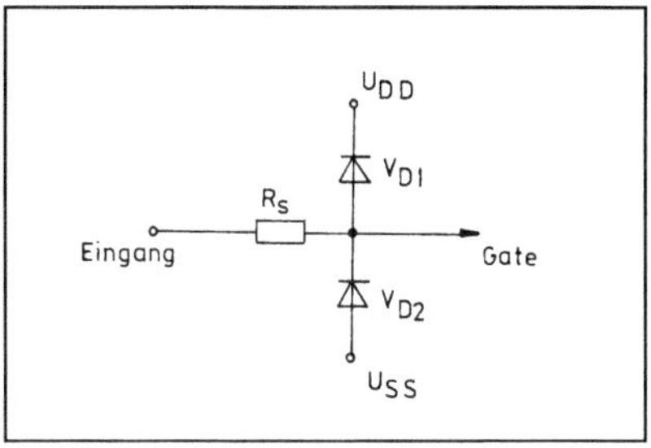

Anmerkung: Für diese Anordnung ist eine minimale Chipfläche erforderlich. Diese Schaltung kann einen ESD-Schutz gegen elektrostatische Spannungen bis 4 kV ermöglichen, in Abhängigkeit von den technologischen Maßnahmen. (4 kV ist eine Frage des Testverfahrens, z. B. HBM)

Bild 3.3: Widerstands-Dioden-Kombination

3.2.1.4. Feldplattenelektrode

Für das Dioden- und auch für das Widerstandsnetzwerk bestehen zwei Probleme:

Wie erreicht man die geforderte Durchbruchspannung und wie erreicht man den niedrigen dynamischen Widerstand beim Durchbruch der Dioden?

Eine Methode zur Senkung des Durchbruches der Dioden ist die Einbringung einer feldunterstützenden Durchbruchanordnung (Elektrode) bei der Source-Drain-Diffusion. Auf den pn-Übergang der Diode wird eine dünne Oxidschicht aufgebracht. Darauf wird eine dünne Metall- bzw. Polysiliziumschicht abgeschieden, die mit dem Substrat verbunden ist. Das Bild 3.4 zeigt die Anordnung.

Der geforderte Durchbruchspannungswert kann erreicht werden durch Variieren der Dicke des Dielektrikums unter der leitenden Elektrode. Dieses Schutzschaltungsnetzwerk ist sehr einfach zu realisieren. Die Erhöhung der Durchbruchspannung ist jedoch sehr gering. Im Vergleich dazu ist die Zunahme des Serienwiderstandes sehr groß. Zusätzlich ist diese Anordnung sehr empfindlich gegenüber anderen äußeren elektrischen Feldern und im Falle einer Überbeanspruchung. Das Schutzvermögen sinkt bei wiederholter Beanspruchung. Experimentelle Ergebnisse bestätigen, dass diese Schutzschaltungstechnik, allein angewandt, zur Erzielung eines umfassenden Schutzes nicht ausreicht.

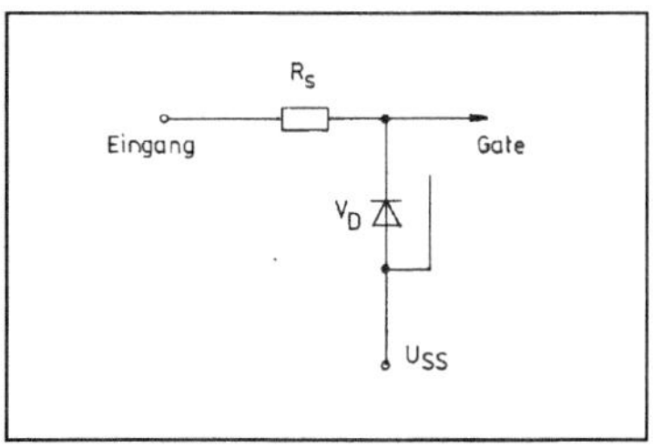

Bild 3.4: Schutzschaltung mit einer Feldplattenelektrode

3.2.1.5. „Punch through"-Transistor mit dünnem Gateoxid

Eine weit bekanntere und wirkungsvollere Schutzschaltungsanordnung ist ein Sperrschicht-Feldeffekttransistor mit sehr dünnem Gateoxid [8]. Eine schematische Schaltung eines derartigen Bauelementes zeigt Bild 3.5. Während der elektrostatischen Beanspruchung fließt der Strom von einem diffundierten Gebiet zu einem anderen angrenzenden diffundierten Gebiet, welches vom gleichen Leitungstyp ist und welches auf dem gleichen elektrischen Potential liegt wie das Substrat. Arbeitet das diffundierte Gebiet am Eingang des Transistors in entgegengesetzter Richtung (reverse), dann nimmt das Verarmungsgebiet zu. Nimmt die elektrostatische Spannung zu, dann wird das Verarmungsgebiet größer, d.h., es dehnt sich zu den anderen diffundierten Gebieten hin aus.

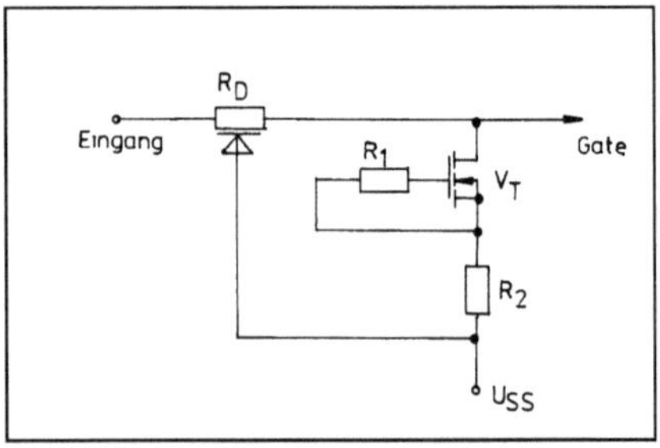

Anmerkung: Die Durchbruchspannung liegt über der Sperrspannung des FET. Die Sperrspannung ist über die Substratdotierung und die Kanallänge einstellbar.

Bild 3.5: Sperrschicht FET mit dünnem Gateoxid

Die Spannung, bei der dieser Effekt vorkommt, kann näherungsweise durch die Verwendung der Formel von Sze [30] berechnet werden:

$$U_{pt} = L^2 q\, N_d/2\, \tau_S = 48.1\ V \qquad (2.1)$$

wobei U_{pt} = Sperrschichtspannung (Durchgriff-)
N_d = Substratdotierung = 10^{15} cm^{-3}
L = Kanallänge = 8 µm

Keller [31] bemerkte dazu, dass bei dieser Anordnung die Anwesenheit von einem Gate genügt, wenn die geschlossen eingelagerten diffundierten Gebiete dieselben sind wie bei den selbst einstellenden Gatetechnologien (SGT). Ist die elektrostatische Spannung am Eingang negativ, bezogen auf das Substrat, dann ist die Eingangsdiffusion umgekehrt leitend und die Beanspruchung wird durch die Diode begrenzt. Dieses Schutzschaltungsnetzwerk verwendet ebenfalls Widerstände am Eingang zur Begrenzung des Stromes und zur Erhöhung der Schutzwirkung dieser Anordnung. Die Metallisierung über den diffundierten Gebieten ist sehr wirkungsvoll zur Vermeidung von Widerstandsdrops (Tropfen) entlang dieser Gebiete und entlang der direkten Verbindung zwischen Sourcediffusion und Sourceerdungsanschluss.

3.2.1.6. „Punch through"-Transistor mit dickem Gateoxid (dicker Oxid-Anreicherungssperrschicht-Transistor)

Dieses im Bild 3.6 gezeigte Schutzschaltungsnetzwerk ist sehr wirkungsvoll für normale NMOS- und PMOS-Technologien. Es existieren zwei Varianten, einmal mit und einmal ohne Metallschicht. Das Bauelement enthält viele der vorher beschriebenen Schutzschaltungsanordnungen ohne Erhöhung der Durchbruchspannung durch ein dünnes Gateoxidgebiet, welches selbst sehr empfindlich gegenüber ESD-Schäden ist.

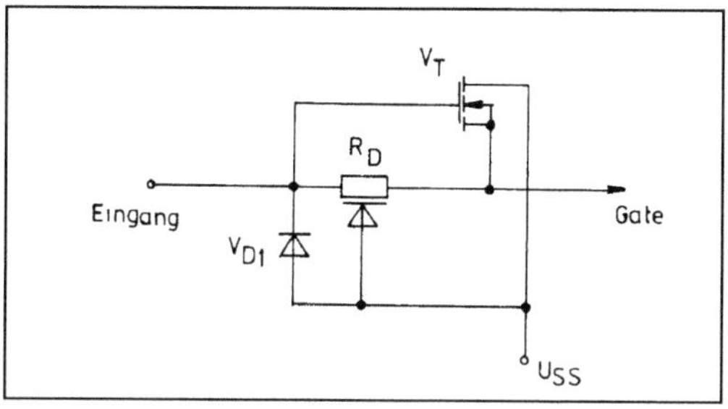

Anmerkung: Die Schwellspannung des FET liegt zwischen 20 und 30 V. Sie nimmt bei Spannungsbelastung zu, so dass sie über der des nachfolgenden Transistors liegt.

Bild 3.6: Sperrschicht-FET (Anreicherungstyp) mit dickem Gateoxid

3.2.1.7. Praktische Schutzschaltungsanordnungen

In praktischen Schaltungen werden meist mehrere Varianten zusammengefügt. Es ergeben sich dann solche Schaltungen, wie sie im Bild 3.7 und 3.8 dargestellt sind, im speziellen Fall für CMOS-Transistoren. Die angegebenen Schaltungen werden in integrierten Schaltkreisen eingesetzt, können aber sinngemäß auch für externe Schutzbeschaltungen von empfindlichen Transistoren genutzt werden, ausgenommen die Varianten mit zusätzlichen diffundierten Schichten im Bauelement. Die integrierten Schutzschaltungen sichern die Bauelemente gegen elektrostatische Spannungen bis etwa 4 kV, abhängig vom Testverfahren. Die angegebenen Werte entsprechen immer dem HBM-Test. Zusammenfassend kann festgestellt werden, dass jede Schutzschaltung eine Erhöhung der Eingangskapazität zur Folge hat und damit zu einer Verschlechterung des dynamischen Verhaltens der nachfolgenden Schaltung führt. Weiterhin führen zusätzliche Eingangswiderstände zu einer Reduzierung der Eingangsempfindlichkeit.

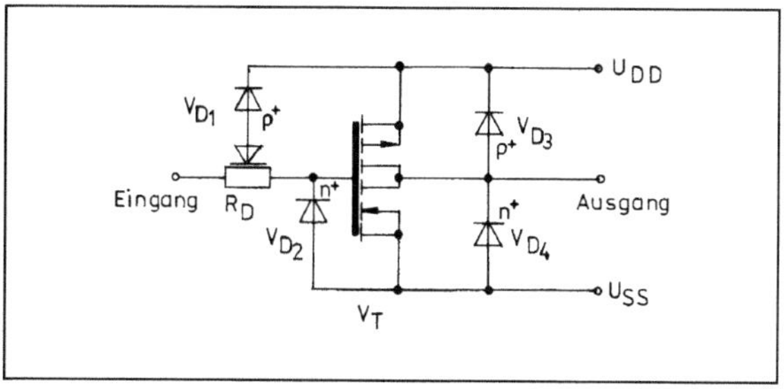

Bild 3.7: Praktische Schutzschaltungen, einfache Variante

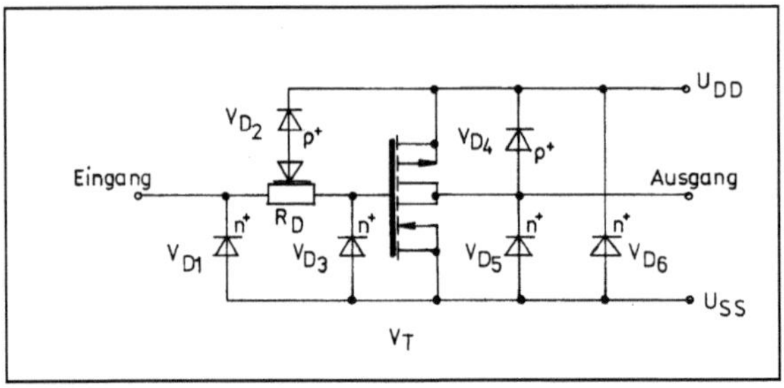

Bild 3.8: Praktische Schutzschaltungen, erweiterte Variante

Bild 3.9 zeigt das Layout eines integrierten Speicherschaltkreises. Gekennzeichnet sind die Bereiche, in denen die Schutzschaltungselemente angeordnet sind. Festzustellen ist, dass wenig Platz auf der Chip-Fläche für diese zusätzlichen Elemente vorhanden ist. Die Hauptfunktion des Schaltkreises ist das Speichern von Informationen. Sehr viele Informationen müssen gespeichert werden. Für zusätzliche Schaltungsfunktionen oder -elemente bleibt damit wenig Platz.

Deutlich zu erkennen ist, dass die Schutzschaltungselemente in der Peripherie angeordnet wurden. Der verfügbare Platz bestimmt natürlich auch die ESD-Sicherheit. Große Sicherheit verlangt große zusätzliche Schaltungselemente (Widerstände, pn-Übergänge). In der Regel wird ein Kompromiss zwischen Platzbedarf und ESD-Sicherheit eingegangen.

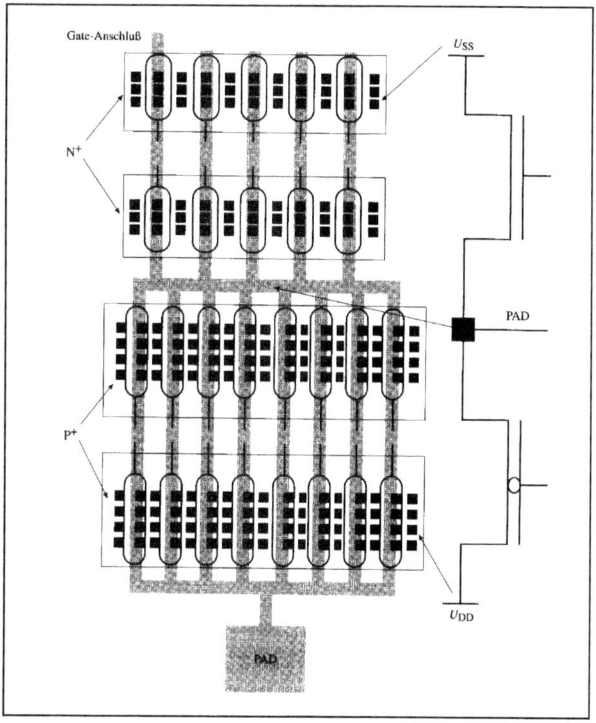

Bild 3.9: Layout und schematische Darstellung des Eingangsdesigns [32]

3.2.2 Technologische Maßnahmen des Halbleiterherstellers bei der Herstellung

Als technologische Maßnahmen werden in diesem Zusammenhang vor allem die Einhaltung der technologischen Parameter und die technologische Disziplin bei der Herstellung integrierter Schaltkreise verstanden. Die optimale Einstellung der Schichtdicken, der Ätzraten, der Diffusion, der Implantation usw. ist notwendig für die Erzielung der geforderten Schwellspannungen und der Durchbruchfestigkeit gegenüber elektrostatischen Beanspruchungen. In den Bauelementetechnologien gibt es Schwächen die auch die ESD-Belastung reduzieren. So haben Untersuchungen [33] gezeigt, dass ungünstige Dotierungsprofile zu niedrigeren Durchbruchspannungen führen können. In den ersten Untersuchungen wurde auch erkannt, dass z. B. Unteroxidationen auftreten, die zu einer Feldstärkeerhöhung von Eingängen führen können. Hier sind bestimmte zusätzliche Prozessschritte notwendig. Eine Veränderung der Dotierung der Diffusion bestimmter Eingänge bei ausgewählten Technologien oder eine Veränderung der Parameter einer Ionenimplantation (Bild 3.10) kann schon zu einer wesentlichen Erhöhung der ESD-Spannungsfestigkeit führen. Nicht alle Bauelementetechnologien zeigen diese positiven Veränderungen. Die Untersuchungen haben gezeigt, dass prozesstechnische Maßnahmen z.T. sogar wirtschaftlicher sein können als schaltungstechnische ESD- Schutzmaßnahmen. Diese prozesstechnischen Maßnahmen erfordern zusätzliche Masken bzw. Ebenen im Prozess, die wiederum sehr kosten- und zeitaufwendig sind. Die Ergebnisse zeigen, dass es zukünftig nötig sein wird, zwischen beiden ESD-Schutzmaßnahmen genau abzuwägen, oder besser, beide Maßnahmen sollten kontinuierlich umgesetzt werden.

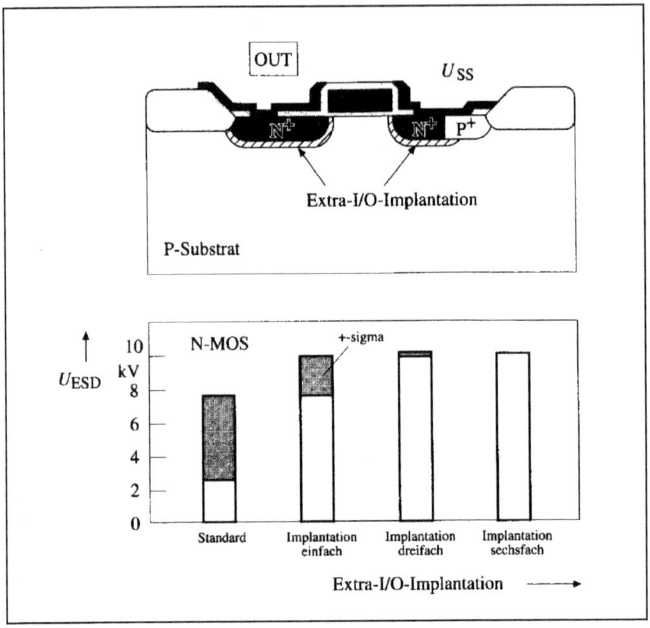

Bild 3.10: Prozessmaßnahme: Zusätzliche Ionenimplantation und der Einfluss auf die ESD-Festigkeit der Bauelemente (CMOS-LDD-Prozess) [34]

Die Fortschritte in den Technologien sowie vor allem den ESD-Schutzelementen werden in den nächsten Jahren nicht genügen, ESDS umfassend zu schützen.

3.3 ESD-Control-Plan – 5-Stufen-Plan

Alle vorgestellten ESD-Maßnahmen, sowohl Schutzschaltungen als auch technologische Maßnahmen, reichen nicht aus, um elektronische Bauelemente und Baugruppen umfassend vor elektrostatischen Ladungen zu schützen. Gerade die Veränderungen in den Technologien für elektronische Bauelemente in den nächsten Jahren sind umfassend. Damit wird auch die Empfindlichkeit gegenüber elektrostatischen Ladungen enorm ansteigen (vgl. Abschnitt 1). Ein systematisches ESD-Konzept oder besser ein ESD-Control-System sind unumgänglich. Das vorgestellte ESD-Control-System ist einfach und überschaubar, aber sehr effizient in der Praxis [28].

Grundsätzlich gibt es viele Möglichkeiten und fast alle Materialien in so genannter „ESD-gerechter" Ausführung. Die Frage ist: Muss alles was vorhanden ist auch eingeführt werden? Mehrfach wurde schon festgestellt, dass nicht viele ESD-Maßnahmen auch zwangsläufig einen umfangreichen ESD-Schutz gewährleisten.

Die 5 Stufen eines ESD-Control-Plan gliedern sich wie folgt:

Stufe 1 *Analyse der vorhandenen ESDS*
Stufe 2 *Aufstellung des ESD-Control-Systems*
Stufe 3 *Schulung der Mitarbeiter*
Stufe 4 *Einführung des ESD-Control-Systems*
Stufe 5 *Überprüfung der ESD-Maßnahmen und Inbetriebnahme*

Nur ein optimaler Einsatz von Maßnahmen führt zu einem verbesserten ESD-Schutz der ESDS. Die folgenden Stufen oder Schritte führen zu einem optimalen ESD-Control-System. Sie entstammen jahrelanger praktischer Erfahrungen aus der Beurteilung der verschiedensten Ausführungen von Elektronikfertigungen. Zwei Grundsätze müssen zuerst genannt werden:

1. Nur ein durchgängiges ESD-Control-System (ESD-Kontrollsystem) gewährleistet einen umfassenden Schutz elektronischer Bauelemente und Baugruppen vor elektrostatischen Ladungen.

2. Das Handgelenkband ist die beste Möglichkeit zur Erdung von Personen.

3.3.1 1. Stufe – Analyse

Bevor ESD-Kontrollmaßnahmen eingeführt werden, müssen die vorhandene Fertigung und die eingesetzten Bauelemente und Baugruppen analysiert werden. Es werden alle Arbeitsplätze und Prozessschritte untersucht. Dabei wird festgestellt, an welchen Plätzen, Stationen, usw. elektronische Bauelemente und Baugruppen verarbeitet werden. Als nächstes werden die Stationen näher untersucht. Werden die gefundenen ESDS offen oder geschlossen verarbeitet, d.h., sind die ESDS für das Personal zugängig, werden Arbeitsgänge mit diesen durchgeführt, werden sie eingesetzt oder ausgebaut, werden sie geprüft oder getestet.

An Stationen, wo keine ESDS vorhanden sind oder bearbeitet werden, d.h., die Geräte z. B. geschlossen sind, sind keine oder wenige ESD-Maßnahmen notwendig. Zu beachten ist, dass elektrostatische Ladungen auch über Anschlüsse, z. B. Sensoreingänge, eingespeist werden können. Nach dem die Stationen festgelegt wurden, sind weitere Betrachtungen notwendig. Als nächstes wird geprüft, wie ESDS angeliefert und weiterverarbeitet werden.

Dazu einige notwendige Fragestellungen:

- Wie werden die ESDS gelagert?
- Wie werden die ESDS verarbeitet?
- Wie sind das Handling und der Arbeitsablauf?
- Erfolgt eine Trennung von ESDS mit anderen Bauelementen und Baugruppen?
- Werden ESDS weitertransportiert?
- Ist die Kennzeichnung so, dass jeder sehen kann, es handelt sich um ESDS?

Für jeden Arbeitsplatz oder jede Station können sich ähnliche Fragestellungen ergeben. Diese Analyse wird aufgenommen. Daraus wird im nächsten Schritt ein ESD-Kontrollprogramm erstellt. Durch diese Analyse wird verhindert, dass „unnötige" ESD-Maßnahmen installiert werden, z. B. an mechanischen Arbeitsplätzen, an denen keine ESDS vorhanden sind. Natürlich muss ausgeschlossen werden, dass zu keinem Zeitpunkt ESDS vorhanden sind, also auch in Ausnahmefällen.

3.3.2 2. Stufe – Aufstellung des ESD-Kontrollprogrammes (ESD-Control-Plan)

Nach einer umfassenden Analyse des kompletten Fertigungsprozesses und der elektronischen Bauelemente und Baugruppen, die dort verarbeitet werden, wird ein ESD-Kontrollprogramm (auch: ESD-Control-Plan) erstellt. Alle notwendigen Arbeitsplätze und Stationen an denen ESD-Kontrollmaßnahmen realisiert werden müssen, werden aufgelistet. Jeder einzelne Arbeitsplatz erhält eine Liste mit notwendigen Maßnahmen. Dabei ist es sinnvoll, zum einen Sofortmaßnahmen und zum anderen ergänzende Maßnahmen aufzulisten. Zum ESD-Control-System gehören folgende Schwerpunkte:

- Personenausrüstungen (Handgelenkband, Bekleidung, Schuhe)
- Arbeitsplatzsysteme (Tische, Tischmatten, Erdungssystem)
- Arbeitsbereiche (Stühle, Fußboden, Abgrenzungen, Kennzeichnungsschilder)
- Lager- und Transportsysteme, Regale
- Mess- und Kontrollsysteme für die Überprüfung der Personenausrüstungen
- Widerstandsmesssystem, Feldstärkemesseinrichtung

Das ESD-Control-System beinhaltet örtliche ESD-Maßnahmen sowie die Anforderungen an die Ausrüstungen und das Material. Es ist so strukturiert, dass es stufenweise eingeführt werden kann.

3.3.3 3. Stufe – Schulung der Mitarbeiter

Bevor ESD-Kontrollmaßnahmen eingeführt werden, sind unbedingt die Mitarbeiter zu unterweisen. Nur so erfolgt ein bewusster Umgang mit den notwendigen ESD-Maßnahmen. Die Akzeptanz der Mitarbeiter für die ESD-Maßnahmen steigt an. Schwerpunkte der Schulung müssen dabei folgende Punkte sein:

- Entstehung elektrostatischer Ladungen und Entlademechanismen
- ESD-Schäden von elektronischen Bauelementen und Baugruppen
- ESD-Kontrollsystem
- Handhabungsvorschriften
- Sicherheitsanforderungen
- Überprüfungsmethoden, tägliche Überprüfung von Handgelenkbändern und Schuhen

Die Einweisung der Mitarbeiter muss dokumentiert werden. In festgelegten Abständen muss die Unterweisung wiederholt oder aufgefrischt werden. Neue Arbeitspraktiken oder neue ESD-Maßnahmen müssen den Mitarbeitern erklärt werden. Für neu eingestellte Mitarbeiter ist eine Erstunterweisung durchzuführen. Auch Abteilungen wie der Einkauf müssen in die Schulung einbezogen werden.

Die Schulung wird vom ESD-Koordinator oder einer beauftragten Person durchgeführt und dokumentiert. Erst danach werden ESD-Kontrollmaßnahmen eingeführt.

3.3.4 4. Stufe – Einführung der ESD-Kontrollmaßnahmen

Nachdem das ESD-Control-System festgelegt wurde und die Mitarbeiter unterwiesen sind, kann damit begonnen werden, die ESD-Maßnahmen in der Fertigung oder am Arbeitsplatz umzusetzen. Die notwendigen Maßnahmen und die Anforderungen werden unter Punkt 3.4. beschrieben.

3.3.5 5. Stufe – Überprüfung der ESD-Kontrollmaßnahmen und Inbetriebnahme

Bevor der komplette ESD-Bereich oder der ESD-Arbeitsplatz in Betrieb genommen werden kann, ist eine Überprüfung der Parameter der notwendigen ESD-Ausrüstungen erforderlich. Erst wenn alle Anforderungen in Ordnung sind, alle ESD-Ausrüstungen an das Erdungs- bzw. Potentialausgleichssystem angeschlossen sind, darf der ESD-Bereich benutzt werden. Das gilt auch, wenn Veränderungen vorgenommen wurden. Die Überprüfung erfolgt durch den ESD-Koordinator. Alle Parameter und Messergebnisse müssen protokolliert werden.

Werden ESDS zugeliefert oder bei Subunternehmern gefertigt, dann muss auch diese Firma die ESD-Anforderungen erfüllen. Wurden diese nicht dokumentiert, dann kann der ESD-Koordinator eine Überprüfung anordnen. Der Subunternehmer muss ein entsprechendes Protokoll vorlegen.

3.3.6 Zusammenfassung

Das vorgestellte 5 Stufen Programm bildet die Basis für weitere ESD-Kontrollprogramme. Grundprinzip ist immer ein durchgängiges ESD-Control-System einzuführen. Nur so können die ESDS umfassend geschützt werden. Das ESD-Control-System soll aber auch zeigen, dass zu Beginn ein höherer Aufwand in Stufe 1 notwendig ist, aber bei der Realisierung des ESD-Kontrollprogramms wirkt sich das dann positiv aus. Nur die optimalen Lösungen werden umgesetzt. Das ESD-Control-System ist insgesamt effektiv und kostenoptimal.

3.4 Anforderungen an die einzelnen Ausrüstungen und Stufen

Während der Erarbeitung der 2. Stufe werden alle notwendigen Anforderungen an das ESD-Control-System festgelegt. Die folgenden Punkte geben eine Übersicht für bestimmte Anforderungen an Materialien und Ausrüstungen, die unbedingt berücksichtigt werden müssen. Die kompletten Anforderungen an ESD-Ausrüstungen werden im Abschnitt 4 beschrieben. Die Stufe 1 legt die eigentlichen ESD-Maßnahmen fest, die für den jeweiligen Einsatzfall notwendig sind. Es ist zu beachten, dass es keine Unterschiede geben darf zwischen verschiedenen Arbeitsbereichen oder Arbeitsstationen. Mehrfach wurde betont, dass nur ein durchgängiges ESD-Control-System den notwendigen Schutz gewährleistet. ESD-Kontrollmaßnahmen müssen an allen Stationen oder in allen Bereichen realisiert werden, in denen ESDS gehandhabt werden. Ausnahmen darf es nicht geben. Besonders kritisch zu bewerten sind die Anforderungen an Transport- und Verpackungssysteme. Die speziellen Anforderungen an Verpackungsmaterialien und die notwendigen Mess- und Prüfvorschriften werden in den Abschnitten 4 und 5 ausführlich behandelt. Alle anderen Grundanforderungen werden in einer Übersicht beschrieben:

- Anforderungen an die Person
- Anforderungen an den Arbeitsplatz
- Anforderungen an den Fußboden
- Anforderungen an die EPA
- Anforderungen an Maschinen und Ausrüstungen, die in einer EPA eingesetzt werden
- Anforderungen an die Verpackungen
- Testmethoden für die Überprüfung der EPA

3.4.1 Anforderungen an die Person

Die Person ist grundsätzlich die größte Quelle für elektrostatische Aufladungen. Der Person muss eine besondere Bedeutung bei den ESD-Kontrollmaßnahmen eingeräumt werden. Zu den wichtigsten Ausrüstungen gehören neben dem Handgelenkband, die ESD-Bekleidung und das ESD-Schuhwerk.

Nur das Handgelenkband gewährleistet die permanente Ableitung von elektrostatischen Ladungen von der Person zu einem Potential- oder Erdungspunkt. Wenn die Person mit dem Handgelenkband am Potentialausgleich angeschlossen ist, kann es keine elektrostatische Aufladung geben. In sitzender Tätigkeit ist es die einzige Möglichkeit für den Potentialausgleich. In stehender Tätigkeit, oder wenn die Person sehr viel laufen muss, können elektrostatische Ladungen auch über den ableitfähigen Fußboden abgeführt werden. Die ESD-Schuhe und der Fußboden müssen einen definierten Ableitwiderstand aufweisen (vgl. Tabelle 3.1). Zusätzlich verhindert die ESD-Bekleidung, dass eventuell vorhandene elektrostatische Aufladungen oder Felder der normalen Bekleidung ESDS beeinflussen. Die ESD-Bekleidung deckt elektrostatische Ladungen oder Felder ab. Ist die Person mit diesen ESD-Maßnahmen ausgerüstet, dann kann davon ausgegangen werden, dass keine ESDS von der Person gefährdet werden.

Tabelle 3.1 Anforderungen an die Personenausrüstungen

ESD-Ausrüstung	**Anforderungen R_A**	**Anmerkungen**
Handgelenkband	$< 3.5 \cdot 10^7\ \Omega$	
Schuhe	$< 1.0 \cdot 10^8\ \Omega$ ($3.5 \cdot 10^7\ \Omega$)	Die höheren Anforderungen (siehe Klammer) sind notwendig, wenn die Person ausschließlich über den Fußboden geerdet ist.
Bekleidung	$< 1.0 \cdot 10^9\ \Omega$	Es kann nur der Oberflächenwiderstand bestimmt werden. Die Bekleidung kann normalerweise nicht geerdet werden.

3.4.2 Anforderungen an den ESD-Arbeitsplatz

Der Arbeitsplatz muss so konstruiert werden, dass keine elektrostatischen Ladungen entstehen können. Entstehen dennoch elektrostatische Ladungen muss der Arbeitsplatz so ausgeführt sein, dass diese gefahrlos abfließen können. Die Arbeitsoberfläche muss einen definierten Ableitwiderstand aufweisen. Dieser darf einen Mindestwiderstand nicht unterschreiten, damit es keine schlagartigen Entladungen gibt. Er muss zusätzlich einen definierten oberen Grenzwert besitzen, damit eventuell vorhandene elektrostatische Ladungen noch ausreichend schnell abfließen können. Dazu kann die Entladezeit zusätzlich ermittelt werden (vgl. Abschnitt 5).

Tabelle 3.2 Anforderungen an die Arbeitsplatzoberfläche

ESD-Ausrüstung	Anforderungen R_A	Anmerkungen
Arbeitsplatzoberfläche	> 7.5 · 10^5 Ω und < 1 · 10^9 Ω	Ein unterer Grenzwert wird in der DIN EN 61340-5-1 nicht mehr angegeben. Dafür der Hinweis, dass keine Entladung nach CDM erfolgen darf. Falls die Gefahr besteht sollte der Mindestwiderstand 1 · 10^4 Ω sein.
Entladezeit	< 2 s (von 1000 V auf 100 V)	Die Entladezeit muss nur ermittelt werden, wenn der Ableitwiderstand größer 1 · 10^9 Ω ist.

Alle Ausrüstungen am Arbeitsplatz sind an einem zentralen Punkt anzuschließen. Dieser Potentialausgleichs- oder Erdungspunkt wird mit dem Schutzleiter des Raumes verbunden. Sinnvoll ist der Einsatz von so genannten Erdungsanschlussboxen (vgl. Bild 3.11).

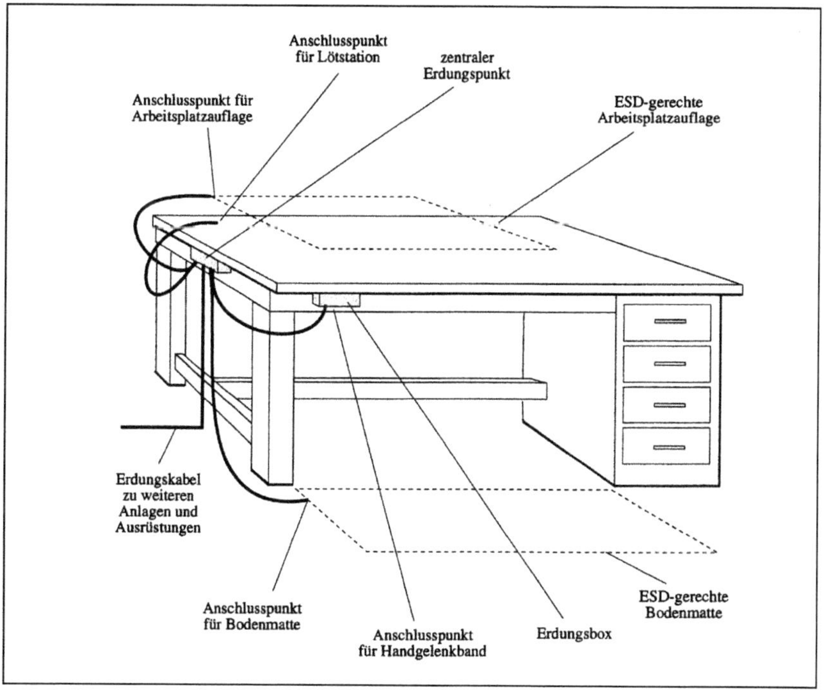

Bild 3.11: ESD-Arbeitsplatz mit einem zentralen Erdungspunkt [8]

3.4.3 Anforderungen an den ESD-Fußboden

Der Fußboden ist ein wichtiger Bestandteil des ESD-Bereiches oder der EPA. Er ist notwendig, wenn die Person mit ableitfähigen Schuhen den Potentialausgleich ausschließlich über den Fußboden herstellt. Die Entladung muss so gewährleistet werden. Die elektrischen Eigenschaften werden in der Tabelle 3.3 beschrieben. Grundsätzlich gibt es Probleme mit einigen Fußbodenmaterialien (vgl. Abschnitt 5), z. B. die Messelektroden oder den leitfähigen Gummi an den Messelektroden. Grundsätzlich muss davon ausgegangen werden, dass in jedem Fall die Person über den Fußboden die elektrostatischen Ladungen abgegeben muss, d.h., das System „Person-Schuhe-Fußboden" muss funktionieren. Die Anforderungen müssen mit Widerstandseigenschaften erklärbar sein. Die elektrostatische Aufladung einer Person wird zusätzlich zur Beurteilung des Fußbodens herangezogen. Dieses Kriterium darf aber nicht das einzige Merkmal eines ableitfähigen Fußbodens sein.

Tabelle 3.3 Anforderungen an den Fußboden

ESD-Ausrüstung	**Anforderungen R_A**	**Anmerkungen**
Fußboden	$< 1 \cdot 10^9\ \Omega$	
Systemwiderstand (Person – Schuhe – Fußboden – Erdungspunkt)	$< 1 \cdot 10^9\ \Omega$	Der Systemwiderstand muss kleiner als $1 \cdot 10^9\ \Omega$ sein, und die maximale elektrostatische Spannung auf der Person darf nicht mehr als 100 V betragen.
Entladezeit	< 2 s (von 1000 V auf 100 V)	Ist sinnvoll, wird aber nicht gefordert.

Die höheren Anforderungen sind gerechtfertigt, wenn Personen ausschließlich am Arbeitsplatz stehen und so ihre Tätigkeiten ausführen. Der Grenzwiderstand für das System darf den Wert von $1 \cdot 10^9\ \Omega$ nicht überschreiten. Grundsätzlich wird die Ermittlung der Personenaufladung gefordert. Erfahrungsberichte zeigen aber, dass bei einem Widerstand größer $3.5 \cdot 10^7\ \Omega$ dieser Kombination, die Personenaufladung größer 100 V ist. Das wäre aber nicht zulässig. Der Kontakt zwischen der Person und dem Fußbodenmaterial ist kritisch. Die Personen an sich sind schon sehr verschieden, jede Person hat eine andere Widerstandscharakteristik. Ein weiteres Risiko sind die verschiedenen Fußbodenmaterialien überhaupt. Es gibt Beläge, Beschichtungen oder Anstriche – alle Materialien verhalten sich anders. Tests mit verschiedenen Personen und Fußbodenmaterialien zeigen, dass nur wenige diese Anforderungen erfüllen (vgl. Abschnitt 4). Die zusätzliche Messung der Entladezeit ist aus diesem Grund notwendig, um Fußbodenmaterialien zu qualifizieren (vgl. Abschnitt 5).

3.4.4 Anforderungen an die EPA

Für einen optimalen Schutz der ESDS, sind ESD-Arbeitsplätze und Bereiche unumgänglich. Die grundlegenden Ausrüstungen eines einzelnen ESD-Arbeitsplatzes sind eine ableitfähige Arbeitsplatzoberfläche, ein Handgelenkband sowie ein Erdungssystem. Alle Einrichtungen werden mit dem Erdungs- oder Potentialausgleichspunkt verbunden, damit überall gleiches Potential vorhanden ist.

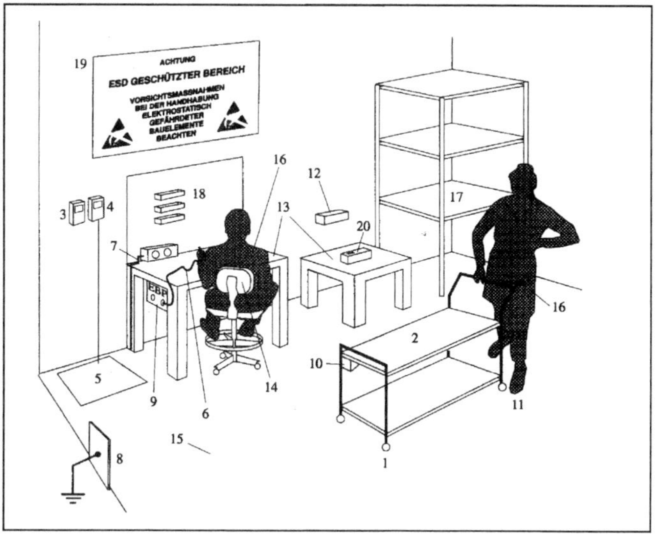

Bild 3.12: Typischer ESD-Bereich nach DIN EN 61340-5-1 (2001) [10]

1 Ableitfähige Räder
2 Ableitfähige Oberfläche
3 Handgelenkband Tester
4 Schuhwerk Tester
5 Schuhwerk Testplatte
6 Handgelenkband und Spiralkabel
7 EPA-Erdungskabel
8 EPA Erdung
9 Erdungspunkt
10 Erdungspunkt am Wagen
11 ESD-Schuhwerk
12 Ionisator
13 Arbeitsoberfläche
14 Stuhl
15 Fußboden
16 Bekleidung
17 Regal mit ableitfähiger Oberfläche
18 Regal am Arbeitsplatz, geerdet
19 EPA-Kennzeichnungsschild
20 Maschine/Vorrichtung

Je nach vorhandenen Arbeitsgängen oder Handlungen ist es notwendig ESD-Bereiche (EPA) einzurichten. Alle verwendeten Materialien und Ausrüstungen müssen gewährleisten, dass kein elektrostatisches Potential höher 100 V vorhanden ist. Da es immer wieder vorkommt, dass dieses Potential bewusst oder unbewusst überschritten wird, müssen die verwendeten Materialien diese elektrostatischen Ladungen für die ESDS gefahrlos ableiten können. Besonders Verpackungsmaterialien oder Dokumentationen beinhalten hohe Gefahrenpotentiale.

Sind die ESD-Arbeitsplätze eingerichtet und überprüft können Gefahren für ESDS vermieden werden. Alle Ausrüstungen, die eventuell elektrostatische Ladungen erzeugen können, werden vom Personal erkannt und entfernt, zusätzlich fließen die Ladungen gefahrlos ab.

3.4.5 Anforderungen an Maschinen und Ausrüstungen

Umfangreiche Tests und Erfahrungen haben gezeigt, dass besonders Maschinen und Ausrüstungen, Montage- und Transporteinrichtungen elektrostatische Ladungen auf Leiterplatten (PCB) erzeugen. Der Mensch und die Umgebung, d.h., die Arbeitsplätze sind weitestgehend durch entsprechende ESD-Kontrollmaßnahmen zu beherrschen. Die elektrostatischen Ladungen, die auf den Maschinen entstehen, sind nicht größer aber wesentlich gefährlicher für die ESDS als die elektrostatischen Ladungen auf der Person. Sie sind unabhängig von allen Bewegungen und Handlungen des Menschen. Grundsätzlich führen alle Bewegungen von ESDS in automatischen Bestückungseinrichtungen zu sehr hohen elektrostatischen Aufladungen und provozieren deren Entladung und damit die Schädigung der ESDS. Neueste Untersuchungen beweisen dies.

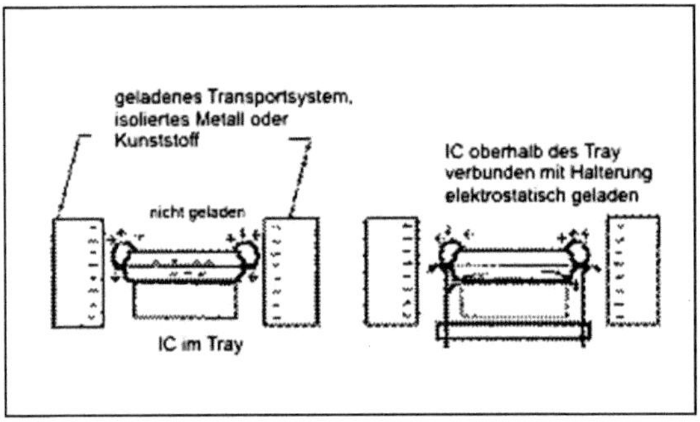

Bild 3.13: Entstehung elektrostatischer Ladungen auf einem IC in einem Transportsystem

ESDS werden überall elektrostatisch aufgeladen, wo Trennvorgänge erfolgen. Zum Beispiel wenn sie aus einem Tray oder Gurt herausgenommen werden. Durch die Aufnahme der ICs, also den Trennvorgang, entsteht eine Potentialdifferenz. Der IC wird dann zur Leiterplatte (PCB) transportiert. Beim Aufsetzen auf die Leiterplatte werden die Potentialdifferenzen, die Leiterplatte ist auch elektrostatisch aufgeladen, ausgeglichen. Der Entladestrom führt dann zur Schädigung des ESDS. Dieser Vorgang ist unabhängig davon, ob die Aufnahmevorrichtung im Bestückungsautomat leitfähig oder isolierend ist.

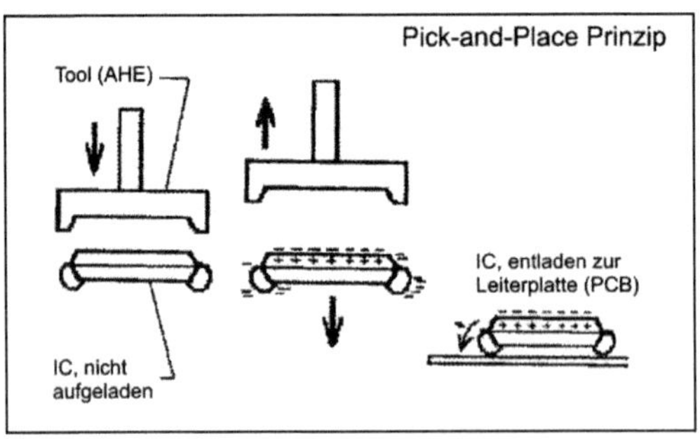

Bild 3.14: Entstehung elektrostatischer Ladungen und die Entladung von einem IC in einem Bestückungsautomat

Das ESDS selbst besitzt ein isolierendes Gehäuse. Aktuelle Messungen der elektrostatischen Ladungen auf Leiterplatten in einem Fertigungsprozess zeigen elektrostatische Ladungen weit oberhalb von 100 V. Die Entladungsvorgänge selbst sind so genannte Entladungen nach dem CDM. Sehr kleine elektrostatische Aufladungen, teilweise kleiner 10 V, genügen, um große Auswirkungen hervorzurufen und ESDS dauerhaft zu schädigen. Im Moment ist die einzige Möglichkeit für den Abbau der Potentialdifferenzen die Erzeugung elektrostatischer Gegen-Ladungen durch Ionisation. Nur dadurch können Schäden im Moment reduziert werden.

3.4.6 Anforderungen an Verpackungsmaterialien

Die grundsätzlichen Grenzwerte für Verpackungsmaterialien zeigt die Tabelle 3.4. Materialien mit diesen Eigenschaften und nur diese Materialien dürfen für ESDS verwendet werden. Grundsätzlich dürfen diese Materialien in einer EPA eingesetzt werden. Wenn ESDS außerhalb einer EPA transportiert werden, dann müssen diese Materialien immer abschirmend sein. Der Nachweis dieser Materialeigenschaften wird immer schwieriger. Zum einen werden die elektronischen Bauelemente immer kleiner und damit auch die Verpackungsmaterialien und zum anderen gibt es immer wieder neue Verpackungsmaterialien oder Rohstoffe sowie Anforderungen der Endkunden oder Nutzer von ESDS.

Tabelle 3.4 Eigenschaften von ESD-Verpackungsmaterialien

Material	**Parameter**
Leitfähig	$> 1 \cdot 10^2 \ldots < 1 \cdot 10^4\ \Omega$
Ableitfähig	$> 1 \cdot 10^4 \ldots < 1 \cdot 10^{11}\ \Omega$
Abschirmend	max. Energie 50 nJ bei einer HBM Entladung von 1000 V auf 100 V

Anmerkungen:
1. Der untere Grenzwert von $1 \cdot 10^2\ \Omega$ wird nicht mehr angegeben.
2. Die maximal zulässige Energie bei abschirmenden Verpackungen wird reduziert auf 20 nJ.

3.4.7 Testmethoden für die Maßnahmen des ESD-Control-Systems

Vor Inbetriebnahme des ESD-Control-Systems ist es unbedingt notwendig die Eigenschaften der ESD-Maßnahmen zu überprüfen. Weiterhin müssen die Handgelenkbänder und das Schuhwerk täglich überprüft werden. Werden diese Tests nicht durchgeführt können ESDS durch nicht angeschlossene oder nicht funktionsfähige Ausrüstungen gefährdet werden. Die tägliche Überprüfung der Handgelenkbänder und des Schuhwerks garantieren, dass keine elektrostatischen Ladungen auf der Person entstehen können und somit die ESDS schädigen könnten. Die Bilder 3.15 und 3.16 zeigen grundsätzliche Testgeräte. Bei der Überprüfung des ESD-Schuhwerks muss darauf geachtet werden, dass jeder Schuh extra geprüft wird. Weiterhin ist eine Prüfung von Schuh zu Schuh nicht zulässig. Hier wird der Entladungsweg von der Hand der Person zum Schuhwerk und Fußboden nicht überprüft.

Neben der Erstüberprüfung der ESD-Maßnahmen ist eine ständige wiederholte Überprüfung notwendig. ESD-Arbeitsplätze, ESD-Stühle, ESD-Fußböden usw. müssen in regelmäßigen Abständen, z. B. monatlich, halbjährlich oder jährlich überprüft werden (vgl. Abschnitt 4). Die Abstände werden vom ESD-Koordinator festgelegt.

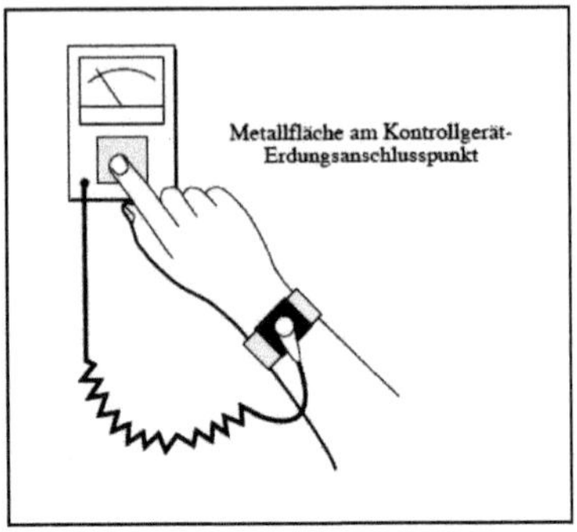

Bild 3.15: Allgemeine Messeinrichtung zur täglichen Überprüfung von Handgelenkbändern

Bild 3.16: Allgemeine Messeinrichtung zur täglichen Überprüfung von Schuhwerk

Abschließend einige allgemeine Hinweise zur Überprüfung der Arbeitsoberflächen und des Fußbodens. Das Bild 3.17 zeigt eine allgemeine Elektrodenanordnung zur Überprüfung der Ableitwiderstände dieser Materialien im verlegten Zustand. Die Messspannung ist grundsätzlich 100 V und die Elektrodenanordnung ist vorgeschrieben (vgl. Abschnitt 5). Bei Fußböden kann es vorkommen, dass der Widerstand zur Bewertung des Materials nicht aussagekräftig ist, dann kann der Systemwiderstand Person-Schuhe-Fußboden und eventuell die Entladezeit ermittelt werden. Aber erst wenn alle 3 Parameter zu einem positiven Ergebnis führen, ist der Fußboden in Ordnung.

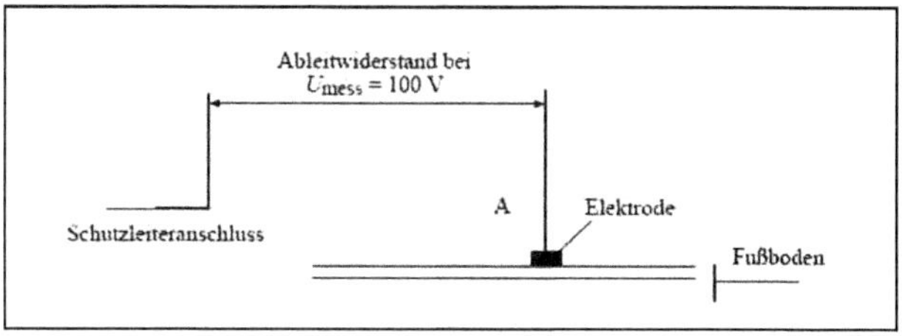

Bild 3.17: Anordnung zur Überprüfung des Ableitwiderstandes von Fußböden

Für bestimmte Anwendungen muss der Oberflächenwiderstand gemessen werden. Vor allem wenn ESD-Materialien ausgewählt werden müssen.

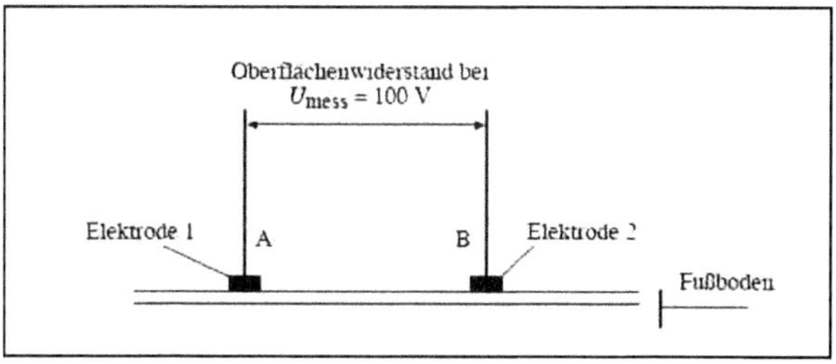

Bild 3.18: Anordnung zur Ermittlung des Oberflächenwiderstandes von Materialien

Eine andere Methode ist die permanente Überwachung der ESD-Arbeitsplätze und des ESD-Bereiches. Diese Methode garantiert eine konstante Kontrolle des gesamten ESD-Control-Systems. Neben der Überwachung des Ableitwiderstandes der Person, deren Erdung und des Arbeitsplatzes, kann auch das komplette Erdungssystem permanent überwacht werden.

Weitere Tests und Überprüfungen sind zur Überwachung der Arbeitsplätze und vor allem der Maschinen notwendig. Heute sind nur statische Messungen möglich. Zukünftig müssen in Maschinen dynamische Messungen vor allem während des Betriebes durchgeführt werden. Messungen und Messanordnungen zur elektrostatischen Feldstärke für statische Messungen werden im Abschnitt 5 ausführlich beschrieben.

4 Anforderungen an ESD-Control-Maßnahmen und Ausführungen

Die Vor- und Nachteile der schaltungstechnischen und technologischen Schutzmaßnahmen zeigen, dass elektronische Bauelemente und Baugruppen vor elektrostatischen Ladungen geschützt sind. Aber dieser Schutz ist nicht ausreichend. Praktische Erfahrungen zeigen, dass die elektrostatischen Aufladungen meistens über den zulässigen elektrostatischen Spannungen liegen, die die Schutzschaltungen sicher abführen können (vgl. Tabellen 4.1 und 4.2). Deshalb ist es unbedingt notwendig weitere und umfassende Vorkehrungen in den Fertigungsbereichen zu treffen. Grundsätzlich muss gewährleistet sein, dass zum einen verhindert wird, dass elektrostatische Ladungen entstehen können. Zum anderen muss abgesichert werden, dass elektrostatische Ladungen abfließen können, ohne dass dabei elektronische Bauelemente oder Baugruppen geschädigt werden. Die Praxis hat gezeigt, dass es sehr wirkungsvoll ist, ein durchgängiges elektrostatisches ESD-Control-System zu schaffen. Nur so können Potentialdifferenzen zwischen den einzelnen Arbeitsplätzen, Fertigungsbereichen usw. vermieden werden. Bei der optimalen Gestaltung der Fertigungsbereiche wird davon ausgegangen, dass keine elektrostatischen Ladungen entstehen und die vorhandenen Ladungen sicher und gefahrlos abgeleitet werden.

Tabelle 4.1 Elektrostatische Spannungen, gemessen in einer Baugruppenfertigung [8]

Handlung/Ladungsquelle (24 % Luftfeuchtigkeit und 21 °C Umgebungstemperatur)	**elektrostatische Aufladung** U in V
Person geht über einen PVC – Fußbodenbelag	200 ... 9 000
Person geht über einen synthetischen Teppich	10 000 ... 15 000
Person hebt eine PVC-Tasche von einer Werkbank	100 ... 3 000
PE-Tasche wird gerieben und auf einen kunststoffbeschichteten Arbeitsplatz gelegt	300 ... 7.000
Person führt ein IC-Stangenmagazin in eine automatische Bestückungseinrichtung ein	100 ... 2.000
Entnahme von Plast Schaltkreisen aus einem PE-Beutel	bis 20.000
Plast Schaltkreise werden in PUR-Schaum gesteckt und wieder herausgenommen	bis 11.000
Keramikschaltkreise in Plast Behälter gelegt und wieder herausgenommen	bis 4.000
Keramikschaltkreise in PUR-Schaum gesteckt und wieder entnommen	bis 5.000
Handhabung einer Entlöteinrichtung oder Lötkolben aus Kunststoff	500 ... 1.500
Bestückte Leiterplatte (PCB) in eine Kunststofftragtasche gelegt	100 ... 800

Bewegen von Leiterplatten auf einem automatischen Transportsystem zwischen Arbeitsstationen	50 ... 350
Bewegen von Leiterplatten in ein automatisches Bestücksystem (Pick-and-Place-Automat)	50 ... 250
Bedrucken von unbestückten oder bestückten Leiterplatten mit Lotpaste (Metallschablone)	500 ... 3.000
Aufnehmen von elektronischen Bauelementen aus Reels, Blister, Trays usw. in einem Bestückungsautomaten	20 ... 200

Die Tabelle 4.1 zeigt im ersten Teil typische Handlungen in betrieblichen Bereichen, in denen elektronische Bauelemente, Baugruppen und Geräte besonders gefährdet sind. Der zweite Teil beschreibt ausgewählte Handlungen in einem automatischen Fertigungssystem. Aus der Tabelle geht hervor, dass sowohl elektrostatische Körperentladungen als auch Entladungen beweglicher Einrichtungen eine sehr große Gefahr für elektronische Bauelemente darstellen. In den letzten Jahren hat sich dies auf die mechanischen und automatischen Fertigungssysteme verlagert. Die automatischen Transport- und Verarbeitungssysteme sind immer mehr das größere Problem für elektrostatische Aufladungen und die Schädigung von ESDS. Personen und Arbeitsplätze sind weitestgehend ausrüstbar und damit beherrschbar. Arbeiten an elektronischen Bauelementen und Baugruppen, die mit elektrostatisch empfindlichen Bauelementen bestückt sind, erfordern immer ESD-Kontrollmaßnahmen.

Um den umfassenden ESD-Schutz elektronischer Bauelemente und Baugruppen zu gewährleisten, sind eine Reihe weiterer Maßnahmen organisatorischer Art erforderlich.

Im Einzelnen handelt es sich dabei um

- die Gestaltung der Arbeitsplätze und Arbeitsräume
- die Gestaltung der Maschinen, Geräte, Werkzeuge und Transportmittel
- das Verhalten der Arbeitskraft im Umgang mit elektronischen Bauelementen und Baugruppen.

Die folgende Tabelle 4.2 beschreibt Beispiele verschiedener Fertigungsbereiche, in denen ESD-Kontrollmaßnahmen unbedingt notwendig sind.

Tabelle 4.2 Einflussbereiche elektrostatischer Ladungen bei der Herstellung und Verarbeitung elektronischer Bauelemente und Baugruppen

Wafer Fab	↓	**Wafer Bearbeitung** **Wafer Messung**
Backend		**Chipbearbeitung Montage**
Messtechnik		**Bauelementemessung**
		Schaltkreishersteller

Transport- und Lagerprozesse	
	Geräteproduzent
Wareneingang Eingangskontrolle Montage im Gerät Fertiges Gerät	
Service, Reparatur	Reparaturwerkstatt

4.1 Allgemeine Anforderungen

Ein ESD-Arbeitsplatz oder ein ESD-Bereich (EPA) ist so zu planen bzw. zu entwerfen, dass ESDS zu keinem Zeitpunkt durch elektrostatische Ladungen gefährdet werden. Elektrostatische Entladungen sind unbedingt zu vermeiden. Falls sie dennoch auftreten, sind sie klein zu halten oder gefahrlos abzuleiten. Von der Entladung ausgehende elektrische Felder dürfen einen Maximalwert von 50 V bzw. 50 V/cm nicht übersteigen. Beim Einrichten einer EPA (Bild 4.1) müssen die Sicherheitsanforderungen zum Schutz der Personen unbedingt beachtet werden (vgl. VDE 0100 [27]). Die EPA selbst kann vielfältige Formen haben:

Einzelarbeitsplatz, Arbeitsbereich, Lagerbereich, Service, Reparaturarbeitsplatz.

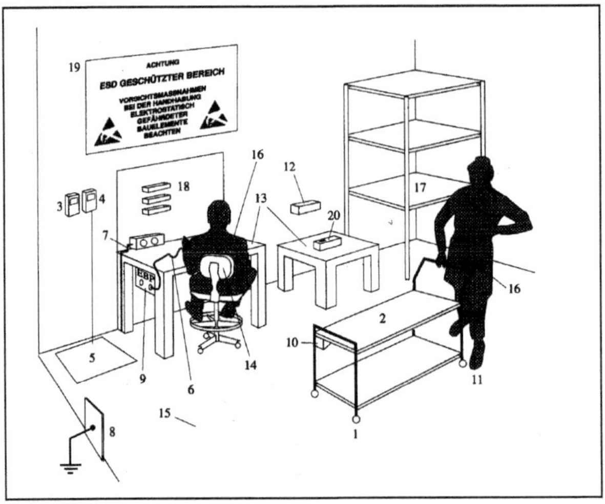

Bild 4.1: Typische EPA für eine Elektronikfertigung [10]
Anmerkung: siehe auch Bild 3.12

Bevor der eigentliche ESD-Bereich (EPA) beschrieben wird, zunächst der Hinweis auf die deutliche und sichtbare Kennzeichnung für das Personal. Die EPA muss abgegrenzt und mit Hinweisschildern gekennzeichnet werden. Die Schilder müssen von allen Seiten gut sichtbar sein. Ein Beispielschild zeigt Bild 4.2. Alle angegebenen Bestandteile (Beschriftung und Bilder) müssen im Schild enthalten sein. Die Mindestgröße des Schildes für einen ESD-Arbeitsplatz beträgt: 300 mm x 150 mm. Erdungsanschlüsse, Erdungspunkte und ESD-Erdungseinrichtungen müssen gleichfalls deutlich gekennzeichnet werden, damit sie von anderen Erdungseinrichtungen unterschieden werden. Die Schilder können ergänzt oder vereinfacht werden; es muss jedoch gewährleistet werden, dass die zusätzlichen Angaben nicht vom allgemeinen Warnhinweis ablenken.

Eine EPA muss mit dem folgenden Hinweisschild nach Bild 4.2 gekennzeichnet werden:

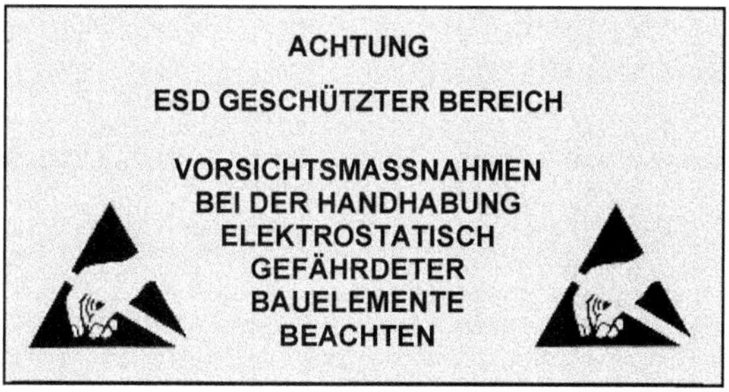

Bild 4.2: Beispiel für eine EPA Kennzeichnungsschild

Besonders hinzuweisen ist auf eine „EPA mit freiliegenden Leitern", deren Potential größer 250 V Wechsel- oder 500 V Gleichspannung ist. Diese besondere EPA ist mit einem Schild nach Bild 4.3 zu kennzeichnen. Für diese so genannte „Hochspannungs-EPA" sind die „Warnhinweise nach den einschlägigen nationalen Gesetzen" zu beachten (VDE 0100 [27]). An erster Stelle steht hier der Personenschutz. Es dürfen zu keinem Zeitpunkt Personen in Gefahr sein.

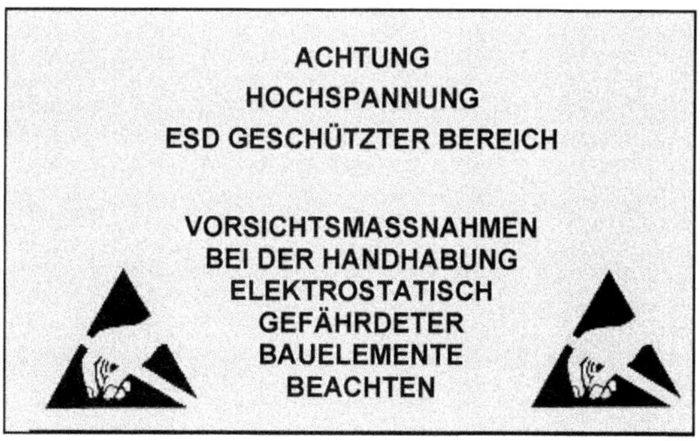

Bild 4.3: Kennzeichnungsschild für eine EPA mit frei liegenden Leitern

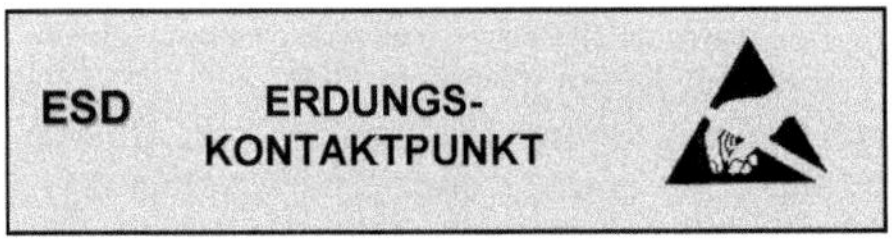

Bild 4.4: Beispiel für das Kennzeichnen einer EBP-Tischkante

Die „normale" EPA muss von allen anderen Arbeitsplätzen und Bereichen deutlich abgegrenzt werden. Dazu eignen sich die Kennzeichnungsschilder nach Bild 4.2. Prinzipiell darf man nur hier mit ESDS umgehen, wenn sie nicht durch Verpackungen usw. geschützt sind. Natürlich dürfen in diesem Bereich auch nicht ESD-Bauelemente benutzt werden, vorausgesetzt sie verursachen keine elektrostatischen Ladungen. Sind ESDS vorhanden, müssen alle anderen nicht ESD-Bauelemente in ESD-Behältern liegen, damit sie diese nicht gefährden. Sollten diese ESD-Arbeitsplätze für andere Arbeiten verwendet werden, dann muss darauf geachtet werden, dass keine ESDS präsent sind.

Im Abschnitt 5.3.3 der Norm [12] werden die grundsätzlichen Anforderungen der einzelnen Materialien und Ausrüstungen erläutert, die in einem kontrollierten Bereich (EPA) eingesetzt werden dürfen. Eine Voraussetzung und grundsätzliche Anforderung gilt für alle Materialien: Alle eingesetzten ESD-Materialien müssen die Anforderungen des Abschnitts 5.3.3 der Norm erfüllen. Außerdem müssen die beschriebenen Eigenschaften bei der „höchsten und niedrigsten zu erwartenden oder geschätzten Luftfeuchtigkeit" erfüllt werden. Im Abschnitt 1.2 des „User Guides" [11] wird darauf verwiesen, dass alle ESD-Materialien oberhalb von 20 % relativer Luftfeuchtigkeit ihre Eigenschaften gewährleisten müssen. Ist die zu erwartende Luftfeuchtigkeit geringer, müssen auch bei der geringen Luftfeuchtigkeit die Parameter der ESD-Materialien erfüllt werden. Das zu verwendende Prüfklima wird im Abschnitt 5 „Normgerechte Prüfungen" beschrieben. In diesem Abschnitt wird auch auf Besonderheiten bei verschiedenen Materialien eingegangen. Ein Vorteil gegenüber der früheren Norm DIN EN 100015 [3] ist, dass alle Anforderungen auf die Ableitfunktion und damit auf den Ableitwiderstand reduziert werden. Das Grundanliegen elektrostatische Entladungen, falls diese vorhanden sein sollten, gefahrlos abzuleiten, wird damit erfüllt. Gleichzeitig garantieren ableitfähige Materialien eine geringe oder überhaupt keine elektrostatische Aufladung.

4.2 Gestaltung der Arbeitsplätze, Arbeitsräume

Bei der Einrichtung eines durchgängigen Systems von ESD-Kontrollmaßnahmen haben sich spezielle, abgegrenzte Arbeitsplätze, die mit EPA oder früher mit SHA (Special Handling Area) [6] bezeichnet werden, durchgesetzt. Da diese Bezeichnungen sehr häufig verwendet werden, hier nochmals die Beschreibung. Für die Ausrüstung der ESD-Arbeitsplätze wurden zwei Typen unterschieden:

Typ 1: Arbeitsplatz, an dem mit Spannungen gearbeitet wird, die dem Menschen gefährlich werden können, wenn er mit diesen in Berührung kommt.

Typ 2: Arbeitsplatz, an dem mit Spannungen gearbeitet wird, die für den Menschen nicht gefährlich sind.

Nach der Art des Arbeitsplatztyps richten sich die Forderungen nach dem Ableitwiderstand. Der Ableitwiderstand R_A muss im Fall des Typs 1 im Bereich von 10^6 bis 10^9 Ω liegen. Hierbei handelt es sich vorrangig um Prüffelder und Servicearbeitsplätze, an denen mit Spannungen gearbeitet wird, die größer als 250 V AC oder 500 V DC sind. Für den Typ 2 ist die untere

Widerstandsgrenze nicht so kritisch. Der Ableitwiderstand muss unter $10^9\ \Omega$ liegen, sollte aber nicht kleiner als 50 kΩ (VDE 0100) sein. Besonders Bestückungs- und Montagearbeitsplätze sowie der gesamte Transport und Versand zählen zu diesem Arbeitsplatztyp. Bei diesem Arbeitsplatztyp muss darauf geachtet werden, dass alle vorhandenen ESDS elektrostatisch entladen sind. Ist das nicht der Fall müssen geeignete ESD-Maßnahmen getroffen werden, z. B. müssen Ionisatoren eingesetzt werden. Grundsätzlich muss festgestellt werden:

Elektrostatische Ladungen werden gefahrlos abgeleitet →
unterer Widerstandsgrenzwert $\approx 1\ \text{M}\Omega = 10^6\ \Omega$

Elektrostatische Ladungen fließen noch ausreichend schnell ab →
oberer Widerstandsgrenzwert $\approx 1\ \text{G}\Omega = 10^9\ \Omega$

Der untere Widerstandswert ist ein Richtwert für alle ESD-Kontrollmaßnahmen, wenn ungeschützte ESDS gehandhabt werden. In der Norm DIN EN 61340-5-1 (2001) wurde dieser Wert mit 750 kΩ (25 % Toleranz) festgelegt (ab der Ausgabe 2008 gibt es keinen unteren Grenzwert mehr, vgl. Abschnitt 4.3.1). Bei diesem Grenzwert fließen elektrostatische Ladungen noch ausreichend langsam ab. Es gibt keine schlagartigen oder harten Entladungen, die die ESDS schädigen. Für Fußböden gilt als untere Grenze der Wert für den Personenschutz nach VDE 0100. Der obere Widerstandswert darf im Wesentlichen nicht überschritten werden. Allgemein ist ein oberer Grenzwert von $1 \cdot 10^9\ \Omega$ festgelegt worden. Dieser Wert gilt für alle ESD-Maßnahmen. Bei einer Reihenschaltung, z. B. von Fußboden, Schuhen und Person darf ein Grenzwert von $3.5 \cdot 10^7\ \Omega$ nicht überschritten werden. In der Summe darf der Ableitwiderstand den Wert von $1 \cdot 10^9\ \Omega$ aller ESD-Kontrollmaßnahmen nicht übersteigen. Der Wert darf in Ausnahmefällen überschritten werden, wenn es keine anderen Materialien gibt. Dann muss zusätzlich die Ableitzeit gemessen werden. Dieser Wert sagt aus, ob die elektrostatischen Ladungen noch ausreichend schnell abfließen. Die Ableitzeit darf den Wert von 2 s nicht übersteigen.

In der Tabelle 4.3 sind in der rechten Spalte Materialien und Ausrüstungen aufgeführt, die elektrostatische Ladungen vermeiden oder die eventuell vorhandenen Ladungen gefahrlos ableiten können. Zur Erinnerung enthält die Tabelle 4.3 in der mittleren Spalte viele Materialien, die elektrostatische Aufladungen erzeugen und damit nicht geeignet sind.

Wichtigster Grundsatz muss immer sein:

Nur ein durchgängiges ESD-Control-System gewährleistet einen ausreichenden Schutz der elektrostatisch empfindlichen Bauelemente und Baugruppen.

Im konkreten Fall heißt das, vom Wareneingang bis zum fertigen Gerät sowie beim Service oder Reparatur sind ESD-Kontrollmaßnahmen erforderlich, vgl. Tabelle 4.2. Es werden prinzipiell ESD-Einzelarbeitsplätze und ESD-Bereiche oder ESD-Räume unterschieden. Ein ESD-Einzelarbeitsplatz enthält eine Anzahl von sinnvollen ESD-Ausrüstungen, die bei sachgemäßer Handhabung einen optimalen ESD-Schutz der ESDS auf der Arbeitsplatzoberfläche gewährleisten. Sind mehrere Arbeitsplätze vorhanden, ist die Einrichtung von ESD-Bereichen oder Räumen sinnvoller und optimaler. Im gesamten Bereich können dann alle ESDS gefahrlos gehandhabt werden.

Tabelle 4.3 Geeignete und ungeeignete Ausrüstungen eines ESD-Arbeitsplatzes

Elektrostatische Spannungsquelle/ Ausrüstung	**Materialien, die elektrostatische Aufladungen erzeugen können**	**Materialien, die Aufladungen vermeiden bzw. die Entladung gefahrlos ableiten können**
Arbeitstisch	Kunststoffoberfläche, lackierte oder behandelte Holzoberfläche[1]	ableitfähiger Tischbelag, ableitfähige Arbeitsplatte
Fußboden	Synthetische textile Beläge, PVC-Bodenbeläge, lackierte bzw. versiegelte Holzfußböden[1]	ableitfähiger Fußbodenbelag, ableitfähige Beschichtungssysteme, ableitfähige Anstrichstoffe
Arbeitsstuhl	Stuhlbezüge aus synthetischem Stoff, Kunstlederbezüge, Kunststoffschalen, lackierte oder behandelte Holzstühle[1]	Stuhlbezüge aus ableitfähigem Stoff, ableitfähige Gasfedern und Rollen, ableitfähige Stühle
Kleidung	Bekleidung aus synthetischem Stoff, Mischgewebe mit hohem Synthetikanteil[2], normale Schuhe	Bekleidung aus leitfähigem Gewebe, Schuhe mit leitfähiger Sohle, Handgelenkerdungsband
Werkzeuge	Werkzeuge mit Kunststoffgriff oder mit Holzgriff	ableitfähige Werkzeuge, Metallwerkzeuge[3] (eingeschränkt)
Lötkolben	ungeerdete Lötkolbenspitzen, Kunststoffgriffe	Lötkolbenspitzen direkt erden
Schwalllötanlagen	ungeerdete Metallteile, ungeerdete Lötbäder	Lötbäder direkt erden, Verwendung von leitfähigen Flussmitteln
Maschinen & Anlagen	ungeerdete Metallteile, Kunststoffteile, -abdeckungen	Einsatz von Ionisatoren
Verpackungs- und Transportmittel	Verpackungen aus Kunststoff, aus Styropor, behandelter Wellpappe[4]	Transportmittel aus leitfähigem Kunststoff, leitfähige Wellpappverpackungen, Verpackungen aus leitfähigen oder abschirmenden Materialien
Dokumentationen	Hüllen aus Kunststoff, aus PE, Ordner aus Kunststoff	ableitfähige und ESD gerechte Dokumentenhüllen

Anmerkungen:

[1] Holz ist ein nicht aufladbares Material, wenn es frisch ist, also unbehandelt. Holz kann keine elektrostatischen Ladungen ableiten. Ist es behandelt, wird es zusätzlich Aufladungen erzeugen.

[2] Normalerweise darf der Synthetik-Anteil nicht höher als ca. 35 % betragen. Häufig werden aber Materialien eingesetzt, deren Synthetik-Anteil größer 60 % ist. Hier sind die ESD-Eigenschaften unbedingt zu untersuchen. Für die erhöhten Anforderungen in Zukunft (elektrostatische Aufladungen kleiner als 50 V nur noch zulässig) sind diese Materialien nur noch beschränkt einsetzbar.

[3] Metallwerkzeuge laden sich nicht elektrostatisch auf. Sind sie vorhanden, kann es zu schnellen oder harten elektrostatischen Entladungen kommen. Werden diese an einem ESD-Arbeitsplatz verwendet, dann kann es keine elektrostatischen Aufladungen geben und damit können sie (beschränkt) kontrolliert eingesetzt werden.

[4] Normale Wellpappe lädt sich elektrostatisch auf. Im Moment wird Wellpappe noch zugelassen. Im Zuge der Reduzierung der zulässigen elektrostatischen Aufladungen, ist es besser, Wellpappe grundsätzlich zu vermeiden.

4.2.1 Grundsätzliche Ausrüstungen

Bei der Ausführung der einzelnen ESD-Kontrollmaßnahmen sind folgende Richtlinien und Hinweise sowie Mindestanforderungen zu beachten:

4.2.1.1 ESD-Arbeitsplatzausrüstung

Ein ESD-Arbeitsplatz besteht aus

- einem ableitfähigen Arbeitstisch oder ableitfähiger Arbeitsauflage
- einem ableitfähigen Stuhl
- einer ableitfähigen Bodenmatte oder einem ableitfähigen Fußboden
- einem Handgelenkerdungsarmband + Erdungseinrichtung
- einer Erdungseinrichtung für den gesamten Arbeitsplatz
- einem Kennzeichnungsschild

Diese aufgeführten Bestandteile bilden gleichzeitig die minimale Ausstattung eines ESD-Arbeitsplatzes, d.h., will man nur einen Arbeitsplatz für die Bearbeitung elektrostatische empfindlicher Bauelemente oder Baugruppen (ESDS) einrichten, dann sind diese Materialien und Ausrüstungen notwendig.

4.2.1.2. ESD-Arbeitsbereich (EPA)

Ein ESD-Arbeitsbereich besteht aus:

- mehreren ableitfähigen Arbeitstischen oder Tischen mit ableitfähiger Arbeitsauflage
- mehreren ableitfähigen Stühlen
- einem ableitfähigen Fußboden
- Handgelenkerdungsarmbändern + Erdungseinrichtungen
- Erdungseinrichtungen
- Personenausrüstung: ableitfähige Arbeitsbekleidung + ableitfähige Schuhe
- Lagereinrichtungen
- einer Abgrenzung + Kennzeichnungsschilder

Die Anforderungen für die einzelnen Ausrüstungen werden in den folgenden Abschnitten ausführlich beschrieben.

4.2.2 Anforderungen an die Kennzeichnung

Alle ESD-Ausrüstungen, die die Anforderungen erfüllen, müssen mit dem Symbol nach Bild 4.5 gekennzeichnet werden. Normalerweise sollte dieses Symbol gleichzeitig zeigen, dass die ESD-Eigenschaften erfüllt werden. Leider ist dies im Moment noch nicht möglich, weil zum einen die Anforderungen teilweise noch spezifiziert werden müssen, zum anderen notwendige Prüfverfahren (vgl. Abschnitt 5) fehlen.

Bevor die eigentliche ESD-Schutzzone (EPA) beschrieben wird, erfolgt der Hinweis auf die deutlich sichtbare Kennzeichnung für das Personal. Die EPA muss abgegrenzt und mit Hinweisschildern gekennzeichnet werden (Bild 4.2). Die Schilder müssen von allen Seiten sichtbar sein. Eine deutliche Kennzeichnung von Erdungsanschlüssen, Erdungspunkten und ESD-

Erdungseinrichtungen muss erfolgen. Die Bilder geben Hinweise für derartige Kennzeichnungsschilder (Bild 4.4). Die Schilder können ergänzt oder vereinfacht werden, es muss jedoch gewährleistet werden, dass die zusätzlichen Angaben nicht vom allgemeinen Warnhinweis ablenken.

Bild 4.5: ESD-Symbol für ESD-Ausrüstungen

Nicht zu vergessen ist, dass auch alle Unterlagen, Arbeitsanweisungen usw. zu kennzeichnen. Besonders ist zu beachten, dass bereits bei den Bestellunterlagen darauf hingewiesen wird, dass vom Lieferanten eine entsprechende Kennzeichnung erfolgt.

4.2.3 Anforderungen an PCB, Baugruppen

Nach der Definition der Empfindlichkeit einer Baugruppe gegenüber ESD muss diese genauso eingestuft werden, wie ein Einzelbauelement. Die Baugruppe besitzt in der Regel zusätzliche Elemente, die elektrostatische Ladungen aufnehmen können, z. B. Kondensatoren Leiterbahnen. Diese Bauelemente, Widerstände und Kondensatoren fallen aber auch durch ESD aus, so dass die Definition korrekt ist.

Weiterhin gibt es Anforderungen bei der Ausführung einer Baugruppe. Zusätzliche Schaltungselemente sollen das Risiko einer ESD-Schädigung heruntersetzen. Zu beachten ist, dass diese Schutzelemente auch ESD-empfindlich sind. Sie müssen grundsätzlich besser sein als die ESDS selbst. Das ist aber schwierig, weil bei der Herstellung der elektronischen Bauelemente nur eine Technologie verwendet werden kann. Zusätzliche Technologien oder Prozessschritte erfordern zusätzliche Kosten und Zeit.

Bei der Konstruktion der Baugruppe muss darauf geachtet werden, dass wenig elektrostatische Entladungen diese zerstören. Es könnten auch wenig ESD-empfindliche Bauelemente eingesetzt werden, das ist aber nicht möglich, denn wie schon mehrfach erwähnt, sind alle aktiven elektronischen Bauelemente ESD-empfindlich.

Eine Vergrößerung der Schutzleitungen (Masseleitungen) ist sinnvoll, führt aber auch nicht unbedingt zum Abbau eventuell vorhandener elektrostatischer Ladungen. Schutzelemente, z. B. Dioden und Widerstände, müssen an Ein- und Ausgängen vorgesehen werden, wenn es möglich ist. Schutzdioden und -widerstände beeinflussen die Schaltungsfunktion der Baugruppe. Sie reduzieren die Eingangsempfindlichkeit und/oder die Grenzfrequenz.

Alle ungenutzten elektrischen Verbindungen sind zu erden. Leiterbahnen zu ESDS dürfen nicht am Rand der Leiterplatte angeordnet werden, um einen möglichen direkten Kontakt von außen zu vermeiden.

Schließlich müssen elektronische Baugruppen, Leiterplatten (PCB) mit einem ESD-Symbol gekennzeichnet werden, damit sofort zu erkennen ist, dass es sich um eine ESD-empfindliche Baugruppe (ESDS) handelt.

Alle mitgelieferten Unterlagen, Dokumentationen, Datenblätter usw. müssen Hinweise zur ESD-Handhabung enthalten. Sinnvoll sind konkrete Verarbeitungsrichtlinien, natürlich auch für die ESD-Arbeitsplätze und ESD-Bereiche, an denen diese verarbeitet werden.

Ein Schwachpunkt sind immer wieder Entwicklungsbereiche sowie Mitarbeiter von Entwicklungsbereichen. Hier wird meist sehr locker mit dem Thema ESD umgegangen. Gerade aber hier sind vertrauensbildende Maßnahmen notwendig, damit die Mitarbeiter der Fertigung erkennen, dass die ESD-Kontrollmaßnahmen sinnvoll sind. Eine Nichtbeachtung von ESD-Kontrollmaßnahmen im Entwicklungsbereich führt schnell zu Fehleinschätzungen oder Fehlentwicklungen, schlechter Qualität oder zu Problemen bei dem Schaltungsentwurf, Platinenlayout, EMV-Verhalten, Sicherheits- und Hochspannungskriterien sowie Herstellungsverfahfahren. Der Entwicklungsprozess ist in der Regel sehr teuer. Hier müssen unbedingt ESD-Kontrollmaßnahmen realisiert werden. Die Nichteinführung von ESD-Kontrollmaßnahmen ist verantwortungslos.

Weitere Hinweise zum Design, zur Entwicklung von PCB und elektronischen Bauelementen sind in weiteren Standards und Normen zu finden, z. B. Fehlermodelle [13, 15, 35].

4.2.4 EPA, Einzel-Komplett EPA, Reinraumbereiche, Hochspannungsprüfplätze, Service Arbeitsplätze

ESD-Arbeitsplätze können Einzelarbeitsplätze, mehrere Arbeitsplätze oder ganze Bereiche sein. Einzelne Maschinen und Anlagen sind gleichfalls ESD-Arbeitsplätze. Besondere Anforderungen gelten für Reinraumbereiche und Hochspannungsarbeits- bzw. Prüfplätze. Oft werden ESD-Kontrollmaßnahmen an Servicearbeitsplätzen vergessen, aber gerade hier ist sorgfältiges Arbeiten notwendig, um ESD-Schäden zu reduzieren. Servicearbeitsplätze sind nur zeitweise oder vorübergehende Plätze, die immer erst eingerichtet werden müssen, da kann es sehr schnell passieren, dass Potentialausgleichsmaßnahmen vergessen werden. Gleiches Potential ist unbedingt notwendig, um Potentialunterschiede zu vermeiden, die zu elektrostatischen Entladungen führen können. An zeitweiligen Arbeitsplätzen – sogenannten Service-Arbeitsplätzen – befinden sich immer sehr viele Quellen für elektrostatische Aufladungen. Hier sind besondere Maßnahmen zu treffen, die auch kontrollierbar sind (vgl. Abschnitt 4.3.6.).

In Reinraumbereichen gelten zuerst Reinheitsanforderungen, danach oder besser gleichzeitig ESD-Kontrollmaßnahmen. ESD-Maßnahmen vermeiden elektrostatische Aufladungen z. B. an Wafern und sie verhindern auch die Anziehung von Staub und anderen Verschmutzungen, so dass sich beides gut ergänzt. ESD-Kontrollmaßnahmen in Reinraumbereichen sind Anforderungen zur Vermeidung der Verschmutzungen (Kontamination) und dienen gleichzeitig der Vermeidung elektrostatischer Aufladungen. Elektrostatische Aufladungen und deren Auswirkungen auf Wafer werden teilweise noch unterschätzt.

An Hochspannungsprüfplätzen gilt immer zuerst der Personenschutz, danach müssen ESD-Kontrollmaßnahmen realisiert werden. ESD-Maßnahmen müssen immer dann beachtet werden, wenn ESDS gehandhabt werden. Während des eigentlichen Prüfvorgangs, sind normalerweise alle ESD-Schutzelemente aktiv, so dass keine ESD-Maßnahmen notwendig sind. Wird die Prüfspannung abgeschaltet und werden einzelne Bauelemente oder Baugruppen gewechselt, sind dann wieder ESD-Kontrollmaßnahmen notwendig. An derartigen Arbeitsplätzen ist es unumgänglich, das Personal besonders einzuweisen und über die speziellen Handhabungsrichtlinien zu unterrichten.

4.3 Anforderungen an die ESD-Kontrollmaßnahmen in einer EPA

4.3.1 Arbeitsplatzoberfläche, Wagen

Alle Arbeitsoberflächen, Lagerregale, Transportwagen, auf denen ungeschützte ESDS abgelegt werden können, müssen an EPA-Erde angeschlossen werden und müssen einen Ableitwiderstand zur EPA-Erde aufweisen, der in Tabelle 1 der Norm [10,97] (vgl. Tabelle 4.4) festgelegt ist. Die Arbeitsoberfläche darf keine elektrostatischen Ladungen aufbauen. Falls elektrostatische Ladungen durch Materialien, Transportmittel usw. auf die Arbeitsoberfläche gebracht werden, müssen sie gefahrlos abfließen können. Aus diesem Grund wird ein Ableitwiderstand zwischen $1 \cdot 10^4\ \Omega$ und $1 \cdot 10^9\ \Omega$ gefordert. Die Arbeitsoberfläche muss zusätzlich mit dem Erdungssystem verbunden werden. Metalloberflächen sind ungeeignet. Sie gewährleisten keinen ausreichenden Schutz der ESDS, weil vorhandene elektrostatische Ladungen schlagartig abfließen würden.

Tabelle 4.4 Anforderungen an Arbeitsplatzoberflächen, Regale und Transportwagen

Anforderungen	Oberflächenwiderstand R_S oder Punkt-zu-Punkt-Widerstand R_e oder End-zu-End-Widerstand R_p in Ω	Widerstand zu EPA-Erde oder zu einem Erdungspunkt R_g oder Ableitwiderstand R_A in Ω	Ladungsabbau oder Entladezeit in s
Arbeitsoberflächen, Lagerregale, Transportwagen	$1 \cdot 10^4 \leq R_S \leq 1 \cdot 10^{10}$	$R_A \leq 1 \cdot 10^9$ [1]	[2]

Anmerkung:

[1] Als unterer Grenzwert wird in der neuen Norm [12, 97] ein Wert von $1 \cdot 10^4\ \Omega$ angegeben, aber nur dann, wenn die Gefahr einer CDM Entladung besteht. Es darf also keine harte oder schnelle Entladung stattfinden.

[2] Messungen der Entladezeit sind grundsätzlich notwendig bei einem Widerstand größer $1 \cdot 10^9\ \Omega$.

Ausführungen eines ESD-Arbeitsplatzes

Am sinnvollsten ist der Einsatz eines Tisches, der aus einer ableitfähigen Tischplatte, einem ableitfähigen Kantenumleimer und einem ableitfähig beschichteten Stahlrohrgestell mit Höhenverstellern aus Metall besteht. Eine kostengünstigere Lösung ist eine ableitfähige Tischmatte, die über ein Anschlusskabel mit dem gemeinsamen Erdungskontaktpunkt verbunden wird. Die ableitfähige Tischmatte muss den gesamten Arbeitsplatz bedecken. Sie muss aus einem volumenleitfähigen Material bestehen. Kleinere Tischmatten genügen diesen Anforderungen nicht. Die Grundanforderung ist nicht gewährleistet. Alle ESDS müssen immer auf der ableitfähigen Arbeitsplatzauflage liegen, damit eventuell vorhandene elektrostatische Aufladungen gefahrlos abgeleitet werden. Der Oberflächenwiderstand und der Ableitwiderstand muss überall gleich groß sein und im Bereich von $1 \cdot 10^6\ \Omega$ bis $1 \cdot 10^9\ \Omega$ liegen. Eine Metallplatte erfüllt diese Anforderungen ebenfalls nicht. Es genügt auch nicht, wenn z. B. die Metallplatte über einen Widerstand von $1 \cdot 10^6\ \Omega$ mit dem Erdungskontaktpunkt verbunden wird. Die Metallplatte stellt gegenüber den ESDS eine sehr große Kapazität dar. D.h., eventuell vorhandene Ladungen auf dem Bauelement fließen zuerst zur großen Kapazität (Metallplatte) ab (Bild

4.6), und erst der zweite Entladungsweg führt über den eventuell vorhandenen Widerstand zwischen Metallplatte und EBP. Damit wird die schnelle Erstentladung provoziert.

Besonders beim direkten Kontakt von einem Lötkolben zu einem elektronischen Bauelement tritt dieser Entladefall auf. Dieser Vorgang kann nur vermieden werden, wenn das elektronische Bauelement grundsätzlich zuerst entladen ist, bevor ein Kontakt über den Lötkolben hergestellt werden kann. Die Art der Erdung des Lötkolbens spielt dabei eine untergeordnete Rolle. Der Lötkolben muss, wie alle anderen Einrichtungen an einem ESD-Arbeitsplatz, mit EBP verbunden sein.

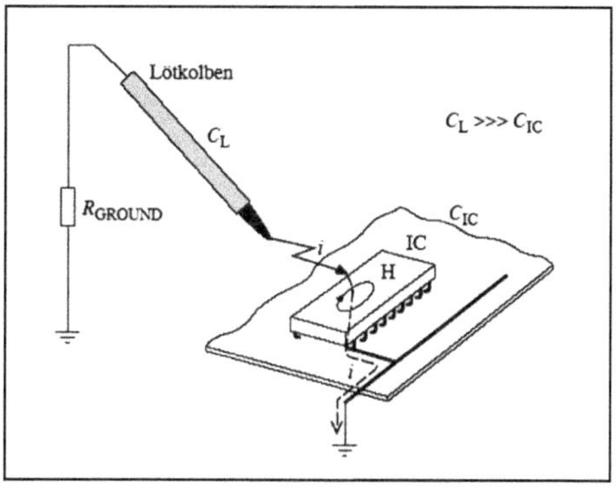

Bild 4.6: Entladestrom durch Kontakt des Bauelementes mit einer Lötkolbenspitze [8]

C_L	Kapazität der Lötkolbenspitze
C_{IC}	Kapazität der Bauelemente (IC)
R_{GROUND}	Erdungswiderstand
i	Entladestrom
H	magnetische Feldstärke

Die Funktion der ESD-Tischoberfläche muss mindestens einmal im Jahr überprüft werden. Wird ein neuer Arbeitsplatz eingerichtet, ist eine Erstabnahme bzw. Erstmessung erforderlich. Als Messwert wird der Ableitwiderstand gemessen und protokolliert. Bei Veränderungen des Ableitwiderstands, d.h. dann, wenn die Messwerte außerhalb des zulässigen Bereichs liegen, ist der Arbeitstisch nicht mehr einsatzfähig und außer Betrieb zu nehmen.

Die gleichen Anforderungen gelten auch für bewegliche Einrichtungen, z. B. Transportwagen. Diese Wagen stellen fahrbare Arbeitsoberflächen dar, auf denen ESDS abgelegt werden. Damit sind die Anforderungen eindeutig definiert. ESD-Wagen besitzen, neben ableitfähigen Ablageflächen aus ableitfähigem Belag oder ableitfähigen Plattenmaterial, ableitfähige Rollen. Eine bessere Kontaktierung mit dem ableitfähigen Fußboden gibt es nicht. Einige Anwender verwenden Ketten, Bänder usw. Diese müssen den ableitfähigen Fußboden immer berühren und gleichzeitig einen sehr guten Kontakt herstellen. Da es sich meistens um inhomogene Fußböden handelt, ist die Sicherstellung des Kontaktes sehr schwierig. Werden dennoch diese Einrichtungen eingesetzt, gilt, es muss der vorgeschriebene Ableitwiderstand, gemessen von einer Ablagefläche zum ableitfähigen Fußboden, zu jedem Zeitpunkt und an jedem Standort erfüllt werden.

Eine andere Möglichkeit, falls kein ableitfähiger Fußboden vorhanden ist, ist der Einsatz eines Verbindungskabels. Dieses verbindet den Erdungspunkt am Transportwagen (vgl. Bild 4.1) mit dem ESD-Arbeitsplatz (EBP). Damit wird gewährleistet, dass gleiches Potential auf beiden Einrichtungen vorhanden ist. Die ESDS sind damit nicht gefährdet. Es genügt aber nicht, wenn die Person den Wagen einmal berührt oder „festhält". Sobald der Wagen bewegt wird, entstehen wieder neue elektrostatische Aufladungen, weil es zu einem Reibungs- und Trennvorgang mit dem Fußboden kommt.

Für alle Ablageflächen, Regale, Lagerregale gelten die gleichen Anforderungen, wie für ESD-Arbeitsoberflächen. Alle Flächen, auf denen ESDS abgelegt werden können, müssen einen Mindestwiderstand von $1 \cdot 10^4\ \Omega$ aufweisen und dürfen den maximalen Widerstand von $1 \cdot 10^9\ \Omega$ nicht überschreiten. Alle Ablageflächen müssen mit geeigneten Materialien ausgelegt oder aus geeigneten Materialien aufgebaut sein. Für Lagerregale genügt es, wenn die ESDS immer in leitfähigen Behältern abgelegt werden. ESDS dürfen nicht auf Metallflächen oder lackierten Flächen gelagert werden. Lackierte Flächen können geeignet sein, wenn es sich um ableitfähige Beschichtungen handelt. Pulverbeschichtete Lacke sind nicht immer ableitfähig (vgl. Abschnitt 5). Eine Erdung von Lagerregalen aus Metall über einen 1 MΩ Widerstand genügt nicht. Denn wie bereits bei ESD-Arbeitsoberflächen beschrieben, erfolgt immer eine erste Entladung zur eigentlichen Metallfläche. Erst die zweite Entladung fließt über den Widerstand ab. Dann sind bereits alle ESDS geschädigt.

4.3.2 Fußboden

Der ableitfähige Fußboden ist die Grundvoraussetzung für eine EPA. Natürlich genügt bei sachgerechter Handhabung (siehe Abschnitt 4.2.1.) ein ESD-Arbeitsplatz. Für mehrere ESD-Arbeitsplätze ist aber ein ableitfähiger Fußboden unumgänglich.

Tabelle 4.5 Anforderungen an Fußböden, Fußbodenmatten

Anforderungen	Oberflächenwiderstand R_S oder Punkt-zu-Punkt-Widerstand R_e oder End-zu-End-Widerstand R_p in Ω	Widerstand zu EPA-Erde oder zu einem Erdungspunkt R_g oder Ableitwiderstand R_A in Ω	Ladungsabbau oder Entladezeit in s
Fußböden Fußbodenmatten	[1]	$R_A \leq 1 \cdot 10^9$ [2]	[3]

Anmerkungen:

[1] Ein Oberflächenwiderstand wird nicht angegeben. Auf einem ableitfähigen Fußboden werden keine ESDS abgelegt, damit spielt die Frage der harten Entladung keine Rolle. Ein unterer Grenzwert kann aus Sicherheitsgründen, z. B. VDE 0100 angegeben werden.

[2] Wird das System Person-Schuhe-Fußboden als primäres Erdungssystem verwendet, sind besondere Anforderungen notwendig.

[3] Messungen der Entladezeit sind grundsätzlich erst notwendig bei einem Widerstand größer $1 \cdot 10^9\ \Omega$.

Der Ableitwiderstand des verlegten Fußbodens wird immer von der Oberseite des Belages bis zum Potentialausgleich oder Erdungspunkt gemessen. Der ableitfähige Fußboden kann aus einem komplett verlegten Belag bestehen oder bei einem Einzelarbeitsplatz aus einer ausreichend großen ableitfähigen Bodenmatte, die über den Erdungskontaktpunkt mit Potentialausgleich verbunden ist. Die Anforderungen an den Ableitwiderstand einer Bodenmatte entsprechen denen eines Einzelarbeitsplatzes. Die Ausführung sollte sich über den ganzen Raum erstrecken, d.h., es ist sinnvoll den gesamten Bereich mit ESD-Fußboden auszulegen.

Dafür kommen verschiedene Möglichkeiten in Frage:

- ableitfähiger Bodenbelag inklusive Kupfernetz und leitfähiger Verklebung
- ableitfähiges Beschichtungssystem bestehend aus mehreren Schichten eines Zweikomponenten-Epoxidharzes
- ableitfähiges Beschichtungssystem auf der Basis eines Zweikomponenten-Epoxidharz- oder PU-Lackes

Jedes System erfüllt verschiedene Anforderungen z. B. an die Härte, Eindruckfestigkeit, Belastbarkeit, Beständigkeit und natürlich den Kosten. Eine wichtige Rolle spielen auch die räumlichen Voraussetzungen. Alle Fußbodenoberflächen müssen einen Ableitwiderstand nach Tabelle 4.5 aufweisen. Der Ableitwiderstand darf den Wert von $1 \cdot 10^9\,\Omega$ nicht überschreiten. Der ableitfähige Fußboden muss an den Erdungsanschlusspunkt bzw. an den Potentialausgleich angeschlossen werden.

Ein unterer Grenzwert wird nicht mehr angegeben. Der erste Grund ist, dass keine ESDS auf dieser „Fläche" bearbeitet werden. Ein weiterer Grund ist dann gegeben, wenn ESDS über einen ESD-Fußboden transportiert werden. Dann erfolgt der Transport in ESD-Behältern oder von Personen, die die ESD-Anforderungen erfüllen. Für die Ableitung von Personen in sitzender Tätigkeit werden grundsätzlich Handgelenkbänder benutzt. Nur wenn diese nicht einsetzbar sind (vgl. 4.2.1. „EPA-Arbeitspraktiken"), können Personen über ESD-Schuhe und ESD-Fußboden entladen werden. Dann gelten aber folgende Grenzwerte des Ableitwiderstandes für das System: Person-Schuhe-Fußboden:

unterer Grenzwert: $7.5 \cdot 10^5\,\Omega$
oberer Grenzwert: $1.0 \cdot 10^9\,\Omega$

Anmerkung: Ein unterer Grenzwert wird nicht mehr festgelegt (vgl. Tabelle 4.5).

Diese Einschränkung ist notwendig, weil Personen sich ansonsten auf bis zu 1000 V aufladen können. Praktische Erfahrungen haben gezeigt, dass Personen sich nur bei diesem Systemwiderstand, also kleiner $1.0 \cdot 10^9\,\Omega$, nicht über 100 V elektrostatisch aufladen, vgl. Bild 4.7. Höhere Werte gefährden eindeutig die ESDS.

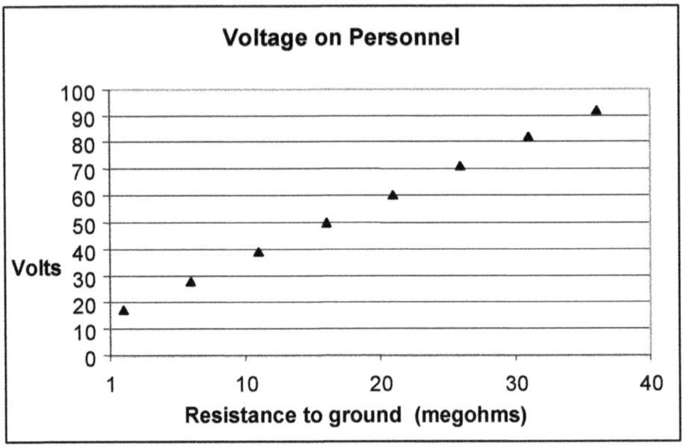

Bild 4.7: Elektrostatische Spannung auf einer Person in Abhängigkeit vom Widerstand zum Erdpotential [12]

Für den unteren Grenzwert für Fußböden gelten grundsätzlich nationale Sicherheitsanforderungen, vgl. VDE 0100, wenn diese gefordert werden.

4.3.2.1. Ausführungen

Die Grundanforderung für den Fußboden ist der Ableitwiderstand R_A. Dieser muss weniger als $1 \cdot 10^9\ \Omega$ betragen, gemessen nach DIN EN 61340-4-1, von jedem Punkt der Oberseite des verlegten Fußbodens bis zum Potentialausgleich oder Erdungskontaktpunkt (EBP). Ein unterer Grenzwert wird nicht mehr definiert. Es wird davon ausgegangen, dass normalerweise keine ESDS auf dem ableitfähigen Fußboden abgelegt werden. Der untere Grenzwert auf einer Ablagefläche für ESDS wird definiert, weil vermieden werden muss, dass eine schnelle Entladung nicht erfolgen kann. Diese Definition ist für einen Fußboden typischerweise nicht notwendig. Personen, die ESDS transportieren, haben selbst einen endlichen Widerstand über die ESD-Schuhe, die Haut usw., so dass ein Mindestwiderstand vorhanden ist.

Der ableitfähige Fußboden kann aus einem komplett verlegten ESD-Fußbodenbelag bestehen oder bei einem Einzelarbeitsplatz aus einer ausreichend großen ableitfähigen Bodenmatte, die über den Erdungskontaktpunkt verbunden ist. Die Ausführung sollte sich über den ganzen Raum erstrecken, d.h., es ist sinnvoll, den gesamten Bereich mit ESD-Fußboden auszulegen. Dafür kommen verschiedene Möglichkeiten in Frage:

4.3.2.2. Ableitfähiger Fußbodenbelag

Als Fußbodenbelag kommt in der Regel ein volumenleitfähiges Material zum Einsatz. Je nach Anforderung des Herstellers muss der Bodenbelag vollflächig leitfähig verklebt werden. Um das Kontaktieren zu gewährleisten, sind in regelmäßigen Abständen Kupferbänder einzulegen (Bild 4.8). Diese müssen nach dem Verlegen mit dem Erdungssystem verbunden werden.

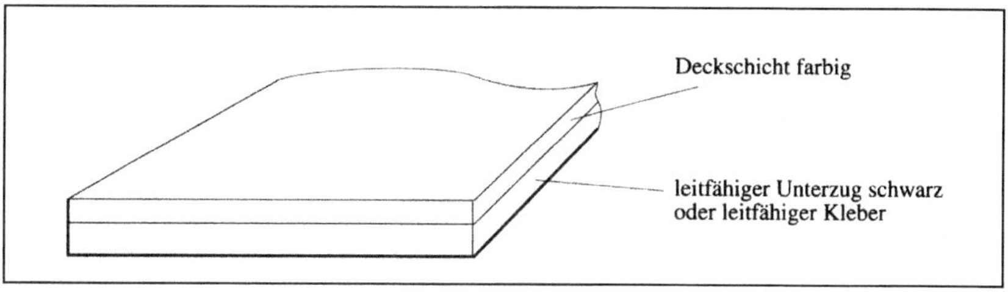

Bild 4.8: Aufbau eines typischen ableitfähigen Belages, zweischichtig

Der ableitfähige Belag besteht aus einem zweischichtigen Verbundbelag oder einem einschichtigen Belag, der unbedingt vollflächig leitfähig verklebt werden muss. Der Verbundbelag besteht aus einer volumenleitfähigen oberen Schicht, die gleichzeitig für die Farbgebung zuständig ist, und aus einer sehr hochleitfähigen unteren Schicht, die das Ableiten der Ladungen möglich macht (Bild 4.9). Die Ladungen verteilen sich zum einen an der Oberfläche und fließen über die untere Schicht ab bzw. fließen direkt über das obere Material zur hochleitfähigen unteren Schicht. Sie suchen sich immer den Weg des geringsten Widerstands, d.h., sie fließen zum größten Teil direkt ab.

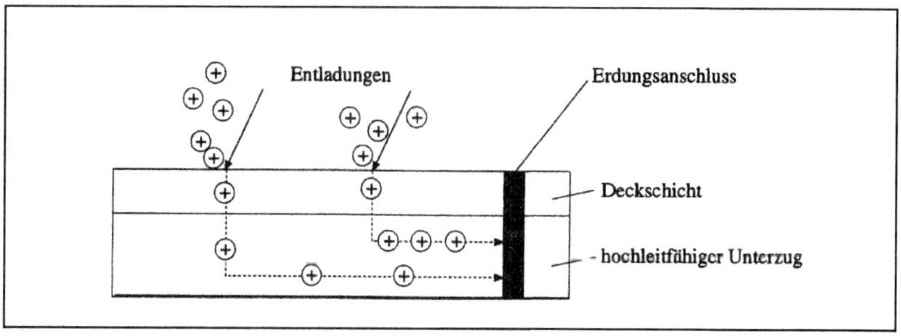

Bild 4.9: Ladungsabbau über einen volumenleitfähigen Zweischichtbelag

Die Ladungsableitung erfolgt bei einem einschichtigen Belag nach dem gleichen Prinzip. Ein einschichtiger Belag enthält chemische Anteile oder Leitpartikel, die die Ableitfähigkeit gewährleisten. Chemische Zusätze sind so genannte Antistatika, die aber nicht dauerhaft sind. Sie migrieren an die Oberfläche und werden bei jedem Reinigungsvorgang mit abgetragen. Eine andere Art, einen leitfähigen Belag herzustellen, ist das Zugeben von Ruß- oder Kohlenstoffpartikeln. Diese befinden sich im gesamten Material. An der Oberfläche sind schwarze „Schlieren“ zu erkennen. Dieser Belag ist in der Regel dauerhaft. Diese Bereiche aus Leitpartikeln sind aber nicht vollflächig. Die Ableitung verläuft also nur an diesen sehr gut leitfähigen Einschlüssen. Grundsätzlich kann bei dieser Art von Belägen davon ausgegangen werden, dass entweder die Beläge chemisch versetzt sind und damit „altern“ oder es keine vollflächige Volumenleitfähigkeit gibt.

Eine wichtige Voraussetzung ist bei der Verlegung beider Arten von Bodenbelägen eine vollflächige leitfähige Verklebung. Der leitfähige Kleber bildet hier die untere hochleitfähige Schicht. Das Kupferband, das unter dem Belag verlegt wird, leitet die Ladungen gleichmäßig ab. Die Dichte des Kupfernetzes richtet sich nach dem Bodenbelag und nach der Art der Verlegung. In der Regel genügt ein Kupferband längs unter jeder Belagsbahn. In bestimmten Abständen muss das Kupferband quer verlegt werden, damit die elektrische Verbindung der einzelnen Kupferbänder gewährleistet wird (Bild 4.10).

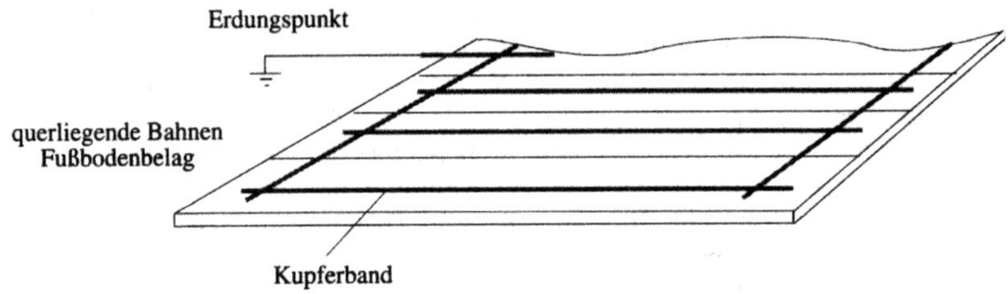

Bild 4.10: Beispiel für das Verlegen von Kupferband unter einem ableitfähigen Belag

4.3.2.3. Ableitfähiges Beschichtungssystem aus Epoxidharz (Dickschicht)

Typische Verfahren sind z. B. ableitfähige Spachtelbeschichtung, Verlaufbeschichtung mit Zwischenschicht und Laminatbeschichtung. Der prinzipielle Aufbau ist immer gleich (Bild 4.11): Eine Grundierung, Haftgrundierung usw. stellt die Verbindung zum Beton her. Darauf wird meistens eine weitere Grundierung aufgebracht, in die leitfähige Partikel (Fasern, Metallteile usw.) eingestreut werden. Diese Leitschicht bildet die Grundlage für die Ableitung der elektrostatischen Ladungen. Sie übernimmt die Funktion des leitfähigen Klebers oder leitfähigen Zwischenschicht (vgl. Bild 4.11 und 4.12) Die abschließende Deckbeschichtung und die Versiegelung gewährleisten die notwendige Festigkeit und Abriebfestigkeit des Bodens. Andere Systeme verwenden verschieden lange Leitfasern, aber auch dies ist keine sichere Methode, einen ableitfähigen Epoxidharzboden herzustellen.

Entweder die Leitfasern werden direkt kontaktiert und der Ableitwiderstand geht gegen „0“ Ω oder die Leitfasern reichen nicht bis zur Oberfläche oder brechen ab und der Ableitwiderstand ist „∞„ Ω (unendlich). Das Bild 4.11 zeigt einen Querschnitt durch einen ableitfähigen Epoxidharzboden. Deutlich zu erkennen, sind die Leitpartikel (siehe Pfeile), die sich aber anscheinend nicht berühren. Eine homogene Leitfähigkeit kann nicht gewährleistet werden.

Bild 4.11: Querschnitt eines ableitfähigen Epoxidharzbodens mit Leitpartikeln (Mikroskopaufnahme, 32fache Vergrößerung)

Erschwerend kommt hinzu, dass diese Beschichtung grundsätzlich eine Versiegelung erfordert, die nach heutigen Erkenntnissen meistens nicht ableitfähig ist. Praktische Versuche und Ergebnisse mit Versiegelungen sind in Abschnitt 5 zu finden. Die elektrostatischen Ladungen sollen von der Oberfläche über die Leitpartikel zur leitfähigen Grundierung abfließen. Da die Leitpartikel im Innern des Materials eingebettet sind, leiten sie nur ab, wenn sie bis zur Oberfläche reichen. Da die Leitpartikel schwerer als das flüssige Epoxidharz sind, fließen sie an den Boden der Beschichtung und lagern sich hier an. Dieser Abfluss der Leitpartikel erfolgt in dem Zeitraum der Aushärtung des Materials. Das Bild 4.12 zeigt eine Beschichtung, bei der sich nach der Aushärtung die Leitpartikel an der unteren Seite abgelagert haben. Damit ist das Material nicht ableitfähig.

Bild 4.12: Querschnitt eines ableitfähigen Epoxidharzbodens mit Leitpartikeln nach der Aushärtung (Mikroskopaufnahme, 16fache Vergrößerung)

Wird das veraltete Messverfahren nach DIN 51953 angewendet (vgl. Abschnitt 5), ergeben sich Widerstandswerte, die aber die Ableitfähigkeit nicht repräsentieren. Für diese Messung wurde feuchtes Fließpapier zwischen Elektrode und Bodenprobe gelegt. Das Wasser dringt in die Poren des Fußbodenmaterials ein und stellt so den Kontakt zu den Leitpartikeln und zum Unterbeton her. Bei der Messung selbst wird dann nur die Leitfähigkeit des Wassers geprüft. Wenn zusätzlich eine Messspannung von 500 V oder 1000 V angelegt wird, kommt es zum Durchschlag – der Widerstand ist gleich „0". Ein Widerstandsverhalten – oder anders gesagt Ableitverhalten – kann nicht mehr festgestellt werden. Die Untersuchungen von *Freemann* und *Moss* [36] zeigen, dass bei einer Messspannung < 300 V überhaupt keine Leitfähigkeit gemessen wird. Das Material ist also nicht ableitfähig. Für Elektronikbereiche sind aber Messspannungen von 100 V oder weniger notwendig, weil diese Messspannungen (vgl. Kapitel 5) die wahren Voraussetzungen widerspiegeln. Elektronische Bauelemente und Baugruppen bzw. ESDs werden bereits bei elektrostatischen Entladungen geschädigt, wenn die Spannungen bei 100 V oder weniger liegen. Also müssen auch diese Aufladungen gefahrlos abfließen können. Elektrostatische Ladungen sind über die Person und die ESD-gerechte Schuhe zum Fußboden bzw. Erdungskontaktpunkt abzuleiten.

Wasser oder feuchtes Fließpapier ist in der Regel an den ESD-Schuhen nicht vorhanden, sondern nur eine leitfähige Gummisohle. Daraus wurde das neue Messverfahren mit einer Elektrode, die mit leitfähigem Gummi belegt ist, entwickelt (vgl. Kapitel 5). Die Folge dieser Messmethode, die der Realität in einer Elektronikfertigung entspricht, ist, dass diese Fußböden nicht mehr geeignet sind, d.h., die Anforderungen für die Ableitung elektrostatischer Aufladungen nicht erfüllen. Ergebnisse zur Art der Messelektrode, des leitfähigen Gummis, Andrucks usw. werden im Abschnitt 5 kommentiert.

4.3.2.4. Ableitfähige Systeme auf der Basis von leitfähigen Epoxidharz- oder PU-Lacken (Dünnschicht)

Diese so genannten Dünnschichtverfahren bestehen aus einer leitfähigen Grundierung und einer ableitfähigen Deckbeschichtung (Bild 4.13). Als Leitpartikel kommen leitfähige Fasern, Kohlenstoff usw. zum Einsatz. Da die Schichtdicken selbst sehr klein sind, ist der Kontakt zu den Leitpartikeln in der ableitfähigen Deckbeschichtung ständig vorhanden. Gegenüber den so genannten Dickschicht-Epoxidharzböden gewährleisten diese Systeme meistens die Anforderungen der DIN EN 61340-5-1 für Elektronikfertigungen. Die leitfähige Grundierung garantiert zusätzlich die vollflächige Ableitung der elektrostatischen Ladungen zum Potentialausgleich. Es genügt oft, ein Kupferband um den Raum, etwa 20 cm von der Wand entfernt, zu verlegen. Dieses Band muss dann an mindestens zwei Stellen im Raum mit dem Potentialausgleich- oder Schutzleiter verbunden werden.

Dieses System ist ein relativ einfaches, ableitfähiges Fußbodensystem, dass sich schnell und sicher auftragen lässt. Zwei Probleme existieren: Die Abriebfestigkeit ist nicht so hoch wie bei Dickschichtsystemen und bei der Verarbeitung können vergessene Schritte schnell zu einem hoch isolierenden Fußboden führen.

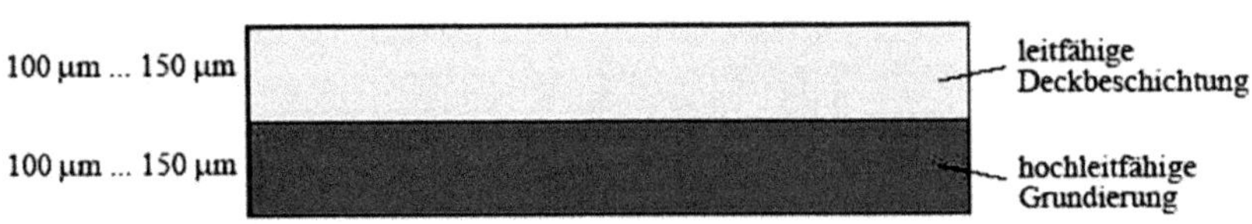

Bild 4.13: Aufbau eines ableitfähigen Beschichtungssystems

4.3.2.5. Andere Fußbodensysteme und Versiegelungen von Bodenbelägen und Beschichtungen

Ein weiteres Fußbodensystem, das oft verwendet wird, ist so genannter Magnesia-Estrich. Prinzipiell kann davon ausgehen werden, dass jeder Estrich im neuen verlegten Zustand „elektrisch leitfähig" ist. Die Leitfähigkeit beruht allerdings darauf, dass im Estrich eine gewisse undefinierbare Restfeuchte vorhanden ist. Nach einem bestimmten Zeitraum ist diese dann so niedrig, dass keine definierten Ableitwiderstände gemessen werden.

Im Magnesia-Estrich wird zur Bindung der Feuchte ein bestimmter Anteil Magnesium beigemischt. Dieser Zusatz bindet über eine längere Zeit Luftfeuchtigkeit und gewährleistet damit ein Ableitverhalten. Magnesia-Estrich ist besser als normaler Estrich, hat aber, genau wie normaler Estrich, einen entscheidenden Nachteil. Das Ableitverhalten (und damit der Ableitwiderstand) hängen sehr stark von der Luftfeuchtigkeit ab. Wird geheizt, sinkt die Luftfeuchtigkeit, besonders im Winter, wenn die Außenluftfeuchtigkeit zusätzlich sinkt. Für Elektronikfertigungsstätten, die nach DIN EN 61340-5-1 ausgerüstet werden, erfüllt der Magnesia-Estrich damit nicht die gewünschten Anforderungen. Die Norm verlangt grundsätzlich eine Unabhängigkeit des Ableitwiderstands von der Luftfeuchtigkeit. Zusätzlich ist es fraglich, ob Magnesia-Estrich überhaupt elektrostatische Aufladungen von Personen ableiten kann. Der Kontakt zwischen Person und Estrich wird zusätzlich durch Partikel oder Verschmutzungen reduziert.

Um diese Verschmutzungen zu vermeiden, werden sehr oft Versiegelungen eingesetzt. Diese werden auch bei verschiedenen Bodenbelägen verwendet. Einige Bodenbelagshersteller verwenden Versiegelungen zum Schutz vor Abrieb, etwa bei Linoleum. Sie werden auf das Material aufgetragen und sind in der Regel mit Aluminium belastet oder enthalten Antistatika, die nicht dauerhaft sind. Denn außer Leitfähigkeit wird von diesen Materialien auch Transparenz gefordert. Bei Epoxidharzböden, Estrich und Magnesia-Estrich setzen diese Versieglungsmaterialien zusätzlich alle Poren zu. Nach der „alten" Messmethode waren diese Versieglungen immer ableitfähig. (Messergebnisse siehe Komplex 5).

4.3.3 Personenausrüstungen

4.3.3.1. Bekleidung, Handschuhe, Arbeitskittel

ESD-Bekleidung
Die ESD- oder ableitfähige Arbeitsbekleidung hat zwei Funktionen. Erstens soll sie vorhandene elektrostatische Ladungen ableiten oder die Entstehung verhindern und zweitens soll sie die elektrostatischen Ladungen, die auf der Person vorhanden sind, „abschirmen", d.h., von den empfindlichen Bauelementen fernhalten.

Die bisher am meisten eingesetzte Baumwollbekleidung erfüllt nur die zweite Funktion. Sie hält elektrostatische Ladungen fern, d.h., sie „deckt" die normale Bekleidung ab und verhindert, dass die elektrostatischen Felder nach außen treten. Da das Material selbst nicht leitfähig ist, kommt es aber zu keiner Ableitung der Ladungen.

Tabelle 4.6 Anforderungen an die Bekleidung

Anforderungen	Oberflächenwiderstand R_S oder Punkt-zu-Punkt-Widerstand R_e oder End-zu-End-Widerstand R_p in Ω	Widerstand zu EPA-Erde oder zu einem Erdungspunkt R_g oder Ableitwiderstand R_A in Ω	Ladungsabbau oder Entladezeit in s
Bekleidung	$R_O \leq 1 \cdot 10^{11}$ [1]		Auf 10% des Anfangswertes (maximal 1000 V) in weniger als 2s[2]
Bekleidung, erdungsfähig	$R_O \leq 1 \cdot 10^9$		

Anmerkung:
[1] Einen minimalen Widerstand für die Bekleidung gibt es nicht für den Schutz von ESDS. Der minimale Widerstand wird nur durch Sicherheitsanforderungen festgelegt, z. B. VDE 0100.
[2] Der Ladungsabbau ist oberhalb eines Widerstandes von $1 \cdot 10^9$ Ω zu ermitteln.

Die Vorschriften DIN EN 61340-5-1 (2001) [10] und DIN EN 61340-5-1 (2008) [12] für die Ausrüstung von ESD-Bekleidung verlangen eine grundsätzliche Abdeckung der gesamten Nicht-ESD-Bekleidung, mindestens im Bereich der Arme und des Oberkörpers. Der Oberflächenwiderstand muss kleiner als $1 \cdot 10^{11}$ Ω oder für erdungsfähige Bekleidung kleiner als $1 \cdot 10^9$ Ω sein. Ein Ableitwiderstand kann nicht angegeben werden, weil die ESD-Kleidung normalerweise keinen ESD-Erdungspunkt aufweist. Die Kleidung muss direkten oder indirekten Kontakt mit der Haut des Mitarbeiters haben. An den Bündchen soll sie eng anliegen, weil an dieser Stelle der Kontakt zur Haut besteht und somit eine Ableitung der Ladungen erfolgen kann. Praktische Erfahrungen haben aber gezeigt, dass dieser Kontakt nicht dauerhaft gewährleistet werden kann. Weiterhin muss zwischen den einzelnen Teilen der Bekleidung stets eine elektrische Verbindung bestehen. Der untere Grenzwert darf nicht kleiner als $7.5 \cdot 10^5$ Ω sein, sonst würden Probleme beim Personenschutz entstehen. In der Vergangenheit hatte sich Baumwolle als Bekleidung bewährt. Erfahrungen hatten gezeigt, dass sich Baumwolle elektrostatisch aufladen kann. Bei Aufladungen, die in der Größenordnung zwischen 300 V und 800 V liegen, gab es früher keine Probleme mit ESDS. Inzwischen sind ESDS jedoch derart empfindlich, dass elektrostatische Aufladungen in dieser Größenordnung ESDS schädigen. Da die Anforderungen an das ESD-Control-System immer weiter steigen, erfüllen diese nur Materialien, die ableitfähig sind. Im Moment sind verschiedene Materialien für ableitfähige Bekleidung auf dem Markt.

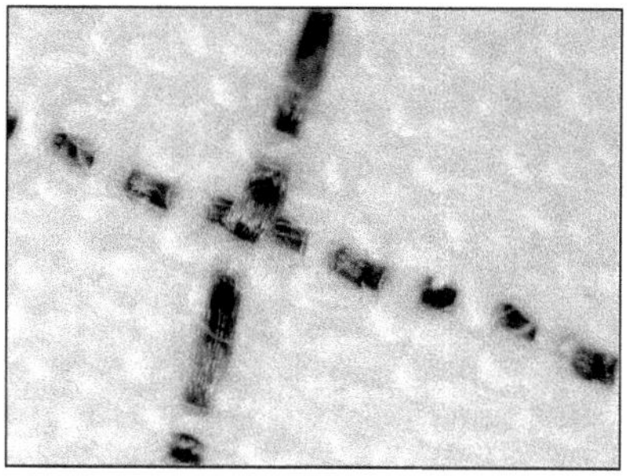

Bild 4.14: Stoff mit eingewebten leitfähigen Fasern, Beispiel 1

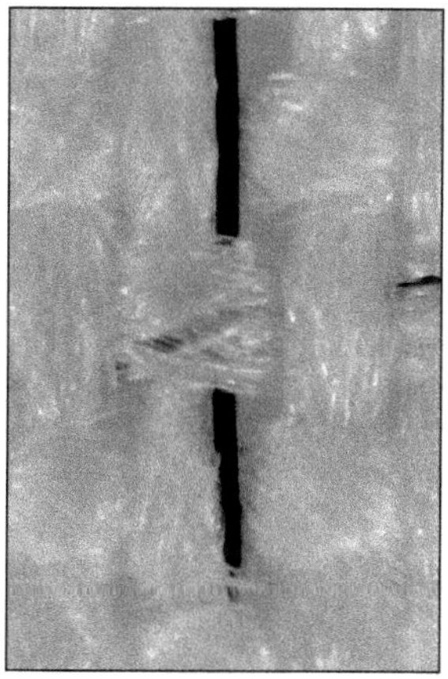

Bild 4.15: Stoff mit eingewebten leitfähigen Fasern, Beispiel 2

Die Bilder 4.14 und 4.15 zeigen zwei Beispiele für verschiedene Materialien mit eingewebten Fasern. In der Regel kommt ein Mischgewebe als Basismaterial zum Einsatz, jeweils mit einem Anteil Baumwolle und Synthetikgewebe. In dieses Gewebe werden dann ein oder mehrere leitfähige Fasern eingewebt. Der Abstand der Fasern kann unterschiedlich sein. Manchmal werden diese Fasern über Kreuz und manchmal nur in einer Richtung eingewebt. Entscheidend ist die Art der Faser. Carbonfasern haben den entscheidenden Nachteil, dass sie sich beim Waschen mehr oder weniger auflösen, oder besser gesagt, das Carbon wird herausgewaschen. Metallfasern sind zu leitfähig, hier kann es Probleme mit der Personensicherheit geben. Außerdem können Metallfasern beim Waschen brechen.

Der Durchgangswiderstand des Gewebes mit Metallfasern ist sehr klein. In den meisten Fällen gleich null. Eine andere Faserart sind so genannte „Corefibres". Diese haben einen leitfähigen Kern und eine Hülle aus nichtleitfähigem Material. Diese Gewebe erfüllen hundertprozentig die Abdeck- oder Abschirmfunktion. Ein Durchgangswiderstand lässt sich in der Regel nicht messen.

Bei leitfähigem Material mit eingewebten Carbon- oder Metallfasern bleiben zwischen denselben nichtleitfähige Gebiete auf dem Stoff zurück, die sich elektrostatisch hoch aufladen können. Diese Gebiete sind je nach Abstand der leitfähigen Materialien kleiner oder größer, z. B. 5 mm x 5 mm oder 10 mm x 10 mm. Elektrostatische Aufladungen von einigen V bis einigen 100 V können entstehen. Diese Ladungen bleiben allerdings auch auf den Materialien bestehen und können auf normalem Weg nicht abfließen. Sie bilden ein Gefahrenpotential für ESDS.

Derzeitige Untersuchungen an synthetischen Materialien und Mischgeweben mit hochleitfähigen Fasern zeigen, dass sich diese Materialien trotzdem elektrostatisch aufladen und sogar Funken bei einer Entladung erzeugen können [37, 38]. Sie sind daher nicht als elektrostatisch unbedenklich anzusehen. Hochohmigere Materialien, die auch die Sicherheitsanforderungen erfüllen, zeigen diese schlagartige Entladung nicht und können so ESDS besser schützen. Geht man davon aus, dass sich reine Baumwolle wenig elektrostatisch aufladen kann, ist sie eigentlich noch besser als Mischgewebe mit hochleitfähiger Faser. Das Problem sind die möglichen elektrostatischen Felder, gerade in der Zukunft, wo die Anforderungen an die ESD-Materialien weiter steigen werden.

ESD-Bekleidung ist selbstverständlich mit den entsprechenden Aufklebern, Logos, usw. gegenüber anderer Bekleidung zu kennzeichnen. Die ESD-Bekleidung muss, wie alle anderen ESD-Kontrollmaßnahmen, regelmäßig überprüft werden.

Ableitfähiges Schuhwerk
Das ableitfähige Schuhwerk, die Fußerdungsbänder usw. dienen der Ableitung eventuell vorhandener elektrostatischer Ladungen von der Person. Es garantiert den guten Kontakt der Person zum ableitfähigen Fußboden. Das Schuhwerk verhindert weitestgehend die Entstehung elektrostatischer Ladungen beim Laufen auf einem ableitfähigen Fußboden. Das ableitfähige Schuhwerk ist grundsätzlich kein Ersatz für das Handgelenkband. Sitzt eine Person am Arbeitsplatz werden oft die Füße angehoben, damit besteht kein Kontakt mit dem ableitfähigen Fußboden, Ladungen können nicht abfließen.

Tabelle 4.7 Anforderungen an das Schuhwerk

Anforderungen	Oberflächenwiderstand R_S oder Punkt-zu-Punkt-Widerstand R_e oder End-zu-End-Widerstand R_p in Ω	Widerstand zu EPA-Erde oder zu einem Erdungspunkt R_g oder Ableitwiderstand R_A in Ω	Ladungsabbau oder Entladezeit in s
Systemanforderungen			
Schuhwerk im getragenen Zustand, stehend auf einer Metallplatte [1]		$5 \cdot 10^4$ ($1 \cdot 10^5$ pro Schuh) $R_G \leq 1 \cdot 10^8$ [2]	

Anmerkungen:
[1] Schuhwerk wird nur im getragenen Zustand, täglich oder vor der Benutzung, überprüft.
[2] Wenn das System Person-Schuhe-Fußboden als Haupterdungsmaßnahme benutzt wird, gilt als oberer Widerstandsgrenzwert: $1 \cdot 10^9$ Ω, zusätzlich muss aber die Personenaufladung ermittelt werden. Diese darf den Wert von 100 V nicht überschreiten.

Nur wenn die Personen sehr viel stehen oder laufen müssen, dann sind die Schuhe eine Alternative zum Handgelenkband. Hier gelten aber erhöhte Anforderungen an das System Person-Schuhe-Fußboden, Anmerkung 2 der Tabelle 4.7.

Werden Fußerdungsbänder eingesetzt, müssen stets zwei getragen werden, weil es vorkommen kann, dass die Person nicht mit beiden Füßen auf dem Fußboden steht. Die Anforderungen an das Schuhwerk zeigt die Tabelle 4.7. Schuhwerk wird nur im System überprüft.

Die regelmäßige Messung des Schuhwerks nach der gültigen Vorschrift DIN EN 61340-4-3 [39] wird nur bei der Produktqualifizierung gefordert. Diese Qualifizierungsprüfungen nach der Norm müssen vom Schuhhersteller oder zur Kontrolle durch den ESD-Koordinator durchgeführt werden.

ESD-Schuhe allein genügen nicht den Anforderungen, wenn z. B. kein ESD-Fußboden vorhanden ist. Sicher kann angenommen werden, dass die elektrostatischen Aufladungen dann eventuell geringer wären. Aber eine Ableitung könnte es auch nicht geben, eher lädt sich die Person auf einem nichtleitfähigen Fußboden mit ESD-Schuhen schneller und höher elektrostatisch auf. Nur ESD-Schuhe und ESD-Fußboden gewährleisten eine Ableitung vorhandener elektrostatischer Ladungen von der Person. Das aber auch nur im Stehen, nicht im Sitzen.

Probleme kann es mit der Verschmutzung der Sohlen geben. Diese werden aber sofort bei der täglichen Überprüfung festgestellt. Sie können danach sofort durch Reinigen der Schuhe beseitigt werden. Funktionieren sie dann auch nicht, müssen die ESD-Schuhe ausgetauscht werden.

Handschuhe und Fingerlinge
In Elektronikfertigungen werden immer mehr sehr schmutzempfindliche Bauelemente und Baugruppen verarbeitet. Rückstände von Fett und anderen Materialien verhindern z. B. die Lötfähigkeit oder verschlechtern den Kontakt. Sie führen zur Korrosion. Aus diesem Grund werden Fingerlinge und Handschuhe eingesetzt.

Tabelle 4.8 Anforderungen an Fingerlinge und Handschuhe

Anforderungen	Oberflächenwiderstand R_S oder Punkt-zu-Punkt-Widerstand R_e oder End-zu-End-Widerstand R_p in Ω	Widerstand zu EPA-Erde oder zu einem Erdungspunkt R_g oder Ableitwiderstand R_A in Ω	Ladungsabbau oder Entladezeit in s
Systemanforderungen			
Handschuhe und Fingerlinge im getragenen Zustand[1]		$7.5 \cdot 10^5 \leq R_G \leq 1 \cdot 10^{12}$ [2]	?[3]

Anmerkungen:
[1] Die Prüfung ist im getragenen Zustand sinnvoll.
[2] Der obere Grenzwert lässt sich im getragenen Zustand an einer Teststation nicht überprüfen.
[3] Normalerweise muss die Entladezeit oberhalb eines Widerstandes von $1 \cdot 10^9$ Ω ermittelt werden. Geeignete Messverfahren existieren, sind aber oft nicht reproduzierbar.

Diese Handschuhe müssen ebenfalls die ESD-Anforderungen erfüllen oder besser, sie dürfen den Entladungsweg zwischen Person und z. B. Handgelenkband nicht unterbrechen. Handschuhe bestehen zum Teil aus Baumwolle oder nicht aufladbaren Materialien oder aus leitfähigen Fasern. Werden Baumwollhandschuhe eingesetzt, muss darauf geachtet werden, dass sie gut „durchschwitzt“ sind, damit sie elektrisch leiten. Dass kann aber wieder zu Problemen bei elektronischen Bauelementen und vor allem PCBs führen. Sinnvoll sind deshalb Handschuhe mit leitfähigen Fasern. Diese Handschuhe sind dauerhaft leitfähig und unabhängig von äußeren Einflüssen. Inzwischen gibt es Handschuhe mit sehr guten Trageeigenschaften. Ein anderes Problem sind Handschuhe für Reinraumbereiche. Hier dürfen nur Kunststofffasern eingesetzt werden. Diese Handschuhe beinhalten genauso wie die Bekleidung nur Leitfasern in bestimmten Abständen. Zwischen den Leitfasern bilden sich Gebiete, die sich elektrostatisch aufladen können. Es muss darauf geachtet werden, dass diese Gebiete so klein wie möglich sind, oder diese Handschuhe nur in bestimmten Bereichen eingesetzt werden.

Für Handschuhe und Fingerlinge gibt es im Moment keine geeigneten Prüfverfahren. Das Material selbst muss die Widerstandsanforderungen erfüllen. Widerstandsgrenzwerte sind nicht festgelegt, da noch kein reproduzierbares Messverfahren definiert wurde. Aus diesem Grund werden sie sinnvollerweise beim täglichen Überprüfen der Handgelenkbänder und Schuhe im System mit überprüft, d.h., sie werden vor der Prüfung angezogen.

Sinnvoll ist die Überprüfung des Systemwiderstands (vgl. Tabelle 4.8). Die Handschuhe und Fingerlinge werden mit den Handgelenkbändern und Schuhen überprüft. Zur Verbesserung der Kontaktierung von Personen können Handcremes verwendet werden. Es gibt immer Personen mit sehr trockener Haut. Daraus entstehen Probleme mit der Kontaktierung von Handgelenkerdungsarmbändern. Ob die leitfähige Handcreme dann die richtige Lösung ist, bleibt fragwürdig. Werden Handcremes generell zum Arbeitsschutz eingesetzt, dann sind ESD-gerechte Cremes (Lotion) zu wählen.

4.3.3.2. Handgelenkbänder

Das Handgelenkband oder Handgelenkerdungsband ist die beste und sicherste Möglichkeit, elektrostatische Ladungen von der Person abzuleiten. Ein Handgelenkband kann weder durch einen ableitfähigen Stuhl, ableitfähige Bekleidung noch durch ableitfähige Schuhe ersetzt werden. Es gibt keine Alternative.

Tabelle 4.9 Anforderungen an Handgelenkbänder

Anforderungen	Oberflächenwiderstand R_S oder Punkt-zu-Punkt-Widerstand R_e oder End-zu-End-Widerstand R_p in Ω	Widerstand zu EPA-Erde oder zu einem Erdungspunkt R_g oder Ableitwiderstand R_A in Ω	Ladungsabbau oder Entladezeit in s
Systemanforderungen			
Handgelenkerdungsband im getragenen Zustand		$7.5 \cdot 10^5 \leq R_G \leq 3.5 \cdot 10^7$	

Das Handgelenkband muss so angelegt sein, dass es das Handgelenk eng umschließt. Lose Ausführungen sind ungeeignet (z. B. Ketten). Das Handgelenkband besitzt einen Anschluss für ein Erdungskabel. Dieses verbindet das Handgelenkband mit dem Erdungspunkt (EBP) am Arbeitsplatz. Das Handgelenkband sowie das Erdungskabel müssen außen isolierend sein, damit der Personenschutz erfüllt ist. Neben den Trageeigenschaften und den Allergieproblemen muss das Handgelenkband inklusive des Spiralkabels einen definierten Widerstand beinhalten. Dieser Widerstand muss zum einen elektrostatische Ladungen gefahrlos ableiten und zum anderen die Person vor Fehlerspannungen und -strömen schützen. Der Personenschutz selbst ist in der VDE 0100 festgeschrieben. Die Anforderungen an die Handgelenkerdung sind ebenfalls in einer Sicherheitsregel der Berufsgenossenschaft aufgeführt [40]. Der Mindestwiderstand muss danach 10^6 Ω betragen. Der maximale Widerstand darf den Wert von $3.5 \cdot 10^7$ Ω nicht überschreiten. Dieser Wert ergibt sich aus der Bedingung, dass die Summe aller möglichen Einzelwiderstände betrachtet wurde.

Am Arbeitsplatz dient ein Erdungsbaustein als zentraler Erdungspunkt für den Anschluss eines oder mehrerer Spiralkabel, einer Lötstation und z. B. für eine ableitfähige Tischmatte. Wird an dem Arbeitsplatz mit Spannungen gearbeitet, die im Bereich von 250 V bis 1000 V liegen, dann muss der Widerstand mindestens $3 \cdot 10^6$ Ω betragen.

Eine weitere Anforderung ist das Stecksystem des Erdungskabels, das das Kabel mit dem Erdungspunkt verbindet. Hier muss ausgeschlossen werden, dass es zu Verwechslungen mit dem Netzpotential kommt, d.h., der Stecker darf nicht in das Wechselspannungsnetz (Schukosteckdose) passen. Sinnvoll sind Druckknopfsysteme oder umgekehrte Stecksysteme.

Die Erdungseinrichtung, besser mit Potentialausgleich bezeichnet, dient der gezielten Ableitung der eventuell vorhandenen elektrostatischen Ladungen. Alle Ausrüstungen sind an einem geeigneten gemeinsamen Punkt zusammenzuführen. Diesen Punkt bildet das Bezugspotential. Bei einem einzelnen Arbeitsplatz ist es sinnvoll das Erdpotential zu nutzen. Aus diesem Grund wird der gemeinsame Potentialausgleichspunkt auch als Erdungspunkt bezeichnet. Der Potentialausgleichspunkt kann direkt an den Schutzleiter angeschlossen werden. Besser für den Personenschutz, ist es zwischen Potentialausgleichspunkt und Schutzleiter nochmals einen Widerstand von $1 \cdot 10^6$ Ω dazwischenzuschalten: Doppelte Sicherheit ist besser als einfache Sicherheit. Dies erfolgt in dem Erdungsbaustein am ESD-Arbeitsplatz.

Handgelenkbänder müssen genauso wie die Schuhe täglich oder vor der Benutzung überprüft werden. Größere Überprüfungszyklen sind nicht zulässig. Dabei ist es unbedingt notwendig das Erdungskabel mit einzubeziehen, denn dieses Kabel kann ein Schwachpunkt sein.

4.3.4 Tische und Stühle, Möbel, Wände

Die Anforderungen an Tischoberflächen wurden bereits im vorherigen Abschnitt 4.3.1. beschrieben. Zu den Tischen gehören außerdem noch Ablageflächen und die Untergestelle. Alle Ablageflächen an den Tischen müssen die ESD-Anforderungen erfüllen, da überall ESDS abgelegt werden können. Das gleiche gilt für alle Ablageflächen und Regale, auf denen z. B. Messgeräte, Stromversorgungseinheiten usw. abgestellt werden. Normalerweise erfüllen diese Geräte die ESD-Anforderungen nicht. Deshalb müssen sie aber so weit wie möglich entfernt von den ESDS angeordnet werden und auf ESD-gerechten Ablageflächen stehen. Für die Tischgestelle an sich genügt es dissipatives Material einzusetzen. Theoretisch kann auch nicht ESD-gerechtes Material verwendet werden. Zum einen können keine ESDS auf diesen abgelegt werden und zum anderen dürfen sie sich aber nicht selbst elektrostatisch aufladen.

Die Anforderungen für die Sitzgelegenheiten sind in Tabelle 4.10 definiert. Der Ableitwiderstand überschreitet den Grenzwert von 1 · 10⁹ Ω. Dies ist begründet in den verfügbaren Materialien für Stühle und Stuhlteile. Normalerweise muss dann aber die Entladezeit gemessen werden. Dies ist im Moment nicht möglich, weil es kein geeignetes Messverfahren gibt. Die gültige Norm gibt deshalb keinen Wert für die Entladezeit an.

Tabelle 4.10 Anforderungen an die Sitzgelegenheiten, Stühle

Anforderungen	Oberflächenwiderstand R_S oder Punkt-zu-Punkt-Widerstand R_e oder End-zu-End-Widerstand R_p in Ω	Widerstand zu EPA-Erde oder zu einem Erdungspunkt R_g oder Ableitwiderstand R_A in Ω	Ladungsabbau oder Entladezeit in s
Sitzgelegenheiten		$R_G \leq 1 \cdot 10^9$ [1]	Auf 10% des Anfangswertes (maximal 1000 V) in weniger als 2s[2]

Anmerkungen
[1] Der Grenzwert von 1 · 10^9 Ω wurde aktuell angepasst.
[2] Wird der Grenzwert überschritten, ist unbedingt die Entladezeit zu ermitteln.

Für den Bezugsstoff wird ein Oberflächenwiderstand zwischen 1 · 10^4 und 1 · 10^9 Ω gefordert. Zwischen den einzelnen Stuhlteilen muss eine elektrische Verbindung bestehen. Der Ableitwiderstand zum Fußboden (gemessen über die ableitfähigen Rollen stehend auf einer Metallplatte) muss insgesamt kleiner als 1 · 10^9 Ω sein. Die Rückseite der Rückenlehne sowie alle anderen Teile dürfen sich nicht elektrostatisch aufladen. Es sind elektrostatisch ableitfähige Materialien einzusetzen.

An dieser Stelle soll auf die Definition des Ableitwiderstandes eines Stuhles nochmals hingewiesen werden. Der „Widerstand muss von allen Bereichen der Sitzgelegenheit, die bei normaler Benutzung mit dem menschlichen Körper in Kontakt kommen können, zu einem Fußbodenkontaktpunkt" einen Ableitwiderstand gemäß Tabelle 4.10 besitzen. Dazu gehören neben den Armstützen auch die Abdeckungen der Rückenlehne. Grundsätzlich müssen Stühle und sonstige Sitzgelegenheiten elektrostatische Ladungen ableiten. Elektrostatische Ladungen entstehen durch den Kontakt der Bekleidung des Personals mit dem Bezugsstoff. Diese Ladungen werden über das Stuhlmaterial zum Fußboden abgeleitet. Elektrostatische Ladungen von der Person können nicht direkt abgeleitet werden, da die Bekleidung in der Regel isoliert. Dies gilt auch, wenn die Person ESD-Bekleidung trägt. Üblicherweise wird die Person unter der ESD-Bekleidung normale nichtleitfähige Bekleidung tragen. Deshalb ist eine Ableitung der elektrostatischen Ladungen von der Person über den Stuhl nicht möglich.

Viele Versuche haben gezeigt, dass der Stuhl kein Ersatz für ein Handgelenkband ist. Würden anstelle von Handgelenkbändern nur ableitfähige Schuhe eingesetzt, so kann auch hier nicht garantiert werden, dass die Personen immer und zu jedem Zeitpunkt die Füße auf dem ableitfähigen Fußboden oder einer eventuell vorhandenen Fußstütze haben. Eine Alternative zum Handgelenkband in sitzender Tätigkeit gibt es nicht. Gelegentlich wird aus Kostengründen zugelassen, dass die Rückenlehnen nicht ESD-gerecht sind. Es kann aber nicht immer davon ausgegangen werden, dass nicht ESD-gerechte Rückenlehnen nie dem Arbeitsplatz zugedreht ist. Die Rückenlehne erzeugt elektrostatische Aufladungen und damit ein elektrostatisches Feld, dass bei ungünstiger Stellung die ESDS beeinflussen kann.

Ein anderer Betrachtungspunkt für die Notwendigkeit des Einsatzes von kompletten ESD-Stühlen ist die Tatsache, dass im ungünstigsten Fall ESDS auf der Sitzfläche abgelegt werden könnten. Wenn der Stuhl nicht ESD-gerecht wäre, könnten in diesem Fall ESDS geschädigt werden. Die einzige Ausnahme, die aus nicht ESD-gerechtem Material hergestellt werden muss, ist die Sitzunterfläche. Hier werden zu keinem Zeitpunkt ESDS abgelegt.

Stühle müssen unbedingt mit ableitfähigen Rollen ausgerüstet werden. Andere Erdungsvarianten, z. B. über Kabel, sind unpraktisch und nicht zu empfehlen. Die gleichen ESD-Anforderungen gelten auch für Stehhilfen und ähnliche Sitzflächen.

Vernachlässigt werden oft Möbel, andere Einrichtungsgegenstände und auch Wände in der EPA. Ausgangspunkt ist auch hier die Frage, ob auf diesen Ausrüstungen ESDS abgelegt werden können. Wenn ja, dann gelten immer die Anforderungen für die Arbeitsoberflächen. Schränke und andere Möbelteile können aber außerhalb der EPA angeordnet werden. Grundsätzlich sollte die EPA auch nur so groß, wie unbedingt notwendig, sein. Werden diese Möbel in einer EPA verwendet, dann müssen sie komplett aus ableitfähigem Material bestehen.

Für Wände gelten keine Anforderungen, außer sie würden mehr als 100 V elektrostatische Aufladungen oder elektrostatische Felder größer als 100 V/cm erzeugen. Dann müssen diese aus ESD-gerechtem Material bestehen. Geeignete Anstriche oder Materialien gibt es.

4.3.5 Erdungsmaßnahmen

Alle ESD-Kontrollmaßnahmen müssen an gleiches Potential angeschlossen werden. Üblicherweise werden anstelle von Potentialausgleichsmaßnahmen immer Erdungsmaßnahmen durchgeführt. Die Potentialausgleichsleitungen werden der Einfachheit halber an Erdpotential angeschlossen.

4.3.5.1. Erdung der Arbeitsoberfläche

Jede ESD-Arbeitsoberfläche muss einzeln an einen Erdungspunkt angeschlossen werden. Eine Serienschaltung mehrerer Arbeitsoberflächen ist nicht zulässig. Einerseits kann sich der Gesamtwiderstand unzulässig erhöhen, aber andererseits ist der Zustand viel wichtiger, dass bei einer Herausnahme eines einzelnen Arbeitsplatzes, die Reihenschaltung unterbrochen wird und dann keine Verbindung zum Potentialausgleich besteht.

4.3.5.2. Erdungsanschlüsse

Für die Ausführung aller Erdungsanschlüsse (EBP) in einer EPA müssen folgende Punkte besonders beachtet werden:

- An jedem Arbeitsplatz muss ein gut zugänglicher Erdungsanschluss für ein Handgelenkerdungsarmband vorhanden sein. Dieser Anschluss muss so angebracht werden, dass die eigentliche Arbeit nicht behindert wird. Wird der Ableitwiderstand von $3.5 \cdot 10^7\ \Omega$ nicht überschritten, kann über die Arbeitsplatzoberfläche/Tischmatte geerdet werden.

Der Erdungsanschluss kann mit dem Erdungspunkt der Arbeitsplatzoberfläche verbunden werden (vgl. Bild 4.16).

- Für mögliche Besucher am Arbeitsplatz sind geeignete Anschlüsse vorzusehen. Es sind mindestens zwei Anschlüsse für Handgelenkerdungsbänder vorzusehen.
- Der Erdungsanschluss für das Handgelenkerdungsband muss einen „ständigen elektrischen Strompfad zur ESD-Erdungseinrichtung (EBP) garantieren.
- Das Steckverbindungssystem zwischen dem Handgelenkerdungskabel und dem nachfolgenden Strompfad zur ESD-Erdungseinrichtung (EBP) muss so gestaltet sein, dass die Steckerteile der Handgelenkerdungskabelverbindung und die Erdungskontaktverbindung vollständig mechanisch passend sind. Speziell bedeutet dies, dass Krokodilklemmen und ähnliches für den Anschluss des Handgelenkerdungsbands an die Erdungseinrichtung ungeeignet sind. Eine ähnlich schlechte Kontaktierungsmöglichkeit bieten Magnetkontakte. Diese gewährleisten eventuell einen gewissen mechanischen Kontakt, aber nicht unbedingt eine elektrische Verbindung. Magnete können auch auf lackierten Metallflächen angeordnet werden.
- Das Erdungsanschlusssystem darf auf keinen Fall mit einem Stecker der Stromversorgung/Netzspannung/Laborstromversorgung oder einem anderen Steckverbindungssystem in der EPA kompatibel sein, die einen Kontakt mit der Netzspannung ermöglichen.
- Alle elektrisch leitenden Teile des Verbindungssystems müssen außen isolierend ausgeführt sein. Ein eventueller Kontakt mit Strom führenden Leitungen und eventuell defekten Geräten muss so ausgeschlossen werden.
- Um die Möglichkeit einer unbeabsichtigten Kontaktunterbrechung zu vermeiden, muss das Verbindungssystem eine ausreichende mechanische Zugkraft aufweisen.
- Es werden Druckknopfsysteme oder ähnliche Stecksysteme empfohlen.
- Die Erdungsanschlüsse sind mit den entsprechenden Kennzeichnungsschildern gut sichtbar zu kennzeichnen.

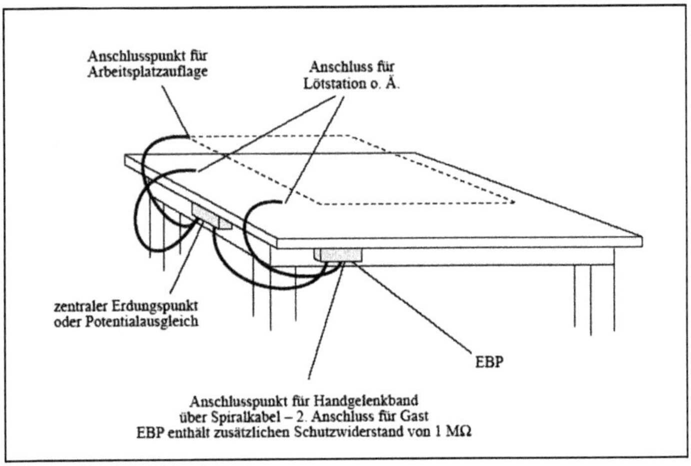

Bild 4.16: Beispiel für die Erdungspunkte (EBP) an einem ESD-Arbeitsplatz [8]

4.3.5.3. EPA-Erdungskabel

Entsprechend der gültigen Vorschrift müssen EPA-Erdungskabel für die elektrischen Verbindungen zwischen den einzelnen Erdungspunkten und der EPA-Erdungseinrichtung verwendet werden. Im Zusammenhang mit ESD-Kontrollmaßnahmen ist der Begriff des „Potentialausgleichs" oder vereinfacht der „Erdung" zu verwenden. Folgende Anforderungen sind für EPA-Erdungskabel und Erdungsanschlussleitungen zu erfüllen:

- Zwischen der ESD-Erdungseinrichtung, dem Erdungspunkt und dem Potentialausgleich ist eine elektrische Verbindung notwendig.
- Die Verbindung zwischen der Arbeitsoberfläche, dem Fußboden und der ESD-Erdungseinrichtung muss dauerhaft sein. Die Verbindung kann Widerstände enthalten, sie kann „dauerhaft" oder „abtrennbar" sein, d.h., sie kann fest angeschlossen sein, was beim Fußboden sinnvoll ist, oder sie kann streckbar sein.
- Werden Widerstände integriert, muss der Widerstand derselben sich in der Nähe des Erdungspunktes befinden.
- Alle elektrisch leitenden Teile des Verbindungssystems müssen wie auch alle Erdungsanschlüsse außen isolierend ausgeführt sein, um eine mögliche Kontaktierung mit fehlerhaften Geräten zu vermeiden.
- Bei den Erdungsleitungen gilt die Forderung, dass die Verbindungen eine ausreichende Zugkraft aufweisen müssen, um unbeabsichtigte Unterbrechungen zu vermeiden.

4.3.5.4. EPA-Erdungsanschlusspunkte (EBP)

Die Anforderungen an den Erdungspunkt sind in der vorliegenden Norm [10] genau definiert:

- An allen ESD-Arbeitsplatzoberflächen, ESD-Arbeitsplätzen und ableitfähigen Fußbodenbelägen sind Erdungspunkte vorzusehen.
- Der Erdungspunkt ist deutlich mit Schildern sichtbar zu kennzeichnen.
- Besonders wird darauf hingewiesen, dass bei mehrschichtigen Belägen, Tisch und Fußbodenbelägen immer die hochleitfähige Schicht kontaktiert wird.
- Homogene und dauerhafte oder fest verlegte Fußbodenbeläge sind fest mit dem Potentialausgleich zu verbinden.
- Die hochleitfähigen Schichten, bei mehrschichtigen Belägen und Materialien müssen so eingesetzt werden, dass ein direkter Kontakt mit stromführenden Leitungen, defekten Geräten oder direkten Schutzleiteranschlüssen vermieden wird. Beim Kontakt mit diesen Einrichtungen könnte es sonst zur Überbrückung von Widerständen kommen und die ESD-Kontrollmaßnahmen wären wirkungslos.

4.3.5.5. Personenschutz in einer EPA

Die EPA und alle verwendeten Materialien und Ausrüstungen müssen so ausgelegt werden, dass Personen im Fehlerfall nicht gefährdet werden. Die Anforderungen der gültigen Richtlinien zum Personenschutz, national die VDE 0100, sind unbedingt zu erfüllen. Die eingebauten Widerstände oder die Widerstände der ableitfähigen Arbeitsplatzoberflächen und ableitfähigen Fußböden müssen so ausgelegt werden, dass es im Fall einer Parallelschaltung zu keinen gefährlichen Strömen für die Person kommt.

4.3.5.6. Ableitwiderstände zur Strombegrenzung, Ableitwiderstände

Beim Realisieren der Ableitwiderstände muss darauf geachtet werden, dass die Anforderungen für den Personenschutz ständig eingehalten werden. Wie bereits im Punkt vorher bemerkt wurde, darf es durch parallele Stromkreise nicht zum Unterschreiten des Mindestwerts kommen. Die für die einzelnen Materialien und Ausrüstungen vorgegebenen Widerstandswerte müssen durch das Material selbst erreicht werden. Ein zusätzlicher Serienwiderstand ist aus physikalischer Sicht nicht sinnvoll. Würde z. B. als Arbeitsplatzauflage eine Metallplatte mit einem zusätzlichen Serienwiderstand von $1 \cdot 10^6\ \Omega$ eingesetzt werden, würden die ESD-Anforderung formell erfüllt. ESDS selbst können aber damit nicht geschützt werden. Ist das Bauelement (ESDS) elektrostatisch aufgeladen und kommt es dann zum Berühren der Metallplatte würde es sofort zu einem schlagartigen Abfluss aller elektrostatischen Ladungen an die Metallplatte kommen. Der Grund ist, dass die Metallplatte eine sehr viel größere Kapazität gegenüber dem Bauelement besitzt und die gesamte Ladung übernehmen kann. Das Bauelement wäre durch den fließenden Entladestrom mindestens vorgeschädigt. Der Aspekt des Personenschutzes käme noch hinzu, denn die Metallplatte müsste aus sicherheitstechnischen Gründen mit dem Schutzleiter direkt verbunden werden. Der Serienwiderstand wäre damit überbrückt und unwirksam.

4.3.6 Nichtstationäre und Service-Arbeitsplätze

Besonderer Aufmerksamkeit muss der Einrichtung von so genannten zeitweiligen oder nichtstationären Arbeitsplätzen gewidmet werden. Diese Service-Arbeitsplätze unterliegen besonderen Anforderungen.

Werden nichtstationäre Arbeitsplätze eingerichtet, gelten die bereits genannten Grundvoraussetzungen, damit immer und an allen Stellen gleiches elektrostatisches Potential vorhanden ist. Die bereits beschriebenen Anforderungen für Erdungspunkt, Erdungskabel und Kontaktpunkt sind unbedingt einzuhalten. Der ableitfähige Fußbodenbelag oder die ableitfähige Fußbodenmatte muss mit der ableitfähigen Arbeitsplatzoberfläche oder der ableitfähigen Arbeitsplatzauflage verbunden werden. Weiterhin muss gewährleistet sein, dass keine metallischen oder hochleitfähigen Teile der Arbeitsplatzoberfläche oder des Fußbodenbelags direkten Kontakt zu anderen Erdungssystemen haben, d.h., dass keine Schutzwiderstände überbrückt werden.

Für die Ableitwiderstände gelten die gleichen Anforderungen wie für stationäre Einrichtungen. Das Bild 4.17 zeigt einen nichtstationären Arbeitsplatz und das Bild 4.18 die möglichen Handlungen an diesem Arbeitsplatz.

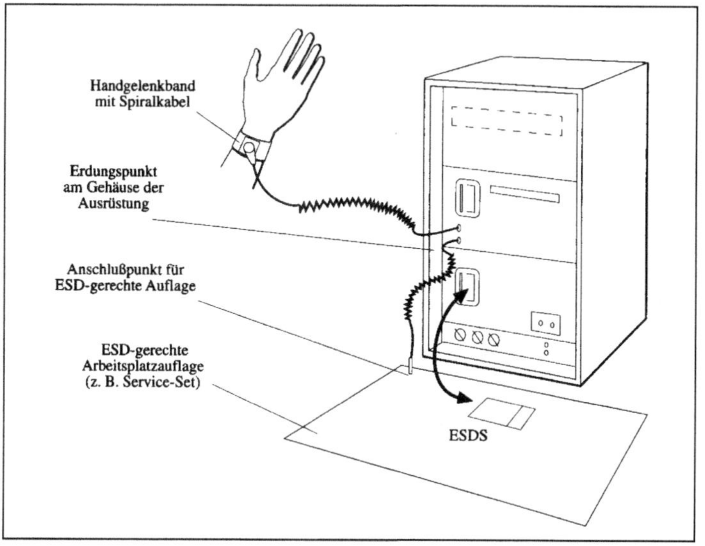

Bild 4.17: Prinzipieller Aufbau eines nichtstationären ESD-Arbeitsplatzes [10]

Als Anforderungen gelten bei allen Arbeiten an nichtstationären Arbeitsplätzen die gleichen wie in einer stationären EPA. Im Einzelnen sind dies folgende Maßnahmen und Anforderungen:

- Für den nichtstationären Arbeitsplatz müssen ESD-Arbeitsplatzoberflächen und ESD-Fußbodenbeläge vorhanden sein. Beide müssen einen Anschluss für den Potentialausgleich aufweisen. Zusätzlich muss sich das Personal an der Arbeitsplatzoberfläche kontaktieren können.
- Das gesamte System, bestehend aus Arbeitsplatzauflage, Bodenmatte und Handgelenkerdung, muss mit einem geeigneten und vorhandenen Erdungsanschluss verbunden werden. Es kann auch am Gerät angeschlossen werden, z. B. beim Service an einer Anlage. Auch die Anlage muss am vorhandenen Erdungsanschluss kontaktiert werden. Zu beachten ist, dass neu zu installierende Anlagen meist noch nicht mit dem Erdungs-/Schutzleiteranschluss verbunden sind.
- Daraus leitet sich eine spezielle Forderung ab: An jedem beweglichen Gerät, an dem Serviceleistungen erforderlich sein können, muss ein Anschluss für den Potentialausgleich vorhanden sein.
- Der Servicetechniker muss die Arbeiten so ausführen, dass eine sichtbare Abtrennung zu den übrigen Geräten entsteht. Als Mindestmaß wird in der gültigen Norm ein Abstand von 1 m angegeben. Die ungeschützten ESDS dürfen zu keinem Zeitpunkt einer Gefährdung ausgesetzt werden. Sinnvollerweise sollten bei einem längeren Zeitraum Schilder nach Bild 4.2. aufgestellt werden.
- Das Personal muss in diesem vorübergehend benutzten Arbeitsbereich mindestens einen ESD-Arbeitskittel tragen.
- Handelt es sich bei dem vorübergehend eingerichteten Arbeitsplatz um einen großen Bereich, in dem das Personal ständig hin- und herlaufen muss, dann müssen die Anforderungen für einen ESD-Fußboden erfüllt werden.

Das Bild 4.18 zeigt einen ESD-Arbeitsplatz, an dem ständig hin- und hergelaufen werden muss. Hier gelten zusätzlich weitere Maßnahmen:

- Wie im Bild 4.18 gezeigt wird, müssen die ESDS, wenn sie von einer Anlage zu einem ESD-Arbeitsplatz transportiert werden und der Fußboden die ESD-Anforderungen nicht erfüllt, in einer ESD-abschirmenden Verpackung transportiert werden. Am ESD-Arbeitsplatz muss dann das Personal zuerst den Potentialausgleich über das Handgelenkband herstellen. Erst dann kann das ESDS aus der Verpackung herausgenommen werden.
- Wichtigste Forderung ist immer, dass das Personal ständig über das Handgelenkband mit dem Potentialausgleich verbunden ist, wenn ESDS gehandhabt werden. Werden ESDS ausgetauscht, müssen die neuen ESDS so lange in der Verpackung bleiben, bis sie benötigt werden.

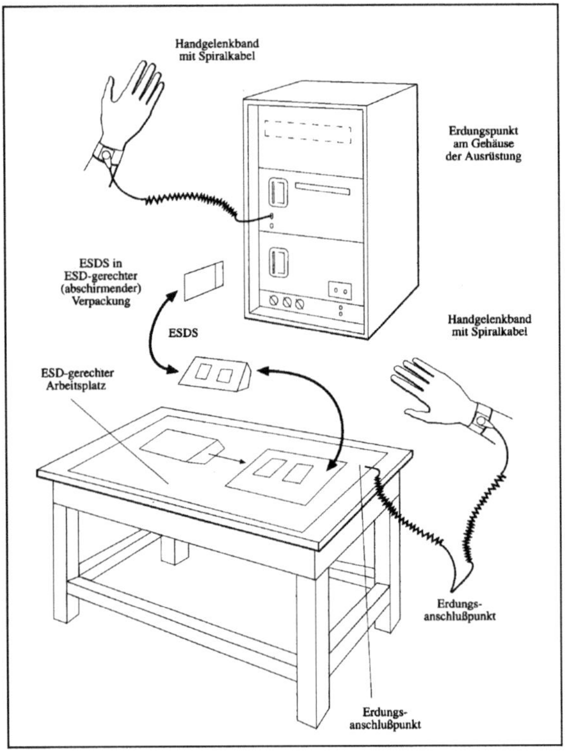

Bild 4.18: Handlungen an einem nichtstationären ESD-Arbeitsplatz [10]

1. Anlegen des Handgelenkbandes und Herstellen der Verbindung zur Anlage mit dem Spiralkabel
2. Entnahme der defekten Baugruppe (ESDS) und Verpacken in einer abschirmenden Verpackung
3. Transport zum ESD-Arbeitsplatz, dieser wurde vorher ESD-gerecht eingerichtet.
4. Herstellen der Verbindung Handgelenkband – ESD-Erdungspunkt des Arbeitsplatzes
5. Herausnehmen der Baugruppe und Ablage auf dem ESD-Arbeitsplatz
6. Bearbeiten der Baugruppe
7. (Danach sind die Handlungen in umgekehrter Reihenfolge zu absolvieren.)

Die Vorgehensweise an einem nichtstationären Arbeitsplatz, einem Servicearbeitsplatz, muss durch den Servicetechniker sehr sorgfältig erfolgen. Nur er kann diesen Arbeitsplatz korrekt einrichten und kontrollieren. Meist ist der Servicetechniker vor Ort allein. In diesen Fällen ist es notwendig, dass er besonders die Handhabungsrichtlinien für ungeschützte ESDS beachtet. Sehr wichtig sind „persönliche Verantwortlichkeit" und die Schulung des speziellen Personals. Das Personal muss die notwendigen ESD-Kontrollmaßnahmen hundertprozentig ausführen.

4.3.7 Anforderungen an Maschinen und Ausrüstungen, Transporteinrichtungen, Werkzeuge

4.3.7.1. Werkzeuge

Alle Werkzeuge, die für die Benutzung innerhalb der EPA eingesetzt werden, müssen so konstruiert sein, dass sie elektrostatische Ladung weder generieren noch speichern können. Die Ableitung eventuell vorhandener elektrostatischer Ladungen muss gefahrlos erfolgen.

Tabelle 4.11 Anforderungen an Werkzeuge

Anforderungen	Oberflächenwiderstand R_S oder Punkt-zu-Punkt-Widerstand R_e oder End-zu-End-Widerstand R_p in Ω	Widerstand zu EPA-Erde oder zu einem Erdungspunkt R_g oder Ableitwiderstand R_A in Ω	Ladungsabbau oder Entladezeit in s
Werkzeuge		$R_G \leq 1 \cdot 10^{12}$ [1, 3]	Auf 10% des Anfangswertes (maximal 1000 V) in weniger als 2s [2]

Anmerkungen:

[1] Ein minimaler Widerstand wird nicht festgelegt. Ein minimaler Widerstand ergibt sich aus Sicherheitsanforderungen, z. B. nach VDE 0100.

[2] Oberhalb eines Widerstandes von $1 \cdot 10^9$ Ω ist die Entladezeit zu ermitteln. Für Werkzeuge gibt es kein ausreichend reproduzierbares Messverfahren.

[3] Nach der Norm [11] gilt: Bei Handwerkzeugen und Maschinen, bei denen Werkzeuge oder ESDS eine Ladung angesammelt haben und dann in Berührung mit einem geerdeten Gegenstand kommen können, muss eine schnelle Entladung verhindert werden, oder es muss garantiert werden, dass das Werkzeug entladen ist, z. B. durch einen Ionisator.

Werkzeuge sind zum einen in der Lage elektrostatische Aufladungen zu erzeugen. Metallwerkzeuge können zum anderen schlagartige Entladungen über ESDS provozieren. Diese Entladeströme verursachen wiederum große elektrostatische Felder, die einzelne ESDS oder ganze Baugruppen beeinflussen können. Aus diesem Grund müssen Werkzeuge so aufgebaut sein, dass sie weder elektrostatische Ladungen erzeugen noch schlagartig ableiten können.

Die vorliegende Norm [10] für elektronische Fertigungen fordert, dass von den Handgriffen der Werkzeuge keine elektrostatischen Ladungen ausgehen dürfen. Dafür sind üblicherweise ableitfähige Griffe einzusetzen. Beim Einsatz von ableitfähigen Griffen gibt es das Problem, dass die Sicherheitsanforderungen für den Personenschutz unbedingt eingehalten werden müssen.

Praktische Untersuchungen haben gezeigt, dass elektrostatische Aufladungen bei kleinen Werkzeugen mit (nichtleitfähigen) Standardgriffen sehr gering sind. Außerdem umschließt der Bediener den Griff in der Regel komplett, so dass eventuell vorhandene elektrostatische Aufladungen sofort über die Person abgeleitet werden, vorausgesetzt die Person ist über ein Handgelenkband mit dem Potentialausgleich oder Erdungspunkt verbunden. Eine vorübergehende Alternative ist die Behandlung mit einem so genannten Antistatikmittel. Dieses verhindert zeitweise, die Erzeugung elektrostatischer Ladungen auf Kunststoffen. Früher wurden kleine Werkzeuge in Metallausführung zugelassen. Zu diesem Zeitpunkt waren die Anforderungen an ESD-Kontrollmaßnahmen noch nicht so hoch. Mit der Zunahme der Empfindlichkeit gegenüber elektrostatischen Ladungen müssen diese Werkzeuge jedoch generell abgelehnt werden, denn ESDS können sich selbst elektrostatisch aufladen. Die Metallwerkzeuge würden dann beim Kontakt mit dem ESDS eine schlagartige Entladung provozieren. ESDS wären mit Sicherheit mindestens vorgeschädigt.

4.3.7.2. Maschinen und Ausrüstungen, automatische Transporteinrichtungen

Es ist schwierig für alle Arten von Maschinen, Anlagen usw. Festlegungen für ESD-Kontrollmaßnahmen zu treffen. Grundsätzlich müssen alle Werkzeuge und Maschinen, z. B. elektrische, mechanische oder pneumatische, so konstruiert sein, dass jedes nichtisolierte Teil des Werkzeugs oder der Maschine, das in Berührung mit einem ESDS kommen kann, auf EPA-Erdpotential liegt. Das heißt, größere Werkzeuge, Hilfsmittel, Vorrichtungen, elektrische und pneumatische Maschinen und Arbeitsmittel, usw. sind mit dem Potentialausgleich zu verbinden. Obwohl diese Anforderung nach dem gültigen Standard aussagt, dass Maschinen und Anlagen ESD-gerecht sind, genügt dies nicht mehr. Es treten trotzdem elektrostatische Aufladungen auf und Entladungen führen zur Schädigung von ESDS. Diese elektrostatischen Aufladungen werden durch die ESDS selbst und das Handling der Leiterplatte (PCB), die in der Regel aus isolierendem Material besteht, insgesamt hervorgerufen.

ESDS bestehen in der Regel aus isolierenden Materialien. Hinzu kommt, dass sie aus Reels, Blister und Trays zugeführt und herausgenommen werden. Bei diesem Aufnahmevorgang, der einem Trennvorgang von leitfähigem und nichtleitfähigem Material entspricht, entstehen elektrostatische Ladungen. Die wiederum führen zu Potentialdifferenzen zwischen beiden Materialien. Die elektrostatischen Ladungen können normalerweise nicht abgebaut werden, weil keine ableitfähigen Materialien vorhanden sind. Das isolierende Gehäuse der ESDS speichert dazu noch die elektrostatischen Ladungen. Die Aufnahmevorrichtung, z. B. in einem Bestückungsautomaten, kann das ESDS nicht entladen, allenfalls teilweise, wenn sie leitfähig ist. Das ESDS kommt also elektrostatisch aufgeladen auf die Leiterplatte. Diese wiederum ist durch den gesamten Transportprozess ebenfalls elektrostatisch aufgeladen. Beim Absetzen der ESDS auf die Leiterplatte kommt es zu einem Potentialausgleichsstrom, der wiederum das ESDS schädigt.

Dieser Vorgang zeigt, dass es nicht genügt, nur die Maschinen zu erden. Ableitfähige Warenträger für ESDS und Leiterplatte reichen ebenfalls nicht, denn diese entladen diese Bauteile nicht. Die Vorgänge sind weiter sehr komplex und es sind weitere Untersuchungen notwendig. Die einzige Möglichkeit ist heute der Abbau der unterschiedlichen elektrostatischen Potentiale durch Ionisationsgeräte.

Grundsätzlich muss beachtet werden, dass nicht die elektrostatischen Aufladungen allein ESDS schädigen, sondern erst deren Entladung. Besonders an Prüfeinrichtungen ist dies zu beobachten. ESDS werden Prüfeinrichtungen zugeführt. Sie können bereits elektrostatisch aufgeladen sein. Beim Kontaktieren mit Steckvorrichtungen oder Metallkontakten kommt es zum schlagartigen Abfluss der elektrostatischen Aufladungen. Seit einiger Zeit werden verschiedene „Vorentladungseinrichtungen“ eingesetzt. Diese sollen elektrostatische Ladungen vor dem eigentlichen Kontaktieren entladen. Dies funktioniert nicht, weil diese Einrichtungen ebenfalls metallische Kontakte aufweisen. Diese Metallkontakte führen dann bereits vorher zu einer schlagartigen Entladung und damit zur Schädigung der ESDS. Die einzige Möglichkeit der gefahrlosen Entladung ist die Ionisation. Werden um die Prüfeinrichtungen ladungsfreie Zonen, mit geeigneten Ionisatoren geschaffen, dann werden alle Baugruppen gefahrlos elektrostatisch entladen.

Einige wichtige Regeln müssen unbedingt beachtet werden:

- Alle möglichen Ablageflächen an Maschinen, Ausrüstungen, Transporteinrichtungen, usw. müssen so ausgeführt werden, dass diese den Anforderungen für ESD-Arbeitsoberflächen entsprechen. Es besteht immer die Möglichkeit, dass auf diesen Flächen ESDS abgelegt werden können.
- Alle Kunststoffflächen sind aus ableitfähigem Material herzustellen. Das betrifft im Besonderen Abdeckungen aus Plexiglas oder Scheiben sowie Trennscheiben.
- Der Einsatz von Metall darf nur erfolgen, wenn garantiert wird, dass die zu bearbeitenden ESDS ständig entladen sind.
- Leitungen, Abdeckungen für Leitungen usw. sind aus ableitfähigem Material auszuführen und so zu verlegen, dass sie nicht mit ESDS in Berührung kommen können.
- Alle Schläuche, Vakuum- oder Saugvorrichtungen müssen aus ableitfähigem Material ausgeführt werden oder sie sind ebenfalls so anzuordnen, dass ESDS nicht beeinflusst werden.
- Pneumatische Förderbänder, Transportgummis, Rollen und andere Transporteinrichtungen sind aus ableitfähigem Material auszuführen und mit Potentialausgleich zu verbinden.
- Alle Lötschwallbäder sind zu erden.
- Notwendige Bildschirmeinheiten, Steuerungen, Tastaturen, Handscanner sind aus ableitfähigem Material auszuführen oder so anzuordnen, dass sie ESDS nicht gefährden.
- Elektrische und pneumatische Werkzeuge, z. B. Schrauber und Bohrmaschinen, sind immer zu erden.

4.3.7.3. Lötkolben, Lötanlagen

Lötkolben gehören eigentlich zu den Werkzeugen, werden aber nochmals gesondert betrachtet. Grundsätzlich müssen die Spitzen direkt geerdet werden. Das Bild 4.6 zeigte bereits das Problem. Eine Lötkolbenspitze stellt gegenüber dem ESDS eine sehr große Kapazität dar. Genauso ist das, wenn der ESD-Arbeitsplatz mit einer großen Metallplatte ausgelegt wird. Die Kapazität der Metallplatte oder der Lötkolbenspitze ist viel größer als die Kapazität des ESDS. Ist das ESDS elektrostatisch aufgeladen, werden alle Ladungen zur größeren Kapazität, also zur Lötkolbenspitze fließen. Dieser erste Entladestrom-Impuls wird das ESDS bereits schädigen. Der Widerstand in der Zuleitung des Lötkolbens spielt hier keine Rolle. Er kann die schlagartige Entladung nicht verhindern. Die elektrostatischen Ladungen werden erst im zweiten Vorgang über diesen Widerstand abfließen. Grundvoraussetzung ist deshalb, dass alle elektronischen Bauelemente und Baugruppen (ESDS) elektrostatisch entladen sind, wenn sie bearbeitet werden. Für alle Lötanlagen gilt das gleiche Prinzip. Die ESDS und PCB müssen entladen werden, bevor es zu einer Kontaktierung kommen kann. Lötstationen müssen aus ESD-Material sein, wenn sie in der EPA aufgestellt werden. Ansonsten müssen diese so weit wie möglich entfernt von den ESDS aufgestellt werden.

Alle Lötstationen und Lötanlagen müssen regelmäßig überprüft werden. Die Erdung der Lötkolbenspitze ist zu garantieren.

4.3.8 Elektrostatische Felder in einer EPA

In einem ESD-Bereich, der EPA, sind keine elektrostatischen Felder größer als 50 V/cm (oder 5 kV/m) zulässig. Eine andere Betrachtungsweise ist die maximale elektrostatische Aufladung auf 100 V zu begrenzen. Viele Erfahrungen haben gezeigt, dass diese Felder oder Aufladungen, die maximalen Werte sind, bei denen ESDS nicht geschädigt werden. Zukünftig werden diese Werte herabgesetzt, weil die elektronischen Bauelemente und Baugruppen immer empfindlicher gegenüber elektrostatischen Ladungen werden. Für viele Materialien, die in einer EPA verwendet werden, ist dieser Grenzwert aber schon kritisch. Besonders bei den verwendeten Verpackungsmaterialien ist es schwierig diesen Wert einzuhalten.

Eine grundsätzliche Anforderung für alle Geräte, die in einer EPA verwendet werden und sich elektrostatisch aufladen können, z. B. Messgeräte, ist, dass diese so weit wie möglich entfernt von den ESDS aufgestellt werden. Entfernungsangaben belaufen sich zwischen 50 cm und 1 m. Entscheidend ist, dass das zulässige elektrostatische Feld an allen ESDS nicht überschritten wird. Wenn es sich nicht umgehen lässt, sind geeignete Maßnahmen zu treffen und entsprechende Geräte aufzustellen, die diese elektrostatischen Felder reduzieren, z. B. Ionisatoren.

Die Normen [12, 97] regeln dies nachfolgenden Kriterien:

Alle nicht notwendigen Isoliermaterialien (Kunststoffe und Papier) wie Kaffeetassen, Behälter für Lebensmittel und Esswaren sowie persönliche Gegenstände müssen vom Arbeitsplatz oder anderen Arbeitsgängen, an denen ESDS gehandhabt werden, entfernt werden.

Die von prozessrelevanten Isolatoren ausgehende Bedrohung muss analysiert werden, um sicherzustellen, dass

- das elektrostatische Feld am Ort, an dem die ESDS gehandhabt werden 5000 V/m nicht übersteigt.
- das elektrostatische Potential an der Oberfläche des prozess-relevanten Isolators 2000 V nicht übersteigt, ansonsten muss der Gegenstand mindestens 30 cm vom ESDS entfernt platziert werden.
- das an der Oberfläche des prozessrelevanten Isolators gemessene elektrostatische Potential 125 V nicht übersteigt, ansonsten muss der Gegenstand mindestens 2,5 cm vom ESDS entfernt angeordnet werden.

Wenn das gemessene elektrostatische Feld oder die Oberflächenspannung die genannten Grenzwerte übersteigt, müssen Ionisatoren oder andere ladungsreduzierende Techniken angewandt werden.

Als Hinweis ist anzuführen, dass z. B. Messgeräte auf entsprechenden Ablageflächen abgestellt werden, die als „Nicht-EPA" gekennzeichnet werden.

4.3.9 Umgebungsbedingungen, Luftfeuchtigkeit und Temperatur

Grundsätzlich müssen alle ESD-Kontrollmaßnahmen bei allen möglichen Umgebungsbedingungen ihre Funktionen erfüllen. Entscheidend ist dabei die relative Luftfeuchtigkeit der Umgebung. Alle bisherigen Grenzwerte wurden verworfen. Die Erfahrungen haben inzwischen gezeigt, dass elektrostatische Ladungen bei jeder relativen Luftfeuchtigkeit entstehen.

Die vorher genannten ESD-Kontrollmaßnahmen und die dafür verwendeten Materialien und Ausrüstungen müssen bei jeder möglichen relativen Luftfeuchtigkeit ihre Funktion, d.h. ihre elektrischen Eigenschaften, gewährleisten. Werden die ESDS zukünftig immer empfindlicher gegenüber elektrostatischen Ladungen, so werden die Materialeigenschaften immer kritischer oder schwieriger für die Hersteller dieser Materialien.

4.4 Anforderungen an ESD-Verpackungsmaterialien

4.4.1 Normgerechte Anforderungen

Verpackungen müssen die ESDS sowohl in einer EPA als auch vor allem außerhalb einer EPA schützen. Die Anforderungen unterscheiden sich je nach Einsatzort. Innerhalb einer EPA darf sich das Verpackungsmaterial nicht elektrostatisch aufladen. Außerhalb einer EPA muss das Verpackungsmaterial die ESDS vor elektrostatischen Entladungen und elektrostatischen Feldern schützen.

Tabelle 4.12 Anforderungen an ESD-Verpackungsmaterialien

	Innerhalb einer EPA[2; 3; 4]	**Außerhalb einer EPA**
ESDS	elektrostatisch leitfähig elektrostatisch ableitend elektrostatisch abschirmend	elektrostatisch abschirmend
nicht ESDS	mindestens elektrostatisch ableitfähig[1]	keine Anforderungen

Anmerkungen:

[1] Die Materialeigenschaft „low charging“ wird nicht mehr verwendet. In der aktuellen Fassung der DIN EN 61340-5-3 wird diese Eigenschaft nicht mehr beschrieben. Es gelten ausschließlich die anderen Eigenschaften für Verpackungsmaterialien.

[2] Für batterie-gepufferte ESDS dürfen nur Materialien eingesetzt werden, die nicht „elektrostatisch leitfähig“ sind.

[3] Wird Material mit einem Oberflächenwiderstand größer als $1 \cdot 10^9$ Ω eingesetzt, dann ist der Ladungsabbau zu bestimmen. Die Anforderung für den Ladungsabbau ist: Entladung auf 10 % des Anfangswertes (maximal 1000 V) in weniger als 2 s.

[4] Materialien mit einem Oberflächenwiderstand von kleiner als $1 \cdot 10^4$ Ω dürfen in Ausnahmefällen eingesetzt werden, wenn diese vom ESD-Beauftragten freigegeben werden.

Die einzelnen Definitionen für die Verpackungseigenschaften wurden bereits in Abschnitt 2 beschrieben. Zukünftig darf der Begriff „low charging“ wiederverwendet werden. Die ESD-Anforderungen sollen durch den Anwender selbst festgelegt werden (vgl. 4.4.2 + [102]). Verpackungen für elektronische Bauelemente und Baugruppen (ESDS) werden zusätzlich in folgende drei Verpackungsstufen eingeteilt:

Äußere Verpackung
Diese Verpackung dient vorrangig dem äußeren und mechanischen Schutz der Bauelemente und Baugruppen. Erfüllt sie nicht die Anforderungen nach Tabelle 4.12, darf sie nicht in die EPA gebracht werden, sondern muss außerhalb entsorgt werden.

Direkt anliegende Verpackung
Diese Art der Verpackung kann in Kontakt mit den ESDS kommen. Enthalten die ESDS-Stromversorgungselemente, dann muss sie den Anforderungen nach Anmerkung 2 der Tabelle 4.12 erfüllen.

Lose umhüllende Verpackung
Diese Verpackung ist in der Nähe der ESDS, kommt aber mit diesen nicht in Berührung. Damit entstehen keine Anforderungen bezüglich der Stromversorgungselemente. Alle weiteren Anforderungen sind in Tabelle 4.12 festgehalten.

Diese Einteilung ist nur für batterie-gepufferte ESDS erforderlich. Weiterhin ist es entscheidend welche Verpackungsmaterialien in die EPA gebracht werden können und welche nicht bzw. welche die ESDS außerhalb einer EPA schützen. Laden sich Verpackungen elektrostatisch auf, sind alle ESDS von diesen fernzuhalten, solange sich die ESDS nicht in abschirmenden Verpackungen befinden.

Aus der gültigen Norm [10] ist der folgende Hinweis wesentlich: *„Die elektrischen Eigenschaften [...] für die Verpackungen müssen während Gebrauch, Lagerung, Transport, Verteilung oder Anwendung bis zum Zeitpunkt der Wiederverwendung aufrechterhalten werden"*, d.h. behandeltes Material, eingesprüht oder in Antistatikmittel getaucht, ist nicht zulässig. Materialien, deren Eigenschaften von der Luftfeuchtigkeit abhängen, dürfen als Verpackungsmaterial ebenfalls nicht eingesetzt werden. Die Norm lässt ihre Verwendung nur zu, wenn die geforderten Eigenschaften über die Gebrauchsdauer gewährleistet werden. Die Kontrolle dieser Eigenschaften ist aber in den meisten Fällen nicht möglich, so dass es bei einem Verbot dieser Materialien bleiben muss. Prinzipiell muss für die Verwendung in einer EPA gelten: Alle Materialien, die elektrostatische Aufladungen erzeugen können, z. B. normale Plastikfolien, Schaumstoffe (u.a. Styropor), synthetische Fasern, Klebestreifen usw., dürfen nicht verwendet werden. Genauso dürfen Materialien aus Metall, Metallfolien sowie Materialien, deren Oberflächenwiderstand kleiner als $1 \cdot 10^3\ \Omega$ ist, nicht benutzt werden. Kommen diese Materialien mit den ESDS in Berührung, kann es zu einer schlagartigen Entladung kommen. Die Entladung verläuft in der Regel direkt durch das ESDS. Eine Forderung, die in den meisten Fällen in einer EPA sehr schwer umsetzbar ist, die aber eine Vielzahl von Problemen mit elektrostatischen Aufladungen hervorruft, ist die Verpackung aller nicht gefährdeten ESDS und Materialien in ESD-Verpackungsmaterial. Es ist sehr schwierig, die Forderung umzusetzen, dass z. B. alle Schrauben ausschließlich in einer ESD-Verpackung in die EPA transportiert und dort gelagert werden. Würden diese Materialien in nicht ESD-Verpackung in eine EPA transportiert, wer sollte dann kontrollieren, dass Nicht-ESDS in dieser Nicht-ESD-Verpackung transportiert werden? Also muss die generelle Anforderung gelten: Nicht-ESD-Verpackungsmaterial ist von diesen Materialien zu entfernen und gegen ESD-Verpackungen auszutauschen, wenn sie in die EPA gebracht werden.

4.4.2 Praktische Ausführungen

4.4.2.1. Leitfähige und ableitfähige Verpackungen

Grundsätzlich galt bisher, dass die Verpackung, die in eine Elektronikfertigung gebracht wurde, mindestens die Anforderung „nicht aufladbar" oder „Low charging" erfüllen musste. Wird also eine Verpackung in eine EPA gebracht, darf diese selbst oder bei Kontakt mit anderem Material keine elektrostatischen Aufladungen erzeugen. Die Verpackung muss also heute mindestens „dissipativ" oder ableitfähig sein. Außerhalb einer EPA muss das Verpackungsmaterial die ESDS vor der Entladung statischer Elektrizität und vor elektrostatischen Feldern schützen, d.h., die Verpackung muss unbedingt die Anforderung „elektrostatisch abschirmend" erfüllen. Es gibt keine Alternative für elektrostatisch abschirmendes Material, weil die Umgebungsbedingungen außerhalb einer EPA unbekannt sind.

Zusammengefasst bedeutet das: Werden die elektronischen Bauelemente und Baugruppen in einer EPA verpackt und z. B. von einem zum anderen Arbeitsplatz transportiert, dann genügt in einer kompletten ESD-Fertigung „nicht aufladbares" oder elektrostatisch dissipatives Material. Verlassen jedoch die elektronischen Bauelemente und Baugruppen diese EPA, müssen elektrostatisch abschirmende Verpackungsmittel eingesetzt werden. Innerhalb einer EPA sind die Auf- und Entladeprozesse elektrostatischer Ladungen normalerweise unter Kontrolle. Außerhalb davon herrschen undefinierte Zustände, d.h., die Kontrolle der Auf- und Entladevorgänge über die Verpackung ist nicht mehr möglich. Die ESDS sind Bedingungen ausgesetzt, die niemand kontrollieren kann.

Die äußere Verpackung soll vorrangig die Bauelemente und Baugruppen mechanisch vor Beschädigungen schützen. Wird sie in eine EPA gebracht, muss sie mindestens aus nicht aufladbarem Material bestehen. Entfernt man sie bereits vorher außerhalb der EPA, ist die Beschaffenheit des Materials nicht interessant. Es ist darauf zu achten, dass die ESDS nicht mit der undefinierten Verpackung in Berührung kommt. Elektrostatisch empfindliche Bauelemente und Baugruppen müssen bereits elektrostatisch abschirmend verpackt sein, wenn sie in die äußere Verpackung gebracht und außerhalb einer EPA transportiert werden. Zum Vereinfachen oder Einsparen von Verpackungsmitteln kann die äußere Verpackung sowohl die abschirmende als auch die mechanische Funktion übernehmen.

In verschiedenen Literaturstellen [2] wird wie folgt definiert:
„Direkt anliegende Verpackungen, Hilfsmaterialien und Transportmittel, die in unmittelbarem Kontakt mit ESDS verwendet werden, müssen die triboelektrische Aufladung minimieren und die Ladungsableitung gewährleisten, d.h., elektrostatisch ableitend sein. Eingesetzte Folien, Wellpappverpackungen, Kunststoffbehälter usw. müssen diese Anforderungen erfüllen."

„Lose umhüllende Verpackungen zum Schutz empfindlicher ESDS [...] außerhalb von ESD-Schutzzonen müssen elektrostatisch abschirmend sein." [10]

In der Tabelle 4.12 sind die wichtigsten Verpackungseigenschaften den Einsatzorten zugeordnet. Die Widerstandsgrenzwerte sind festgelegt. Die Grenzwerte wurden im Abschnitt 2 beschrieben. Der obere Grenzwert für dissipative Verpackungsmaterialien wird mit dem Wert von $1 \cdot 10^{11}\ \Omega$ festgelegt. Sicher wäre ein Grenzwert von $1 \cdot 10^{9}\ \Omega$ besser. Dieser Widerstandswert lässt sich mit herkömmlichen Messmitteln nachweisen. Oberhalb von dem Wert $1 \cdot 10^{11}\ \Omega$ sowie bei Widerstandswerten bis $10^{12}\ \Omega$ ist es schwierig, den Messwert mit herkömmlichen Messmitteln unter normalen Umgebungsbedingungen zu ermitteln. Eine genaue Messung lässt sich nur in einem „Faraday'schen Käfig" durchführen. Erst so können Widerstände oberhalb von $1 \cdot 10^{9}\ \Omega$ ohne den Einfluss von äußeren Feldern oder Spannungsquellen durchgeführt werden. Für die Beurteilung von Verpackungsmaterialien wird deshalb die Messung der Ableitzeit gefordert. Die bisher bekannten Messaufbauten (vgl. Abschnitt 5) und die dazugehörigen Messverfahren liefern derzeit noch keine ausreichend reproduzierbaren Messergebnisse [10]. Außerdem sind sie sehr aufwendig. Die Ableitzeit für Verpackungsmaterialien, deren Oberflächenwiderstand größer als $1 \cdot 10^{8}\ \Omega$ ist, darf nicht größer als 2 s sein. Gemessen wird bei einer festgelegten Änderung der elektrostatischen Spannung von 1000 V auf 100 V.

Tabelle 4.13 Anforderungen an Verpackungsmaterialien, Widerstandswerte und Einsatzbereiche [10]

Verpackungsmaterial	Einsatzbereich	zulässiger Widerstandsbereich
direkt anliegend	ESDS spannungslos ESDS unter Spannung	$1 \cdot 10^3\ \Omega$ bis $1 \cdot 10^{12}\ \Omega$ $1 \cdot 10^8\ \Omega$ bis $1 \cdot 10^{12}\ \Omega$
lose umhüllend	Innerhalb der EPA Außerhalb der EPA	$1 \cdot 10^3\ \Omega$ bis $1 \cdot 10^6\ \Omega$ elektrostatisch abschirmend

4.4.2.2. Eigenschaften und Anforderungen an Folien

Die verfügbaren Folienmaterialien werden nach ihrem ESD-Abschirmverhalten unterschieden. In einer EPA dürfen sowohl ESD abschirmende, leitfähige als auch ableitfähige Materialien eingesetzt werden. Außerhalb einer EPA sind ESDS ausschließlich in ESD-abschirmenden-Materialien ausreichend gegen elektrostatische Entladungen und Felder geschützt.

Prüfung des Abschirmverhaltens von abschirmender oder Shielding-Folie
Die Folien unterscheiden sich wesentlich in den Abschirmeigenschaften von allen anderen Folienmaterialien. Die Beurteilung erfolgt nach einem Messverfahren und nach den gültigen Standards DIN EN 61340-5-1 [97] bzw. DIN EN 61340-4-8 [111] oder dem amerikanischen Standard EIA 541 [41]. Das Verfahren wird außerdem ausführlich im Abschnitt 5 beschrieben. Das Messverfahren geht von einer Personenentladung nach dem HBM (Human Body Model) aus. Die *RC*-Kombination für die Simulation des Menschen und der Entladung besteht aus einem Widerstand von R = 400 kΩ und einer Kapazität von C = 200 pF. Inzwischen haben viele Untersuchungen gezeigt, dass diese Werte nicht den realen Größenordnungen entsprechen. Nach den oben angeführten Standards [10, 41, 102] wird angenommen, dass die Ersatzelemente folgende Werte besitzen: R = 2000 Ω, C = 100 pF. Damit wird gewährleistet, dass die realistische Umgebung betrachtet wird. Ein weiterer Mangel dieses Messverfahrens ist, dass die Frequenz vernachlässigt wird. In letzter Zeit wurde festgestellt, dass die Entladung sehr schnell abläuft, so dass also die Dauer der Spannungsspitze, die ESDS schädigen kann, sehr kurz ist. In der Literatur gibt es einige weitere Vorschläge für Prüfaufbauten [42].

Tabelle 4.14 Messwerte für das Abschirmverhalten von einigen Materialien, gemessen nach EIA-541 (über die Verpackung wird eine Entladung von 1000 V auf 100 V simuliert [41])

Materialspezifikation	gemessene Spannung in der geprüften Verpackung
Pink Poly Beutel – rosa	790 ... 950 V
leitfähiger Beutel – schwarz	435 ... 480 V
Shielding Beutel - metallisiert	20 ... 30 V

„Low charging" oder nicht aufladbare Folien
Hier sollen nochmals so genannte „Low charging" Materialien oder nicht aufladbare Folien genannt werden. Inzwischen wurde erkannt, dass Low charging Material sich schwer definieren lässt. Aus diesem Grund wurde diese Definition gestrichen. In der zukünftigen Verpackungsvorschrift DIN EN 61340-5-3 (ab 2020) wird es „Low charging" Material wiedergeben. Dann mit der Definition „Die Anwender legen die elektrischen Eigenschaften" selbst vertraglich fest.

Etwas „hart" definiert: Eigentlich gab es zu keinem Zeitpunkt vorher dieses Material. Alle Materialien, deren Eigenschaften nicht zu erklären waren, wurden bisher als „Low charging" Materialien gekennzeichnet. Daraus entsteht nun ein anderes Problem, welches Material kann für den ESD-sicheren Transport von ESDS außerhalb einer EPA verwendet werden? Leitfähiges und ableitfähiges Material sind neben dem abschirmenden Material eindeutig definiert. Es gibt noch ein anderes Problem. „Low charging" Material ist in der Regel nicht dauerhaft. Die Wirkung lässt mit der Zeit nach. „Low charging" Materialien bestehen aus einer Polyethylen-Folie, die während des Herstellungsprozesses mit einem Antistatikmittel „ableitfähig gemacht" wird. Dieses Verfahren gewährleistet eine vorübergehende elektrostatische Ableitfähigkeit, die nicht unbedingt kontrollierbar ist.

Tabelle 4.15 Materialeigenschaften für Verpackungseigenschaften

	Volumenwiderstand	**Oberflächenwiderstand**
leitfähig	$< 1 \cdot 10^4\ \Omega$	
elektrostatisch abschirmend		50 nJ/20 nJ[1]
Elektrostatisch ableitend	$1 \cdot 10^4\ \Omega$ bis $1 \cdot 10^{11}\ \Omega$	$1 \cdot 10^4\ \Omega$ bis $1 \cdot 10^{11}\ \Omega$
isolierend		$> 1 \cdot 10^{11}\ \Omega$

Anmerkungen:
[1] Für „elektrostatisch abschirmendes" Material wird kein Widerstandswert angegeben, sondern die Eigenschaften „abschirmend" als Energie, die abgeschirmt wird.

Ein weitaus kostenintensiveres Verfahren besteht darin, die Gitterstruktur des Polyethylens zu verändern, z. B. durch Elektronenbeschuss während des Herstellungsprozesses. Dieses Verfahren garantiert eine elektrostatische Leitfähigkeit im oben genannten Bereich über einen langen Zeitraum, eigentlich zeitlich unbegrenzt, vgl. Tabelle 4.15. Von den gültigen Normen [10, 11] wird eine Mindesthaltbarkeit von fünf Jahren erwartet. Ein weiterer Nachteil dieser Folien war, dass sie nicht abschirmend waren. Viele Anwender nutzten aber trotzdem diese Folien außerhalb der EPA, aufgrund von falschen Darstellungen. Wichtig ist, dass diese „Low charging" Materialien durch dauerhaft ableitfähige Materialien in Zukunft abgelöst werden. Die Kontrolle der Dauerhaftigkeit ist bei „Low charging" oder so genannten nicht aufladbaren Materialien immer schwierig. Obwohl die Normen eindeutig festgelegt haben, dass das Herstellungsdatum aufgedruckt werden muss, ist der Nachweis sehr schwierig.

Zum Schutz der ESDS ist es unbedingt notwendig, dass diese Folienmaterialien durch dauerhafte ableitfähige und leitfähige sowie abschirmende Folienmaterialien abgelöst werden.

Leitfähige Folien
Leitfähige Folien sind aufgrund ihres Aufbaus schwarz. Diese Folien werden durch einen Zusatz von Kohlenstoff hergestellt. Der Oberflächen- und Durchgangswiderstand liegt im Bereich von etwa 10^3 Ω. Dieser niedrige Widerstand führt zum Entladen von eventuell vorhandenen Batterien oder Akkumulatoren, die auf Leiterplatten montiert sind. Die Abschirmung gegen elektrostatische Felder ist etwas besser als bei den „Low charging“ Folien (vgl. Tabelle 4.15). Sie reicht aber nicht aus, wenn die ESDS aus einem ESD-Bereich durch unkontrollierte Bereiche transportiert werden. Die Tabelle 4.14 zeigt einige Messwerte für das Abschirmverhalten verschiedener Folien. Pink Poly oder „Low charging“ Materialien sind überhaupt nicht abschirmend, leitfähige etwa 50 %. Nur Shielding-Materialien sind geeignet, ESDS außerhalb der EPA zu transportieren.

Elektrostatisch-abschirmende-Folien
Verpackungen und Beutel aus abschirmenden Folien schützen ESDS sehr gut vor elektrostatischen Ladungen und Feldern. Das Bild 4.20 und die Tabelle 4.14 belegen im Vergleich zu den anderen Folienmaterialien das gute Abschirmverhalten. Die „Low charging“ Materialien gewährleisteten überhaupt keinen Schutz gegen äußere elektrostatische Ladungen und Felder. Leitfähige schwarze Folien bieten ein ca. 50 prozentigen Schutz gegenüber einem äußeren elektrostatischen Feld. Die Messverfahren für das Abschirmverhalten werden in Abschnitt 5 beschrieben. Bei abschirmenden Verpackungen werden verschiedene Aufbauten unterschieden:

Folien mit außen liegender Metallschicht (Conductive Outer Layer Bags)
Die außen liegende Metallschicht – siehe Bild 4.19 – leitet eventuell vorhandene elektrostatische Ladungen sehr schnell ab. Der Nachteil ist, dass es zu schlagartigen Entladungen kommen kann, wenn geladene elektronische Bauelemente die Metallschicht berühren. Diese schnelle Entladung kann das Bauelement zerstören, weil sehr hohe Stromspitzen auftreten. Außerdem kann die meist sehr dünne Metallschicht durch das Handling beschädigt werden und dadurch ihre Schutzwirkung verlieren.

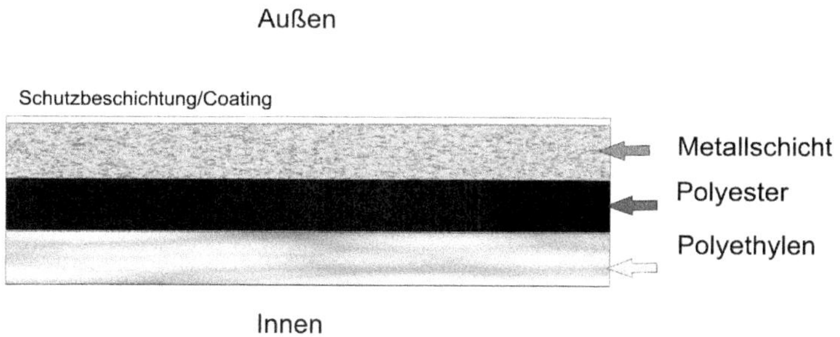

Bild 4.19: Aufbau einer Folie mit außen liegender Metallschicht

Folien mit außen liegender Metallschicht schirmen elektrostatische Ladungen und Felder ab. Elektrostatische Entladungen werden abgeleitet, Felder werden ähnlich einem Faraday'schen Käfig abgeschirmt. Bedingung ist, dass die Metallschicht nicht beschädigt ist.

Folien mit innenliegender Metallschicht (Buried Layer Bags)
Die außen liegende Metallschicht ist sehr empfindlich gegenüber mechanischen Belastungen. Deshalb hat sich in den letzten Jahren ein Aufbau durchgesetzt, bei dem die leitfähige Metallschicht zwischen zwei wenig aufladbaren Schichten liegt. Damit ist die sehr dünne Metallschicht mechanisch geschützt, siehe Bild 4.20.

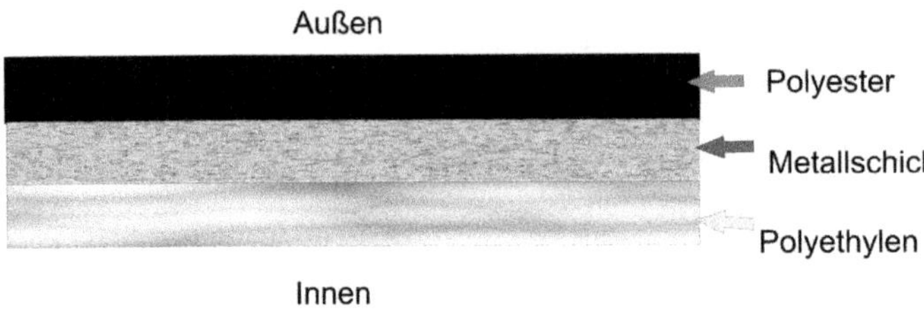

Bild 4.20: Aufbau einer Folie mit innen liegender Metallschicht

Die Schichtdicken betragen üblicherweise 10 µm bis 15 µm bei Polyester und 60 µm bis 70 µm bei Polyethylen. Als Metall wird aus Kostengründen meist Aluminium (Schichtdicke etwa 10 µm) eingesetzt. Früher kam auch Nickel bzw. für sehr gute Abschirmeigenschaften Kupfer zum Einsatz. Eventuell vorhandene elektrostatische Ladungen werden sehr langsam abgeleitet, je nach Ableitfähigkeit der äußeren Schicht. Die Metallschicht, die zwischen den zwei Schichten im Inneren liegt, garantiert einen annähernd guten Faraday'schen Käfig und kann kaum beschädigt werden. Die innere Schicht des Beutels ist ebenfalls wenig aufladbar. Sie verhindert, dass elektrostatische Ladungen entstehen, vgl. Tabelle 4.16. Dieses Konzept bietet einen sehr guten ESD-Schutz elektronischer Bauelemente und Baugruppen (ESDS), wenn sie außerhalb von ESD-Bereichen transportiert oder gelagert werden. In den Tabellen 4.14. und 4.15 sind die elektrischen Eigenschaften der Shielding-Materialien ebenfalls im Vergleich zu den anderen Materialarten aufgeführt. Messverfahren zur Bewertung der Eigenschaften werden im Abschnitt 5 beschrieben.

Tabelle 4.16 Elektrische Eigenschaften von ESD-Shielding-Materialien

Oberflächenwiderstand	**außen liegende Metallschicht**	**innen liegende Metallschicht**
Metallschicht	10^2 Ω	50 Ω bis 100 Ω
Äußere Schicht	10^2 Ω	10^8 bis 10^{11} Ω
Innere Schicht	10^8 bis 10^{11} Ω	10^8 Ω bis 10^{11} Ω

Verpackungsformen: z. B. Versandstangen, Trays, Reels
In einer Elektronikfertigung werden immer mehr vollautomatische Bestückungssysteme eingesetzt. Aus diesem Grund müssen ESDS in Verpackungseinheiten geliefert werden, die automatisch weiterverarbeitet werden können. Außerdem sollen die elektronischen Bauelemente möglichst wenig umgepackt werden. Die älteste Variante für geeignete Verpackungen sind IC-Versandstangen. In diese werden die Bauelemente beim Hersteller abgefüllt. Die Versandstange ist gleichzeitig das Transportmittel vom Hersteller zum Verarbeiter. Man unterscheidet

zwei Sorten von Versandstangen: „antistatische“ oder transparente und leitfähige oder schwarze IC-Versandstangen.

Schwarze Versandstangen sind volumenleitfähig. Diese Stangen gewährleisten auch während des Transports in unkontrollierten Bereichen, also außerhalb der EPA, einen ausreichenden Schutz gegen äußere elektrostatische Felder und elektrostatische Entladungen. Dagegen sind die so genannten „antistatischen“ oder elektrostatisch dissipativen Versandstangen nicht elektrostatisch aufladbar, aber auch nicht abschirmend. In der Regel sind diese Stangen mit einem Antistatikmittel versehen. Dieses wirkt jedoch nur eine gewisse Zeit, dann ist es verschwunden, und die Stangen sind elektrostatisch aufladbar. Damit verhalten sich diese Verpackungseinheiten wie normale Pink-Poly-Beutel oder elektrostatisch dissipativen Materialien, d.h., sie laden sich nicht oder wenig elektrostatisch auf, aber sie gewähren keinen Schutz gegen äußere elektrostatische Ladungen und Felder. Werden sie trotzdem außerhalb der EPA für den Transport von ESDS eingesetzt, müssen diese zusätzlich in einer abschirmenden Verpackung untergebracht werden. Oft werden „antistatische“ oder transparente Versandstangen zum Handling in der Fertigung weiterverwendet. Da diese IC-Stangen aber nur äußerlich behandelt sind und die Antistatikwirkung nach einer gewissen Zeit verschwunden ist, kommt es sehr oft vor, dass sie sich nach einer undefinierten Zeit elektrostatisch aufladen. Dann geschieht genau das, was vermieden werden sollte: Die IC-Stangen erzeugen elektrostatische Felder und gefährden ESDS. Damit dürfen sie in einer EPA nicht mehr eingesetzt werden. Prinzipiell dürfen „antistatische“ bzw. transparente Versandstangen nur für den einmaligen Transport in die EPA benutzt werden. Für den wiederholten oder ständigen Gebrauch in einer EPA sind nur volumenleitfähige Versandstangen geeignet.

In einem ersten Untersuchungsbericht [43] wurden elektrostatische Aufladungen und Entladeströme an IC-Bausteinen gemessen, wenn sie aus einer IC-Versandstange rutschen. Es wurde festgestellt, dass Entladeströme zwischen etwa 0,5 A und 1 A auftreten. Damit entstehen an einzelnen Pins Spannungen zwischen 50 V und 350 V. Das Ergebnis ist, dass allein durch das Herausrutschen aus Versandstangen ESDS vorgeschädigt werden können. Inzwischen werden immer mehr ESDS auf leitfähigem Material ausgeliefert. Normalerweise ist eindeutig definiert, dass nur abschirmendes Material für die Verpackung und den Transport von ESDS eingesetzt werden darf. Abweichend davon wird von Herstellern von ESDS und z. B. „Dienstleistern“, die ESDS auf Gurte vorbereiten, Material eingesetzt, das diese Anforderungen nicht erfüllt. ESDS auf leitfähigen Gurten werden in normalen Papprollen transportiert und verarbeitet, oder die schwarzen leitfähigen Gurte werden nur mit elektrostatisch dissipativer Folie oder sogar Nicht-ESD-Folie oder normalen Klebestreifen abgedeckt. Grundsätzlich gibt es bis heute keinen gültigen Standard oder keine gültige Richtlinie für die Anforderungen an Materialien für das Verpacken und Transportieren von ESDS. Die bisher bekannten Messmethoden können nicht angewendet werden, die normalen Elektroden sind nicht geeignet. Zwei neue Mikroproben sind seit einiger Zeit im Einsatz. Diese sind ein erster Schritt zur Kontrolle der Materialien für Reels, siehe Abschnitt 5 [44, 45].

Bisher wird angenommen, zumindest von einigen Bauelementeherstellern, dass es genügt, wenn die ESDS in den Mulden der Gurte liegen. Der nächste Gurt liegt darüber, er deckt aber nicht unbedingt den unteren Gurt ab. Diese Konstruktion ist damit kein abschirmender Faraday'scher Käfig. Eine Konstruktion des Gurtes mit der Mulde und einem Abdeckband ist ebenfalls nicht abschirmend. Hier werden in der nächsten Zeit Untersuchungen zeigen, dass die Überlegungen für diese Verpackungsart völlig falsch sind. Es gibt nur eine Lösung für ESDS. Sie müssen in den leitfähigen Gurten liegen und mit ESD-abschirmendem Klebeband abgedeckt werden. Außerhalb der EPA müssen sich diese Gurte oder Rollen in einer äußeren Verpackung befinden, die abschirmend ist.

Wirkung von Antistatika

Bei Verpackungen werden sehr oft chemische Zusatzstoffe, so genannte Antistatika, verwendet. Ein weit verbreitetes Beispiel sind IC-Versandstangen. IC-Versandstangen werden in diese Mittel getaucht, damit sind nicht elektrostatisch aufladbar sind. Diese Mittel lagern sich an der Oberfläche an und vermeiden „nur“ das elektrostatische Aufladen der Oberfläche. Sie erzeugen selbst keine dauerhafte elektrische Leitfähigkeit. Antistatika gewährleisten auch keine permanente Entladung. Bestandteile von Antistatika sind Fettsäuren und weitere Chemikalien, die Wassermoleküle an der Oberfläche binden können. Wassermoleküle werden aus der Umgebungsluft aufgenommen und gehen eine zeitlich begrenzte chemische Bindung mit den an der Oberfläche vorhandenen salzhaltigen OH-Verbindungen ein. Je nach Umgebungsbedingungen (relative Luftfeuchtigkeit und Temperatur) gehen die antistatischen Eigenschaften mit der Zeit „verloren“. Werden die mit einem Antistatikum behandelten Oberflächen mit feuchten Tüchern o.ä. feuchten Medien gereinigt, wird auch das Antistatikum entfernt. Das Bild 4.21 zeigt den prinzipiellen Aufbau einer aminen Wasserstoffbindung, die Wassermoleküle anlagern kann. Daraus entsteht dann ein „permanent“ ableitfähiges Material (Bild 4.22). Permanent bedeutet in diesem Fall dauerhaft über einen begrenzten Zeitraum. Antistatika können zum vorübergehenden Abbau elektrostatischer Felder auf Plexiglas-Abdeckungen und anderen nichtleitfähigen Kunststoffen eingesetzt werden. Bei einer feuchten Reinigung der Flächen müssen dem Reinigungsmittel Antistatika zugesetzt werden.

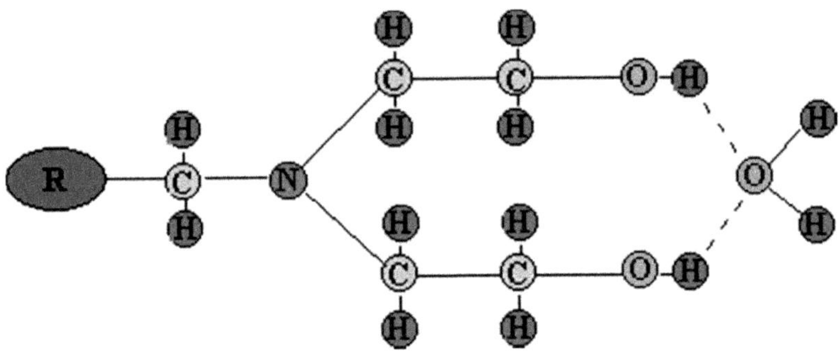

Bild 4.21: Amine Wasserstoffverbindung mit Wasser

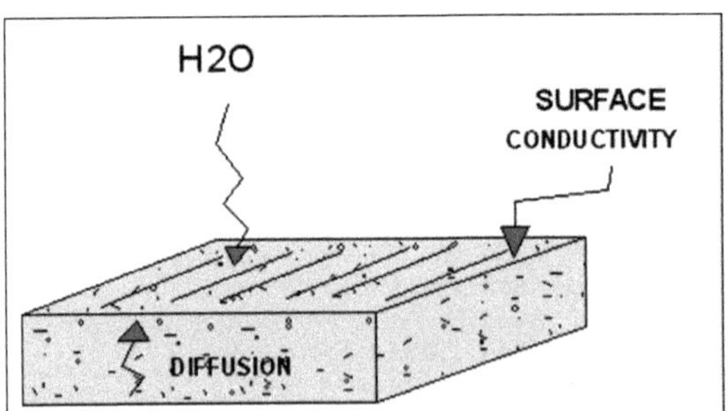

Bild 4.22: Wirkung von Antistatika in einem Material, Bindung von Wasser an der Oberfläche und Entstehung einer vorübergehend ableitfähigen Oberfläche

4.4.3 Lagerzeit von Verpackungen

Die Frage der Lagerzeit von Verpackungen wird verschieden beantwortet. Die gültigen Normen [10; 12] definieren: *„die elektrischen Eigenschaften [...] müssen während des Gebrauchs, der Lagerung, dem Transport, der Verteilung oder der Anwendung bis zum Zeitpunkt der Wiederverwendung aufrechterhalten werden."*

In einer früheren Norm wurden drei Lagerzeiten definiert:

Kurzzeitlagerung	< 6 Monate
mittlere Lagerung	6 Monate ... < 5 Jahre
Langzeitlagerung	> 5 Jahre

An anderer Stelle der Norm [10] wird erwähnt, dass Materialien, die mit Additiven (Antistatika) versetzt sind, ihre Eigenschaften nicht dauerhaft behalten. Die Haltbarkeit der Materialeigenschaften wird mit Monaten angegeben.

In den aktuellen Normen [97, 98, 99] gibt es keine Aussage zu einer Haltbarkeit der elektrostatischen Eigenschaften mehr. Grundsätzlich muss festgestellt werden, dass Verpackungen mit Kohlenstoffen (schwarze Beutel, Behälter usw.) und abschirmende Verpackungen ihre elektrischen Eigenschaften nicht verlieren. Dagegen sind alle so genannten elektrostatisch ableitfähigen oder dissipativen Materialien nicht dauerhaft. Einige Materialien halten ihre elektrischen Eigenschaften länger, andere kürzer; permanent ist nicht unbedingt dauerhaft. Die verwendeten Verpackungen müssen immer ihre elektrischen Eigenschaften gewährleisten, wenn ESDS transportiert oder gelagert werden. Während dieses Zeitraumes muss die Funktion eingehalten werden.

Jeder Hersteller von Verpackungsmaterialien muss Informationen über die Dauerhaftigkeit der elektrischen Eigenschaften an den Nutzer weitergeben. Gemäß den Pflichten zur Kennzeichnung von Verpackungen ist außerdem das Herstellungsdatum auf den Verpackungen zur Kontrolle aufzudrucken, siehe die folgenden Definitionen zur Kennzeichnung.

4.4.4 Kennzeichnung von ESD-Verpackungen

Alle Verpackungs- und Transportmittel sind mit den vorgeschriebenen Hinweisschildern deutlich zu kennzeichnen. Zusätzlich ist es notwendig, in die Verpackungen Hinweise mit den besonderen Handhabungsvorschriften einzulegen. Für alle Anwender der Verpackungen muss erkennbar sein, welche elektrische Funktion die Verpackung gewährleistet und wann sie hergestellt wurde. Das ist besonders wichtig für Verpackungen, die so genannte Antistatika enthalten. Die Wirkung der Antistatika verliert sich schneller oder langsamer. Grundprinzip beim Kennzeichnen ist, das *„alle Verpackungen, die ESDS enthalten, [...] mit den geeigneten und vorgeschriebenen Warnhinweisen etikettiert oder gekennzeichnet"* sein müssen. [10] Die Bilder 4.23 und 4.24 zeigen das Grundsymbol für ein ESDS und ein Beispiel für ein Etikett.

Bild 4.23: Grundsymbol für die Kennzeichnung von ESDS

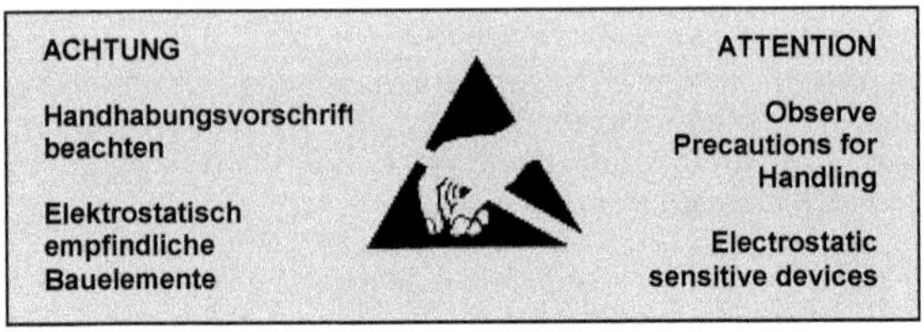

Bild 4.24: Beispiel für die Kennzeichnung einer Verpackung, die ESDS enthält

Falls möglich, sollten „alle ESDS gekennzeichnet" werden. „Die Kennzeichnung muss für die erwartete Lebensdauer der ESDS gewährleistet sein." Weiter wird darauf hingewiesen, dass bestückte Bauelemente nicht einzeln gekennzeichnet werden müssen. Es genügt, wenn Leiterplatten (PCB), Behälter, Gehäuse, Träger, Verpackungen usw. gekennzeichnet sind. Die Etiketten müssen wenigstens das ESD-Symbol enthalten. Etiketten für Verpackungen sind so zu gestalten, dass neben dem ESD-Symbol Warnhinweise gegeben werden. Zusätzliche Informationen sind möglich, dürfen aber vom eigentlichen Zweck nicht ablenken [10, 99]. Die Kennzeichnung der Verpackung muss folgende Angaben zusätzlich enthalten:

1. Name des Herstellers oder Firmenzeichen
2. Identifizierungsnummer des Herstellungsloses, Herstellungsdatum o.ä., damit Rückverfolgungen möglich sind.

Bei der Kennzeichnung von ESD-Verpackungen muss darauf geachtet werden, dass selbstklebende Etiketten, Aufkleber und Kennzeichnungen nur dann verwendet werden, wenn keine ESDS in der Nähe sind und gefährdet werden können. Werden selbstklebende Etiketten von ihren Trägermaterialien abgezogen, entstehen elektrostatische Aufladungen, die sehr groß sein können, > 20 kV. Eine Alternative sind Papierträgermaterialien, diese laden sich elektrostatisch nicht so hoch auf. So genannte „ESD-gerechte" Etiketten sind im Regelfall Papieretiketten. Kleine Etiketten (5 mm x 5 mm) können durchaus verwendet werden, zur Kennzeichnung von Leiterplatten oder anderen Baugruppen. Frühere Erfahrungen zeigten, dass diese sich nicht wesentlich elektrostatisch aufladen. Neuere Erkenntnisse und Messungen im Fertigungsprozess haben ergeben, dass elektrostatische Aufladungen in der Größe von 100 ... 600 V gemessen werden konnten. Der Einsatz der Etiketten ist genau zu überprüfen.

Beim Entfernen der Etiketten von Verpackungen muss darauf geachtet werden, dass entweder keine ESDS in der Nähe sind oder die Etiketten durchtrennt werden. Durch das Abziehen können gefährliche elektrostatische Aufladungen entstehen. Befinden sich auf einer Baugruppe oder in einem Gehäuse mehrere ESDS, muss so gekennzeichnet werden, dass der Warnhinweis deutlich sichtbar ist, vor allem auch beim „Erstzugriff".

Die auffälligste Kennzeichnung muss die äußere Verpackung tragen, die ein ESDS enthält bzw. seine direkt anliegende Verpackung. Es kann nicht davon ausgegangen werden, dass irgendwann ein ESDS berührt wird oder nicht, sondern die äußeren Verpackungen und Gehäuse müssen deutlich gekennzeichnet werden, dass sie ESDS enthalten. Ein wesentlicher Hinweis ist, dass auf allen Lagerbehältern, Ablagekästen, Bauelementebehältern und anderen besonderen Verpackungsmaterialien (z. B. IC-Schienen, Reels) Warnhinweise und Kennzeichnungen anzubringen sind. Das Verpackungssymbol enthält außerdem Angaben zur Funktion.

„·„ = S oder D oder C oder ~~F~~

S shielding - elektrostatisch abschirmend
D dissipativ - elektrostatisch ableitfähig
C conductiv - elektrostatisch leitfähig
~~F field shielding - Feld abschirmend~~

Bild 4.25: Symbol zur Kennzeichnung von ESD-Verpackungen

Anmerkung: Die Bezeichnung „Feld abschirmend" wird zukünftig nicht mehr verwendet.

Die Kennzeichnungsschilder müssen ihre Funktion für die zu erwartende Lebensdauer der ESDS gewährleisten. Die Kennzeichnungsschilder, der Platz und die richtige und sinnvolle Anordnung müssen regelmäßig überprüft werden. Gegebenenfalls müssen die Schilder neu platziert werden.

4.4.5 Anforderungen an Verpackungen nach der Norm „ANSI/ESD S541" [102]

Die Anforderungen für Verpackungen zum ESD-Schutz von ESDS sind in der gültigen Norm DIN EN 61340-5-3 [99] vorgegeben. Es gibt viele Unstimmigkeiten, wie die Verpackungsarten verwendet werden sollen. Die Grundanforderungen wurden im vorherigen Abschnitt beschrieben. Die Differenzen treten dadurch auf, dass es Verpackungsmaterialhersteller für so genannte „Rohmaterialien" (Flachfolien, leitfähige Wellpappe usw.) gibt. Danach erfolgt eine Weiterverarbeitung oder Konfektionierung der Rohmaterialien. Der eigentliche Endnutzer der Verpackung hat wiederum andere Verpackungsrichtlinien. Alle drei „Etappen" unterscheiden sich durch unterschiedliche Widerstandsanforderungen.

Das Bild 4.26 zeigt die Materialeigenschaften von Verpackungsmaterialien. An den Grenzen gibt es Übergangsbereiche (1 + 2), die sich durch unterschiedliche Messverfahren überschneiden.

Die Tabelle 4.17 zeigt die verschiedenen Messverfahren für Verpackungsmaterialien, die angewendet werden. Es ist notwendig, dass diese Messmethoden und die Grenzwerte vereinheitlicht werden bzw. dass alle Materialhersteller, -verarbeiter und -anwender von den gleichen Anforderungen ausgehen. Im Folgenden werden die Schwerpunkte und Anforderungen dieser Norm beschrieben.

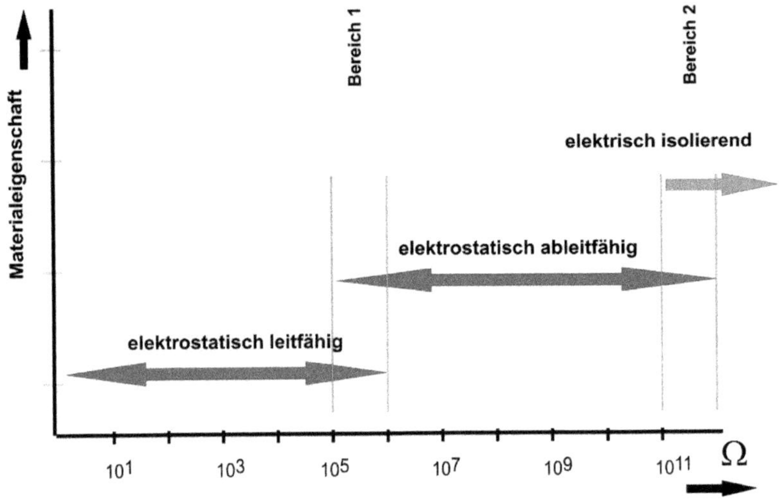

Bild 4.26: Widerstandsbereiche in Beziehung zu den Materialdefinitionen nach verschiedenen Vorschriften

4.4.5.1. Anforderungen an Verpackungen nach DIN EN 61340-5-3 [99] und ANSI/ESD S541 [46, 102]

Der Transport und die Lagerung von ESDS erfordert Verpackungen, die einen Schutz gegen elektrostatische Gefährdungen gewährleisten. In einer EPA, in der alle Ausrüstungen mit Erdpotential dauerhaft verbunden sind, sind die Anforderungen geringer. Es genügt elektrostatisch leitfähige und ableitfähige Materialien einzusetzen.

Innerhalb der EPA
Die Verpackungen, die innerhalb der EPA eingesetzt werden, müssen folgenden minimalen Anforderungen genügen:

1. Sie dürfen keine elektrostatischen Ladungen erzeugen.
2. Sie müssen elektrostatisch ableitfähig oder leitfähig sein.

Ein Hinweis dieser Norm für besonders empfindliche Bauelemente und Baugruppen: Für ESDS, die empfindlicher als 100 V nach HBM sind, muss ein zusätzlicher ESD-Schutz in Abhängigkeit von der Anwendung gewährleistet werden.

Außerhalb der EPA
Der Transport von ESDS außerhalb der EPA erfordert Verpackungen mit folgenden Anforderungen, dabei müssen beide Kriterien eingehalten werden:

1. Sie dürfen selbst keine elektrostatischen Ladungen erzeugen.
2. Für direkten Kontakt mit ESDS muss das Material mindestens elektrostatisch ableitfähig oder leitfähig sein, ansonsten gilt die Mindestanforderung: elektrostatisch abschirmend.

Anmerkung: Wird elektrostatisch abschirmendes Material für Verpackungen verwendet, dann muss auf jedem Fall ein Stromfluss durch das Material verhindert werden. Denn nur so können die ESDS gegenüber elektrostatischen Feldern abgeschirmt werden. In dem vorliegenden Standard wird keine Testmethode beschrieben. Im Anhang G des Standards sind weitere Hinweise enthalten.

Tailoring/Aufteilung

Dieses Standarddokument geht davon aus, dass für verschiedene Anwendungen auch verschiedenen Anforderungen gelten müssen. Das so genannte „Tailoring" geht von den abgeschätzten Risiken der jeweiligen Anwendung aus. Als Ergebnis der Abschätzung werden die Anforderungen an die Verpackungseigenschaften modifiziert. Die Entscheidungen und Festlegungen müssen gut überlegt sein, und im ESD-Kontrollprogramm-Plan dokumentiert werden.

Anmerkung: Eine Unterscheidung von Anforderungen für Verpackungsmaterialien ist aus Kostengründen sinnvoll, aus technischen Gesichtspunkten nicht. Verschiedene Anwender der ESDS und der damit vorgegebenen Verpackungsanforderungen gehen von verschiedenen Kriterien aus. Damit gibt es in der Transportkette unterschiedliche Anforderungen von den Anwendern. Um diese Unterschiede zu vermeiden, müssen alle Nutzer von den gleichen Eigenschaften und den gleichen Anforderungen ausgehen. Solange es keine einheitlichen Richtlinien zu den Eigenschaften und zur Prüfung der Verpackungsanforderungen gibt, darf kein „Tailoring" bei Verpackungsmaterialien erfolgen.

4.4.5.2. Klassifikation von ESD-Verpackungsmaterialeigenschaften nach DIN EN 61340-5-3 und ANSI/ESD S541

Materialien und Verpackungen zum Schutz von ESDS müssen innerhalb einer EPA gewährleisten, dass keine elektrostatischen Ladungen oder Felder erzeugt werden. Für den Transport außerhalb der EPA sind grundsätzlich nur elektrostatisch abschirmende Materialien zu verwenden. Sogenannte „low charging" können nur dann verwendet, wenn sie außerhalb der EPA von einem abschirmenden Material umhüllt werden. Diese äußere Verpackung gewährleistet dann den ESD-Schutz.

Elektrostatische Ladungen entstehen, wenn zwei Materialien sich berühren und danach getrennt werden (vgl. Abschnitt 1). Die Höhe der elektrostatischen Ladung und die Polarität hängen von den beteiligten Materialien, der Luftfeuchtigkeit, dem Oberflächengebiet, der Oberflächenrauhigkeit und anderen Einflüssen ab. Eine Reduzierung der triboelektrischen Ladungen kann auf verschiedenen Wegen erfolgen. Grundsätzlich muss der Widerstand zwischen den Verpackungsmaterialien und den ESDS reduziert werden. Eine Möglichkeit wäre die Beschichtung der Innenseite der Verpackungen. Gleiches Material neigt weniger zu elektrostatischen Aufladungen als unterschiedliches Material. Eine andere Methode wäre die Reduzierung der Relativbewegungen zwischen den Verpackungen und den enthaltenen ESDS. Eine Möglichkeit wären so genannte Antistatika. Diese führen zu einem niedrig aufladbaren Material. Sie reduzieren den Oberflächenwiderstand und damit die elektrostatischen Aufladungen. Das größte Problem ist, dass diese Materialien nicht dauerhaft sind. Die Wirkungsdauer der Antistatika hängt von vielen Faktoren ab und ist nicht vorherzusagen.

Widerstandseigenschaften

Die meisten Standardverpackungen sind grundsätzlich elektrisch isolierend ausgeführt, und isolierende Materialien erzeugen elektrostatische Ladungen. Ein Weg zur Reduzierung der elektrostatischen Ladungen ist der Einsatz von leitfähigen Materialien. Verpackungsmaterialien werden nach ihrem Widerstandsverhalten klassifiziert. Das Bild 4.26 gibt eine Übersicht im Vergleich zu anderen Standardwerken.

1. Widerstand von elektrostatisch leitfähigen Materialien
Leitfähige Materialien sind oberflächen- oder volumenleitfähig. Ein oberflächenleitfähiges Material muss einen Oberflächenwiderstand von weniger als $1.0 \cdot 10^4\ \Omega$ besitzen. Ein volumenleitfähiges Material muss einen Volumenwiderstand von weniger als $1.0 \cdot 10^4\ \Omega$ aufweisen.

2. Widerstand von Materialien, die elektrische Felder abschirmen
Innerhalb der Klassifikation für leitfähiges Material gibt es so genannte abschirmende Materialien, die elektrische Felder abschirmen. Hier muss der Oberflächenwiderstand kleiner als $1.0 \cdot 10^3\ \Omega$ oder der Volumenwiderstand kleiner als $1.0 \cdot 10^3\ \Omega$ garantiert werden. Andere Klassifikationen definieren diese Eigenschaft nach anderen Testmethoden. Für die Beurteilung des ESD-Schutzes von ESDS ist die Eigenschaft nicht notwendig.

Anmerkung: Diese Widerstandswerte sind nicht gleichzusetzen mit RFI/EMI/EMP abschirmend.

3. Widerstand von elektrostatisch ableitfähigen Materialien
Ein elektrostatisch ableitfähiges Material muss einen Oberflächenwiderstand von größer oder gleich $1.0 \cdot 10^4\ \Omega$, aber weniger als $1.0 \cdot 10^{11}\ \Omega$ besitzen, oder einen Volumenwiderstand von größer oder gleich $1.0 \cdot 10^4\ \Omega$ und weniger als $1.0 \cdot 10^{11}\ \Omega$ aufweisen. Verpackungsmaterial, das in direkten Kontakt mit ESDS kommt, sollte elektrostatisch ableitfähig sein.

4. Widerstand von isolierenden Materialien
Ein isolierendes Material muss einen Oberflächenwiderstand größer oder gleich $1.0 \cdot 10^{11}\ \Omega$ aufweisen, oder einen Volumenwiderstand größer oder gleich $1.0 \cdot 10^{11}\ \Omega$.

Eigenschaft elektrostatisch abschirmend
Ein elektrostatisch abschirmendes Material schützt verpackte ESDS vor den Einflüssen statischer Elektrizität, elektrostatischer Entladungen und Felder, die außerhalb der Verpackung auftreten.

a) Electrostatic Discharge Shielding
Elektrostatisch abschirmende Materialien verhindern, dass elektrostatische Entladungen in die Verpackung eindringen können. Sie schirmen gleichzeitig ESDS vor elektrostatischen Feldern ab. Es wird kein Widerstandswert als Parameter angegeben, sondern die berechnete Energie, die in einer abschirmenden Verpackung auftreten darf, muss kleiner 50 nJ (zukünftig 20 nJ) sein. Die dazugehörige Testmethode ist in Tabelle 4.17 angegeben.

b) Electric Field Shielding
Diese besondere Verpackungsart ist für ESDS ungeeignet. Sie schirmt elektrische Felder ab oder vermindert sie. Sie können aber einen Entladungsstrom durch ihr Volumen erlauben.

Anmerkung: Feldabschirmende Materialien sind klassifiziert mit der Definition *„Widerstand von Materialien die elektrische Felder abschirmen"*, die gleichzusetzen sind mit RFI/EMI/EMP abschirmend

Die folgende Tabelle 4.17 gibt Test- und Prüfmethoden für die verschiedenen Verpackungsklassifikationen an. Dabei werden sowohl die amerikanischen als auch die europäischen Prüfstandards angegeben. Ausführliche Beschreibungen der Messmethoden sind im Abschnitt 5 zu finden.

Tabelle 4.17 Testmethoden für Verpackungsmaterialien

Material	**„low charging" Verhalten (antistatisch)**[1]	**Widerstandsmessmethoden**						**Abschirmwirkung**
Testmethode ANSI/ESD	ESD-ADV11.21	ANSI/ESD STM11.11	ANSI/ESD STM11.11	ESD STM11.12	ESD STM11.12	ESD STM11.13	ESD SP11.14	ANSI/ESD STM11.31
Testmethode DIN oder IEC	?[2] (61340-2-1)	61340-2-3	61340-2-3	61340-2-3	61340-2-3	61340-5-5	61340-5-5	61340-4-8
Beschreibung	Triboelektrische Aufladung von IC-Versandstangen, flachen Materialien, Beuteln, sonstige Einheitsver-packungen	Oberflächenwiderstand von flachen Materialien	Oberflächenwiderstand von flachen Materialien	Volumenwiderstand von flachen Materialien	Volumenwiderstand von flachen Materialien	Oberflächenwiderstand mit Zweipunkt-elektrode	Widerstand von losen Füllmaterialien	ESD-Shielding Beutel, Folien
Grenzwerte	Anwender definiert[1, 2]	$< 10^4\ \Omega$	$> 10^4\ \Omega$ bis $< 10^{11}\ \Omega$	$< 10^4\ \Omega$	$> 10^4\ \Omega$ bis $< 10^{11}\ \Omega$	$> 10^4\ \Omega$ bis $< 10^{11}\ \Omega$	$> 10^4\ \Omega$ bis $< 10^{11}\ \Omega$	< 50 nJ[3]
Klassifikation		elektrostatisch leitfähig	elektrostatisch ableitfähig	elektrostatisch leitfähig	elektrostatisch ableitfähig	elektrostatisch ableitfähig	elektrostatisch ableitfähig	elektrostatisch abschirmend

Anmerkungen:
[1] Der Begriff „low charging" ist schwer zu definieren, aus diesem Grund wird er zurzeit nicht verwendet.
[2] Messverfahren und Grenzwerte für „low charging" gibt es grundsätzlich nicht, in der Norm ANSI/ESD S541-2018 wird gefordert: „Anwender definiert selbst".
[3] Der Wert wird von 50 nJ auf 20 nJ geändert.

4.5 Verantwortung im ESD-Bereich – Aufgaben eines ESD-Koordinators

4.5.1 Betriebsleitung, Management

Grundsätzlich ist die Betriebsleitung oder Organisation (vgl. [12 97]) für die Umsetzung der gültigen Normen [10, 11, 97, 98] und die notwendige Einführung des ESD-Kontrollprogramms verantwortlich. Die Betriebsleitung setzt dafür einen ESD-Koordinator ein. Das Management ist gleichfalls zuständig für die Durchführung der Schulungen, der Wiederholungsschulungen und der Pflege der entsprechenden Teilnehmerlisten. Das Management ist letztendlich für die Einführung, Überprüfung, Beaufsichtigung und Pflege der EPA verantwortlich.

Voraussetzung für die Einführung des ESD-Kontrollprogramms ist die Notwendigkeit von ESD-Kontrollmaßnahmen. In der Firmenleitung muss das Verständnis vorhanden sein, dass nur mit den notwendigen ESD-Maßnahmen die ESDS geschützt werden können. ESD-Ereignisse sind nicht sofort zu erkennen. Spätere Qualitätsmängel erhöhen die Ausfallquote und reduzieren entscheidend das Image der Firma. Nur wenn die Firmenleitung hinter einem ESD-Kontrollprogramm steht, kann es 100% umgesetzt werden. In Zukunft werden die ESDS immer empfindlicher gegenüber elektrostatischen Ladungen und Feldern, ESD-Maßnahmen sind die einzige Möglichkeit diese zu schützen.

4.5.2 Verantwortung der Mitarbeiter

Der Mensch ist grundsätzlich die größte Gefahr für ESDS. Er erzeugt bei jeder Bewegung elektrostatische Aufladungen. Deshalb müssen die Mitarbeiter an allen Arbeitsplätzen besonders verantwortungsvoll mit den ESD-Kontrollmaßnahmen umgehen. Alle in den vorliegenden Normen [10, 11, 12, 97, 98] vorgegebenen Hinweise und Richtlinien sind einzuhalten. Alle Mitarbeiter sind aus diesen Gründen eigenverantwortlich dafür da, Gefahren zu vermeiden. Der ESD-Koordinator muss alle Mitarbeiter, die mit ESDS in Berührung kommen können, auf die Gefahren, die durch elektrostatische Entladungen für ESDS entstehen, hinweisen. Er muss die Mitarbeiter mit den ESD-Handhabungstechniken zur Vermeidung elektrostatischer Aufladungen vertraut machen. Sind Besonderheiten oder Einschränkungen notwendig, dann sind die Mitarbeiter durch den ESD-Koordinator gesondert zu schulen. Einschränkungen sind durch den ESD-Koordinator zu begründen.

Alle Mitarbeiter, die mit ESDS in Berührung kommen können, müssen nach der Belehrung eine Unterlage über die ESD-Handhabungstechniken erhalten. Im einfachsten Fall kann eine Kopie der ESD-Richtlinie sinnvoll sein. Da in der Regel jede Firma spezielle Arbeitstechniken benutzt, müssen firmeninterne Vorschriften erarbeitet werden.

4.5.3 ESD-Koordinator, ESD-Programm-Manager

Der ESD-Koordinator wird durch die Betriebsleitung eingesetzt. Je nach Größe der Firma sind örtliche, abteilungs- oder bereichsbezogene ESD-Koordinatoren einzusetzen. In vielen Fällen gibt es verschiedene Arbeitstechniken in verschiedenen Abteilungen und Bereichen. Örtliche ESD-Koordinatoren können dann besser auf spezifische Besonderheiten eingehen. Der ESD-Koordinator ist zuständig für die Umsetzung der bisher genannten ESD-Kontrollmaßnahmen. Er muss daraus ein ESD-Kontrollprogramm erarbeiten. Er muss gemeinsam mit der Firmenleitung die Umsetzung des ESD-Kontrollprogramms in den einzelnen Bereichen kontrollieren. Voraussetzung ist, dass der ESD-Koordinator das notwendige Verständnis und Fachwissen auf diesem Spezialgebiet besitzt. Er muss gegebenenfalls dafür ausgebildet werden. Letztendlich ist der ESD-Koordinator zuständig für die interne ESD-Auditierung.

Der ESD-Koordinator ist weiterhin verantwortlich für die Auswahl geeigneter ESD-Materialien. ESD-Materialien müssen den vorher beschriebenen Anforderungen genügen. Die Kontrolle der Eigenschaften der ESD-Materialien kann durch „interne Qualifikation“ oder durch „Qualifikation von dritter Seite“ durchgeführt werden. Weiterhin zulässig sind eine Qualitätsprüfung des Lieferanten und die Bereitstellung einer Konformitätserklärung. Bei der Lieferung von ESD-Materialien kann der „ESD-Koordinator auf den Lieferanten vertrauen“ [10, Abschnitt 9.3.2]. Besser ist jedoch die Einholung eines Lieferzertifikats, Messprotokolls oder technischen Datenblatts. Der ESD-Koordinator muss in der Lage sein, Kontrollmessungen durchzuführen.

Die Überprüfung der ESD-Materialien muss mindestens folgenden Anforderungen genügen:

- Alle Materialien, die in einer EPA oder als Verpackungsmittel zum Schutz von ESDS verwendet werden, müssen den Anforderungen der vorliegenden Norm entsprechen.
- Alle Materialien, die angeliefert werden, müssen den Anforderungen der gültigen Norm entsprechen.
- Die Funktion der ESD-Materialien muss während der gesamten Gebrauchsdauer gewährleistet werden.

Der ESD-Koordinator führt alle ESD-Materialien, die in der EPA eingesetzt werden, in Übersichten (Registern). Darin sind ausgewählte Lieferquellen aufzuführen. Die ESD-Materialien sind zuvor nach den Messverfahren der gültigen Normen zu überprüfen. Die Parameter sind in das Prüfprotokoll aufzunehmen und in dem Register zu protokollieren. Alle ESD-Materialien müssen die ESD-Anforderungen erfüllen. Werden neue ESD-Materialien beschafft, muss der ESD-Koordinator diese kontrollieren und gegebenenfalls die Eigenschaften messtechnisch überprüfen.

Bereits beim Beschaffen elektronischer Bauelemente (ESDS) durch die beauftragten Personen, z. B. die Mitarbeiter des Einkaufs, muss sichergestellt werden, dass die in der Norm aufgeführten Anforderungen in alle Lieferpapiere aufgenommen werden. Schon in den Unterlagen sind Hinweise für die ESD-Handhabung zu notieren. Es ist darauf zu achten, dass die Lieferanten ebenfalls ESD-Kontrollprogramme umsetzen.

Werden Subunternehmer beauftragt, müssen diese genauso die ESD-Anforderungen der gültigen Norm erfüllen. Lieferanten müssen ihrer Verantwortung gegenüber ESDS gerecht werden. Sie müssen ESD-Kontrollprogramme besitzen und diese eingeführt haben.

4.6 ESD-Schulungen

Schon im Abschnitt 3.3 bei der Erstellung des ESD-Kontrollprogramms wurde darauf hingewiesen, dass die Unterweisung des Personals wichtig ist. Nur wenn das Personal über die notwendigen ESD-Kontrollmaßnahmen und die Bedeutung dieser Maßnahmen unterwiesen wurde, können elektrostatische Ladungen und Felder reduziert werden.

Die gültigen Normen [10, 12, 97, 98] gehen davon aus, dass *„selbst die am besten eingerichtete und teuerste EPA, die Abschirmung oder die dokumentierten Prozessvorschriften keine Wirkung haben, wenn das Bedienungspersonal in ihrem korrekten Gebrauch nicht entsprechend geschult ist.“* Der Wissensstand der einzelnen zu schulenden Mitarbeiter ist unterschiedlich. Es muss deshalb zwischen Schulungen für den technischen Ingenieurbereich/Entwicklungsbereich, dem Fertigungsbereich und dem Management getrennt werden.

Für den Ingenieurbereich müssen viel mehr theoretische Grundlagen und für den Managementbereich mehr die Fragen der Zuverlässigkeit, der Kosten und des Risikomanagements einbezogen werden. Im Fertigungsbereich ist es wichtig, Handhabungstechniken zu schulen. Das Schulungsprogramm für das Fertigungs- bzw. Bedienungspersonal muss folgende Punkte umfassen:

- Entstehung und Wirkung von elektrostatischen Ladungen und Feldern
- Erkennen von ESDS
- Handhaben von ESDS, Handhabungstechniken
- Personenschutzmaßnahmen
- Erdungsmaßnahmen
- ESD-Arbeitsplatz bzw. EPA
- ESD-Verpackungsmaterial und korrektes ESD-sicheres Transportieren

In diese ESD-Schulung muss das Überwachungs- und Führungspersonal für die Fertigung einbezogen werden. In der Fertigung vorkommende und bewährte Handhabungstechniken müssen in dem Schulungsinhalt berücksichtigt werden. Konkrete Anwendungen sind ebenfalls zu beachten. Das Personal muss erkennen, warum ESD-Kontrollmaßnahmen notwendig sind und wie man die ESDS sinnvoll schützen kann. Der Schulung des Service-Personals muss besondere Aufmerksamkeit geschenkt werden. Gerade beim Austausch einer Leiterplatte in einem Gerät vor Ort können durch Unachtsamkeit ESDS vorgeschädigt oder zerstört werden. Vorbereitung und Aufbau des transportablen Arbeitsplatzes vor Ort sind hier ganz wichtig.

Bereits bei der Einstellung neuer Mitarbeiter muss eine Erstschulung vorgesehen werden. Werden Geräte oder Komponenten weitergegeben, ist es sinnvoll, auch den Kunden konkrete Hinweise zu ESD-Kontrollmaßnahmen zu geben und die Kunden zu schulen. Reinigungspersonal, Handwerker, Servicepersonal für Maschinen und Anlagen, also alle nicht ständig in diesem Bereich arbeitenden Mitarbeiter, sind ebenfalls zu unterweisen. Belehrungen müssen stets vor Betreten der EPA durchgeführt werden. Für alle neuen Mitarbeiter müssen Erstunterweisungen erfolgen. Als Zeitraum für das Wiederholen der Schulung gibt die gültige Norm [10] 12 Monate an. Dieser Zeitraum darf nicht überschritten werden. Die Aufmerksamkeit gegenüber ESD-Kontrollmaßnahmen lässt mit der Zeit nach, außerdem sind die Veränderungen der Vorschriften zum Thema ESD zurzeit sehr vielfältig, so dass es immer wieder notwendig ist, den aktuellen Wissensstand zu vermitteln.

Durchgeführte Schulungen sind zu dokumentieren. Die Teilnehmer sind zu registrieren. Die Schulungen müssen durch geeignete Unterlagen, Dokumentationen, Videos usw. unterstützt werden. Die Schulungen und Unterweisungen müssen durch den ESD-Koordinator oder einer von ihm bevollmächtigten Person durchgeführt werden.

Zum Abschluss der ESD-Schulung muss jeder Mitarbeiter einen Verständnistest (Lernzielkontrolle) schreiben. Dieser Test wird von der Schulungsabteilung der Firma/Organisation aufgezeichnet und um den Test zu bestehen, muss der Mitarbeiter ein Ergebnis von 80 % erreichen.

4.7 Überprüfung der ESD-Kontrollmaßnahmen

Die eingeführten ESD-Kontrollmaßnahmen müssen vor der Inbetriebnahme des ESD-Arbeitsplatzes oder des ESD-Bereiches und in festgelegten Abständen wiederholt überprüft werden. Die aktuelle Ausgabe der Norm DIN EN 61340-5-1 (2017) [10, 97] legt keine Prüfintervalle und Prüfmethoden fest. Der ESD-Koordinator liegt die Zeitabstände aus der Erfahrung seiner langjährigen Tätigkeit und seines Fachwissens fest. Alle Festlegungen werden im ESD-

Kontrollprogrammplan festgelegt. Hilfreich sind die Angaben in der früheren Ausgabe der DIN EN 61340-5-1 (2001) im Abschnitt 9.

Die verschiedenen Zeitabstände für die Wiederholung der Prüfungen richten sich nach der Qualität der verwendeten ESD-Materialien und Ausrüstungen und nach der Motivation der Firma bei der Umsetzung. Einige Materialien verlieren ihre Eigenschaften mit der Zeit, sind also nicht dauerhaft ESD-tauglich. So genannte „permanent" dauerhafte ESD-Materialien sind ebenfalls mit großer Aufmerksamkeit zu beobachten, da es verschiedene Auffassungen und Definitionen für „permanent" gibt. Normalerweise müssen alle ESD-Verpackungsmaterialien ihre Eigenschaften während der gesamten Gebrauchsdauer behalten.

Für die Überprüfung der ESD-Parameter ist der ESD-Koordinator verantwortlich. Er kann einen *„geschulten und namentlich benannten Mitarbeiter"* mit der Umsetzung der ESD-Prüfungen beauftragen. Die Überprüfung der ESD-Kontrollmaßnahmen muss in festgelegten Protokollen dokumentiert werden. Jede Abweichung von der ESD-Anforderung ist zu erfassen. Lässt sich der Mangel nicht sofort abstellen, muss der ESD-Koordinator oder der Beauftragte veranlassen, dass der Fehler unverzüglich behoben wird. In allen anderen Fällen hat der ESD-Koordinator Maßnahmen für das Abstellen des Mangels einzuleiten. Im Extremfall muss der ESD-Arbeitsplatz oder ESD-Bereich für weitere Arbeiten gesperrt werden. Die durchzuführenden Überprüfungen werden in den Abschnitten 9.6 bis 9.9 der früheren Norm DIN EN 61340-5-1 (2001) beschrieben. Es können auch äquivalente Verfahren angewendet werden. Bei den Überprüfungen wird zwischen täglichen, wöchentlichen, monatlichen und halbjährlichen Überprüfungen unterschieden.

Tägliche Überprüfungen

- Täglich zu überprüfen sind unbedingt: Handgelenkarmbänder, ESD-Schuhwerk, nicht dauerhafte ESD-Fußerdungsbänder.
- Die Überprüfung muss vor Betreten des ESD-Bereiches oder ESD-Arbeitsplatzes erfolgen. Dabei muss das Handgelenkarmband ordnungsgemäß um das Handgelenk angelegt werden. Das ESD-Schuhwerk muss ebenfalls in ordnungsgemäßem Zustand sein. Werden nicht dauerhafte Fußerdungsbänder bzw. Fußerdungsstreifen eingesetzt, sind auch diese sofort nach dem Anlegen und vor Betreten des ESD-Bereiches zu überprüfen.
- Weiterhin sind täglich Sichtkontrollen durch den ESD-Koordinator oder örtlichen ESD-Koordinator stichprobenartig durchzuführen: ESD-Materialien und Ausrüstungen müssen auf Vollständigkeit sowie ordnungsgemäße Funktion und richtigen Einsatz geprüft werden.

Wöchentliche Überprüfung

- Die verwendete ESD-Bekleidung, die Arbeitskittel, die Handschuhe und Fingerlinge müssen sich in einem vorschriftsmäßigen Zustand befinden. Die ESD-Arbeitsoberflächen müssen sauber und frei von nicht ESD-Verpackungsmaterialien sein. ESD-Fußböden müssen ordnungsgemäß gereinigt und frei von Verunreinigungen sein. Der richtige Fußbodenreiniger muss verwendet werden. Die Reinigungsfirma ist regelmäßig zu kontrollieren, damit das richtige Reinigungsmittel eingesetzt wird. Alle ESD-Wagen, Transportsysteme und Lagereinrichtungen müssen den Anforderungen entsprechen.
- Die Prüfeinrichtung für die Handgelenkarmbänder und ESD-Schuhe muss funktionieren. Es ist zu überprüfen, ob alle Mitarbeiter dieser Prüfung nachkommen und sich entsprechend in die ausliegende Liste eintragen.
- ESD-Kennzeichnungen für ESD-Arbeitsplätze, ESD-Bereiche, Erdungs- und Potentialausgleichsanschlüsse müssen funktionstüchtig sein.

- Werden Ionisatoren eingesetzt, muss die ordnungsgemäße Funktion sichergestellt werden.
- Weiterhin sind alle nicht ESD-Materialien aus der EPA zu entfernen.

Monatliche Überprüfung

- ESD-Arbeitsplätze und der gesamte ESD-Bereich müssen mindestens einmal pro Monat auf mögliche elektrostatische Felder und Ladungsquellen überprüft werden. Werden elektrostatische Ladungen oder Felder vermutet, sind Messungen durchzuführen. Elektrostatische Felder dürfen zu keinem Zeitpunkt in einer EPA vorhanden sein.

Bei den folgenden Überprüfungsmaßnahmen für ESD-Ausrüstungen genügt ein längerer Zeitraum, sinnvoll sind zwei bis drei Monate:

- Überprüfen des Erdungssystems auf elektrische Verbindungen. Die Kabel, Verbindungen und Anschlüsse müssen in technisch einwandfreiem Zustand sein. Bei nicht dauerhaften ESD-Arbeitsplätzen müssen die Verbindungen zwischen ESD-Arbeitsplatzauflage, Handgelenkarmband, ESD-Fußbodenmatte und Erdungsbaustein in kürzeren Abständen und bei Service-Arbeitsplätzen vor der Inbetriebnahme überprüft werden.
- Besondere Aufmerksamkeit muss ESD-Stühlen und ESD-Transportwagen gelten. Die leitfähigen oder ableitfähigen Räder verschmutzen sehr schnell. Ein sicheres Ableiten der elektrostatischen Ladungen ist dann nicht mehr möglich. Wöchentliches Reinigen der Rollen ist aufwendig, aber sehr sinnvoll.
- Alle Kennzeichnungen, Abgrenzungen, Schilder und Aufkleber müssen in der richtigen Ausführung und an den richtigen Stellen angebracht sein.

Grundsätzlich gibt es kein „Kochrezept“ für die Frage, wann die Prüfungen der ESD-Kontrollmaßnahmen wiederholt durchgeführt werden. Dies hängt auch damit zusammen, dass die ESD-Ausrüstungen immer besser werden und damit auch dauerhafter sind. Für die Vermeidung von ESD-Fehlern und Ausfällen ist ein kürzerer Abstand der Prüfintervalle sinnvoll. Der folgende Auditplan ist ein Beispiel für mögliche und notwendige Überprüfungen:

Tabelle 4.18 Auditplan (Beispiel)

ESD-Einrichtung	**Testverfahren**	**Spezifikation**	**Audit Frequenz**
Erdungspunkt Erdungssystem	DIN EN 61340-5-1	< 1 Ω	vierteljährlich
Erdungsanschluss von Geräten und Maschinen	DIN EN 61340-5-1	< 1 Ω Impedanz	halbjährlich und nach jeder Reinigung
Kontrolle der im Prozess notwendigen Isoliermaterialien	Messung der elektrostatischen Feldstärke DIN EN 61340-5-1 DIN EN 61340-2-1	< 2000 V innerhalb 30 cm von ungeschützten ESDS	vierteljährlich

ESD-Einrichtung	Testverfahren	Spezifikation	Audit Frequenz
ESD-Fußboden ESD-Fußbodenmatten	DIN EN 61340-4-1 ESD DSTM7.1 DIN EN 61340-4-5 ESD STM 97.1 + 97.2	< 100 MΩ/35 MΩ[1] < 100 V	vierteljährlich und nach der Reinigung
ESD-Schuhe ESD-Fußerdungsbänder	DIN EN 61340-5-1 DIN EN 61340-4-3 ANSI/ESD S9.1/SP9.2	< 100 MΩ[1] < 35 MΩ	täglich/monatlich täglich
Handgelenkarmbänder	DIN EN 61340-5-1 DIN EN 61340-4-6 ANSI/ESD S1.1	< 35 MΩ	täglich
ESD-Bekleidung	DIN EN 61340-4-9	$1 \cdot 10^5$ Ω bis $1 \cdot 10^9$ Ω	vierteljährlich
ESD-Arbeitsoberflächen	DIN EN 61340-5-1 DIN EN 61340-2-3 ANSI/ESD S4.1	< 100 MΩ	monatlich
ESD-Stühle	DIN EN 61340-5-1 DIN EN 61340-2-3 ESD DSTM12.1	$< 1 \times 10^9$ Ω	vierteljährlich
Ionisatoren	DIN EN 61340-5-1 ANSI/ESD STM3.1 ANSI/ESD SP3.3	Offset < ± 20 V	Nach der Installation und dann vierteljährlich
Handgelenkbandprüfgeräte	Kalibrierung	Hersteller	jährlich
Schuhprüfgeräte	Kalibrierung	Hersteller	jährlich
Elektrostatisches Feldmeter	Kalibrierung	Hersteller	jährlich

ESD-Einrichtung	Testverfahren	Spezifikation	Audit Frequenz
Verpackungen	DIN EN 61340-5-1 DIN EN 61340-2-3 DIN EN 61340-5-3 ANS/ESD STM11.11 ANSI/ESD STM11.31	Widerstand außen: < 1 x 10^9 Ω Widerstand innen: > 1 x 10^5 Ω, < 1 x 10^{11} Ω Abschirmend: < 50 nJ/20 nJ	jede 3. Bestellung [2] pro Bestellung[2]

Anmerkungen:

[1] Wird der Fußboden und das Schuhwerk als primäres Erdungssystem für das Personal genutzt, dann muss der Ableitwiderstand von ESD-Fußboden und Schuhwerksystem gemessen werden, unter Verwendung der Norm DIN EN 61340-4-5. Der Systemwiderstand der Person muss kleiner 1 GΩ sein oder die Person darf maximal 100 V erzeugen.

[2] Der Lieferant muss ein Zertifikat für jede Lieferung vorlegen. Jede 3. Lieferung muss anhand von Mustern getestet werden.

4.8 Ionisation

In Elektronikfertigungen werden viele Kunststoffteile verwendet, die nicht geerdet werden können. Da diese Kunststoffteile in der Regel aus Isoliermaterial bestehen und damit elektrostatisch aufladbar sind, dürfen sie normalerweise nicht in einer EPA verwendet werden. Sie werden aber für die Herstellung bestimmter Baugruppen und Geräte benötigt. Also müssen die elektrostatischen Aufladungen von diesen Teilen auf anderem Wege abgeführt werden. Dazu eignet sich die Ionisation. Durch bewusste und kontrollierte Ladungserzeugung werden die elektrostatischen Aufladungen von Kunststoffteilen abgeführt. Die elektrostatischen Ladungen müssen immer dann abgebaut werden, wenn ESDS beeinflusst werden können. Wird der Aufladungsvorgang aus dem Abschnitt 1 nochmals berücksichtigt, dann können elektrostatische Ladungen auf Kunststoffteilen oder Isoliermaterialien Ladungen auf ESDS verschieben, d.h., sie können sogar durch Influenz neue Potentialdifferenzen bilden, wenn sie nicht gefahrlos abgeleitet werden. Es gibt drei prinzipielle Methoden freie Ladungsträger zu erzeugen:

- Induktion
- Ionisation durch radioaktives Material
- Hochspannung

4.8.1 Induktion

Eine einfache Methode zur Beseitigung von elektrostatischen Ladungen ist die Induktion. Dazu werden kleine Teilchen (Flitter, Metallfähnchen, etc.) elektrostatisch aufgeladen und über die zu entladenen Gebiete gestreut. Dort befinden sich dann freie Ladungsträger, die wiederum die vorhandenen Ladungsträger der aufgeladenen Objekte neutralisieren. Im Ergebnis ist die Oberfläche neutral. Diese Methode hat einen entscheidenden Nachteil für die Elektronik: Sie beginnt erst bei elektrostatischen Aufladungen größer als 2000 V oder 3000 V, d.h., nur Ladungen oberhalb dieses Schwellenwertes werden abgebaut, oder anders gesagt, die Restladungen sind ebenfalls in diesem Bereich. Für Elektronikfertigungen ist diese Methode ungeeignet.

4.8.2 Ionisation durch radioaktives Material

Im Vergleich zum vorher beschriebenen Verfahren benötigt dieses wenig Energie. Radioaktive Teilchen von bestimmten Ionen werden genutzt, um elektrostatische Ladungen abzubauen. Radioaktive Ionisatoren arbeiten selbstständig und benötigen keine Zufuhr von Energie. Freie Ionen werden um die radioaktiven Ladungsquellen erzeugt, die ausreichend vorhanden sind zum Abbau vorhandener elektrostatischer Aufladungen.

Das Prinzip des radioaktiven Ionisators ist von den physikalischen Eigenschaften des Radioisotops abhängig. Einige Radioisotope emittieren doppelt positiv geladene Teilchen, die wieder Alpha-Teilchen erzeugen. Diese kollidieren in der Luft mit Molekülen. Dabei werden Elektronen herausgeschlagen, die dann einen Elektronenfluss erzeugen. Übrig bleiben positiv geladene Molekülrümpfe. Polonium 210 (Po 210) ist ein geeignetes radioaktives Material, das für Ionisatoren sehr häufig verwendet wird. Es emittiert reine Alpha-Teilchen. Andere Materialien, z. B. Radium oder Americanium, erzeugen Alpha-Teilchen und Gamma-Strahlung. Diese Gamma-Strahlung ist durchdringend und der Träger muss extrem abgeschirmt werden. Dagegen wird die Strahlung der Alpha-Teilchen durch eine dünne Abdeckung begrenzt. Deshalb ist für einen Ionisator mit Polonium 210 keine spezielle Abschirmung erforderlich. Die Halbwertszeit muss vertretbar sein, etwa auf Jahresbasis. Die Aktivität von Polonium 210 zum Emittieren von Alpha-Teilchen nimmt innerhalb der ersten 200 Tage rapide ab, danach jedoch weniger schnell (exponentieller Verlauf der Halbwertszeit). Von diesem Zeitpunkt an werden die Alpha-Teilchen sehr langsam, und die strahlende Einheit muss ausgetauscht werden. Radioaktive Ionisatoren sind sehr effektiv und werden besonders unter explosiven atmosphärischen Bedingungen eingesetzt. Da keine Elektrizität zur Produktion der Ionen erforderlich ist, gibt es auch keine Möglichkeit für elektrische Impulse, also für die Entstehung eines Lichtbogens. Diese Möglichkeit, eine Ladung zu neutralisieren, hat zwei entscheidende Nachteile: Zum einen handelt es sich um einen radioaktiven Stoff, der für den Menschen mehr oder weniger gefährlich ist und schwer entsorgt werden kann, und zum anderen kann die radioaktive Quelle nur eine Art von Ladungen erzeugen, entweder positive oder negative.

4.8.3 Elektrische Ionisation – Statische Ionisation

Für diese Art der Ionisation wird Hochspannung an einen so genannten elektrostatischen Kamm gelegt. Das ist eine Anordnung vieler Nadeln auf einem Metallstab. Das Arbeitsprinzip beruht darauf, dass auf einem leitenden Körper eine elektrostatische Ladung frei fließen kann. Ist dieser Körper von einem zylinderförmigen Mantel umgeben, werden die Ladungen gleichmäßig über diesen verteilt, wenn er den Körper vollständig umschließt. Ist der leitende Körper von Luft umgeben und der Radius der Krümmung wird unendlich, konzentriert sich die Ladung auf die Nadelspitze. Die hohe Intensität der Ladung an diesem Punkt ruft die Ionisation hervor. Da der Gegenpol sehr weit entfernt ist, werden die Ladungen von der Nadelspitze an die Umgebung abgegeben. Eine große Oberfläche erfordert eine sehr hohe Energie, um den Stromfluss aufrecht zu erhalten.

Das schwierige Problem dabei ist, ausreichend viele elektrostatische Ladungen mit unterschiedlicher Polarität zu erzeugen, da im Allgemeinen nicht bekannt ist, welcher Art die Ladungen sind, die sich an der Oberfläche eines Kunststoffes angesammelt haben. Die Lebensdauer der positiven und negativen Ladungen, die mit einem Hochspannungsgenerator erzeugt werden, hängt von ihrer Rekombinationszeit ab. Positive und negative Ladungen sind bestrebt, sich anzuziehen und ihre Ladungen auszugleichen. Viele Versuche führten im Ergebnis zu unterschiedlichen Ionisatoren, sowohl zu Gleichstrom- als auch zu Wechselstromgeräten. Gleichstromionisatoren erzeugen nur eine Art von Ladungen, Wechselstromionisatoren dagegen sowohl positive als auch negative. Es ist aber schwierig positive und negative Ladungen so zu steuern, dass sie auch an die zu entladende Oberfläche gelangen. Aus diesem Grund hat man Ionisatoren mit pulsierender Gleichspannung entwickelt. Diese lassen eine genaue Steuerung der Anteile mit positiver und negativer Ladung zu. Eine weitere Einflussgröße, die unmittelbar mit der Rekombinationszeit zusammenhängt, ist die Geschwindigkeit, mit der die Ionen vom Hochspannungsstab weg zur Oberfläche transportiert werden. Ist die Geschwindigkeit zu gering, rekombinieren die geladenen Teilchen sich bereits unmittelbar nach ihrer Entstehung in der Luft. Ist die Geschwindigkeit zu hoch, kommt es nicht zum Neutralisieren der Ladungen an der aufgeladenen Oberfläche. Die Reichweite von Gleichstromionisatoren ist sehr begrenzt. Ohne Luft, d.h., ohne den Einsatz eines Ventilators, ist der Wirkungskreis maximal 4 cm. Mit einem so genannten Lufttransport, z. B. mit einem Ventilator, können Entfernungen bis zu 2 m überbrückt werden. Das hängt davon ab, wie hoch die Endspannung oder Ladungsmenge ist, die maximal noch zulässig ist.

Gleichstromionisatoren werden in der Elektronikindustrie nur begrenzt eingesetzt, z. B. dort wo nicht leitfähige Folien elektrostatisch aufgeladen werden. Es ist besser Ionisatoren einzusetzen, die z. B. nach dem SSDC-Prinzip arbeiten. Nach dem Prinzip der pulsierenden Gleichspannung werden elektrostatische Ladungen beider Polaritäten im Wechsel erzeugt. Außerdem sind diese Ionisatoren mit Messsystemen ausgerüstet, so dass sie auch die überschüssigen Ladungen im Arbeitsbereich feststellen und das Gleichgewicht der Ladungen jederzeit anpassen können. Diese Sensoren oder Messprinzipien erlauben es heute Geräte herzustellen, die eine Endspannung kleiner ± 5 V erreichen.

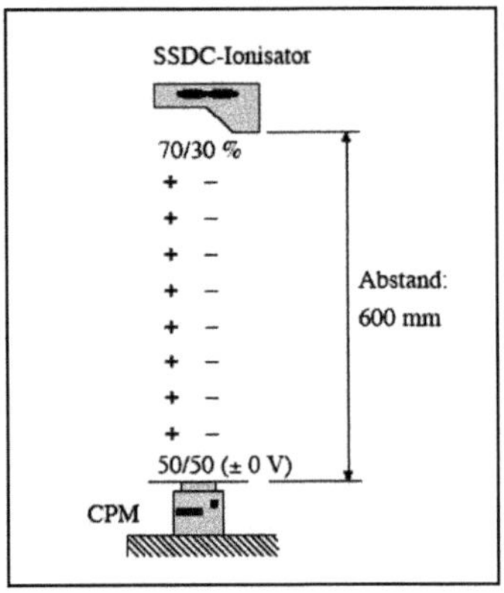

Anmerkung: SSDC = Static State Direct Current

Bild 4.27 Abbau von elektrostatischen Ladungen mit einem SSDC Ionisator

In Elektronikbereichen werden hauptsächlich Ionisatoren eingesetzt, um vorhandene Kunststoffteile elektrostatisch zu entladen oder um elektrostatische Ladungen in Maschinen und Anlagen zu vermeiden. Oft ist es die einzige Möglichkeit zum Abbau elektrostatischer Ladungen von Isoliermaterialien.

4.8.4 Realisierung der Ionisation am ESD-Arbeitsplatz

Prinzipiell werden Ionisatoren nur an den Stellen eines Arbeitsplatzes eingesetzt, an denen nichtleitende Kunststoffteile mit elektronischen Bauelementen und Baugruppen (ESDS) in Berührung kommen. Kunststoffteile – in der Praxis sind das immer Gehäuseteile, aber auch alle üblichen Leiterplatten (PCB) – sind nicht ableitfähig, also Isolatoren. In der triboelektrischen Reihe stehen Isoliermaterialien weit entfernt von Leitern und können sich somit sehr hoch aufladen. Ionisatoren werden immer dort eingesetzt wo elektronische Bauelemente und Baugruppen bewegt werden, z. B. in Maschinen, Anlagen und „Pick-and-Place“-Maschinen (Bestückungsautomaten). Hier bestehen zwischen den einzelnen Komponenten – Verpackungsmaterialien, ESDS und Leiterplatten (PCB) – Potentialdifferenzen, die bei einer Entladung zur Schädigung der ESDS führen.

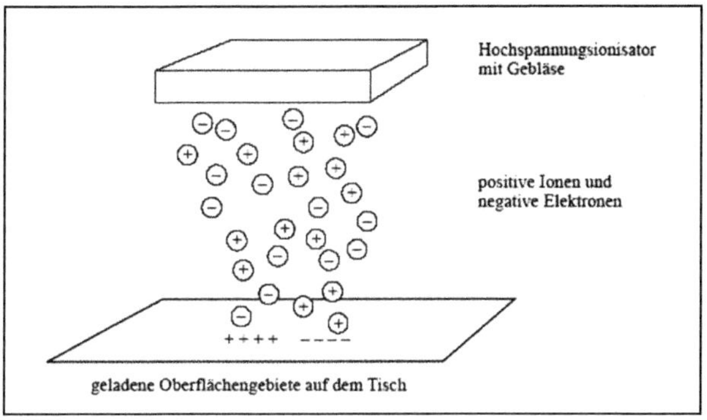

Bild 4.28 Erzeugung und Abbau von elektrostatischen Ladungen an einem ESD-Arbeitsplatz

Die Norm DIN EN 61340-5-1 (2001) definiert die Einsatzbereiche von Ionisatoren wie folgt:

„Ionisatoren müssen Ladungen beider Polaritäten auf Gegenständen nach Tabelle 1 [10] auf weniger als 100 V reduzieren und halten.“

Ionisatoren, die in Elektronikfertigungen eingesetzt werden, müssen in maximal 20 s das Ladungsgewicht einstellen, d.h., nach dieser Zeit ist eine vorher geladene Oberfläche ausreichend entladen. Die optimale Entfernung eines Ionisators zur aufgeladenen Oberfläche ist abhängig vom Gerätetyp. Typisch sind Entfernungen von 60 cm bis 100 cm, je nach Leistung des Gebläses und der Hochspannung, wobei nicht die Intensität, sondern die Harmonie beider Komponenten entscheidend ist. Overhead-Geräte sollen so über dem ESD-Arbeitsplatz angeordnet werden, dass die isolierenden und elektrostatisch aufgeladenen Kunststoffteile entladen werden, aber Personen weitestgehend nicht beeinflusst werden.

Ionisatoren stellen heute, gegenüber früheren Geräten, grundsätzlich keine Gefährdung von Personen mehr dar. Wobei es sicher verschiedene Anbieter auf dem Gerätemarkt gibt.

Einsatzgebiete in der Fertigung elektronischer Bauelemente und Baugruppen (ESDS) sind Bereiche wie Bedruckung von Leiterplatten, Bestückungsautomaten, Handhabungssysteme, Lötanlagen, Trocknungsanlagen mit Gebläse, Vorbereitung und Handling von Gehäuseteilen, Maschinen und Anlagen, überall dort, wo elektronische Bauelemente und Baugruppen (ESDS) sowie Leiterplatten bewegt werden. Ein weiteres umfassendes Einsatzgebiet ist die Waferfertigung. Hier bewirken Ionisatoren zusätzlich das Entladen der hochisolierenden Waferoberflächen während des Herstellungsprozesses und vermeiden damit auch die Verunreinigung durch Staubpartikel.

4.9 Muster für ein ESD-Kontrollprogramm, Prüf- und Kontrollplan

ESD-Kontrollprogramm für ein ESD-Control-System

Inhaltsverzeichnis

A Scope/Einleitung

In den vergangenen Jahren wurden sehr große Fortschritte in der Halbleiterindustrie erzielt. Die elektronischen Bauelemente wurden immer kleiner und schneller. Für die Steuerung ist immer weniger Energie notwendig. Die einzelnen Strukturabmessungen erreichen Werte von weniger als 10 Micron ($1 \cdot 10^{-6}$ m). Ein menschliches Haar ist größer (ca. 70 Micron oder $7 \cdot 10^{-6}$ m). Allerdings werden die elektronischen Bauelemente auch immer empfindlicher gegenüber elektrostatischen Ladungen und Feldern. Heute werden elektronische Bauelemente bereits bei weniger als 10 V elektrostatischer Aufladungen geschädigt.

Aus der Literatur und den Erfahrungen ist bekannt, dass elektrostatische Entladungen über 3000 V spürbar und größer 10000 V sichtbar sind. Elektrostatische Aufladungen und deren Entladung unter 1000 V oder 100 V sind also nicht mehr sicht- oder spürbar für den Menschen.

In der normalen Umgebung im täglichen Leben entstehen elektrostatische Aufladungen viel größer als 10000 V. Die elektrostatischen Ladungen werden hauptsächlich durch den Menschen hervorgerufen, durch Bewegung, Reibung usw. Aber auch alle anderen Vorgänge, bei denen Teile sich bewegen, führen zu hohen elektrostatischen Ladungen. Inzwischen ist auch bekannt, dass gleichfalls alle Vorgänge elektrostatische Felder erzeugen. Elektronische Bauelemente und Baugruppen werden in unkontrollierter Umgebung durch diese Auf- und Entladungsvorgänge oder elektrostatische Felder beeinflusst oder zerstört. Ein viel größeres Problem ist, dass so genannte Vorschädigungen auftreten können, die weder kontrollierbar noch feststellbar sind. Elektronische Bauelemente werden erst viel später, zu einem unbekannten Zeitpunkt, zerstört.

I. Definitionen /1/

ESD (electrostatic discharge)
Elektrostatische Entladung (ESD) ist der Übergang von Ladungen zwischen Körpern mit unterschiedlichen elektrostatischen Potentialen, verursacht durch direkten Kontakt oder influenziert durch ein elektrostatisches Feld.

ESDS (electrostatic sensitive devices)
Ein Bauelement, das gegen elektrostatische Entladungen empfindlich ist (ESDS). Es kann ein diskretes Bauelement, eine integrierte Schaltung oder eine Baugruppe sein, die durch elektrostatische Felder oder elektrostatische Entladung während der routinemäßigen Handhabung, der Prüfung und dem Transport beschädigt werden kann.

Anmerkung: Normalerweise sind alle aktiven elektronischen Bauelemente und Baugruppen mit diesen Bauelementen empfindlich gegenüber elektrostatischen Entladungen und Feldern. Inzwischen ist bekannt, dass aber auch Filmwiderstände und Kondensatoren durch ESD beeinflusst werden können.

EPA (ESD protected area)
Das ist der Bereich, in dem ESDS mit einem akzeptablen Schädigungsrisiko durch elektrostatische Entladungen oder Felder gehandhabt werden können.

Anmerkung: Der besonders eingerichtete Arbeitsplatz, Arbeitsbereich, Feldservicebereich ist so ausgelegt, dass keine elektrostatischen Aufladungen größer 100 V und keine elektrostatischen Felder größer 100 V/cm entstehen können. Durch den ESD-Koordinator können höhere Anforderungen bzw. niedrigere Schädigungspegel festgelegt werden.

EBP (earth bonding point)
Der EPA-Erdungspunkt (EBP) ist der festgelegte Punkt, an dem die EPA-Ausrüstungen angeschlossen werden.

Anmerkung: Der EBP ist gleichzeitig das einheitliche Potential, in einer EPA, das verhindert, dass elektrostatische Auf- oder Entladevorgänge erfolgen. Sinnvollerweise auch als EPA-Erde bezeichnet.

Schirmwirkung gegen elektrostatische Aufladungen (abschirmend)
Ein Verpackungsmaterial, das verhindert, dass elektrostatische Aufladungen und Felder auf ESDS einwirken können. Definiert ist die Abschirmwirkung durch die maximale Energie, die in das Innere des Materials gelangen kann, bei einer Personenentladung (Human Body Model) von 1000 V mit höchstens 50 nJ.

Elektrostatisch leitfähig
Ein Verpackungsmaterial mit einem Oberflächenwiderstand gemessen mit einer Ringelektrode nach DIN EN 61340-2-3:

$\geq 1 \cdot 10^2\ \Omega$ und $< 1 \cdot 10^4\ \Omega$

Elektrostatisch ableitend
Ein Verpackungsmaterial mit einem Oberflächenwiderstand gemessen mit einer Ringelektrode nach DIN EN 61340-2-3:

$\geq 1 \cdot 10^4\ \Omega$ und $< 1 \cdot 10^{11}\ \Omega$

Isolierend
Ein Verpackungsmaterial mit einem Oberflächenwiderstand gemessen mit einer Ringelektrode nach DIN EN 61340-2-3:

$\geq 1 \cdot 10^{11}\ \Omega$

II. Anwendungsbereich/Geltungsbereich

In allen Bereichen, an allen Arbeitsplätzen, an denen elektronische Bauelemente und Baugruppen (ESDS) gehandhabt werden, sind die folgenden Maßnahmen umzusetzen.

III. ESD-Koordinator

Die Firmenleitung/Geschäftsleitung/Management ist verantwortlich für die Einführung eines ESD-Control-Systems.

Die Firmenleitung setzt einen ESD-Koordinator ein, der vor Ort für die Umsetzung der Vorschrift verantwortlich ist. Gegebenenfalls werden in einzelnen Bereichen/Abteilungen „Stellvertreter“ des ESD-Koordinators benannt.

IV. Normative Verweise (Beispiele)

/1/	DIN EN 61340-5-1 Teil 5-1:	Elektrostatik Schutz von elektronischen Bauelementen gegen elektrostatische Phänomene – Allgemeine Anforderungen, Juli 2008
/2/	DIN EN 61340-5-2 Teil 5-2:	Elektrostatik Schutz von elektronischen Bauelementen gegen elektrostatische Phänomene – Benutzerhandbuch, September 2009
/3/	DIN EN 61340-4-1 Part 4-1:	Electrostatics Standard test methods for specific applications – Electrical resistance of floor coverings and installed floors, Ed. 2, 2003-12
/4/	DIN EN 61340-4-3	
/5/	DIN EN 61340-4-5 Part 4-5:	Electrostatics Standard test methods for specific applications – Section 5: Methods for characterising the electrostatic protection of footwear and flooring in combination
/6/	VDE 0100	
/7/	DIN EN 61340-2-1 Teil 2-1	Elektrostatik
/8/	DIN EN 61340-2-3 Teil 2-3	Elektrostatik

B ESD-Kontrollprogramm

Das ausgewählte ESD-Kontrollprogramm wird die ESD-empfindlichen elektronischen Bauelemente (ESDS) so sichern, dass keine HBM-Entladungen von 100 V oder größer diese schädigen.

I. Administrative ESD-Maßnahmen

Zu den administrativen Maßnahmen gehören neben dem ESD-Kontrollprogramm-Plan der Trainingsplan und der Überprüfungsplan.

a. ESD-Kontrollprogrammplan

Diese Grundregeln sollte das ESD-Kontrollprogramm enthalten:

- Alle Halbleiterbauelemente und elektronischen Geräte werden als ESD-empfindlich angesehen.
- Alle Mitarbeiter, die ungeschützte ESDS handhaben, müssen eine ESD-Schulung erhalten und alle 12 Monate zu einer Wiederholungsschulung.
- Alle Mitarbeiter müssen geerdet sein, wenn sie ungeschützte ESDS handhaben.
- ESDS müssen zwischen ESD-Arbeitsstationen in metallisierten Abschirmbeuteln transportiert werden. ESDS dürfen nur von geerdeten Mitarbeitern an ESD-Arbeitsplätzen gehandhabt werden.
- Alle ESD-Kontrollelemente müssen gemäß dem Plan zur Überprüfung regelmäßig kontrolliert werden.
- Nicht notwendige Isoliermaterialien müssen aus der EPA entfernt werden.

b. Trainingsplan

Alle Trainingsmaßnahmen sind zu protokollieren. Teilnehmerlisten sind zu führen.

i. Ersttraining

Alle Mitarbeiter, die ESDS handhaben, müssen am Ersttraining teilnehmen, bevor sie mit den ESDS in Kontakt kommen.

ii. Wiederholungstraining

Alle Mitarbeiter, die ESDS handhaben, müssen einmal in 12 Monaten ein Wiederholungstraining erhalten.

c. Überprüfungsplan

Alle eingeführten ESD-Kontrollmaßnahmen müssen in regelmäßigen Abständen überprüft werden. Die Überprüfungszyklen werden nach der Gebrauchsdauer festgelegt.

d. Audits

Durch den ESD-Koordinator wird einmal im Jahr entsprechend dem Auditplan eine Kontrolle der ESD-Kontrollmaßnahmen durchgeführt. Der Audit kann auch durch eine externe Firma/Beauftragten durchgeführt werden.

II. Technische ESD-Maßnahmen

Für den Schutz der ESDS werden die im Folgenden beschriebenen ESD-Maßnahmen festgelegt. Diese sind durch den ESD-Koordinator bzw. dessen Stellvertreter in definierten Abständen zu überprüfen.

a. Personenerdung

Das Handgelenkband ist die beste Möglichkeit, Personen zu entladen und mit dem Potentialausgleich zu verbinden.

In sitzender Tätigkeit ist die Person über das Handgelenkband zu erden. Es gibt in sitzender Tätigkeit keinen alternativen Entladungspfad. In stehender Tätigkeit kann die Person über die Kombination Schuhe-Fußboden geerdet werden.

i. Handgelenkband

Das Handgelenkband muss eng anliegen. Über ein Erdungskabel (Spiralkabel) wird es mit dem Erdungspunkt am Arbeitsplatz oder der Maschine/Einrichtung verbunden.

ii. Schuhe

Alle Personen, die in der EPA tätig sind, tragen ESD-Schuhe. Das gilt auch für alle Besucher, Reinigungspersonal, Handwerker, Servicepersonal usw.

iii. Bekleidung

Alle Personen, die die EPA betreten tragen ESD-Bekleidung, Die ESD-Bekleidung muss geschlossen getragen werden. Die ESD-Bekleidung muss mindestens den Oberkörper bedecken.

b. Erdungsmaßnahmen

Es muss gewährleistet werden, dass am Arbeitsplatz, im Bereich usw. zu jeder Zeit das gleiche Potential anliegt. Eine Erdungsmöglichkeit ist im Bild 4.29. dargestellt.

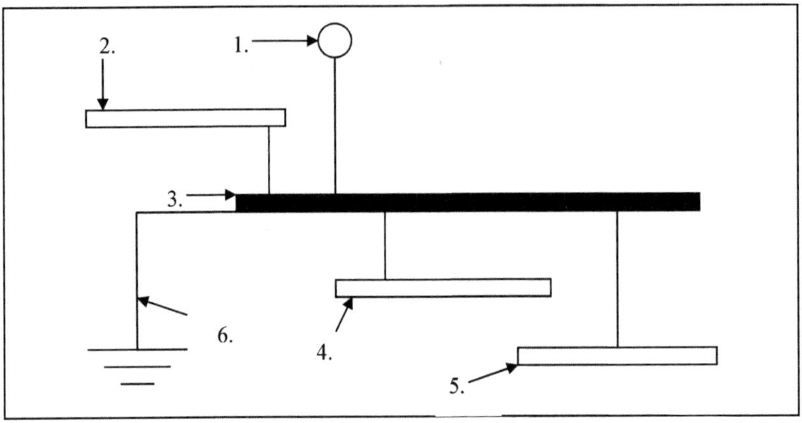

1. Handgelenkband und Spiralkabel; 2. Arbeitsoberfläche; 3. Beispiel für einen gemeinsamen Erdungspunkt; 4. ESD-Fußbodenmatte; 5. ESD-Fußboden; 6. Funktionalerde oder Schutzleiter (falls Funktionalerde benutzt wird, muss sie mit dem Schutzleiter verbunden werden.)

Bild 4.29 Schematische Darstellung einer EPA mit Referenzmasse (DIN EN 61340-5-1)

c. EPA (ESD geschützter Bereich)

Nur ein durchgängiges ESD-Control-System vom Wareneingang bis zum Versand gewährleistet einen ausreichenden Schutz der elektrostatisch empfindlichen Bauelemente und Baugruppen (ESDS) vor elektrostatischen Entladungen und Feldern.

i. ESD-Arbeitsplatz, Aufbau, Bestandteile

- Ableitfähige Arbeitsplatzoberfläche, ESD-Tisch
- Handgelenkband + Erdungsbaustein + Erdungssystem
- Ableitfähige Fußbodenmatte (optional)
- Erdungs-/Potentialanschluss
- Abgrenzung, Kennzeichnung

ii. EPA – ESD-geschützter Bereich, Aufbau, Bestandteile

- Ableitfähige Arbeitsplatzoberfläche, ESD-Tisch
- Handgelenkband + Erdungsbaustein + Erdungssystem
- Ableitfähige Fußboden
- ESD-Arbeitsbekleidung, ESD-gerechte Schuhe
- ESD-Transportwagen
- ESD-Lagerbehälter
- ESD-Stühle

- ESD-Ausrüstung von Maschinen, Anlagen usw.
- Erdungs-/Potentialanschluss
- Abgrenzung, Kennzeichnung

iii EPA-Anforderungen

Arbeitsplatzoberflächen
Arbeitsoberflächen, Ablageflächen von Wagen und Lagerflächen müssen so ausgelegt werden, dass keine schlagartigen Entladungen auftreten. Sind elektrostatische Ladungen vorhanden, dann muss gewährleistet werden, dass diese gefahrlos abgeleitet werden.

Anforderungen	Oberflächenwiderstand R_S oder Punkt-zu-Punkt-Widerstand R_e oder End-zu-End-Widerstand R_o in Ω	Widerstand zu EPA-Erde oder zu einem Erdungspunkt R_g oder Ableitwiderstand R_A in Ω	Ladungsabbau oder Entladezeit in s
Arbeitsoberflächen, Lagerregale, Transportwagen	$1 \cdot 10^4 \leq R_S \leq 1 \cdot 10^{10}$	$R_A \leq 1 \cdot 10^9$	

Fußböden
Der Fußboden muss so ausgelegt sein, dass Personen über Schuhe und Fußboden entladen werden, wenn Personen laufen oder stehen. In sitzender Tätigkeit ist unbedingt das Handgelenkband zu tragen.

Anforderungen	Oberflächenwiderstand R_S oder Punkt-zu-Punkt-Widerstand R_e oder End-zu-End-Widerstand R_p in Ω	Widerstand zu EPA-Erde oder zu einem Erdungspunkt R_g oder Ableitwiderstand R_A in Ω	Ladungsabbau oder Entladezeit in s
Fußboden		$\leq R_A \leq 1 \cdot 10^9$	

Anmerkungen: Wird der Fußboden zur primären Ableitung der elektrostatischen Aufladungen von Personen benutzt, dann muss der Systemwiderstand: Person-Schuhe-Fußboden im Bereich von $7.5 \cdot 10^5 \leq R_A \leq 3.5 \cdot 10^7$ Ω liegen. Abweichungen werden vom ESD-Beauftragten festgelegt. Sind Sicherheitsanforderungen nach VDE 0100 notwendig, dann muss der Mindestwiderstand dieser Vorschrift entsprechen.

Stühle
Stühle sind sekundäre ESD-Schutzmaßnahmen, d.h., eine Person kann über einen Stuhl nicht entladen werden, aber in einer EPA dürfen keine elektrostatischen Aufladungen und Felder entstehen, d.h., die Stühle, Bezüge usw. dürfen sich nicht elektrostatisch aufladen.

Anforderungen	Oberflächenwiderstand R_S oder Punkt-zu-Punkt-Widerstand R_e oder End-zu-End-Widerstand R_p in Ω	Widerstand zu EPA-Erde oder zu einem Erdungspunkt R_g oder Ableitwiderstand R_A in Ω	Ladungsabbau oder Entladezeit in s
Stühle (Sitzgelegenheiten)		$\leq R_A \leq 1 \cdot 10^9$	

Werkzeuge
Es dürfen nur Werkzeuge eingesetzt werden, die keine oder nur wenige elektrostatische Ladungen erzeugen. Eventuell vorhandene Ladungen müssen über das Werkzeug gefahrlos abgeleitet werden. Metallwerkzeuge sind bedingt einsetzbar.

Werden die Werkzeuge auf den ESD-gerechten Arbeitsoberflächen abgelegt, ist die Wahrscheinlichkeit einer elektrostatischen Aufladung ebenfalls gering.

Anforderungen	Oberflächenwiderstand R_S oder Punkt-zu-Punkt-Widerstand R_e oder End-zu-End-Widerstand R_p in Ω	Widerstand zu EPA-Erde oder zu einem Erdungspunkt R_g oder Ableitwiderstand R_A in Ω	Ladungsabbau oder Entladezeit in s
Werkzeuge		$\leq R_A \leq 1 \cdot 10^{12}$	Entladung von 1000 V auf 10 % des Anfangswertes (100 V) in weniger als 2 s

Ionisatoren
Werden Ionisatoren zur Entladung von Kunststoffteilen oder anderen Materialien eingesetzt, dann müssen sie gewährleisten, dass keine weiteren elektrostatischen Aufladungen entstehen. Die Ionisatoren müssen „selbst abgleichend“ ausgeführt sein.

Anforderungen	Oberflächenwiderstand R_S oder Punkt-zu-Punkt-Widerstand R_e oder End-zu-End-Widerstand R_p in Ω	Widerstand zu EPA-Erde oder zu einem Erdungspunkt R_g oder Ableitwiderstand R_A in Ω	Ladungsabbau oder Entladezeit in s
Ionisatoren			Entladung von 1000 V auf 100 V in weniger als 2 s

Personenausrüstungen

Handgelenkbanderdung
Das Handgelenkband ist die beste Möglichkeit elektrostatische Ladungen von Personen abzuführen. An jedem Arbeitsplatz müssen mindestens ein oder besser zwei Anschlüsse für Handgelenkbänder vorhanden sein. Die Handgelenkbänder werden täglich an z. B. einer Personal Test Station geprüft.

Arbeitsbekleidung
Die Personen tragen zum Schutz gegen elektrostatische Felder, die durch die normale Bekleidung erzeugt werden können, ableitfähige Arbeitsbekleidung. Die Bekleidung muss mindestens die gesamte normale Bekleidung im Bereich des Oberkörpers (Torsos) abdecken. Weiterhin muss die ableitfähige Bekleidung verhindern, dass die normale Bekleidung mit den ESDS in Berührung kommt.

Schuhe
In stehender Tätigkeit ist manchmal das Handgelenkband hinderlich, dann können elektrostatische Ladungen von der Person über die Schuhe und den ESD-Fußboden abgeleitet werden. Dann müssen die Schuhe die ESD-Anforderungen erfüllen. Die Schuhe werden ebenfalls täglich an einer Personal-Test-Station geprüft.

Anforderungen	Oberflächenwiderstand R_S oder Punkt-zu-Punkt-Widerstand R_e oder End-zu-End-Widerstand R_p in Ω	Widerstand zu EPA-Erde oder zu einem Erdungspunkt R_g oder Ableitwiderstand R_A in Ω	Ladungsabbau oder Entladezeit in s
Handgelenkbänder (nicht getragen)	$\leq R_p \leq 1 \cdot 10^5$		
Systemanforderungen			
Handgelenkband im getragenen Zustand		$7.5 \cdot 10^5 \leq R_A < 3.5 \cdot 10^7$	
Schuhwerk im getragenen Zustand		$5 \cdot 10^4$ ($1 \cdot 10^5$ pro Schuh) $\leq R_A \leq 1 \cdot 10^8$	
Handschuhe und Fingerlinge im getragenen Zustand		$7.5 \cdot 10^5 \leq R_A \leq 1 \cdot 10^{12}$	

Es muss jeder Schuh einzelnen geprüft werden. Werden Schuherdungsbänder o.ä. getragen, sind immer zwei anzulegen.

Handschuhe, Fingerlinge
Handschuhe und Fingerlinge müssen gleichfalls die ESD-Anforderungen erfüllen. Im Moment wird eine Prüfung (Systemprüfung) an einer Test-Station empfohlen. Andere Prüfverfahren gibt es im Moment noch nicht.

Kennzeichnung und Abgrenzung
Die ESD-Arbeitsplätze und ESD-Bereiche sind nach der Fertigstellung zu kennzeichnen und abzugrenzen. Die Abgrenzung muss sichtbar sein, für alle Mitarbeiter, Besucher usw.

iv. Spezielle Anforderungen an die einzelnen Bereiche

Wareneingang
Alle Materialien, die mit einem ESD-Kennzeichen angeliefert werden, müssen gesondert behandelt werden. Sie dürfen nur an dem ESD-Arbeitsplatz geöffnet werden. Nach der Kontrolle ist die Verpackung zu schließen und wieder mit einem ESD-Symbol zu kennzeichnen.

Werden ESDS in falscher Verpackung angeliefert, dann ist dies durch den Mitarbeiter zu dokumentieren und an den „Vorgesetzten, Einkauf usw." zu melden.

Der Einkauf fordert den Lieferanten auf, die ESD-Control-Maßnahmen einzuhalten.

ESD-Verpackung ist eine abschirmende Verpackung (z. B. metallischer Beutel (Shielding-Material), leitfähige Kiste, leitfähige Wellpappverpackung). So genannte antistatische IC-Stangen oder antistatische Beutel (z. B. rosa) gewährleisten keinen Schutz vor elektrostatischen Aufladungen und Feldern.

Wareneingangsprüfung
Die Wareneingangsprüfung aller ESDS erfolgt an den vorgesehenen ESD-Arbeitsplätzen. Erst dort dürfen die Verpackungen geöffnet werden.

Nach der Prüfung sind die Verpackungen wieder zu schließen und mit einem ESD-Symbol zu kennzeichnen.

Für den innerbetrieblichen Transport, d.h. außerhalb der EPA, sind nur abschirmende Verpackungsmaterial ausreichend.

Lager, Lagerregale
Die ESDS werden in der ESD-Verpackung eingelagert. Ein Öffnen der Verpackung ist nur an den ESD-Arbeitsplätzen erlaubt. Bei der Entnahme von einzelnen ESDS ist darauf zu achten, dass diese an einem ESD-Arbeitsplatz entnommen werden. Nach der Entnahme ist die Verpackung wieder zu schließen und mit einem neuen ESD-Aufkleber zu versehen.

Werden ESDS einzeln eingelagert, dann müssen sie in ESD-Behältern eingelagert werden.

Die Plätze, an denen sich ESDS befinden, sind zu kennzeichnen.

Innerbetrieblicher Transport

ESDS dürfen außerhalb einer EPA oder eines ESD-Arbeitsplatzes nur in abschirmender Verpackung transportiert werden. Ein Öffnen der Verpackung außerhalb einer EPA ist nicht zulässig.

Bauteile, Vorbereitung
Die Anlieferung muss in ESD-Verpackung erfolgen. Die Bearbeitung erfolgt an den ESD-Arbeitsplätzen.

Nach der Bearbeitung sind die ESDS wieder in den ESD-Behältern zu lagern.

Montagelinien/Leiterplattenfertigung/Bestückung/SMD
Dieser Bereich ist ein kompletter ESD-Bereich (EPA), d.h. alle Arbeitsplätze, Personen usw. sind ESD-gerecht ausgerüstet.

In diesem Bereich dürfen sich keine Materialien befinden, die sich elektrostatisch aufladen. Es dürfen nur leitfähige, ableitfähige oder abschirmende Verpackungsmaterialien benutzt werden.

Besonderheiten: *(müssen für die jeweilige Fertigung ergänzt werden)*

Versand

Variante 1: Versand von Geräten
Werden nur komplette Geräte verschickt, dann bestehen keine weiteren Anforderungen an ESD-Verpackungen.

Es wird grundsätzlich davon ausgegangen, dass komplette Geräte nicht mehr ESD-empfindlich sind.

Variante 2: Versand von Baugruppen oder offenen Geräten
Baugruppen oder offene Geräte sind als ESD-empfindlich zu betrachten. Die Verpackung darf nur an einem ESD-Arbeitsplatz erfolgen. Als Verpackungsmaterial dürfen nur Materialien eingesetzt werden, die sich nicht elektrostatisch aufladen. Die Baugruppen selbst müssen außerhalb der EPA in abschirmendem Material verpackt werden. Nur dieses gewährleistet den Schutz gegenüber elektrostatischen Entladungen und Feldern.

C. Anlagen (im Muster nicht enthalten)

1. Messmethoden
2. Liste der zugelassenen ESD-Materialien/Ausrüstungen
3. Schulungsinhalte
4. Prüfplan
5. Auditplan

5 Messtechnik, Grundlagen und praktische Erfahrungen

Nachdem die ESD-Kontrollmaßnahmen, das *ESD-Control-System*, eingeführt wurden, muss zuerst anhand aller Parameter überprüft werden, ob die vorgegebenen Normwerte und Anforderungen eingehalten werden. Erst danach kann die EPA oder können die ESD-Arbeitsplätze in Betrieb genommen werden. Alle Parameter müssen in regelmäßigen Abständen wiederholt überprüft werden. Dazu müssen vor allem Widerstandsmessungen durchgeführt werden. Im folgenden Abschnitt werden zuerst die Ladungs- und dann die Feldstärkemessung beschrieben. Vorher werden einige grundlegende Zusammenhänge zwischen elektrischer Ladung, elektrostatischer Feldstärke und Potential sowie Kapazität, Ladung und Spannung sowie Widerstand beschrieben.

Ladungsmessungen selbst werden sehr selten durchgeführt, gehören aber zur Fehleranalyse bei Ausfällen von ESDS. Die Messung der elektrostatischen Feldstärke gewinnt in Zukunft immer mehr an Bedeutung, denn elektrostatische Felder beeinflussen immer zunehmender die kleiner werdenden elektronischen Bauelemente und Baugruppen (ESDS).

Für den Nachweis des Einflusses und der Wirkung elektrostatischer Ladungen auf elektronische Bauelemente und Baugruppen ist die messtechnische Erfassung der Parameter eines Auf- und Entladevorganges erforderlich. Zur Lokalisation von Fehlerquellen ist die Messung der elektrischen Ladung sowie der elektrischen Feldstärke notwendig. Da die direkte Messung der elektrostatischen Ladung sehr schwierig ist, kann auch die Messung der Kapazität und des Widerstandes eines Körpers zur maximal möglichen Aufladung führen. Die Messung des Entladevorganges erfordert einen hohen messtechnischen Aufwand, weil es sich um sehr schnelle Vorgänge handelt. Für die Messung der Entladezeit gibt es verschiedene Messmethoden, drei Methoden werden beschrieben.

Für die ständige Überprüfung des *ESD-Control-Systems* sowie deren Einhaltung ist die Messung der Widerstandsparameter unbedingt erforderlich.

Alle Messverfahren werden unter Beachtung der gültigen Normen und Normenentwürfe sowie unter den festgelegten Kriterien für ihre Anwendung betrachtet. Zum Verständnis und zur Erklärung eventueller Änderungen werden nochmals „ältere“ Messverfahren herangezogen und mit den aktuellen Techniken und Verfahren verglichen.

5.1 Beziehung zwischen elektrostatischer Ladung und elektrostatischem Feld

Die Größe der elektrostatischen Ladung wird durch die Eigenschaften des Materials sowie den geometrischen Abmessungen des aufgeladenen Körpers bestimmt. Elektrische Ladungen lassen sich sehr einfach messen, elektrostatische Ladungen dagegen nur sehr schwer, weil sie unbeweglich sind. Erst der Abfluss der Ladungen an einen anderen Punkt ermöglicht die messtechnische Bestimmung der Ladungsmenge sowie der Ladung selbst.

Größe	Maßeinheit	Grundwert
Q	1 As = 1 C C = Coulomb	$e = 1.6\ 10^{-19}$ C *e* ist der Wert für eine Elektronenladung

Die elektrische Ladung *Q* ist die Grundeinheit der Elektrizität. Die einfachste Ladungsmenge ist ein Elektron. Die elektrische Ladung selbst kann positiv oder negativ sein. Jede Ladung erzeugt ein elektrisches Feld. D.h., jede elektrische Ladung steht in Beziehung zu einer anderen elektrischen Ladung, gleich welcher Polarität. Bekannt ist, dass sich gleichnamige Ladungen abstoßen und ungleichnamige Ladungen anziehen. Das elektrische Feld, das die elektrische Ladung umgibt, kann experimentell ermittelt werden. Das Bild 5.1 zeigt als Beispiel das elektrische Feld einer positiven Ladung.

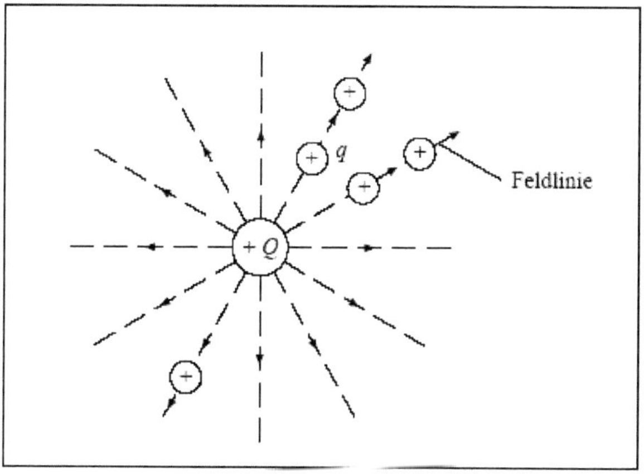

Bild 5.1: Elektrisches Feld einer positiven Ladung

Zuerst wird die *Kraft auf eine Punktladung* betrachtet. Das elektrische Feld bewirkt eine Kraft auf die Punktladung *q*. Die Feldlinien zeigen die Richtung der Kraftwirkung auf die Punktladung (+*q* bzw. −*q*) an. Aus der Proportionalität zwischen der Kraft $\vec{F}$ auf eine Punktladung *q* der Ladung *Q* im elektrostatischen Feld ergibt sich die elektrostatische Feldstärke. Die elektrostatische Feldstärke ist dabei die Feldstärke an dem Punkt, an dem sich die Ladung *Q* befindet. Das eigene Feld wird dabei nicht berücksichtigt. Für die Berechnung der Feldstärke wird von der Kraft $\vec{F}$ auf die Punktladung *q* ausgegangen:

$$\vec{F} = q\vec{E} \qquad (5.1)$$

$\vec{E}$ ist dabei die Feldstärke an dem Punkt, an dem sich die Punktladung *q* befindet. Für die Berechnung der Feldstärke wird angenommen, dass immer eine Ladung q_1 und eine Gegenladung q_2 vorhanden sind. Die Berechnung der Feldstärke von der Punktladung q_1 ergibt sich unter Berücksichtigung des Verschiebungsflusses ψ_{ges}. Auf einer kugelförmigen Hüllfläche mit dem Abstand *r* ist der Verschiebungsfluss gleich der Ladungsdichte:

$$D_1 = \frac{\Psi_{ges}}{4\pi r^2} = \frac{Q_1}{4\pi r^2} \tag{5.2}$$

Unter Berücksichtigung von $D = \varepsilon E$ errechnet sich dann die Feldstärke aus

$$E_1 = \frac{q_1}{4\pi\varepsilon a^2} \tag{5.3}$$

Die Kraft zwischen zwei Punktladungen Q_1 und Q_2 ergibt sich aus

$$\vec{F} = \frac{1}{4\pi\varepsilon_0}\frac{Q_1 * Q_2}{|\vec{r}|^2}\frac{\vec{r}}{|\vec{r}|} \tag{5.4}$$

Es wurden für die Betrachtung der elektrostatischen Felder lineare Verhältnisse angenommen. Damit kann die Vektorschreibweise vereinfacht werden:

$$F = \frac{1}{4\pi\varepsilon_0}\frac{Q_1 * Q_2}{r^2} \tag{5.5}$$

Die Gleichung (5.5) ist das grundlegende *Coulomb'sche Gesetz* im elektrostatischen Feld. Für zwei Kugelladungen geht der Radius *r* ein.

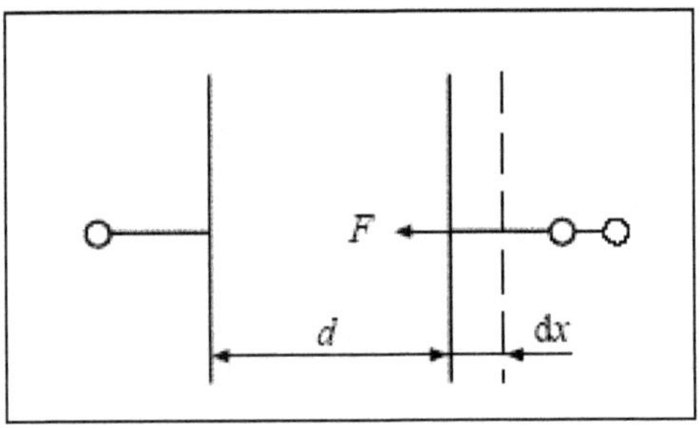

Bild 5.2: Kraftwirkung auf zwei parallele Platten

Zur weiteren Betrachtung im elektrostatischen Feld ist die Kapazität wichtig. Es wird angenommen, dass zwei geladene planare Platten genauso wirken wie zwei Punktladungen. Das Bild 5.2 zeigt die gegenseitige Kraftwirkung der Platten. Weiterhin wird vorausgesetzt, dass die Ladungsmenge konstant bleibt, d.h., Ladungen fließen weder zu noch ab. Dann kann die Energie wie folgt berechnet werden:

$$W = \frac{Q^2}{2C} \tag{5.6}$$

Wird nun die Kapazität *C* berücksichtigt:

$$C = \varepsilon\frac{A}{d} \tag{5.7}$$

wird aus der Gleichung (5.6) für die Energie

$$W = \frac{Q^2 d}{2\varepsilon A} \tag{5.8}$$

Wird der Abstand *dx* zwischen den Kondensatorplatten verändert und bleibt die Ladungsmenge *Q* aber konstant, erhöht sich der Energieinhalt. Die erhöhte Energie kann berechnet werden:

$$dW = \frac{Q}{2\varepsilon A} dx \tag{5.9}$$

Die Zunahme der Energie entspricht der mechanischen Arbeit *F* · *dx*, die bei der Vergrößerung des Abstandes der Kondensatorplatten notwendig ist, um die Ladungsmenge konstant zu halten. Werden beide Energieänderungen gleichgesetzt:

$$dW = Fdx \tag{5.10}$$

$$Fdx = \frac{Q^2}{2\varepsilon A} dx$$

(5.11)

so ergibt sich:

$$F = \frac{Q^2}{2\varepsilon A} \tag{5.12}$$

Die Kraft *F* zwischen den beiden Kondensator Platten, die von den Ladungen überwunden werden muss, errechnet sich dann mit:

$$D = \frac{Q}{A} = \varepsilon E \tag{5.13}$$

zu

$$F = \frac{D^2}{2\varepsilon} A = \frac{DE}{2} A = \frac{\varepsilon E^2}{2} A \tag{5.14}$$

Aus diesen Berechnungen kann folgende Definition abgeleitet werden:

An Trennflächen wirken im elektrostatischen Feld senkrechte Kräfte in Richtung zum Dielektrikum mit der kleineren Dielektrizitätskonstante. Der Stoff mit der größeren relativen Dielektrizitätskonstante wird auf Zug und der mit der kleineren auf Druck beansprucht.

Die Gleichung (5.12) zeigt, dass die Kraft mit der Feldstärke an der Trennfläche wächst. Wird also ein neutraler Leiter in das elektrische Feld gebracht, verändert die Influenzladung das Feld. Die Feldstärke wird auf der einen Seite größer. Der Körper wird also in das stationäre Feld gezogen (Bild 5.3). Im homogenen Feld sind die Kräfte gleich groß.

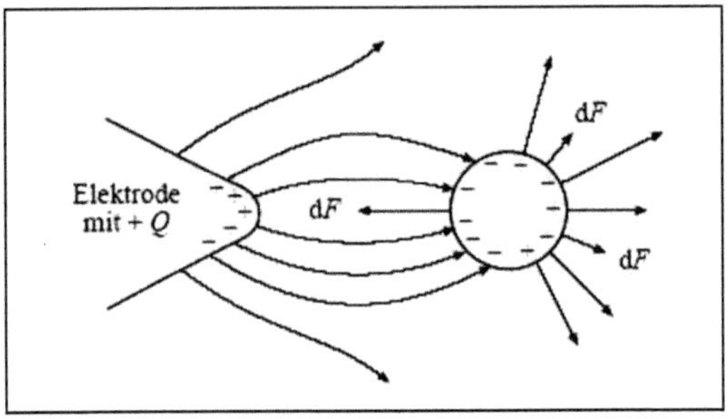

Bild 5.3: In einem inhomogenen Feld befindet sich ein neutraler Leiter

Für den Nachweis der elektrostatischen Ladungen auf einem Leiter dienen die weiteren Betrachtungen. Ein isolierter Leiter wird in ein elektrostatisches Feld gebracht. Durch die Feldkräfte werden die beweglichen Ladungen (Elektronen) an die Leiteroberfläche bewegt. Dieser Verschiebungsvorgang der Ladungen wird *Influenz* genannt. Die Influenz von Ladungen wird zukünftig eine wichtige Rolle bei der Entstehung von elektrostatischen Ladungen und der Beeinflussung von ESDS spielen. Der Nachweis von elektrostatischen Ladungen in Maschinen wird immer wichtiger.

Folgende grundlegende Definition ergibt sich:

Befindet sich ein isolierter Leiter in einem elektrischen Feld, so entstehen Ladungen an der Oberfläche des Leiters durch Ladungstrennung (Influenz). Das Leiterinnere ist feldfrei (Faraday'scher Käfig).

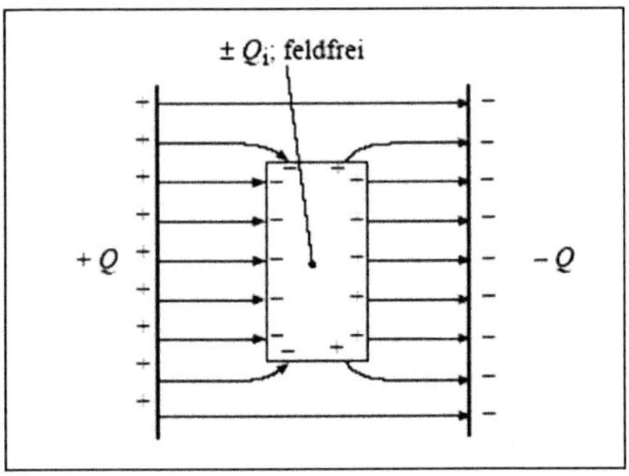

Bild 5.4: Isolierter Leiter in einem elektrischen Feld

An der Oberfläche werden die Ladungen so verteilt, dass die Feldstärkelinien senkrecht zur Oberfläche gerichtet sind. Erst dann existiert keine Kraftkomponente längs der Oberfläche, die die Ladung verschieben könnte. Die entsprechende Definition besagt:

Ein Leiter erzwingt in einem elektrostatischen Feld immer eine Äquipotentialfläche. Die Feldstärkelinien stehen senkrecht zur Oberfläche.
Die Ladungsverteilung an der Oberfläche A_O eines Leiters wird durch die Flächenladungsdichte σ beschrieben:

$$\sigma = \frac{dQ}{dA_O} \tag{5.15}$$

Grundlegend muss festgestellt werden, dass eine elektrische Ladung +*Q* immer mit einer gleichen Ladung -*Q* über ein elektrostatisches Feld in Verbindung steht. Das elektrostatische Feld wird durch die Feldlinien dargestellt. Die eine Ladung kann dabei in großer Entfernung von der anderen Ladung existieren. Befinden sich Leiter zwischen diesen Ladungen, dann entstehen immer Influenzladungen in diesem Leiter als unmittelbare Gegenladungen. Wird eine ungeladenen Metallhülle um die Ladung +*Q* gelegt, so ist die gesamte Ladung, die in dieser Hülle influenziert wird, gleich der eingeschlossenen Ladung.

$$Q_{iges} = Q \tag{5.16}$$

Diese durch die Ladungsverschiebung im Metall auftretende Influenzladung ist unabhängig vom Dielektrikum zwischen der Ladung *Q* und der Metallhülle (Bild 5.5). Die Definition lautet:

In jeder geschlossenen Metallhülle wird unabhängig von deren Größe und Gestalt und unabhängig vom Dielektrikum eine Ladung verschoben, die gleich der umhüllten Überschussladung ist.

Das bedeutet, befinden sich in einer Metallhülle ESDS, z. B. einem metallisierten Beutel, so kann es zu Ladungsverschiebungen auf diesen kommen. Zerstörungen oder Schäden an ESDS gibt es aber erst, wenn diese Ladungsdifferenzen schlagartig abgebaut werden. Die Messung des Abschirmverhaltens und der Aufladbarkeit oder Entladezeit (Static Decay) ist von großer Bedeutung.

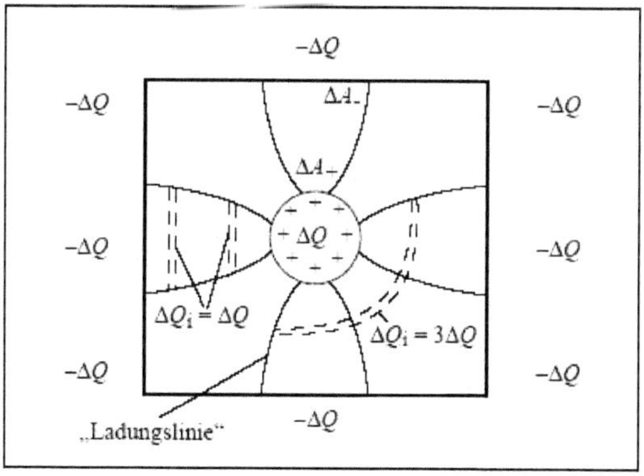

Bild 5.5: Verschiebung von Ladungen auf einem Leiter in einer Metallhülle

Bezeichnung	Definition	Maßeinheit
Oberflächenladungs-dichte ρ	$\rho = \frac{dQ}{dA}$	$\frac{As}{m^2}$
Raumladungsdichte σ	$\sigma = \frac{dQ}{dV}$	$\frac{As}{m^3}$

Für die Erklärung der weiteren messtechnischen Zusammenhänge ist es notwendig, die grundlegenden Zusammenhänge von Kapazität, Ladung und Spannung zu beschreiben. Es wird von homogenen Verhältnissen ausgegangen. Zwei Metallplatten stehen sich parallel gegenüber. Zwischen diesen befindet sich ein nichtleitendes Material, das Dielektrikum (vgl. Bild 5.4). An die Kontakte der Metallplatten wird eine definierte Spannung angelegt, so dass eine Potentialdifferenz *U* vorhanden ist. Die Ladungen +*Q* und –*Q* sind von den konstruktiven Anordnungen und dem Dielektrikum zwischen den Metallplatten abhängig. Grundsätzlich gilt die Beziehung:

$$Q=C*U \tag{5.17}$$

Die Kapazität *C* enthält die konstruktiven und Materialeigenschaften. Die Gleichung (5.17) umgestellt nach der Kapazität *C*

$$C = \frac{Q}{U} \tag{5.18}$$

ergibt die Grundgleichung für einen Kondensator. Unter Berücksichtigung der Feldgrößen, ergibt sich:

$$C = \frac{Q}{U} = \frac{\int_A \vec{D} * d\vec{A}}{\int_d \vec{E} * d\vec{s}} \tag{5.19}$$

Für die weiteren Betrachtungen werden homogene Verhältnisse angenommen. Für ein homogenes Feld gilt

$$C = \frac{D * A}{E * d} \tag{5.20}$$

Unter Berücksichtigung des Verschiebungsflusses $D = \varepsilon * E$ ergibt sich für einen Plattenkondensator bei homogenem Feldverlauf

$$C = \frac{\varepsilon * A}{d} \tag{5.21}$$

mit $\varepsilon = \varepsilon_0 * \varepsilon_r$

Die Dielektrizitätskonstante ε charakterisiert die Materialeigenschaften des Dielektrikums zwischen den Elektrodenflächen des Kondensators.

Tabelle 5.1 Relative Dielektrizitätskonstanten ausgewählter Materialien

Material	ε_r	**Material**	ε_r
Bernstein	2,8	Luft	1,0006
Eis	2 ... 3	Marmor	8,3
Glas	5 ... 10	Papier	1,8 ... 2,6
Glimmer	5 ... 10	Porzellan	4,5 ... 5
Gummi	2,7	Vakuum	1
Hartpapier	5 ... 6	Wasser	80
Holz	3 ... 3,5		

Zukünftig ist es immer wichtiger die Energie im elektrostatischen Feld zu beschreiben. Es wird sich nicht mehr um Entladungen von elektrostatischen Aufladungen von einigen 1000 V auf 0 V handeln, sondern es sind Entladevorgänge von z. B. 10 V auf 5 V zu betrachten. Hier wird die umgesetzte Energie eine wichtige Rolle spielen. Ein erster Schritt ist die Betrachtung der Energie, die in einem Verpackungsbeutel gemessen werden kann. Früher wurden ausschließlich die Widerstände gemessen. Heute werden Beutel danach charakterisiert, wie viel Energie in ihrem Inneren gemessen wird. Die allgemeine Beziehung für die Energiedichte in einem elektrischen Feld lautet:

$$W_E = \int_0^D \vec{E} * d\vec{D} \tag{5.22}$$

Mit den bisherigen Voraussetzungen, dass es sich um lineare Stoffe und Vorgänge handelt, kann die Gleichung (5.22) vereinfacht werden.

$$W_E = \varepsilon \int_0^E \vec{E} * d\vec{E} = \frac{\varepsilon}{2} \vec{E}^2 \tag{5.23}$$

Die Energiedichte berechnet sich aus der Gleichung (5.22) unter der Voraussetzung von Materialien mit konstantem ε aus

$$W_E = \frac{1}{2} \vec{D}\vec{E} = \frac{\varepsilon}{2} \vec{E}^2 \tag{5.24}$$

Wird der *Gauß'sche Satz* über die Oberfläche des Volumens *V* berücksichtigt, dann kann die Energie des von einer Raumladung erzeugten elektrischen Feldes durch die Ladungsdichte und das Potential im unendlich ausgedehnten Raum ausgedrückt werden als

$$W = \frac{1}{2} \int_V \varphi \rho dV \tag{5.25}$$

Aus der Energie in einem Mehrleiter (N – Leiter) System und den Teilkapazitäten kann die gespeicherte Energie ermittelt werden

$$W = \frac{1}{2}\sum_{\mu=1}^{n}\sum_{\upsilon=1}^{n}\varphi_{\mu}\varphi_{\upsilon}q_{\mu\upsilon} \tag{5.26}$$

Die Teilladungen $q_{\mu\upsilon}$ werden gegeben durch

$$Q_{\mu} = \sum_{\upsilon=1}^{n} C_{\mu\upsilon}U_{\mu\upsilon} \tag{5.27}$$

Wird die Gleichung (5.27) in die Gleichung (5.26) eingesetzt, ergibt sich die gespeicherte Energie zu

$$W = \frac{1}{2}\sum_{\upsilon=1}^{n}\sum_{\mu=1}^{n} C_{\mu}U_{\upsilon}^{2} \tag{5.28}$$

Aus dieser Gleichung kann die gespeicherte Energie der Raumladung ermittelt werden.

Abschließend wird die Kraft auf eine freie Ladung beschrieben, wenn sie in ein elektrisches Feld gebracht wird. Die positiven Ladungen werden in Feldrichtung, die negativen entgegen der Feldrichtung beschleunigt. Zwischen der Beschleunigung a einer Punktmasse m und der wirkenden Kraft gilt die *Newton'sche Bewegungsgleichung* $F = m * a$. Mit der Beziehung $F = Q * E$ ergibt sich

$$a = \frac{Q}{m}E = \frac{Q}{m}\frac{dU}{dl} \tag{5.29}$$

Das elektrische Feld beschleunigt die Ladung Q auf die Geschwindigkeit

$$\upsilon = \sqrt{{}^{2Q}\!/_{m}\,U} \tag{5.30}$$

In der Beziehung (5.30) ist die Spannung U die von der Ladung Q durchlaufende Potentialdifferenz. Die Geschwindigkeit υ wird erreicht unter der Voraussetzung, dass keine Zusammenstöße mit anderen Teilchen im Feld auftreten.

5.2 Messung der elektrostatischen Ladungen

Elektrostatische Ladungen lassen sich erst messen, wenn ein Ladungsfluss zustande kommt. Die Messung des Entladestromes erfordert ein hochempfindliches Amperemeter. Für Messungen des Entladestromes sind Messbereiche bis 10^{-15} A notwendig. Aus diesem Grund werden oft Vergleichsmessungen durchgeführt. Eine Methode ist die Bestimmung der elektrostatischen Ladung mit Hilfe der Influenzladung. Es wird davon ausgegangen, dass von der elektrostatischen Ladung ein elektrostatisches Feld ausgeht. Weiterhin wird angenommen, dass dieses elektrostatische Feld zu der zu bestimmenden Ladungsmenge proportional ist. Eine einfache Methode zeigt das *Elektroskop*.

Das Messprinzip beruht darauf, dass das elektrostatische Feld der Ladungsansammlung eine entsprechende Ladungsmenge auf die Metallkugel influenziert. Eine geladene Person kann z. B. alle Ladungen an die Metallkugel abgegeben. Auf der Kugel befinden sich nach der Berührung die entsprechenden Gegenladungen. Die gesamte Vorrichtung aus Metallkugel und Metallplättchen ist gleichartig aufgeladen. Die Metallkugeln sind gut isoliert gegenüber dem Gehäuse, das als Faraday'scher Käfig wirkt. Durch die Ladungstrennung des Elektroskops befinden sich die Gegenladungen zu den Ladungen auf der Metallkugel nunmehr im Inneren. Diese elektrostatischen Ladungen sind entweder positiv oder negativ. Die Metallplättchen, die sich im Inneren des Elektroskops befinden, sind aber gleichartig aufgeladen und stoßen sich deshalb ab.

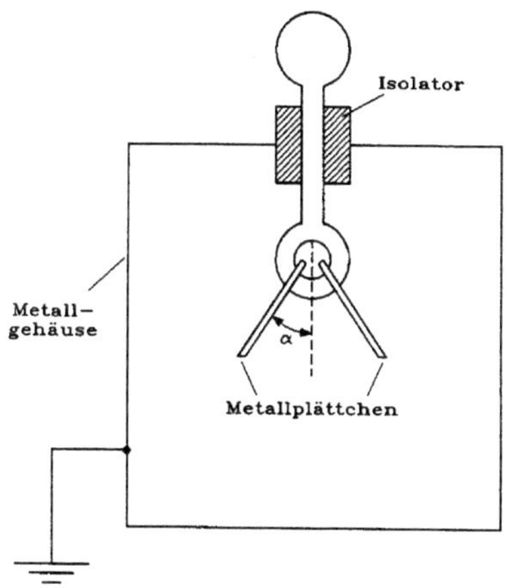

Bild 5.6: Prinzipieller Aufbau eines Elektroskops

Aus der grundlegenden Physik ist bekannt, dass sich gleichnamige Ladungen abstoßen und unterschiedliche Ladungen anziehen. Mit dem Elektroskop kann nur nachgewiesen werden, dass elektrostatische Ladungen vorhanden sind oder nicht. Eine weit bessere Methode, die auch den quantitativen Nachweis der Ladungen gestattet, wird durch das *Elektrometer* realisiert. Zusätzlich zum mechanischen Auslenken der Metallplättchen wird hier eine Hilfsspannung verwendet. Die Bilder 5.7 und 5.8 zeigen zwei Möglichkeiten für ein Elektrometer. Wird nun der in dem Elektrometer (Bild 5.7) befindliche Draht oder der Zeiger mit der unbekannten und zu messenden elektrostatischen Ladung aufgeladen. Der Zeiger bewegt sich entsprechend der Aufladung in die eine oder andere Richtung, je nachdem wie die Platten aufgeladen sind. So resultiert daraus eine Bewegung des Drahtes bzw. des Zeigers. Die Auslenkung beider Anordnungen kann normiert werden — damit lässt sich die Menge der elektrostatischen Ladung ermitteln. Der Messbereich ist aber begrenzt. Wird ein Mikroskop zur Ablesung der Auslenkung eingesetzt, können Ladungen Q im Bereich der Elektronenladung also pC ($\approx 10^{-12} \ldots 10^{-16}$ C) abgelesen werden. Anders betrachtet, bedeutet dies, elektrostatische Aufladungen können im mV-Bereich ermittelt werden. Nur sehr große elektrostatische Ladungen lassen sich mit einer derartigen Messanordnung ermitteln. Für die Elektronikbereiche sind diese Messanordnungen ungeeignet.

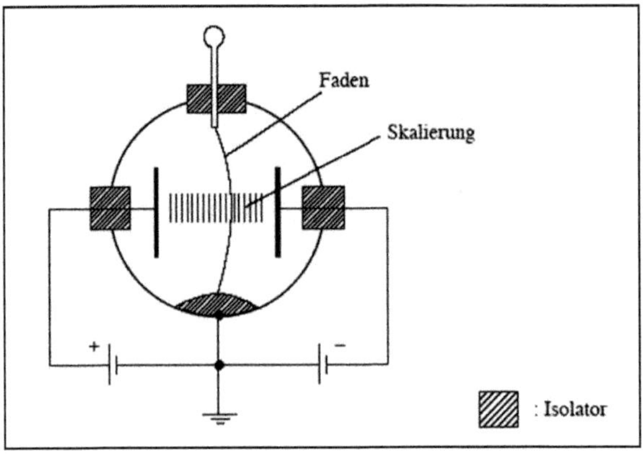

Bild 5.7: Aufbau eines Fadenelektrometers

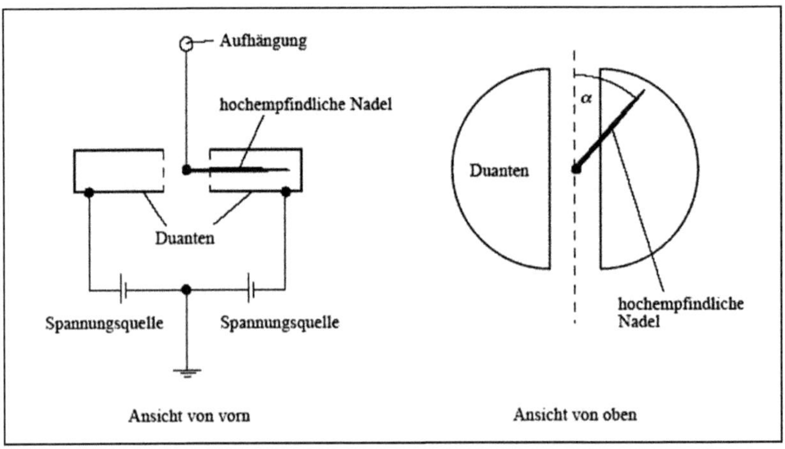

Bild 5.8: Aufbau eines Duantenelektrometers

Eine weitere Methode zur Ermittlung der elektrostatischen Ladung ist die Influenzmethode. Hauptbestandteil der Messanordnung ist ein Faraday'scher Becher. Besonders bei kleinen und unregelmäßigen Körpern, z. B. elektronischen Bauelementen und integrierten Schaltkreisen, lässt sich damit sehr genau die Ladungsmenge ermitteln, die auf diesen vorhanden sein kann. Zur Berechnung der unbekannten elektrostatischen Ladung auf dem unbekannten Körper werden zuerst die Werte des Messsystems ermittelt, die Kapazität und Daten für einen homogenen Körper. Damit wird das Messsystem kalibriert. Zur Berechnung der Ladungsmenge, wird zunächst ein homogener Körper vorausgesetzt. Weiterhin wird ein paralleles Feld angenommen, d.h., grundsätzlich kann angenommen werden, dass es sich um einen Plattenkondensator handelt. Die Kondensatorflächen A sind gleich groß, planar (eben) und der Abstand d zwischen den Platten ist parallel und konstant. An einem Plattenkondensator (vgl. Bild 5.9) wird eine Spannung U angelegt. Das elektrische Feld in dem Plattenkondensator errechnet sich aus der Gleichung

$$E = -\frac{U}{d} \tag{5.31}$$

Wie die Gl. 5.31 zeigt, hängt das elektrische Feld im Plattenkondensator vom Abstand *d* ab. Aus der klassischen Feldtheorie ist die Gleichung (5.32) bekannt. Sie besagt, dass auf die Ladung *Q* in einem elektrischen Feld die Kraft *F* wirkt

$$F = \frac{Q^2}{2\varepsilon A} dx \tag{5.32}$$

Daraus ergibt sich die Beziehung:

$$F = \frac{QU}{d} \tag{5.33}$$

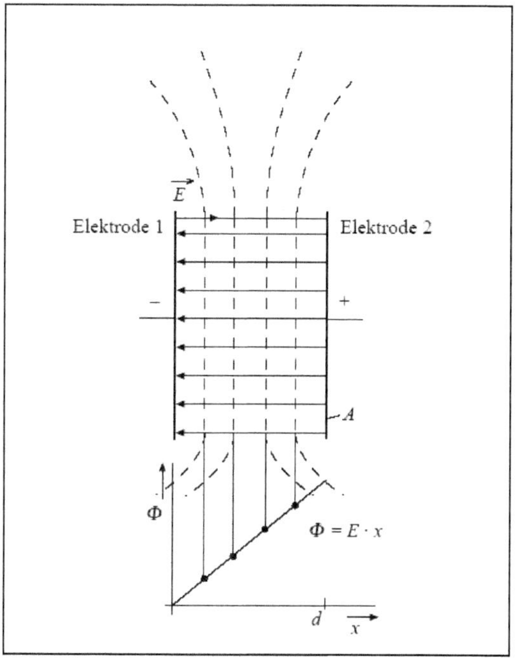

Bild 5.9: Aufbau eines Plattenkondensators mit planaren Feldplatten

Die Kapazität *C* lässt sich aus der bekannten Beziehung errechnen

$$C = \varepsilon_0 \varepsilon_r \frac{A}{d} \tag{5.34}$$

wobei die Materialeigenschaften durch

ε_0 absolute Dielektrizitätskonstante
ε_r relative Dielektrizitätskonstante

gegeben sind. Den geladenen Körper bringt man in das Feld zwischen die Platten. Äußere elektrische Fremdfelder beeinflussen diesen Vorgang entscheidend. Aus diesem Grund wird anstelle des Plattenkondensators für die Ermittlung der Ladung eines unregelmäßigen Körpers ein Faraday'scher Becher eingesetzt (Bild 5.10). Der Faraday'sche Becher besteht aus einem inneren (1) und einem äußeren (2) Becher. Der innere Becher ist die eine Elektrode des Kondensators, die andere Elektrode wird durch den äußeren gebildet. Der äußere ist gut geerdet und dient gleichzeitig der Abschirmung gegen äußere elektrische Felder. Die Kapazität des Faraday'schen Bechers errechnet sich nach der Gleichung (5.35)

$$C = 4\pi\varepsilon_0\varepsilon_r \frac{l}{\ln\frac{r_a}{r_i}} \tag{5.35}$$

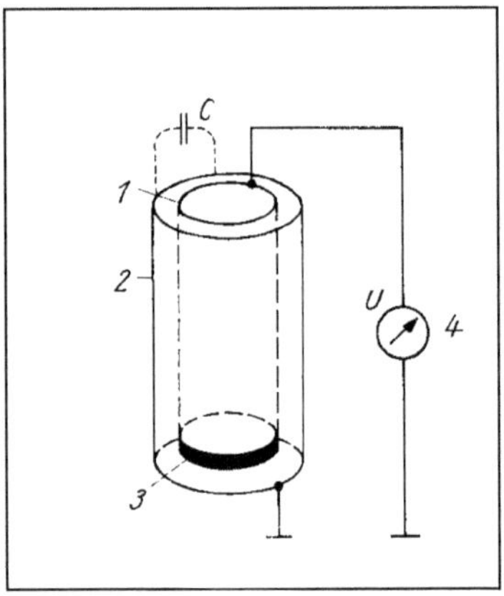

Bild 5.10: Messprinzip mit einem Faraday'schen Becher

Der geladene Probekörper wird in den inneren Behälter eingebracht. Beide Elektroden sind gut voneinander isoliert (3) aufgebaut. Die Ladung wird durch Influenz, infolge der Potentialdifferenz zwischen Behälter und Körper, an den inneren Behälter abgegeben. Das System, das den Kondensator bildet, speichert die Ladung des Probekörpers. Es wird vorausgesetzt, dass die gesamte Ladung, die auf dem Körper vorhanden ist, an den Becher abgegeben wird. Da die Kapazität des Faraday'schen Bechers bekannt ist, kann aus der gemessenen Spannung U, die sich an dem Faraday'schen Becher aufbaut, die Ladung Q auf dem Körper berechnet werden

$$Q = C \cdot U \tag{5.36}$$

Diese Messmethode wird in der Praxis sehr oft angewandt, um elektrostatische Aufladungen von unregelmäßigen Körpern zu ermitteln. Die Auswertung der sehr kleinen gemessenen Werte für Spannung und Strom erfolgt nach dem Ladungs-Integrationsverfahren.

Eine weitere Messmethode ermittelt aus dem Entladestrom des Probekörpers die gespeicherte Ladungsmenge durch Integration über die Zeit. Der Probekörper wird elektrisch kontaktiert und die Ladungen fließen über diesen Entladepfad zum Erdpotential ab. Zur Messung der Zeitdauer des Entladestromes wird die Entladezeitkonstante durch einen Vorwiderstand so vergrößert, dass sie messbar ist. Mit Hilfe eines empfindlichen Galvanometers wird der Entladestrom gemessen. Die Ladungsmenge lässt sich aus dem Zeitverlauf des Entladestromes berechnen:

$$Q = \int_{t_1}^{t_2} i \cdot dt \qquad (5.37)$$

mit
- t_1 Beginn des Entladevorganges
- t_2 Ende des Entladevorganges
- i Entladestrom

Eine sehr aufwendige Methode zur Ermittlung der elektrischen Ladung ist die Messung der Kapazität des geladenen Körpers und der elektrostatischen Spannung. Voraussetzung dafür sind hochgenaue Messgeräte für Spannung und Kapazität sowie einer Messanordnung zur Bestimmung der eigentlichen Kapazität des Probekörpers unter Ausschluss der Umgebung. Zusätzlich muss gewährleistet werden, dass zwischen dem geladenen Gegenstand und einem gut isolierten Gegenpol ein Potentialunterschied vorhanden ist. Das Messverfahren soll hier nicht weiter beschrieben werden.

5.3 Messung der elektrischen Feldstärke in einem elektrostatischen Feld

Ein wichtiger Parameter zur Beurteilung des elektrostatischen Feldes ist die elektrische Feldstärke selbst. Die elektrische Feldstärke gibt Auskunft darüber, wie gefährlich das elektrostatische Feld für elektronische Bauelemente und Baugruppen sein kann. Werden bestimmte Mindestfeldstärken überschritten, kann es auch zur Beeinflussung von Personen kommen, so genannte Schreckreaktionen werden ausgelöst. Diese Schreckreaktionen werden durch die schlagartige Abführung elektrostatischer Ladungen hervorgerufen. Schäden der Gesundheit von Personen treten nach bisherigen Erfahrungen nicht direkt auf.

Wie bereits schon vorher beschrieben wurde, rufen elektrische Feldstärken über 100 V/cm Veränderungen in elektronischen Bauelementen und Baugruppen hervor. Bei der Messung der elektrischen Feldstärke auf isolierenden Materialien kann davon ausgegangen werden, dass es sich um stationäre elektrische Felder handelt. Das allgemeine Messprinzip beruht wieder auf einer Kondensatoranordnung. Auf der einen Seite ist die geladene Anordnung. Demgegenüber wird eine Elektrode angeordnet. Diese Elektrode wird mit einem Messsystem verbunden. Aus der klassischen Elektrostatik ist bekannt, dass gleichartige Ladungen sich abstoßen und ungleiche anziehen. Bei der Messung werden also immer die entgegen gesetzten Ladungen benötigt, damit es zum Ladungsausgleich kommt. Ist der zu prüfende Körper positiv geladen, werden an der Messelektrode negative Ladungen zum Potentialausgleich benötigt. Die negativen Ladungen werden aus der Spannungs- bzw. Stromquelle des Messsystems geholt. Dieser Vorgang löst einen Strom aus. Der Strom kann mit einem entsprechenden Strom-Messsystem ermittelt werden und ist gleichzeitig ein Maß für die elektrische Feldstärke.

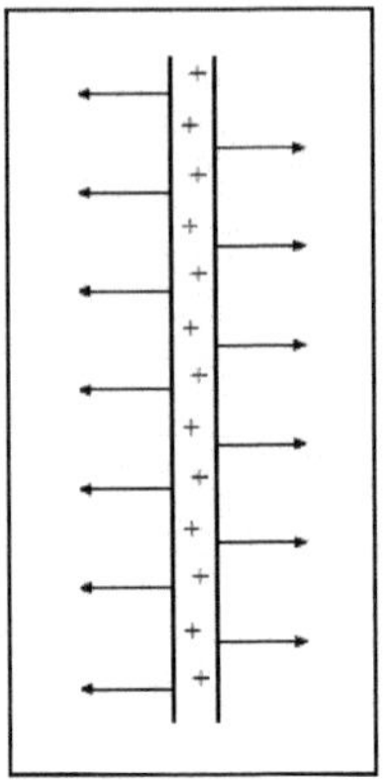

Bild 5.11: Feld eines homogenen Isolators, z. B. eine aufgeladene Folie

Die Feldelektrode des Messsystems wird in das unbekannte elektrische Feld gebracht. Die Elektrode, die üblicherweise aus einem Metall besteht, verfälscht das elektrische Feld, wie im Bild 5.11 zu sehen ist. Der Grund ist, dass alle Ladungen auf kürzestem Weg ihre entsprechende Gegenladung suchen. Dieser Vorgang führt zu einer Verformung des homogenen Feldlinienverlaufes. Gleichzeitig führen diese Feldveränderungen natürlich zu einem „fehlerhaften" Messwert.

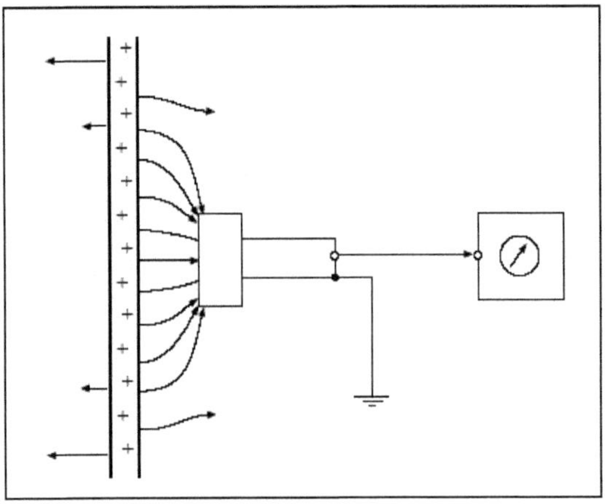

Bild 5.12: Beeinflussung der Feldlinien durch eine Feldelektrode

Zur Vermeidung dieses Fehlers wird eine zusätzliche vergrößerte Elektrode eingesetzt. Die eigentliche Elektrode befindet sich in der Mitte. Der äußere Teil der Elektrode dient „nur" der Normierung des Feldlinienverlaufes. Durch diese Anordnung wird gewährleistet, dass die elektrische Feldstärke, die von dem inneren Teil der Elektrode erfasst wird, dem wahren Messwert entspricht.

Zusätzlich kann eine Gegenelektrode angebracht werden. Diese Gegenelektrode verhindert bei sehr dünnen isolierenden Folienmaterialien, dass die Feldlinien der Rückseite miterfasst werden. Die zusätzliche Elektrodenanordnung wird geerdet. Die elektrische Feldstärke lässt sich auch dann ermitteln, wenn die Elektroden nicht geerdet sind. Nur muss dann ein entsprechender Regelmesskreis dafür sorgen, dass die gemessene Feldstärke der wahren Feldstärke entspricht.

Ein weiteres Problem ist dadurch gegeben, dass sehr kleine elektrische Feldstärken und damit sehr kleine Ladungsmengen bzw. Ströme gemessen werden müssen. Dafür sind sehr genaue Strommessgeräte, die bis 10^{-15} A oder besser messen können, notwendig. Aus diesem Grund werden andere Messverfahren verwendet, die diese statischen elektrischen Felder bei der Messung in dynamische Werte umwandeln. Zwei inzwischen weit verbreitete Verfahren sollen vorgestellt werden, die „Feldmühle" und das Feldmeter mit „Schwingkopfprinzip" oder das Messprinzip mit der „Kelvin Probe".

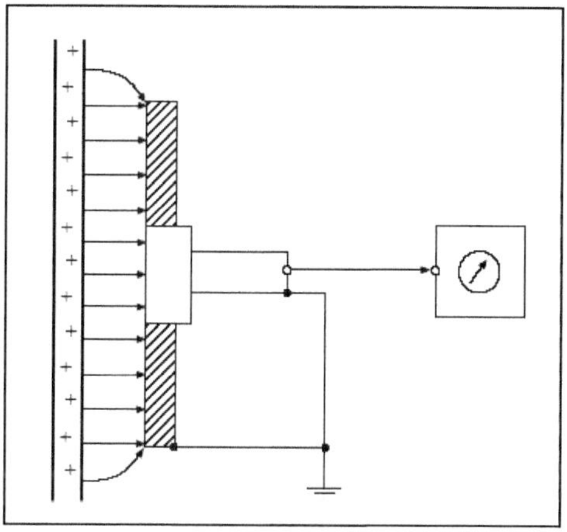

Bild 5.13: Veränderte Elektrodenanordnung zur Messung der elektrischen Feldstärke

Das Prinzip zur Messung der elektrischen Feldstärke durch elektrische Influenz in einem elektrostatischen, mechanischen Generator wurde bereits 1930 von SCHWENKHAGEN entworfen und wird noch heute verwendet. Eine Influenzelektrode (2) wird mit dem Eingang eines parametrischen Verstärkers verbunden. Die Elektrode befindet sich hinter dem geerdeten Flügelrad, ähnlich einer Blende (1). In Abhängigkeit von der Stellung des geerdeten Flügelrades kann das elektrische Feld auf der Elektrode (2) influenziert werden oder es wird geerdet. Die influenzierten Ladungen erzeugen am selektiven Verstärkereingang (8) einen Wechselstrom. Das ausgewertete Signal ist der eigentlichen Feldstärke proportional. Die Polarität der elektrostatischen Ladung bzw. die Richtung des elektrischen Feldes kann auf diesem Weg nicht ermittelt werden.

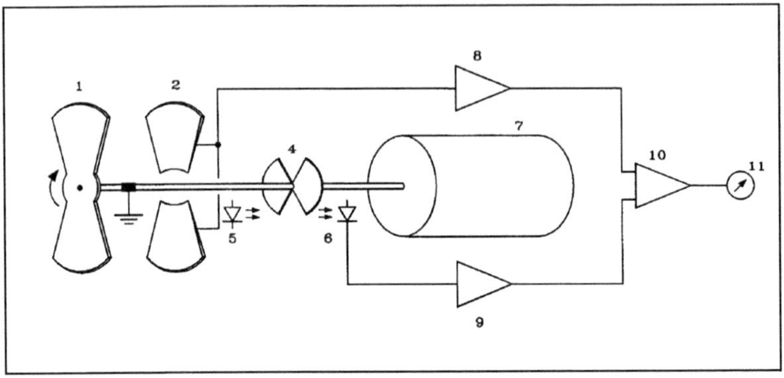

1, 2 Flügel, 3 Erdung, 4 Sektorscheibe, 5 Leuchtdiode, 6 Fotodiode, 7 Antrieb/Motor, 8 Verstärker mit hochohmigem Eingang, 9 Verstärker für die Fotodiode, 10 phasenempfindlicher Verstärker, 11 Messgerät mit digitaler und analoger Anzeige

Bild 5.14: Feldstärke Messgerät — „Feldmühle“

Die Polarität der elektrostatischen Aufladung bzw. des elektrostatischen Feldes wird mit der Zusatzanordnung bestehend aus den Elementen (4, 5, 6) ermittelt. Die Anordnung ist kompatibel mit der wirklichen Polarität der elektrostatischen Aufladung. Schaltungstechnisch bzw. elektromechanisch erfolgt eine Auswertung der Stellung der Sektorscheibe (4). Je nachdem, ob das Referenzsignal mit der durch die Influenzladungen erzeugten Spannung am Verstärker (9) übereinstimmt oder nicht, handelt es sich um eine positive oder negative elektrostatische Ladung. Das Messprinzip ist so ausgelegt, dass dem elektrischen Feld während der Messung keine Energie entnommen wird.

Ein anderes Messprinzip zur Messung der elektrostatischen Feldstärke setzt sich, durch die Möglichkeit der Erfassung kleiner Messwerte und Messflächen, immer mehr durch. Mit dem Feldmeter nach dem „Schwingkopfprinzip“ können bereits Flächen mit Abmessungen von weniger als 5 mm ∅ erfasst werden. Die Feldmühle ist durch ihr mechanisches Prinzip in den minimalen Abmessungen eingeschränkt. Üblich sind Flügelräder in den Abmessungen von ca. 20 mm ∅, minimale Anordnungen betragen inzwischen 12 mm ∅. Dadurch können natürlich kleine Feldstärken (z. B. < 10 V/cm) auf sehr kleinen Oberflächen nur sehr schlecht oder überhaupt nicht erfasst werden, weil Fremdfelder dann an Bedeutung gewinnen und das Messergebnis drastisch verfälschen. Sehr kleine Messanordnungen sind notwendig, die die wahren elektrostatisch aufgeladenen Teile messen können. Der Feldsensor („Kelvin Probe“) des Schwingkopfprinzips ermöglicht die Aufnahme sehr kleiner Feldänderungen. Bei den elektrostatischen Feldern handelte sich bisher grundsätzlich um stationäre Felder. Die Veränderungen und eigentlichen Auf- und Entladevorgänge erfolgen jedoch immer schneller. Die Feldmühle ist für diese Anwendungen zu träge. Das Schwingkopffeldmeter („Kelvin Probe“ [47]) kann diesen Veränderungen und Vorgängen besser folgen. Werden elektronische Auswerteschaltungen genutzt, können schon schnelle Vorgänge sehr gut erfasst werden.

Das Bild 5.15 zeigt den prinzipiellen Aufbau eines Feldstärke Messgerätes nach dem „Schwingkopfprinzip“. Die Messelektrode in Form einer kleinen Platte steht der geladenen Oberfläche gegenüber. Die Messelektrode wird durch den eingebauten elektromechanischen Modulator in Vibration versetzt. Die Anordnung Messelektrode – geladene Oberfläche bildet einen Kondensator. Durch die Vibration wird ständig der Abstand zwischen beiden Flächen verändert. In die Kondensatorgleichung geht der Abstand *d* ein (vgl. Gl. 5.34).

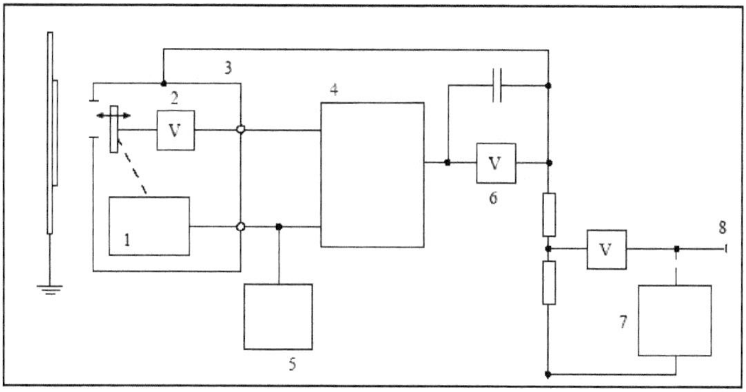

1 elektromechanischer Modulator für die Schwingkopfelektrode, 2 Vorverstärker, 3 abschirmendes Messkopfgehäuse, 4 Auswerteeinheit, 5 Oszillator, 6 Integrator, 7 digitale oder analoge Anzeigeeinheit, 8 Signalausgang für die Weiterverarbeitung

Bild 5.15: Feldstärke Messgerät mit Schwingkopfelektrode

Das statisch anliegende elektrostatische Feld wird durch die Vibration in ein Wechselsignal umgewandelt. D.h., das elektrostatische Feld ist konstant, durch die Änderung des Abstandes *d* ändert sich die Spannung auf der Kondensatoranordnung, es entsteht eine Wechselspannung. Das Signal wird einem hochohmigen Vorverstärker zugeführt. Ein phasenempfindlicher Demodulator vergleicht die Phase des Signals mit der Phase des elektromechanischen Modulators und stellt die Polarität fest. Ein Hochspannungsverstärker hebt das Signal auf die Amplitude des zu erfassenden Messsignals an. Das Signal wird auf das Gehäuse des Messkopfes gelegt. Ist die Feldstärke auf der aufgeladenen Oberfläche gleich null, kann der Betrag und das Vorzeichen der vorher vorhandenen elektrostatischen Feldstärke aus der Anzeigeeinheit ermittelt werden.

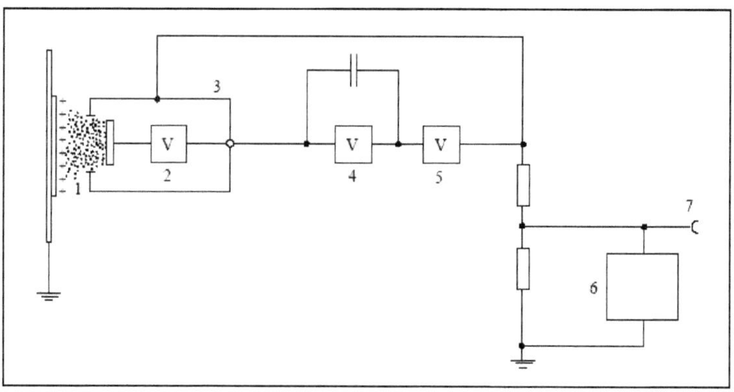

1 Ionenwolke, 2 Vorverstärker, 3 abschirmendes Messkopfgehäuse, 4 Integrator, 5 Spannungsverstärker, 6 digitale oder analoge Anzeigeeinheit, 7 Signalausgang für die Weiterverarbeitung

Bild 5.16: Messverfahren mit schwach radioaktiver Elektrode

Als Ergänzung wird noch das Verfahren mit einer schwach radioaktiven Sonde beschrieben. Durch die radioaktive Sonde bzw. durch den Ionenstrom, den das radioaktive Material hervorruft, wird die Umgebung der Messelektrode ionisiert. Wird die Messelektrode in die Nähe einer elektrostatisch geladenen Oberfläche gebracht, dann können Ladungen aus der Umgebung der Messsonde abgezogen oder hinzugefügt werden. Mit diesen Ionen werden die elektrostatischen Felder abgebaut. Dieser Ionenstrom wird im Messgerät gemessen. Ein hochohmiger Verstärker im Messgerät ermöglicht diese Messung. Es wird nach der Kompensationsmethode gearbeitet. Es wird so lange ein Ionenstrom erzeugt, bis das elektrostatische Feld den Wert Null erreicht. Die Spannung bzw. der fließende Strom, der notwendig ist, um diesen Zustand zu erzeugen, ist dann der Messwert. Ein wesentlicher Nachteil ist nicht nur das radioaktive Material in der Sonde, sondern auch die Tatsache, dass es sehr schwierig ist, nach jeder Messung den Nullpunkt herzustellen. In der Regel kann es sehr lange dauern, bis alle Ionen oder Ladungen aus der Sonde entfernt sind.

Diese speziellen Messgeräte mit radioaktivem Messkopf werden vorrangig in Ex-Bereichen eingesetzt. Hier ist eine Messung mit einem anderen elektrisch getakteten Messsystem nicht möglich. Es würde zu Explosionen kommen.

Zu Messfehlern kann es bei der Ermittlung eines elektrostatischen Feldes auf einer Oberfläche kommen, wenn an der Gegenseite ein Metall bzw. ein anderer sehr guter elektrischer Leiter vorhanden ist. Das Bild 5.17 zeigt eine derartige Anordnung.

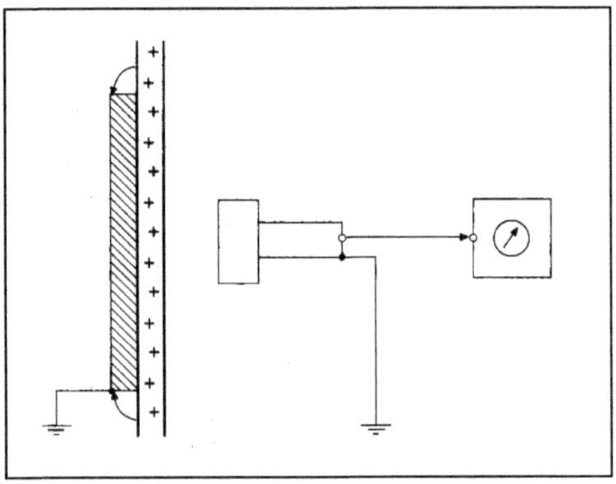

Bild 5.17: Elektrisches Feld an einer leitfähigen und lackierten Metalloberfläche

Bei dieser Anordnung wird keine elektrostatische Feldstärke gemessen, obwohl Ladungen vorhanden sind. Alle elektrostatischen Ladungen befinden sich an der Oberfläche des Isolators. Sie werden aber durch ihre Gegenladungen (Elektronen), die im Metall frei beweglich sind, „festgehalten“ oder blockiert. Wird das Metall entfernt, können die elektrostatischen Ladungen gemessen werden. D.h., besonders bei lackierten Metalloberflächen können die Ladungen nicht gemessen werden, obwohl sich die isolierenden Lacke sehr hoch elektrostatisch aufladen können. Diese elektrostatischen Ladungen können von Materialien, z. B. ESD-Arbeitskittel, beim Kontakt aufgenommen werden.

5.4 Messung von Widerständen – Oberflächen- und Ableitwiderständen

Die Parameter Oberflächen- und Ableitwiderstand, Volumen- oder Durchgangswiderstand sind wichtig für die Bestimmung der Materialeigenschaften, z. B. der Materialien, die in einer EPA eingesetzt werden sollen; sie dienen dem Nachweis der Wirksamkeit von ESD-Kontrollmaßnahmen. Außerdem kann die Messung des Erdableitwiderstandes und der spezifischen Oberflächen- und Volumenwiderstände zur ESD-Materialqualifizierung erforderlich sein.

Grundsätzlich erfolgt eine rein ohmsche Messung mit einer Gleichspannungsquelle und einem Gleichstrom. Aus dem gemessenen Spannungsabfall kann der Widerstand berechnet werden. Wechselspannungsanteile werden nicht berücksichtigt, da von langsamen Vorgängen ausgegangen wird.

Für die Messungen werden generell nur so genannte „trocken" oder Elektroden mit Leitgummi eingesetzt. Diese Elektroden mit Zwischenlagen aus leitfähigem Gummi und ohne feuchtes Fließpapier gewährleisten Messergebnisse, die der Praxis entsprechen. Die Elektroden mit Fließpapier, die früher eingesetzt wurden, haben das Ergebnis sehr stark verfälscht. Prinzipiell wurde nur der Widerstand der Feuchtigkeit oder besser des Wassers gemessen. Gerade bei porösen Böden (Beton, Estrich, Epoxidharz usw.) war das Ergebnis weit davon entfernt, anzuzeigen, wie der Boden wirklich elektrisch ableitet. Anhand der Messverfahren wird auf diese Auswirkungen nochmals eingegangen.

Für viele Anwendungen genügt es nicht mehr nur den Ableitwiderstand zu ermitteln, in diesen Fällen muss die Entlade- oder Ableitzeit für den Abbau der elektrostatischen Ladungen ermittelt werden, für andere Anwendungen die elektrostatische Ladung oder auch die elektrostatische Aufladung von Personen oder Gegenständen (Body Voltage).

Zuerst werden die Definitionen für die einzelnen Widerstandsgrößen vorgestellt. Unterschieden wird zwischen Widerstandswerten und spezifischen Widerstandswerten, die unabhängig von den Probendimensionen sind. Für die Bestimmung von Materialeigenschaften ist die Ermittlung der spezifischen Widerstandswerte sinnvoll. Für die praktischen Messungen zur Überprüfung des ESD-Control-Systems in einer EPA oder an einem ESD-Arbeitsplatz genügen die „normalen" Werte des Ableitwiderstandes. Die wichtigste Anforderung ist: Elektrostatische Ladungen müssen gefahrlos abgeleitet werden. Also sind der Entladungsweg und damit der Ableitwiderstand von Bedeutung.

5.4.1 Widerstandsdefinitionen

Oberflächenwiderstand
Die seit 2004 gültige Norm DIN EN 61340-2-3 definiert den Oberflächenwiderstand als den *„Quotient aus einer Gleichspannung, die zwischen 2 Elektroden auf einer Oberfläche des Probekörpers angelegt wird, und dem Strom zwischen den Elektroden."* [26]

Spezifischer Oberflächenwiderstand
Zur Ermittlung der Materialeigenschaften und zum Vergleich mit anderen Materialien, für den gleichen Einsatzzweck, ist es sinnvoll den spezifischen Oberflächenwiderstand zu ermitteln. In den Messwert gehen die Materialkonstanten ein, aber nicht die Abmessungen. *„Der spezifische Oberflächenwiderstand entspricht dem Oberflächenwiderstand eines Quadrates, bei dem die Elektroden an zwei gegenüberliegenden Seiten angebracht sind."* [26]

Anmerkung: Die Maßeinheit des spezifischen Oberflächenwiderstandes (Ω) wird manchmal als Ω/sq (Ohm/Fläche) angegeben.

Der spezifische Oberflächenwiderstand errechnet sich aus den Messwerten nach folgender Beziehung (5.38):

$$\rho_S = R_x \cdot (d_1 + g) \cdot \frac{\pi}{g} \tag{5.38}$$

mit

ρ_S spezifischer Oberflächenwiderstand (Ω)
R_x gemessener Durchgangswiderstand (Ω)
d_1 Durchmesser (m) der inneren Kontaktelektrode
g Abstand (Spaltbreite) (m) zwischen beiden Kontaktelektroden
h Dicke des Probekörpers

Mit diesem Messwert können Materialien unabhängig von ihren Dimensionen verglichen und beurteilt werden.

Volumenwiderstand
Für die Präzisierung der Materialeigenschaften genügt es nicht den spezifischen Oberflächenwiderstand allein zu ermitteln, weil ein großer Teil des Volumens eines Materials miterfasst wird. Aus diesem Grund wird der Volumenwiderstand ermittelt. Der Volumenwiderstand ist definiert als das *„Verhältnis zwischen der Gleichspannung, die zwischen zwei Elektroden angelegt ist, welche sich an zwei gegenüberliegenden Flächen eines Werkstoffes befinden, und der Stromstärke zwischen den Elektroden zu einer gegebenen Zeit nach dem Anlegen der Spannung unter Vernachlässigung möglicher Polarisationserscheinungen an den Elektroden."* [23]

Spezifischer Volumenwiderstand
Der spezifische Volumenwiderstand ist das Verhältnis der Gleichspannungs-Feldstärke und der Stromdichte innerhalb des Materials. In der Praxis ist er das Äquivalent des Volumenwiderstandes, bezogen auf das Material, d.h. unter Einbeziehung der Materialkonstanten. Der Volumenwiderstand wird bezogen auf das Volumen eines Würfels mit gleichen Seitenlängen. Die Elektroden befinden sich an den gegenüberliegenden Oberflächen. Als wichtigste Materialkonstante geht hier die Dielektrizitätszahl ε_r ein.

Durchgangswiderstand
Der Durchgangswiderstand ist der *„Quotient aus einer Gleichspannung, die zwischen zwei Elektroden angelegt wird, die an zwei (gegenüberliegenden) Oberflächen eines Probekörpers angebracht sind, und dem stationären Strom zwischen den Elektroden"*, mit Ausnahme des Stromes entlang der Oberfläche und unter Vernachlässigung von Polarisationseffekten an den Elektroden. [23]

Spezifischer Durchgangswiderstand
Der spezifische Durchgangswiderstand ist unabhängig von den Abmessungen. Es gehen nur die Materialeigenschaften ein. Der spezifische Durchgangswiderstand ist der *„Quotient aus einer Gleichspannungs-Feldstärke (V/m) und der stationären Stromdichte (A/m²) im Werkstoff. Praktisch entspricht er dem Durchgangswiderstand eines Würfels mit der Einheitslänge, bei dem die Elektroden an zwei gegenüberliegenden Oberflächen angebracht sind."* [23]

Anmerkung: Der spezifische Widerstand ist eine unbrauchbare Kenngröße für Werkstoffe, die im elektrischen Verhalten inhomogen sind.

Der spezifische Durchgangswiderstand errechnet sich aus den Messwerten nach der Gleichung (5.39):

$$\rho_v = R_x \cdot (d_1 + g)^2 \cdot \frac{\pi}{4h} \tag{5.39}$$

mit

- ρ_v spezifischer Durchgangswiderstand (Ω m)
- R_x gemessener Durchgangswiderstand (Ω)
- d_1 Durchmesser (m) der inneren Kontaktelektrode
- g Abstand (Spaltbreite) (m) zwischen beiden Elektroden
- h Dicke des Probekörpers

Aus dieser Gleichung ergibt sich der spezifische Durchgangswiderstand, unabhängig von Abmessungen der Probekörper.

Ableitwiderstand
Der wichtigste Widerstandswert für die Überprüfung der Funktion der ESD-Kontrollmaßnahmen und die Ableitung elektrostatischer Ladungen ist der Ableitwiderstand. *„Der Ableitwiderstand ist der Widerstand, der zwischen einer Elektrode auf der Oberseite des Prüflings und einer Gegenelektrode auf der Unterseite bzw. der kontaktierten Leitschicht gemessen wird."* [2]

Als Gegenelektrode kann grundsätzlich der Potentialausgleich definiert werden. Das Wichtigste ist, dass an einem ESD-Arbeitsplatz gleiches Potential vorhanden ist. Potentialunterschiede zwischen Arbeitsoberfläche, Fußboden usw. müssen verhindert werden. In einer EPA muss an allen Orten gleiches elektrostatisches Potential gemessen werden. Die Messung des Ableitwiderstandes, besser, die Überprüfung der Funktion des Ableitwiderstandes überprüft gleichzeitig die Ableitfunktion oder den Potentialausgleichsanschluss.

Widerstand gegen Erde
Der Widerstand gegen Erde ist ein Sonderfall für den Ableitwiderstand. Früher wurde dieser auch als Erdableitwiderstand bezeichnet. Der Widerstand gegen Erde ist der *„elektrische Widerstand, gemessen zwischen Erde oder einem erdungsfähigen Punkt und einer einzelnen Elektrode, die auf der Lauffläche angebracht ist"* [25]. Dieser Widerstand wird besonders in Fußbodenvorschriften und bei der Beurteilung von Fußbodenmaterialien angegeben.

Widerstands-Messelektroden
Für die Messung der definierten Widerstandswerte sind Elektroden festzulegen, denn ohne diese Definition der Messelektroden lassen sich die Messwerte nicht vergleichen. Für die Messprotokolle ist wichtig, dass immer die verwendeten Elektroden beschrieben werden.

„Eine Widerstands-Messelektrode ist ein Leiter mit definierter Form, Größe und Gewicht, der in Kontakt mit dem zu untersuchenden Probekörper gebracht wurde. In einigen Fällen gehört zu ihr eine Gegenelektrode." [23] Die Gegenelektrode wird definiert als *„eine Elektrode, die unterhalb des Probekörpers angebracht ist. Sie muss durch ein geeignetes Material gebildet werden, oder sie ist Teil der Installation, wo verlegte Fußböden zu messen sind."* [23]

Wie die Ausführungen zu den einzelnen Normen und Vorschriften zeigen werden, gibt es sehr viele verschiedene Elektroden und Elektrodenanordnungen, die auch zu unterschiedlichen Messergebnisse führen.

5.4.2 Hinweise für den Einsatz der beschriebenen Messverfahren und Messprinzipien

Es existieren eine Vielzahl von Normen, Normenentwürfe und Richtlinien für die Messung der definierten Widerstandsparameter. Alle Schriftstücke beziehen sich aber nur auf einen genau definierten Anwendungsbereich, auf definierte Materialarten und Bedingungen. Oft werden die Messverfahren zweckentfremdet und die Messwerte werden verglichen oder als gegeben hingenommen. Als Beispiel kann die Messung des Ableitwiderstandes eines ESD- oder ableitfähigen Stuhles angeführt werden. Einige Hersteller geben in ihren Unterlagen an: *„Geprüft nach Norm DIN EN 61340-5-1"*. Diese Norm beschreibt kein Messverfahren für diese Prüfung. Wenn die durchgeführten Messungen und die Ergebnisse genau überprüft werden, kann festgestellt werden, dass hier das Verfahren für die Messung von Fußböden angewandt wurde. Der Realität würde aber ein Messverfahren entsprechen, das z. B. ein viel größeres Gewicht benutzen würde. Es gibt kein einheitliches und vor allem genormtes Messverfahren. Weitere Beispiele werden im Verlaufe der Beschreibung der Messverfahren angeführt bzw. sinnvolle Messverfahren für die Prüfung einzelner Ausrüstungen und Anordnungen werden im Abschnitt 5.5. beschrieben.

Bevor die einzelnen Messverfahren vorgestellt werden, werden nochmals einige wesentliche Unterschiede von verschiedenen Normungswerken hervorgehoben. Ein Beispiel für diese Behauptung: Die von 1997 bis 2004 verbindliche Norm DIN IEC 1340-4-1 (DIN VDE 0303 Teil 83) - *Elektrostatik - Teil 4: Festgelegte Messverfahren für spezifische Anwendungen - Hauptabschnitt 1: Elektrostatisches Verhalten von Bodenbelägen und verlegten Fußböden* beschrieb die grundlegenden Messverfahren für alle Widerstandsmessungen in ESD-Bereichen, solange keine anderen Prüfvorschriften vorliegen (vgl. DIN EN 61340-5-1 (2001) und 5-2 (2002)). Die DIN IEC 1340-4-1 wurde durch die DIN EN 61340-4-1 Edition 2 im Jahr 2004 abgelöst. Nach ihrem Anwendungsbereich beschreibt die Norm *„Verfahren [...] für Untersuchungen an allen Bodenbelägen und verlegten Fußböden. Untersuchungen an Bodenbelagsmaterialien sind im Labor unter festgelegten Konditionierungen durchzuführen. An verlegten Fußböden sind Messungen bei ungeregelten Konditionierungen durchzuführen."* Diese Norm bezieht sich jedoch speziell auf alle Bereiche, wo elektrostatische Ladungen bzw. Entladungsvorgänge technologische Abläufe beeinflussen können. Grundsätzlich bezieht sie sich auf Bodenbeläge und fertig verlegte Fußböden.

Die ESD-Normen DIN EN 61340-5-1 (2008) und DIN EN 61340-5-2 (2009) beschreiben ausschließlich Vorgänge in Bereichen, in denen elektronische Bauelemente und Baugruppen (ESDS) durch elektrostatische Entladevorgänge beeinflusst werden können. Dabei ist es uninteressant, ob die Bauelemente einzeln, als Wafer oder Chip vorliegen oder ob sie bereits auf einer Leiterplatte oder als Baugruppe montiert sind. Die einzelnen Messverfahren werden durch die Vorschläge in den Anlagen A1 ... A7 angepasst. Anmerkungen dazu werden ebenfalls im Verlauf der weiteren Ausführungen beschrieben. Die Neufassungen der DIN EN 61340-5-1 (2017) und DIN EN 61340-5-2 (2019) verweisen immer auf die entsprechenden Prüfnormen und Vorschriften.

Als Vergleich werden immer Messverfahren und -anordnungen aus anderen Bereichen, z. B. der Chemieindustrie herangezogen, ein Beispiel ist die DIN EN 62631-x-x. Diese Normen beziehen sich auf eine bestimmte Werkstoffgruppe, die eigentlich nicht in einer EPA eingesetzt werden dürfen: *Isolatoren*. Zum Vergleich, der Anwendungsbereich der Norm, die Isolatoren

„enthalten Verfahren zur Bestimmung des Durchgangswiderstandes und des Oberflächenwiderstandes für den spezifischen Durchgangswiderstand und den spezifischen Oberflächenwiderstand von festen, elektrisch isolierenden Werkstoffen.“ [48]
Eine andere Gruppe von Normen beschreibt spezielle Materialien und Stoffe, wie z. B. Bodenbeläge und Textilien:

Die DIN EN 1081 bezieht sich auf *„Elastische Bodenbeläge - Bestimmung des elektrischen Widerstandes* besonders von Linoleum u. ä. Fußbodenmaterialien“. *„Diese Europäische Norm legt drei Verfahren zur Bestimmung des elektrischen Widerstandes eines elastischen Bodenbelages fest, sowohl im unverlegten als auch im verlegten Zustand.“* [25]. Aus einem speziellen Normungsausschuss („Isolierstoffe“) ist diese Norm entstanden und regelt spezielle Messverfahren für die speziell definierten Bodenbeläge in Abweichung zur DIN EN 61340-4-1 Edition 2. Ein wesentlicher Nachteil der DIN EN 1081 ist die Messung mit einer Spannung von 500 V und einer relativen Luftfeuchtigkeit von 50 %.

Die „Vorläufer“ Norm der DIN EN 1081 ist die (seit 1999 nicht mehr gültige) DIN 51953 für die *„Prüfung von organischen Bodenbelägen - Prüfung der Ableitfähigkeit für elektrostatische Ladungen für Bodenbeläge in explosionsgefährdeten Räumen“*. Sie wurde endgültig im Mai 1999 zurückgezogen. Die sehr weitverbreitete Norm, die speziell für den folgenden Anwendungsbereich geschaffen wurde, diente viele Jahre als inzwischen umstrittene Norm für die Prüfung von Ableitwiderständen in ESD-Bereichen usw. Aus Unkenntnis wird sie auch heute noch verwendet. Die Norm war vorgesehen für folgenden Anwendungsbereich:

„In Räumen in denen explosionsfähige Gas-Luft-Gemische auftreten können, soll durch einen geringen Widerstand gegen Erde eine hohe elektrostatische Aufladung von Personen oder Gegenständen vermieden werden, die zu einer zündfähigen Entladung führen können.

Die Ableitung elektrostatischer Ladungen über einen nach dieser Norm geprüften Bodenbelag ist unwirksam, wenn sich zwischen Ladungsträger und Bodenbelag, z. B. Schuhsohlen, Rollen von Geräten, Schläuche aus nichtleitenden Werkstoffen befinden.

[...] Die Prüfungen können an Proben oder an verlegten Bodenbelag durchgeführt werden, wobei der Einfluss der Leitfähigkeit des Klebers und der darunter liegenden Schichten zu beachten ist.“ [48]

Zwei weitere Normen müssen noch erwähnt werden: die DIN 54345 speziell für die „Prüfung von Textilien“ und deren Überarbeitung die DIN EN 1149. Diese Norm wurde überarbeitet, dafür gilt in der Zukunft die europäische Vorschrift DIN EN 1149. Diese Vorschrift beschreibt vorrangig die Anforderungen an Schutzkleidung. Sie ist keine spezielle Norm für ESD-Bekleidung. Die neue DIN EN 61340-4-9 beschreibt ausschließlich Prüfungen für ESD-Bekleidung. Bei den speziellen Anforderungen an praktische Messmethoden werden einige Vorschläge für Prüfverfahren, mit denen ESD-Arbeitskleidung geprüft werden können, vorgestellt.

Eine letzte Norm, die in ESD-Bereichen (Elektronikfertigungen) sehr selten angewandt wurde, aber nicht unerwähnt bleiben soll, ist die DIN 54346 - *Klassifikation des elektrischen und elektrostatischen Verhaltens von Bodenbelägen und Bodenbeschichtungen.* Dem Anwendungsbereich nach bestimmt diese Norm *„in einer Drei-Klasseneinteilung Anforderungen an Bodenbeläge und Bodenbeschichtungen für Räume, in denen ein Schutz vor elektrostatischen Entladungen gefordert wird. Elektrostatische Aufladungen von Personen auf Bodenbelägen und Bodenbeschichtungen sind stets auch abhängig vom Sohlenmaterial. Deshalb sind für Räume mit erhöhten Anforderungen auch hinreichend leitfähige Schuhe erforderlich.“*

5.4.3 Messung von Oberflächenwiderständen

Ausgehend von der Definition für den Oberflächenwiderstand ergibt sich die Messanordnung nach Bild 5.18. Auf der Oberseite des zu untersuchenden Materials werden zwei Elektroden oder eine spezielle Ringelektrode aufgesetzt. Durch unterschiedliche Voraussetzungen, Materialanforderungen und geometrische Abmessungen werden für verschiedene Materialien unterschiedliche Elektroden und Anordnungen in den einzelnen Normen beschrieben. Inzwischen gibt es acht verschiedene Messmethoden, die im Folgenden vorgestellt werden. Die Tabelle 5.2 gibt eine Übersicht über alle verwendeten Normen, Vorschriften und Messmethoden.

Tabelle 5.2 Übersicht über die Normen, die für die Oberflächenwiderstandsmessungen beschrieben werden

Standard/Norm		**Elektroden**	**Abmessungen**	**Gültigkeit**
DIN EN 61340-4-1	1	Flächenelektroden	∅ 65 mm	2016-04
DIN EN 1081	2	Dreipunktelektroden	180 mm x 180 mm[1]	2019-03
DIN EN 61340-2-3	3	Ringelektrode	∅ 57 mm ± 1 mm[2]	2017-05
DIN EN 62631-3-2	4	Ringelektrode	[3]	2016-10
ANSI/ESD S7.1	5	Flächenelektroden	∅ 2,5“ = 63.5 mm	2013
ANSI/ESD STM11.11	6	Ringelektrode	[2]	202015
ANSI/ESD STM11.11	7	Mikro - Ringelektrode	[4]	2015
DIN EN 61340-2-3	8	Mikro - Zweipunktelektrode	[5]	2017-05

Anmerkungen:
[1] Siehe Abschnitt 5.4.3.2.
[2] Äußerer Elektrodendurchmesser, beide Normen verwenden die gleiche Elektrode.
[3] Es wird eine Berechnungsmethode für eine optimale Elektrodenabmessung angegeben.
[4] Diese Mikro-Ringelektrode ist eine Abwandlung der „großen“ ursprünglichen Ringelektrode.
[5] Die Mikro-Zweipunktelektrode ist eine Sonderform.

5.4.3.1. Oberflächenwiderstand nach DIN EN 61340-4-1

Die Messanordnung nach DIN EN 61340-4-1 für die Ermittlung des Oberflächenwiderstandes an Materialproben und verlegten Materialien zeigen die Bilder 5.18, 5.19, 5.20, 5.21. Die Messanordnung wird besonders für die Überprüfung der Oberflächenwiderstände von flachen Materialien (z. B. Tisch- und Bodenbelägen) eingesetzt. Zwei Elektroden werden in einem definierten Abstand voneinander auf der Oberfläche abgestellt. An die Elektroden wird eine definierte Spannung angelegt.

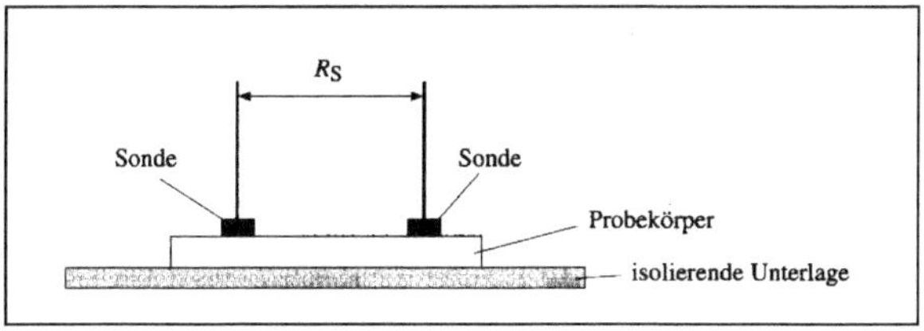

Bild 5.18: Messanordnung für den Oberflächenwiderstand an Materialproben - schematischer Messaufbau

Bild 5.19: Messanordnung für den Oberflächenwiderstand an Materialproben - praktische Messanordnung, weiche Materialien

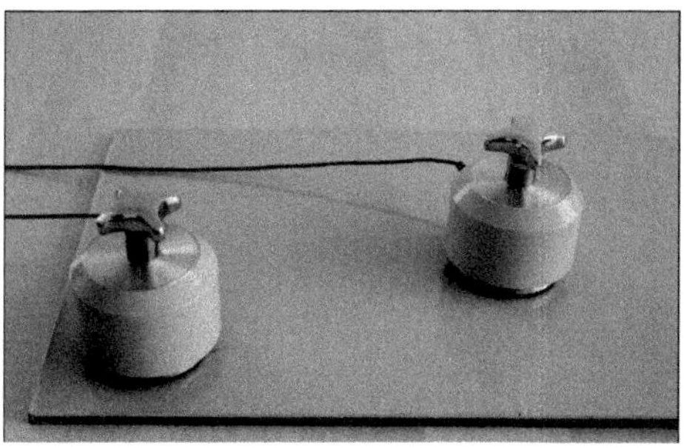

Bild 5.20: Messanordnung für den Oberflächenwiderstand an Materialproben - praktische Messanordnung, harte Materialien

Die Abmessungen der Elektroden sind: ∅ 65 mm; Gewicht 2.5 kg oder 5 kg, vgl. Tabelle 5.2. Der Abstand der Elektroden beträgt 30 cm ± 10 mm. Als Kontaktmaterial dient leitfähiger Gummi. Die Messspannung, die an die Elektroden angelegt wird, beträgt 10 V oder 100 V

(Gleichspannung). Die Messspannung muss während der gesamten Messdauer am Messobjekt anliegen. Ist das nicht der Fall, dann ergeben sich keine realen Messwerte, weil sich das Material mit der Zeit, aus elektrischer Sicht, verändert.

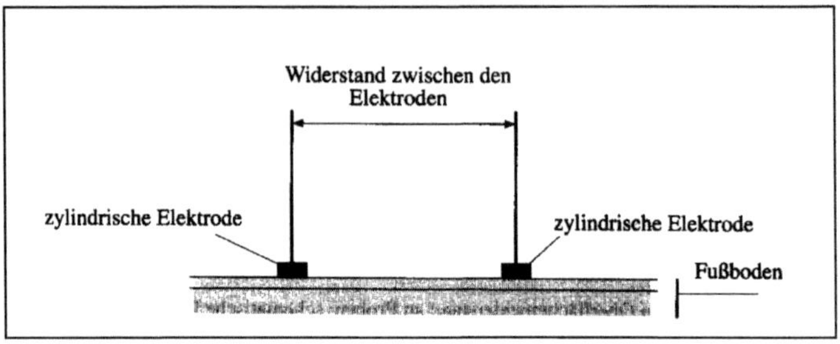

Bild 5.21: Messanordnung für den Oberflächenwiderstand an verlegten Materialien

Nach einer definierten Messzeit wird der Widerstandswert am Messgerät abgelesen. Üblich sind Messzeiten von 8 ... 15 s ± 2 s. Die Proben sind entsprechend der vorliegenden Norm zu klimatisieren (Tabelle 5.3) und nach den Vorgaben des Materialherstellers zu reinigen. Wird die Messung an verlegten Fußbodenmaterialien durchgeführt, dann ist zu beachten, dass die Anzahl und der Zwischenraum der Messstellen so gewählt werden, dass der Messfläche Vertrauen geschenkt werden kann. Üblicherweise wird eine Messstelle auf 2 oder 4 m^2 zufriedenstellend sein. Der geringste erlaubte Abstand zwischen einem beliebigen Punkt auf der Elektrode und der Probekörperkante ist 100 mm.

Tabelle 5.3 Umgebungskonditionen für Prüfungen nach DIN EN 61340-4-1

	relative Luftfeuchtigkeit	**Temperatur**	Anmerkungen
Laborprüfungen	12 % ± 3 %	23 °C ± 2 °C	Konditionierung vor dem Prüfen mindestens 48 h
Prüfungen an verlegten Materialien	Die relative Luftfeuchtigkeit und Temperatur müssen zum Zeitpunkt der Messung aufgezeichnet werden.		

Tabelle 5.4 Messspannungen für die Überprüfung der Oberflächenwiderstände nach DIN EN 61340-4-1

Widerstandsbereich	**Messspannung**
$R_x \leq 10^6\ \Omega$	≤ 10 V ± 0.5 V
$10^6\ \Omega \leq R_x \leq 10^{11}\ \Omega$	100 V ± 5 V

Bei der Prüfung von Labormustern muss eine Unterlage (Mindestabmessungen: 1300 mm x 600 mm x 5 mm) untergelegt werden, die einen Mindestdurchgangswiderstand von $10^{14}\ \Omega$ aufweist. Es müssen 3 Probekörper geprüft und mindestens 6 Messungen je Probekörper durchgeführt werden.

5.4.3.2. Oberflächenwiderstand nach DIN EN 1081

Die Norm DIN EN 1081 beschreibt ein Messverfahren für die Prüfung des Oberflächenwiderstandes von elastischen und textilen Bodenbelägen. Sie geht von einer höheren Belastung des Bodens aus. Üblicherweise werden elektrostatische Ladungen von Personen abgeleitet. Diese Personen haben ein höheres Gewicht und damit verbunden einen größeren Andruck zur Folge. Die Elektroden werden durch zwei Metallkörper gebildet, die jeweils drei zylindrische Gummifüße in einem Abstand von 180 mm enthalten. Die Gummifüße haben eine Härte von 50 ... 70 IRHD. Der Widerstand jedes Gummifußes muss kleiner 1 kΩ sein, gemessen gegen eine Metallfläche. Die Elektroden werden mit einer Mindestlast von 300 N an die zu messende Oberfläche gedrückt. Die Messspannung von 100 V bzw. 500 V wird an die Elektroden angelegt. Nach einer Messzeit von 10 bis 15 s wird der Messwert angelesen.

Tabelle 5.5 Umgebungskonditionen für Prüfungen nach DIN EN 1081

	relative Luftfeuchtigkeit	**Temperatur**	Anmerkungen
Laborprüfungen	50 % ± 5 %	23 °C ± 2 °C	Konditionierung vor dem Prüfen mindestens 48 h
Prüfungen an verlegten Materialien	Die relative Luftfeuchtigkeit und Temperatur müssen zum Zeitpunkt der Messung aufgezeichnet werden.		

Tabelle 5.6 Messspannungen für die Überprüfung der Oberflächenwiderstände nach DIN EN 1081

Widerstandsbereich	**Messspannung**
$R_x \leq 10^6\ \Omega$	100 V ± 5 %
$R_x \geq 10^6\ \Omega$	500 V ± 10 %

Die Proben werden vorher konditioniert, vgl. Tabelle 5.5. Verlegte Materialien werden unter ungeregelten Bedingungen gemessen. Die Widerstandswerte werden berechnet. Das Verfahren wird von einigen Herstellern von Belägen verwendet, weil hier besser die Grenzwerte erreicht werden als mit der Messmethode nach z. B. DIN EN 61340-4-1. Gegenüber der Messmethode 1 wird für diese Messung grundsätzlich eine Messspannung von 500 V verwendet. Diese sehr hohe Messspannung verfälscht das Messergebnis sehr stark. Außerdem beeinflusst die hohe Luftfeuchtigkeit bei Labormessungen das Messergebnis.

Die Messwerte werden zusätzlich noch umgerechnet:

$$R_x = R_i\left(\frac{I_i}{I_x} - 1\right) \tag{5.40}$$

dabei gelten folgende Bezeichnungen

R_x gemessener elektrischer Widerstand in Ω

R_i Innenwiderstand des Messgerätes

I_i Stromstärke ohne Messobjekt in mA

I_x Stromstärke mit Messobjekt in mA

Eine Anmerkung in der Norm, die etwas verwundert, ist die Tatsache, dass sich die Spannung am Messgerät ***selbstständig*** einstellt. Üblicherweise ändert sich mit der Messspannung auch der Widerstand, so dass es besser ist, mit einer konstanten Messspannung zu messen. Die Spannung am Messgerät kann ebenfalls berechnet werden, sie ergibt aus der Gleichung (5.41):

$$U_x = \left(\frac{R_x}{R_x - R_i} \right) U_0 \tag{5.41}$$

dabei ist

U_0 die Gleichspannung des unbelasteten Messkreises in V.

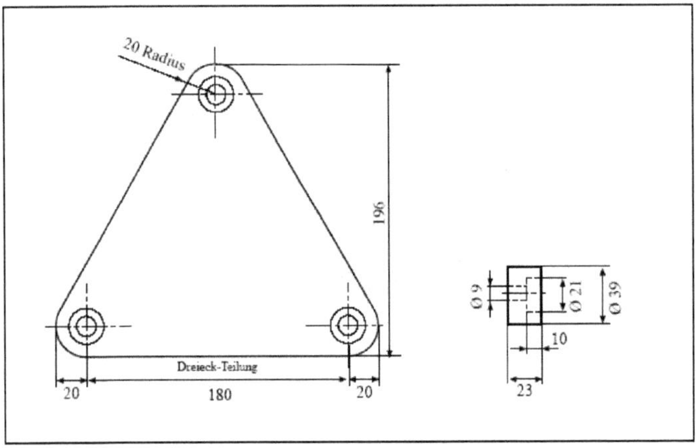

Bild 5.22: Messanordnung mit zwei Dreifußelektroden, Elektrodenabmessung

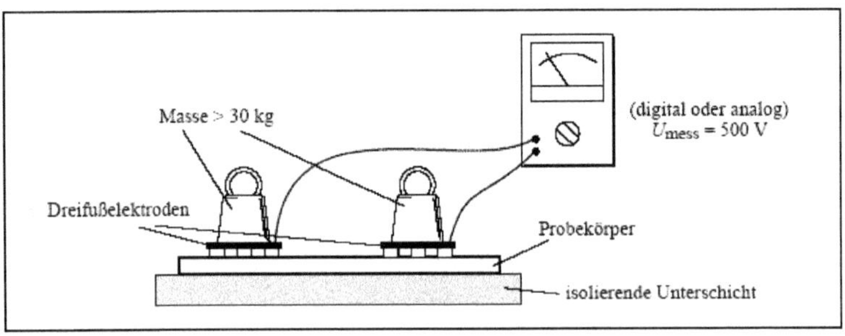

Bild 5.23: Messanordnung mit zwei Dreifußelektroden, Messaufbau

Die Bilder 5.22 und 5.23 zeigen die Abmessungen der einzelnen Dreifußelektroden sowie die Anordnung und den Messaufbau für die Überprüfung von Fußböden.

5.4.3.3. Oberflächenwiderstand nach DIN EN 61340-2-3

Für die Messung von Oberflächenwiderständen besonders an Verpackungsmaterialien oder anderen flachen und dünnen Materialien wird eine Ringelektrode nach DIN EN 61340-2-3 eingesetzt. Die Ringelektrode ist im Vergleich zu allen anderen Messelektroden die effektivste Elektrode, die am ehesten den wahren Widerstandswert angibt. Das liegt daran, dass hier der Bereich zwischen der einen (1) und der anderen (2) Elektrode sehr gering ist. Damit ist der Anteil der Fläche, die zusätzlich erfasst wird, sehr gering. Das Bild 5.24 zeigt den prinzipiellen Messaufbau mit einer isolierenden Gegenelektrode und das Bild 5.25 die Abmessungen nach der Norm DIN EN 61340-2-3.

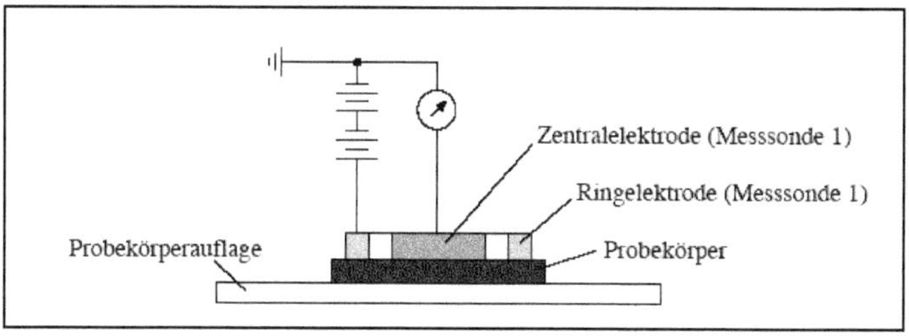

Bild 5.24: Messanordnung für den Oberflächenwiderstand mit einer Ringelektrode und einer Gegenelektrode

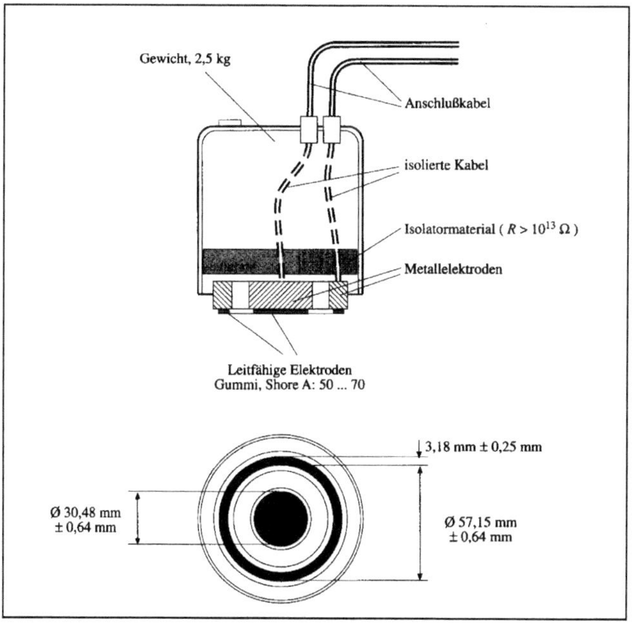

Bild 5.25: Ringelektrode nach DIN EN 61340-2-3 [26]

Im Vergleich zur DIN EN 62631-3-2 dient diese Vorschrift zur Messung von ableitfähigen Materialien. Gemessen wird grundsätzlich mit Messspannungen von 10 V und 100 V, vgl. Tabelle 5.4. Die Umgebungsbedingungen werden in der Tabelle 5.3 vorgeschrieben. Der gefundene Anzeigewert muss noch mit einem Korrekturfaktor für die Messanordnung multipliziert werden. Die Unterlage für die Oberflächenwiderstandsmessung muss einen Oberflächenwiderstand von mindestens $1 \cdot 10^{13}\,\Omega$ haben. Die Probenabmessungen müssen die Mindestabmessungen von 80 mm x 120 mm oder 110 mm ∅ aufweisen. Es müssen 3 typische Probekörper vom gleichen Material verwendet werden. Die Messzeit beträgt auch hier 15 s.

Aus den Messwerten können die entsprechenden spezifischen Widerstände errechnet werden. Dazu wird die Gleichung (5.38) genutzt.

5.4.3.4. Oberflächenwiderstand nach DIN EN 62631-3-2

Wie schon vorher beschrieben wurde, werden oft Messverfahren aus anderen Anwendungsbereichen für die Ermittlung von Widerstandswerten eingesetzt. Eine Variante ist die Norm DIN EN 62631-3-2. Das in dieser Norm beschriebene Messverfahren dient ausschließlich zur Bestimmung des Widerstandes von elektrischen Isolierstoffen. Die enthaltene Ringelektrode soll durch den speziellen Aufbau den Einfluss durch äußere Felder minimieren. Weiterhin ist die Anordnung aus dem äußeren und inneren Ring so, dass sehr wenig Volumenmaterial oder Volumenwiderstand miterfasst wird. Das Bild 5.26 zeigt die spezielle Messanordnung mit einer geschirmten inneren Elektrode.

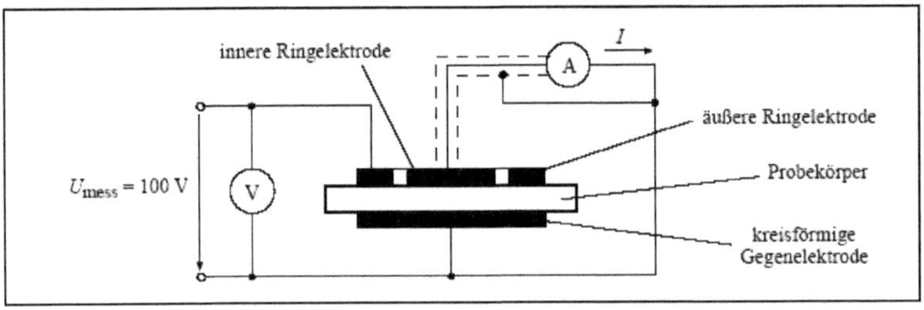

Bild 5.26: Messanordnung für den Oberflächenwiderstand mit der Ringelektrode

Die Elektrode wird auf die zu prüfende Oberfläche aufgesetzt und der Messwert wird nach ca. 15 s auf dem angeschlossenen Messgerät abgelesen. Eine Messspannung von 100 V (Gleichspannung) ist hier anzuschließen. Als Kontaktmaterial wird inzwischen auch hier leitfähiger Gummi empfohlen. Infolge der Anordnung sind die Probleme mit Verschmutzung der Oberfläche und dem Andruck dafür umso höher. Durch die sehr genau definierte geometrische Abmessung der Messanordnung beeinflussen diese Parameter entscheidend das Messergebnis.

Mit dieser Elektrodenanordnung (vgl. Bilder 5.27 und 5.28) sind deshalb nur Laboruntersuchungen unter definiertem Klima sinnvoll. Das Messergebnis erhält man erst nach einer Umrechnung des abgelesenen Wertes unter Einbeziehung der geometrischen Abmessungen. Das Messergebnis ist dann der spezifische Oberflächenwiderstand. Eine praktische Anwendung wird im Abschnitt 5.5.5.2. Überprüfung von ESD-Kleidung beschrieben.

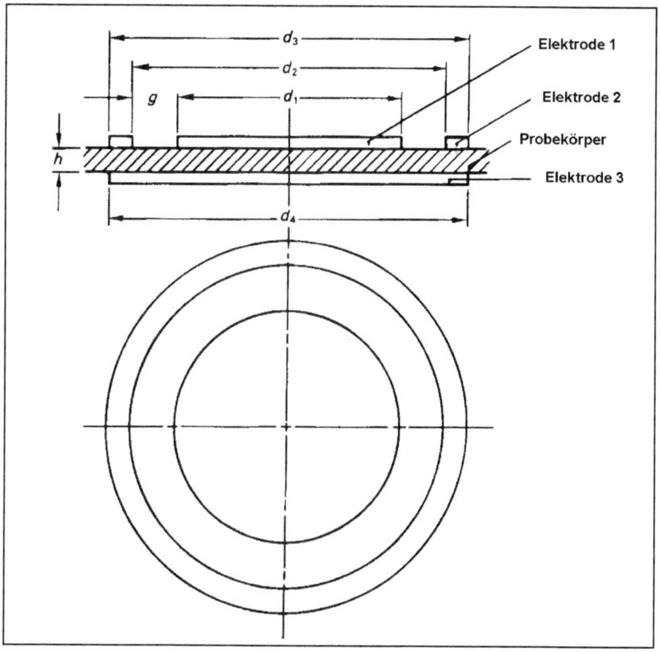

Bild 5.27: Abmessungen der Elektrode nach DIN EN 62631-3-2

Bild 5.28: Praktische Ausführung der Elektrode nach DIN EN 62631-3-2

Für diesen speziellen Einsatzfall in der DIN EN 1149 zur Messung von Schutzkleidung sind folgende Abmessungen der Elektrodenteile berücksichtigt worden:

Elektrode 1: ∅ 50.4 mm (d_1)
Elektrode 2: ∅ 69.2 mm (d_2); ∅ 89 mm (d_3)
Elektrode 3: ∅ 100 mm (d_4)

Alle anderen Parameter können errechnet werden. Für andere Einsatzfälle können andere Abmessungen ermittelt werden.

5.4.3.5. Oberflächenwiderstand nach ANSI/ESD S7.1

Die vorliegende und inzwischen oft verwendete amerikanische Vorschrift ANSI/ESD S7.1 beschreibt eine ähnliche Oberflächenmessung wie die DIN EN 61340-4-1 (vgl. 5.4.3.1.). Die wichtigsten Unterschiede sind die Abmessungen der Elektroden und das Elektrodenmaterial. Entsprechend den Zollmaßen ergibt sich ein Durchmesser von 63.5 mm ± 0.25 mm (2.5 inches ± 0.1 inches) und ein Gewicht von 2.27 kg ± 0.06 kg (5 pound ± 2 oz.). Der Leitgummi besitzt eine Shore-A Härte (IRHD) zwischen 50 und 70. Ein weiterer entscheidender Unterschied ist der Russ- oder Kohlenstoff gefüllte Leitgummi. Im Abschnitt 5.5 werden Messergebnisse gegenübergestellt.

Tabelle 5.7 Umgebungskonditionen für Prüfungen nach ANSI/ESD S7.1

<table>
<tr><th></th><th>relative Luftfeuchtigkeit</th><th>Temperatur</th><th>Anmerkungen</th></tr>
<tr><td>Laborprüfungen</td><td>12 % ± 3 %</td><td>23 °C ± 2 °C</td><td rowspan="2">Konditionierung vor dem Prüfen mindestens 72 h</td></tr>
<tr><td>Laborprüfungen</td><td>50 % ± 2 %</td><td>23 °C ± 2 °C</td></tr>
<tr><td>Prüfungen an verlegten Materialien</td><td colspan="3">Die relative Luftfeuchtigkeit und Temperatur müssen zum Zeitpunkt der Messung aufgezeichnet werden.</td></tr>
</table>

Tabelle 5.8 Messspannungen für die Überprüfung der Oberflächenwiderstände nach ANSI/ESD S7.1

Widerstandsbereich	Messspannung
$R_x \leq 10^6\ \Omega$	≤ 10 V ± 5 %
$10^6\ \Omega \leq R_x \leq 10^{11}\ \Omega$	100 V ± 5 %

Die Umgebungsbedingungen und Messspannungen entsprechen im Wesentlichen den internationalen Anforderungen. Da aber die Messergebnisse sehr unterschiedlich sein können, wird nicht empfohlen diese Messmethode anstelle der üblichen DIN EN 61340-4-1 einzusetzen. Die gültige Norm für Elektronikfertigungen DIN EN 61340-5-1 verlangt unbedingt Messungen nach der DIN EN 61340-4-1.

Die Messanordnungen sind genauer beschrieben als in der DIN EN 61340-4-1. Hier wird ein konkretes Layout für die Standorte der Elektroden auf den Proben selbst angegeben.

5.4.3.6. Oberflächenwiderstand nach ANSI/ESD STM11.11

Die amerikanische Vorschrift beschreibt ein Testverfahren für die Messung des Oberflächenwiderstandes von flachen planaren Materialien in dem Bereich der elektrostatisch ableitfähigen Materialien. Das Verfahren ist nicht geeignet Messungen von elektrisch leitfähigen oder isolierenden Materialien. Die Elektrodenabmessung der Ringelektrode entspricht dem Bild 5.25. Die Elektrode enthält an den Kontaktflächen einen leitfähigen Gummi mit einer Shore-A Härte zwischen 50 und 70. Die minimale Abmessung der Probekörper entspricht üblicherweise den zu messenden Beuteln: 76 mm x 127 mm. Es werden mindestens 6 Probekörper geprüft.

Die Messspannung und die klimatischen Bedingungen entsprechen den gleichen Anforderungen wie bei der Messung nach der ANSI/ESD S7.1 sowie den Werten in den Tabellen 5.7 und 5.8. Einen Unterschied gibt es in der Messzeit bei zu erwartenden Widerständen kleiner $5.0 \cdot 10^5\ \Omega$. Hier betragen die Messspannung 10 V und die Messzeit maximal 5 s.

Aus dem ermittelten Wert für den Oberflächenwiderstand kann unter Einbeziehung der Abmessungen der Probekörper der spezifische Oberflächenwiderstand nach der Gleichung (5.38) errechnet werden.

5.4.3.7. Oberflächenwiderstand mit der Mikro-Ringelektrode nach ANSI/ESD STM11.11

Besonders für Verpackungsmaterialien können die bisher beschriebenen Messanordnungen nicht eingesetzt werden. Das liegt daran, dass sie meist viel zu klein sind, um eine geeignete Kontaktierung mit einer großen Elektrode zu gewährleisten. Die vorliegende Mikroprobe in der Ausführung einer Ringelektrode entspricht den Anforderungen der „großen“ Ringelektrode. Die Abmessungen sind im gleichen Verhältnis, so dass von gleichen Bedingungen ausgegangen werden kann. Die Abmessungen betragen üblicherweise wieder in Zollabmessungen:

Innere Elektrode: ∅ 2.54 mm (0.10 inch)
10 äußere Elektroden: ∅ 1.5 mm (0.06 inch)
(Die äußeren Elektroden sind vergoldete Federkontakte.)

Bild 5.29: Mikro-Ringelektrode

Durch die kleinen Abmessungen und die Federkontakte ist es sehr gut möglich, besonders unregelmäßige Materialien zu prüfen, vgl. Abschnitt 5.5.7.5. Alle anderen Anforderungen in Bezug auf Messspannung und Umgebungsbedingungen entsprechen den Vorschriften ANSI/ESD S7.1 und DIN EN 61340-4-1.

5.4.3.8. Oberflächenwiderstand mit der Mikro-Zweipunktelektrode nach DIN EN 61340-2-3 und ANSI/ESD STM11.13

Seit 2004 gibt es eine weitere Mikroprobe für die Messung von Widerstandsparametern bei Verpackungsmaterialien oder unregelmäßigen Gegenständen. Auch hier ist der Ursprung die amerikanische ESD-Assoziation, die eine Mikroprobe für alle Einsatzfälle erstellte, in denen die herkömmliche Messanordnung nach DIN EN 61340-2-3 oder ANSI/ESD STM11.11 zu groß ist. Die Elektroden haben Durchmesser von ∅ 3.18 mm (0.125 inch) und einen Abstand von 3.18 mm (0.125 inch). Ein leitfähiger Gummi über den vergoldeten Federkontakten verbessert den Andruck. Verpackungsmaterialien lassen sich so besser prüfen, vgl. Abschnitt 5.5.7.5.

Bild 5.30: Mikro-Zweipunktelektrode

Alle anderen Anforderungen in Bezug auf Messspannung und Umgebungsbedingungen entsprechen den Vorschriften ANSI/ESD S7.1 und DIN EN 61340-4-1.

5.4.3.9. Zusammenfassung – Messung des Oberflächenwiderstandes R_O

Die praktischen Erfahrungen erfordern für jeden Einsatzfall eine handhabbare Elektrodenanordnung. Ausgehend von den vielfach durchgeführten Messungen wird vorgeschlagen, die Variante 3 nach DIN EN 61340-2-3 einzusetzen. Mit dieser Ringelektrode wird nur ein geringer Teil des Materialinneren bzw. Volumens miterfasst. Damit ist das Messergebnis aussagekräftig. Zu beachten ist, dass ein Korrekturfaktor für die Elektrodengeometrie berücksichtigt wird. Durch die Verwendung eines speziellen Leitgummis als Kontaktmaterial wird das Messergebnis noch verbessert.

Zwei Probleme sind zu beachten: Bei Verpackungsmaterialien oder Materialien, deren zu erwartender Widerstand oberhalb 10^{11} Ω liegt, sind besondere geschirmte Anordnungen einzusetzen. Weiterhin können bei harten Materialien Probleme auftreten. Weitere Untersuchungen und Ergebnisse sind im Abschnitt 5.5.7.5. „Praktische Messungen" zu finden. Für kleine Materialien und unregelmäßige Gegenstände werden die Messverfahren mit den Mikroelektroden empfohlen. Die ersten Untersuchungen zeigen, dass diese Mikroelektroden sehr gute Messergebnisse liefern.

5.4.4 Messung von Ableitwiderständen

Grundprinzip aller ESD-Kontrollmaßnahmen ist die gefahrlose Ableitung vorhandener elektrostatischer Aufladungen. Dazu ist es erforderlich, dass alle verwendeten Materialien eine definierte Ableitfunktion aufweisen. Zur Kontrolle der Ableitwirkung ist deshalb die Messung des Ableitwiderstandes gegenüber dem Potentialausgleich oder vereinfacht gegenüber dem Erdpotential des Erdableitwiderstandes notwendig. Dazu sind folgende Messverfahren prinzipiell geeignet:

Tabelle 5.9 Übersicht der Normen, die für die Ableitwiderstandsmessungen beschrieben werden

Standard/Norm		Elektroden	Abmessungen	Gültigkeit
DIN EN 61340-4-1	1	Flächenelektrode	∅ 65 mm	2016-04
DIN EN 1081	2	Dreipunktelektrode	180 mm x 180 mm[1]	2019-03
DIN EN 61340-2-3	3	Flächenelektrode	∅ 63.5 mm ± 1 mm[2]	2017-05
DIN EN 62631-3-1	4	Ringelektrode	[3]	2017-01
ANSI/ESD S7.1	5	Flächenelektrode	∅ 2,5“ = 63.5 mm	2013

Anmerkungen:
[1] Siehe Abschnitt 5.4.4.2.
[2] Äußerer Elektrodendurchmesser
[3] Es wird eine Berechnungsmethode für eine optimale Elektrodenabmessung angegeben.

5.4.4.1. Ableitwiderstand nach DIN EN 61340-4-1

Die neue Edition der DIN EN 61340-4-1 schreibt zwei Elektrodenabmessungen vor. Eine 2.5 kg und eine 5 kg Elektrode. Die 2.5 kg Elektrode ist geeignet für *„harte, unnachgiebige Oberflächen“*, die 5 kg Elektrode wird auf allen anderen Materialien verwendet. Als Kontaktmaterial an den Elektroden wird leitfähiger Gummi vorgeschrieben, vgl. Tabelle 5.9. Die Messspannungen und die klimatischen Bedingungen wurden bereits in den Tabellen 5.3 und 5.4 beschrieben und sind die gleichen wie bei der Messung der Oberflächenwiderstände.

Die Messanordnung nach DIN EN 61340-4-1 für die Bestimmung des Ableitwiderstandes an verlegten Materialien zeigt Bild 5.31, wobei unterschieden wird zwischen Messung gegen den Potentialausgleich (5.31) und der Messung gegen Erdpotential oder PE (5.32). Die Elektrode wird auf die Materialoberfläche abgestellt. Zwischen die Elektrode und dem Potentialausgleichsanschluss wird eine definierte Spannung von 10 V oder 100 V angelegt.

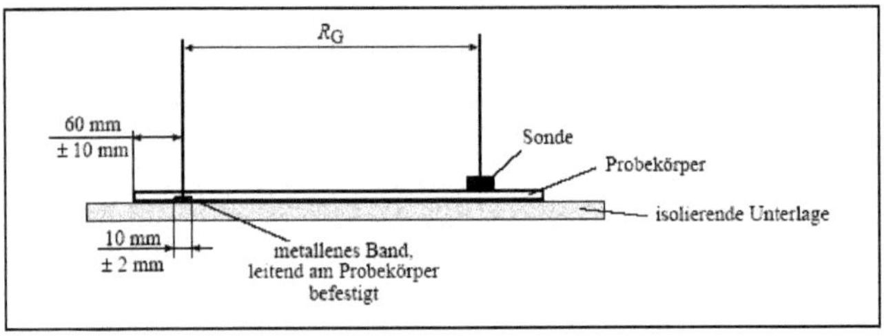

Bild 5.31: Messanordnung für den Ableitwiderstand gegen Potentialausgleich

Nach einer definierten Messzeit wird der Widerstandswert am Messgerät abgelesen. Der Widerstand des Materials ändert sich mit der Zeit. Aus diesem Grund wird eine Messzeit zwischen 8 und 15 s empfohlen, damit die Messergebnisse verglichen werden können. Die Oberfläche der Probe ist nach den Angaben des Materialherstellers zu reinigen. Es wird unterschieden zwischen Labormessung und Messung in einer EPA. Die Labormessungen erfolgen unter festgelegten klimatischen Bedingungen (siehe Tabelle 5.3). Die praktischen Messungen erfolgen unter unkontrollierten Bedingungen, wobei Luftfeuchtigkeit und Temperatur unbedingt zu erfassen sind.

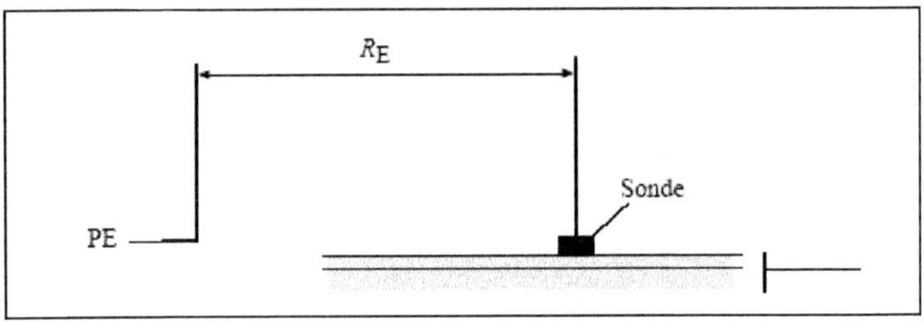

Bild 5.32: Messanordnung für den Ableitwiderstand gegen Erdpotential (PE)

Die Anzahl der Messstellen richtet sich nach der Art des verlegten Materials und der Größe des vorhandenen Fußbodens oder der vorhandenen Fläche. *„Die Anzahl der Messungen ist so auszuwählen, dass sie für den betreffenden Fußboden repräsentativ ist, es müssen allerdings immer mindestens sechs Messungen durchgeführt werden."* [49] Eine Messstelle auf 2 oder 4 m^2 wird zufriedenstellend sein. Der geringste erlaubte Abstand zwischen einem beliebigen Punkt auf der Elektrode und der Probekörperkante ist 100 mm.

Werden Laboruntersuchungen durchgeführt, müssen mindestens drei Proben hergestellt werden. Die Probekörper müssen Mindestabmessungen von 1200 mm ± 50 mm x 500 mm ± 50 mm besitzen. Die Proben müssen entsprechend den Herstellerangaben gereinigt und konditioniert werden. Als Unterlageplatten müssen Materialien eingesetzt werden, deren Durchgangswiderstand größer als $10^{14}\,\Omega$ ist.

5.4.4.2. Ableitwiderstand nach DIN EN 1081

Die spezielle Fußbodennorm DIN EN 1081 schreibt nur eine Messung des Erdableitwiderstandes vor. Dazu wird die Dreifußelektrode auf die Oberfläche aufgesetzt. Danach erfolgt die bekannte Belastung mit einem Gewicht von mindestens 30 kg. Die Norm schreibt eine Messspannung von 100 V für Messungen bis $10^6\ \Omega$ und oberhalb $10^6\ \Omega$ eine Messspannung von 500 V vor, vgl. Tabelle 5.6. Wie bereits bei den anderen Messverfahren beschrieben wurde, ist die Messspannung von 500 V zu hoch. Bei dieser Messspannung kann es sehr schnell zu Durchschlägen im Material kommen. Dann wird nur noch der Widerstand im durchgeschlagenen Gebiet gemessen. Dieser ist dann meist gleich „null" Ω. Der wahre Widerstandswert wird nicht ermittelt. Diese Vorschrift wird grundsätzlich von Fußbodenherstellern verwendet. Neben dem Durchschlageffekt erfolgt die Messung bei sehr hoher Luftfeuchtigkeit: 50 %, vgl. Tabelle 5.5. Außerdem ist der Widerstand durch die „Parallelschaltung" der drei Füße auch stets kleiner als bei der Messung mit einer Elektrode.

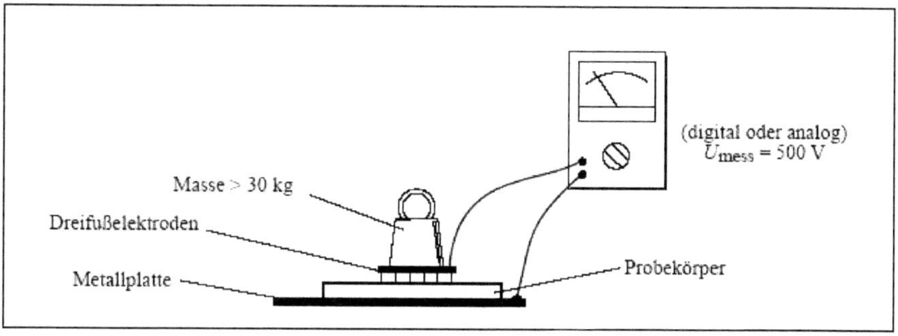

Bild 5.33: Messanordnung mit der Dreifußelektrode für die Messung des Erdableitwiderstandes

Werden Labormessungen durchgeführt, sind drei Probekörper mit einer Kantenlänge von mindestens 400 mm anzufertigen. Die Reinigung erfolgt auch hier nach den Angaben des Herstellers. Die Unterseite wird mit einer Graphitsuspension eingestrichen und getrocknet. Es müssen mindestens zwei Messungen mit unterschiedlichen Positionen der Dreifußelektrode durchgeführt werden. Werden Messungen an verlegten Fußböden durchgeführt, dann darf die Messung frühestens 48 h nach der Verlegung durchgeführt werden. Bei Flächen kleiner 10 m² müssen mindestens vier Messungen durchgeführt werden. *„Für größere Flächen ist die Anzahl der Messungen von den Vertragspartnern zu vereinbaren."* [25] Die Messzeit beträgt zwischen 10 s und 15 s.

Diese vorliegende Norm ersetzt die frühere DIN 51953 [48]. Das Messen mit einem „feuchten Fließpapier" ist damit entfallen. Sie liefert aber genauso „zugute" Werte für die geprüften Materialien. Spätere Untersuchungsergebnisse zeigen dies.

5.4.4.3. Ableitwiderstand nach DIN EN 61340-2-3

Die bereits bei der Oberflächenwiderstandsmessung für feste, planare Materialien beschriebene DIN EN 61340-2-3 beinhaltet auch eine Elektrode für die Ermittlung des Ableitwiderstandes. Die Abmessungen der Elektrode weichen etwas von der Elektrode der DIN EN 61340-4-

1 ab: ∅ 63.5 mm ± 1 mm und Gewicht 2.5 kg ± 0.25 kg, vgl. Tabelle 5.9. Auch hier wird als Kontaktmaterial leitfähiger Gummi zur Verbesserung des Andrucks verwendet. Die Abmessungen entsprechen annähernd der Elektrode aus der amerikanischen Vorschrift ANS/ESD S7.1 (vgl. Abschnitt 5.4.4.5.) jedoch gibt es beim Leitgummi gravierende Unterschiede. Die Elektrode wird auf das zu prüfende Material gestellt. Zwischen Elektrode und Gegenelektrode oder Erdpotential wird eine Spannung von 10 V oder 100 V angelegt (vgl. Tabelle 5.4.). Die Messzeit entspricht den Vorgaben und beträgt 15 s. Es wird immer erst die kleinere Spannung angelegt. Die Messspannung muss während der gesamten Messdauer am Messobjekt anliegen, ansonsten ergeben sich andere Messwerte.

Alle anderen Messvorgänge entsprechen der DIN EN 61340-4-1 (vgl. Abschnitt 5.4.4.1.).

5.4.4.4. Ableitwiderstand nach DIN EN 62631-3-1

Die Ringelektrode nach dieser Norm kann ebenfalls zur Bestimmung des Ableitwiderstandes eingesetzt werden. Hierzu wird die Elektrode auf dem zu prüfenden Material aufgesetzt. Die Messung erfolgt zwischen der inneren Ringelektrode und dem Potentialausgleichsanschluss oder Erdpotential. Die äußere Elektrode wird mit dem Potentialausgleich oder Erdpotential verbunden und dient als Abschirmung äußerer elektrischer Fremdfelder. Diese Anordnung dient der Messung von sehr hochohmigen Materialien und Isolierstoffen.

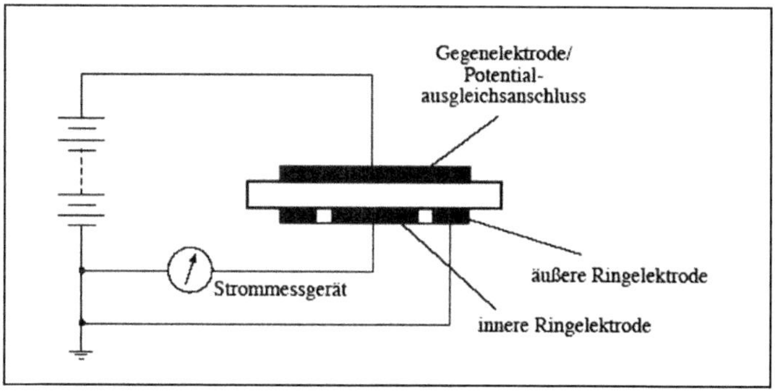

Bild 5.34: Messanordnung für den Ableitwiderstand mit der Ringelektrode nach DIN EN 62631-3-1

Dieses Messverfahren nach der Norm DIN EN 62631-3-1 wird für die Messung von Ableitwiderständen in ESD-Kontroll-Systemen nicht empfohlen. Nach dem Verwendungszweck, der am Beginn der Norm definiert ist, dient die DIN EN 62631-3-1 „nur“ zur Ermittlung der Materialeigenschaften von isolierenden Stoffen.

5.4.4.5. Ableitwiderstand nach ANSI/ESD S7.1

Diese amerikanische Vorschrift dient der Messung des Ableitwiderstandes von Materialien, die für Fußböden eingesetzt werden. Sie dient der Qualifikationsprüfung von Fußbodenmaterialien und danach kann sie zur regelmäßigen Überprüfung der installierten Fußböden verwendet werden.

Der Standard beschreibt eine Testmethode für den elektrischen Widerstand (Ableitwiderstand) von Fußböden, die für den Schutz von ESDS eingesetzt werden. Gemessen wird grundsätzlich von der Oberseite des Materials zur Unterseite oder zum Erdungspunkt. Diese Testmethode wird ausschließlich für leitfähige und ableitfähige Fußbodenmaterialien eingesetzt.

Die verwendete Messelektrode besitzt ein Gewicht von 2.27 kg ± 0.06 kg und hat die Abmessungen von ∅ 63.5 mm ± 0.25 mm (vgl. Abschnitt 5.4.3.5.). Die Messspannungen und die klimatischen Bedingungen für die Laborprüfungen sind in den Tabellen 5.7. und 5.8. beschrieben worden. Für praktische Messungen vor Ort ist zu beachten, dass die Messspannungen nach Tabelle 5.8. eingehalten werden. Die klimatischen Bedingungen sind natürlich „unkontrolliert“; sie müssen aber im Messprotokoll erfasst werden.

Für Labortests müssen die Probenabmessungen mindestens 305 mm x 610 mm betragen. Es müssen mindestens 5 Probekörper angefertigt und gemessen werden. Die Proben müssen nach den Herstellerangaben vorher gereinigt werden. An jeder Probe muss die Messung an 6 verschiedenen Stellen durchgeführt werden.

Bei installierten Fußböden müssen pro 500 m^2 mindestens 5 Messpunkte ausgewählt werden. Bei Fußbodenmatten mindestens 1 Messpunkt pro 2 m^2.

5.4.4.6. Zusammenfassung – Messung des Ableitwiderstandes R_A

Fünf Möglichkeiten für die Ermittlung des Ableitwiderstandes wurden beschrieben. Jedes Messverfahren ist nur für einen bestimmten Einsatzzweck einzusetzen. Vorgeschrieben sind jeweils der zu messende Wertebereich und die zu prüfenden Materialien. Die Überprüfung der ESD-Kontrollnahmen in einer EPA und die Funktionsfähigkeit eines ESD-Arbeitsplatzes können nur nach der gültigen Messvorschrift, die die DIN EN 61340-5-1 fordert, erfolgen. Die Norm bezieht sich ausschließlich auf die DIN EN 61340-4-1. Dieses Messverfahren, eine Elektrode mit einem leitfähigen Gummi, hat sich inzwischen in der Praxis bewährt. Spezifikationen gibt es zurzeit noch für Stühle und Wagen, weil hier noch keine anderen Messverfahren vorliegen. Die Eigenschaften von Verpackungsmaterialien werden vorrangig nach der DIN EN 61340-2-3 und DIN EN 61340-2-1 überprüft. Das Messverfahren nach DIN EN 61340-4-1 entspricht auch dem realistischen Vorgang der Ableitung elektrostatischen Ladungen von der Person über die ESD-Schuhe zum ableitfähigen Fußboden. In einem weiteren Abschnitt (5.5.2.3.) werden ergänzende Messmethoden besonders für die Beurteilung von Fußböden und Fußbodenmaterialien beschrieben.

5.4.5 Messung von Durchgangs- und Volumenwiderständen

Der Volumenwiderstand wird bei Materialien nur ermittelt, um Materialeigenschaften zu überprüfen. Die vorgestellten Messverfahren werden nur unter Laborbedingungen durchgeführt. Anstelle des Volumenwiderstandes wird vereinfacht oft nur der Durchgangswiderstand bestimmt. Vier Verfahren für die Ermittlung des Durchgangs- oder Volumenwiderstandes werden beschrieben:

Tabelle 5.10 Übersicht über die Normen, die für die Durchgangswiderstandsmessungen beschrieben werden.

Standard/Norm		**Elektroden**	**Abmessungen**	**Gültigkeit**
DIN EN 61340-4-1	1	Flächenelektrode	∅ 65 mm	2016-04
DIN EN 61340-2-3	2	Ringelektrode	∅ 57 mm ± 1 mm[1]	2017-05
DIN EN 62631-3-1	3	Ringelektrode	[2]	2017-01

Anmerkungen:
[1] Äußerer Durchmesser der Elektrode
[2] Die Abmessungen werden speziell errechnet.

5.4.5.1. Durchgangswiderstand nach DIN EN 61340-4-1

Die vorliegende Norm beschreibt nur einen Durchgangswiderstand. Die Messanordnung mit einer entsprechenden Gegenelektrode zeigen die Bilder 5.35 bis 5.37. Die übliche Elektrode von ∅ 65 mm, Gewicht 2.5 kg oder 5 kg, wird auf die Oberseite des zu prüfenden Materials abgestellt. Als Gegenelektrode dient eine Metallfläche mit einem Durchmesser von ca. 80 mm ... 100 mm. Die Gegenelektrode befindet sich auf einer isolierenden Unterlage deren Widerstand größer 10^{14} Ω ist. Die Abmessung der Gegenelektrode geht nicht mittelbar in das Messergebnis ein. An die Elektroden wird die entsprechende Spannung von 10 V oder 100 V angeschlossen (vgl. Tabelle 5.4.), je nach zu erwartendem Widerstand. Der Messwert wird nach einer Messdauer zwischen 8 und 15 s abgelesen.

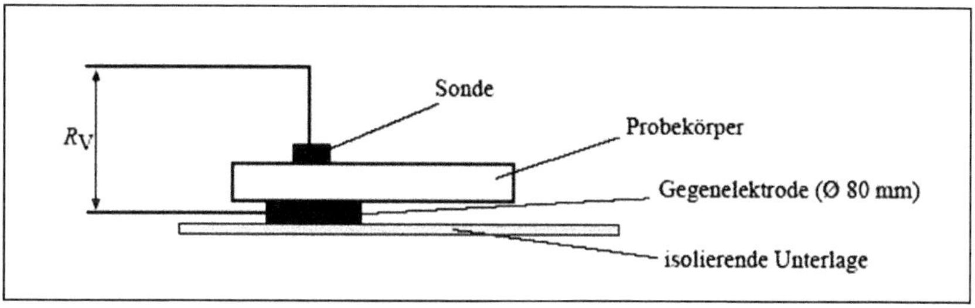

Bild 5.35: Messanordnung für den Durchgangswiderstand, schematische Darstellung

Bild 5.36: Messanordnung für den Durchgangswiderstand, Elektroden

Die klimatischen Anforderungen für die Labormessungen wurden bereits in der Tabelle 5.3. beschrieben.

Die Probenabmessungen müssen mindestens 500 mm ± 50 mm x 500 mm ± 50 mm betragen. Die Probekörper müssen entsprechend den Anforderungen des Herstellers gereinigt werden. Es müssen mindestens 3 Probekörper geprüft werden.

Sind die Probekörper zu klein, z. B. Fliesen, dann müssen aus diesen Materialien Probekörper auf einer Trägerplatte hergestellt werden. Dabei sind die Anweisungen des Herstellers zu beachten. Sind keine Herstelleranweisungen bekannt, können die kleineren Probekörper auf einer Metallträgerplatte mit einem leitfähigen Kleber hergestellt werden.

Bild 5.37: Messanordnung für den Durchgangswiderstand, praktische Anordnung, weiches Material

Die Messung des Durchgangswiderstandes nach dieser Vorschrift erfolgt ausschließlich unter festgelegten Umgebungsbedingungen, d.h., sie wird nur im Labor an Materialproben durchgeführt.

5.4.5.2. Durchgangswiderstand nach DIN EN 61340-2-3

Ein flaches, planares Material kann durch eine Messung des Durchgangswiderstandes nach DIN EN 61340-2-3 klassifiziert werden. Dabei wird eine Ringelektrode nach Bild 5.25 auf das zu prüfende Material gestellt. Die äußere Ringelektrode wird dabei als Schutzring verwendet. Das Bild 5.38 zeigt die prinzipielle Messanordnung für die Messung des Durchgangswiderstandes.

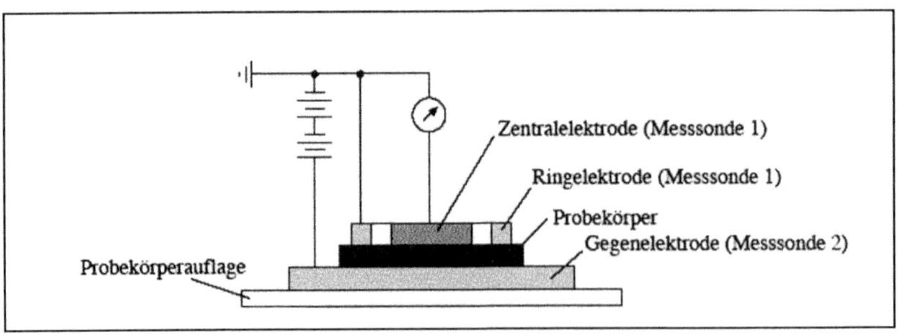

Bild 5.38 Prinzipschaltung für die Messung des Durchgangswiderstandes nach DIN EN 61340-2-3

Unter das Probenmaterial wird eine Gegenelektrode gelegt, die ausreichend groß und mit einem festen Anschluss versehen ist. Die obere Messelektrode sollte einen ungefähren Abstand von mindestens 10 mm vom Rand des zu prüfenden Materials haben. Die Messspannungen und die klimatischen Bedingungen entsprechen den Tabellen 5.3. und 5.4. Zu beachten ist, dass der Korrekturfaktor der Geometrie der Messelektrode in das abgelesene Ergebnis eingerechnet wird. Aus dem abgelesenen Messwert und der Dicke des Materials kann auch der spezifische Durchgangswiderstand unter Verwendung der Gleichung (5.39) errechnet werden.

Das Bild 5.39 zeigt ein praktisches Beispiel für die Messung des Durchgangswiderstandes eines textilen Bodenbelages.

Bild 5.39: Praktische Messanordnung für die Messung des Durchgangswiderstandes

Diese beschriebenen Messungen sind nur sinnvoll, wenn sie unter Laborbedingungen durchgeführt werden.

5.4.5.3 Durchgangswiderstand nach DIN EN 62631-3-1

Handelt es sich um sehr hochohmige Materialproben, oder um isolierende Materialien, dann kommt die folgende Prüfmethode nach DIN EN 62631-3-1 zum Einsatz. Hochohmige Messproben ($> 10^{11}\ \Omega$) lassen sich nur messen, wenn sie in einer abgeschirmten Kammer (Faraday'scher Käfig) eingebracht werden. Äußere elektrische Felder beeinflussen das Messergebnis entscheidend.

Die Messanordnung entspricht dem Bild 5.31 wobei die Elektrodenabmessung nach anderen Gesichtspunkten ausgewählt wird. Die an die Elektroden anzulegende Messspannung soll zwischen 100 V und 1000 V einstellbar sein. Die Dauer der Messung sollte 100 min. nicht übersteigen. Bei Isolierstoffen können Messergebnisse zum Teil erst mit einer höheren Spannung oder mit einer wesentlich längeren Messzeit erzielt werden. Das liegt einfach an dem Aufbau eines Isolators. Ein Isolator darf keine elektrische Leitung, d.h. keine freien Elektronen, aufweisen.

Die Probekörperauswahl ist nicht so einfach zu beschrieben. Hier muss im Einzelfall in der vorliegenden Norm nachgelesen werden. Die Probekörper sind vor der Messung in ein dielektrisches Gleichgewicht zu bringen. Dafür wird ein Kurzschlussstrom an den Probekörper angelegt. Erst wenn der Kurzschlussstrom einen konstanten Wert einnimmt, sollte die Messung gestartet werden. Die vorgeschriebene Gleichspannung wird angelegt und gleichzeitig eine Zeitmessvorrichtung gestartet. Wenn es keine anderen Festlegungen gibt, wird nach den Anlegezeiten von 1 min, 2 min, 5 min, 10 min, 50 min und 100 min der Messwert abgelesen.

Wenn zwei aufeinanderfolgende Messwerte dasselbe Ergebnis bringen, kann der Versuch beendet werden. Wird nach 100 min kein stabiler Messwert ermittelt, kann der Durchgangswiderstand als Funktion der Anlegezeit dargestellt werden.

Der spezifische Durchgangswiderstand errechnet sich ebenfalls aus der Gleichung (5.39). Aus dem Messergebnis kann der spezifische Volumenwiderstand errechnet werden.

5.4.5.4 Zusammenfassung – Messung des Durchgangs- oder Volumenwiderstandes

Die Messung des Volumenwiderstandes ist nur bei Materialproben und unter definierten klimatischen Bedingungen sinnvoll. Grundsätzlich wird eigentlich der Durchgangswiderstand gemessen und der Volumenwiderstand errechnet. Die Erfahrungen haben gezeigt, dass die Messung des Durchgangswiderstandes ausreichend ist. Wird in Grenzfällen noch der spezifische Widerstandswert errechnet, verlieren die Materialdimensionen und Geometrie ihren Einfluss und die Eigenschaften unterschiedlicher Materialien können so aus den Messwerten sehr gut verglichen werden. Bei der Prüfung von Materialien, deren Durchgangswiderstand in der Nähe des Wertes $10^9\ \Omega$ liegt oder deren Wert größer ist, sind reproduzierbare Messergebnisse nur zu erzielen, wenn die klimatischen Bedingungen konstant sind und abgeschirmte Anordnungen, z. B. ein Faraday'scher Käfig, benutzt werden. Für die praktischen Messungen zur Überprüfung der Wirksamkeit der ESD-Kontrollmaßnahmen ist dieser Messwert nicht unbedingt zu empfehlen.

5.4.6 Weitere Widerstandsmessverfahren

Zur Vollständigkeit werden noch zwei bzw. drei international sehr oft verwendete Messverfahren beschrieben: die Messung des Oberflächenwiderstandes nach der NFPA 99 (1993), ASTM F150-06 (2018) und ASTM D-257 (2014). In einigen Firmenunterlagen werden diese Messverfahren eingesetzt, besonders die ersten beiden für die Ermittlung der Widerstände von Fußböden und Fußbodenmaterialien.

Für die Messung des Oberflächenwiderstandes nach den amerikanischen Vorschriften NFPA 99 und ASTM F150-06 (2018) an verlegten Fußbodenbelägen werden zwei Elektroden im Abstand von 91 cm (3 feet) trocken auf den Belag aufgesetzt und der Widerstand zwischen beiden Elektroden gemessen. Die Elektroden bestehen aus einer Metallfolie von 32 cm² Fläche, die mit einer 6.5 mm dicken Gummischeibe und einem Gewicht von 25 N belastet werden. Im Vergleich dazu verwendet die ASTM F150-06 (2018) bereits die genormten amerikanischen Elektroden der ANSI/ESD S7.1: 2.27 kg und ∅ 63.5 mm. Die Messungen werden an 5 beliebigen Stellen im Raum durchgeführt. Das Bild 5.40 zeigt die Messanordnung.

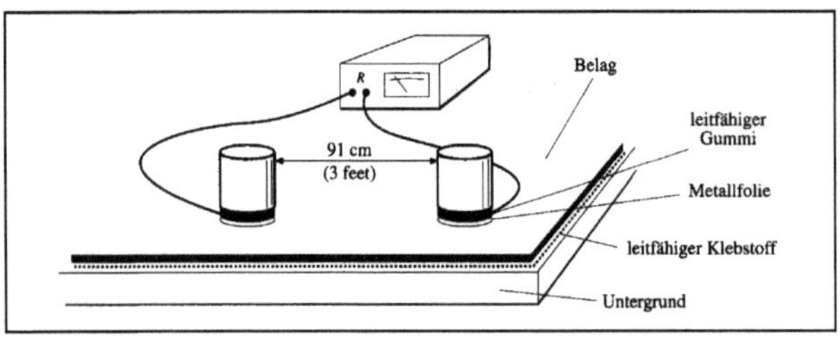

Bild 5.40: Messanordnung für die Messung nach NFPA 99 und ASTM F150-06 (2018) [50, 51]

Der spezifische Oberflächenwiderstand errechnet sich aus dem Oberflächenwiderstand unter Einbeziehung der Elektrodenfläche.

$$\rho_O = R_O * A \tag{5.42}$$

Die Messung des spezifischen Oberflächenwiderstandes kann auch nach dem Standard ASTM D-257 [52] erfolgen. Diese Norm ist gegenüber der Norm ANSI/ESD STM11.11 besonders für dünne und elektrostatisch leitfähige Materialien geeignet, deren Leitfähigkeit getrennt von der leitfähigen Unterlage bestimmt werden soll. Die Widerstände liegen also unterhalb von dem Wert $1 \cdot 10^5\ \Omega$. Bei diesem Standard beträgt der Abstand zwischen innerer und äußerer Elektrode nur 4 mm. Die Probe des Materials wird sowohl auf der Vorder- als auch auf der Rückseite kontaktiert.

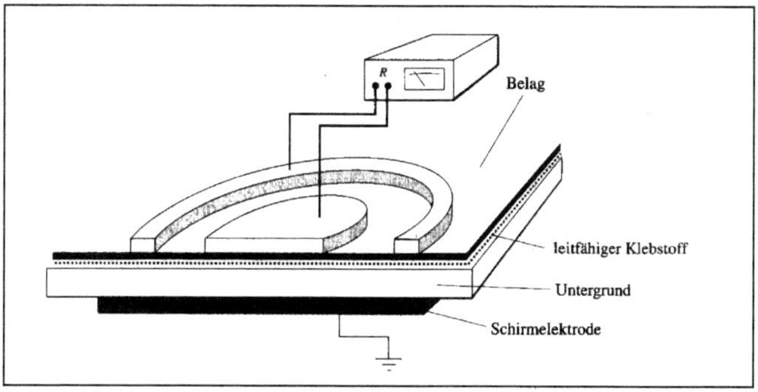

Bild 5.41: Messanordnung für den Oberflächenwiderstand nach ASTM D-257

Zum Abschluss noch ein kurzer Hinweis auf die Messung des Standortübergangswiderstandes nach der „Sicherheitsvorschrift“ VDE 0100.

Zur Vervollständigung der bisherigen Ausführungen muss unbedingt noch erwähnt werden, dass die Messung des Standortübergangswiderstands nach der VDE 0100 Teil 610 mit den bisherigen ESD-Messvorschriften in keinem Zusammenhang steht. Von vielen Einrichtungen wurde bisher dieses Messverfahren als vergleichbar angeführt. Das galt aber nur für den Zeitraum als die „alte“ DIN 51953 galt. Wurden Messungen nach dieser Vorschrift durchgeführt und mit der Messung des Standortübergangswiderstandes nach VDE 0100 Teil 610 verglichen, dann waren die Messwerte ähnlich. Inzwischen haben sich die Anforderungen für die ESD-Kontrollmaßnahmen und deren Überprüfungsmethoden wesentlich geändert. Die vorher beschriebenen Messverfahren sind nicht mehr mit der VDE 0100 Teil 610 vergleichbar. Diese Vorschrift beschreibt die Personensicherheit. Personensicherheit muss natürlich ebenfalls in einer EPA eingehalten werden und gilt vor den eigentlichen ESD-Kontrollmaßnahmen. Das Messverfahren unterscheidet sich wesentlich.

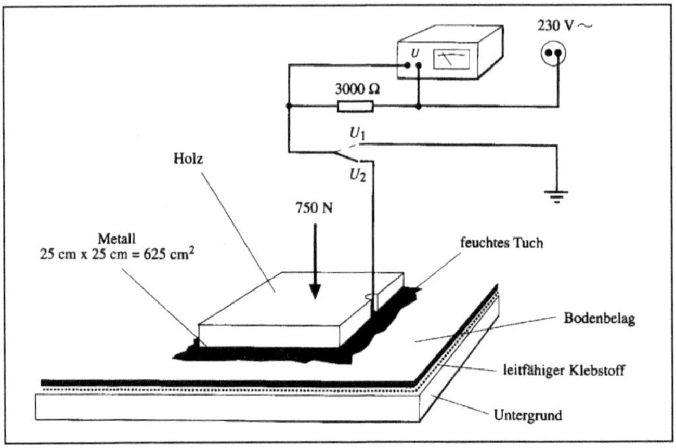

Bild 5.42: Messanordnung für den Standortübergangswiderstand nach VDE 0100 Teil 610

Es werden zwei Verfahren unterschieden: das im Bild 5.42 gezeigte Verfahren mit einem feuchten Lappen und ein Messverfahren mit der im Abschnitt 5.4.4.2 beschriebenen Dreifußelektrode. Es werden aber grundsätzlich andere Anforderungen an die Messspannungen und Ströme gestellt.

Ein feuchter Lappen symbolisiert hier eine Person, die auf einem Fußboden steht, der einen Wasserschaden hat. Berührt jetzt die Person aus Versehen die offene Netzspannung, dann darf der Strom durch den Menschen, den Menschen selbst nicht schädigen. Hier wird also der Extremfall geprüft. Eine Person steht im Wasser und darf durch einen Stromschlag nicht gefährdet werden. Dieser Vorgang ist nicht vergleichbar mit den ESD-Kontrollmaßnahmen für die elektronischen Bauelemente und Baugruppen, die die DIN EN 61340-5-1 fordert.

In der DIN EN 61340-5-1 werden elektrostatische Ladungen über den Fußboden abgeleitet, der in der Regel trocken ist, wenn die Personen ESD-Schuhe mit einer leitfähigen Gummisohle tragen. Zum Vergleich ist ein Betonboden, Estrich oder Ähnliches, mit der Messung nach VDE 0100 Teil 610 immer sehr gut leitfähig, die Ableitwiderstände liegen unter 1 kΩ. Dagegen ist dieser Boden unter dem Gesichtspunkt der DIN EN 61304-5-1 überhaupt nicht ableitfähig.

Eine Messung nach VDE 0100 ist also *kein Kriterium* für die Beurteilung von ESD-Ausrüstungen einer EPA.

Tabelle 5.11 enthält alle beschriebenen Normen, Vorschriften und Testverfahren zum Vergleich. Sie enthält die Elektrodenabmessungen, Gültigkeitsbereiche (falls vorhanden) und Besonderheiten.

Norm	Elektrode	Abmessungen	R_A	R_O	R_D	Gültigkeit
DIN EN 61340-4-1	Flächenelektroden 2.5 kg 5 kg	∅ 65 mm	x	x	x	2016-04
DIN EN 61340-2-3	Flächenelektrode 2.5 kg Ringelektrode	∅ 63.5 mm ∅ 57 mm ± 1 mm[1]	x	 x	x	2017-05
ANSI/ESD S7.1	Flächenelektrode 2.27 kg	∅ 2.5“ = 63.5 mm	x	x		2013
ANSI/ESD STM11.11	Ringelektrode Mikroelektrode	∅ 57 mm ± 1 mm[1] ∅ 12 mm		x x		2015
DIN EN 61340-2-3	Mikro-Zweipunkt-elektrode	[3]		x		2017-05
DIN EN 1081	Dreipunktelekt-rode	180 mm x 180 mm	x	x		2019-03
DIN EN 62631-3-2	Ringelektrode	∅ [2]	x	x	x	2016-10

Anmerkungen:

[1] Beide Normen verwenden die gleiche Elektrode.

[2] Es wird eine Berechnungsmethode für die optimale Elektrodenabmessung angegeben.

[3] Die Mikro-Zweipunktelektrode ist eine Sonderbauform.

R_A = Ableitwiderstand
R_O = Oberflächenwiderstand
R_D = Durchgangswiderstand

5.5 Praktische Messungen und Messvorschriften für Widerstände und weitere Parameter (Entladezeit, Personenaufladung) zur Ermittlung der Wirksamkeit der ESD-Kontrollmaßnahmen

Bisher wurden die genormten Messverfahren und die Anforderungen im Abschnitt 4.3. an ESD-Kontrollmaßnahmen beschrieben. Bei den Messverfahren wurde bisher der Schwerpunkt auf die Widerstandsmessgrößen: Oberflächen-, Ableit- und Durchgangs- und Volumenwiderstand gelegt. Der folgende Abschnitt beschreibt den Einsatz der vorgestellten Messverfahren in der Praxis, die Erfahrungen und die besonderen Probleme. Dabei werden Erkenntnisse aus einigen Untersuchungen an speziellen ESD-Ausrüstungen einbezogen. Besonders ausführlich werden die Messungen an Fußböden beschrieben, wobei hier die neuen, bisher nicht aufgeführten, aber inzwischen normgerechten Messverfahren für den Systemwiderstand und die Personenaufladung beschrieben werden. Bei ESD-Bekleidung wird auf Varianten für Messverfahren eingegangen, die in Vorbereitung sind.

5.5.1 ESD-Arbeitsoberflächen, Regale

Auf diesen Oberflächen, Arbeitsplätzen und Regalen können sich ESDS ungeschützt befinden. Deshalb gibt es hier ganz besonders strenge Anforderungen an die Widerstandseigenschaften. Der Abschnitt 4.3.1. beschreibt Anforderungen an Oberflächen- und Ableitwiderstände. Es muss ein Mindestwiderstand gewährleistet werden, damit keine schlagartigen Entladungen auftreten, die die ESDS schädigen könnten.
ESD-Fußböden können durch spezielle Handhabungstechniken der ESD-gefährdeten Bauelemente und Baugruppen (ESDS) auf den Arbeitsoberflächen ersetzt werden. ESD-Arbeitsoberflächen sind in jedem Fall unumgänglich. Sie sind nach der Spezifikation, die in der Norm DIN EN 61340-5-1 (Anhang A.1) (2001) vorgegeben ist, zu prüfen. Diese Norm bezieht sich wiederum auf Elektroden, die in der DIN EN 61340-4-1 beschrieben werden.

5.5.1.1. Ableitwiderstand von ESD-Arbeitsoberflächen

Die ESD-Arbeitsoberflächen bestehen aus einem volumenleitfähigen Belag oder einer volumenleitfähigen Spanplatte. Die Spanplatte kann mit einem ableitfähigen Laminat oder direkt beschichtet sein. Es kommen besonders für Regale Pulverbeschichtungen zum Einsatz.

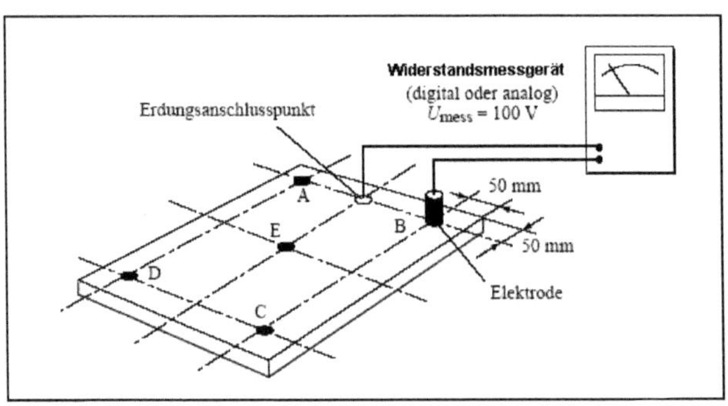

Bild 5.43: Messanordnung für den Ableitwiderstand auf einer ESD-Arbeitsoberfläche

Die Elektroden nach DIN EN 61340-4-1, 2.5 kg oder 5 kg, je nach der Härte des zu untersuchenden Materials, werden auf die Arbeitsoberfläche abgestellt. Vorher wird die Oberfläche trocken gereinigt. Die Messung erfolgt immer zwischen dem Potentialausgleichsanschluss am Arbeitsplatz oder dem Schutzleiteranschluss. Es ist sinnvoll, mehrere Messpunkte festzulegen. Das Bild 5.44 ist ein Beispiel für die Anordnung von Messpunkten auf einer Arbeitsplatzoberfläche. Wichtig ist dabei, genauso wie bei allen anderen Messungen, die Lage der Messpunkte neben der Messanordnung, dem verwendeten Messgerät und den Elektroden in das Messprotokoll aufzunehmen.

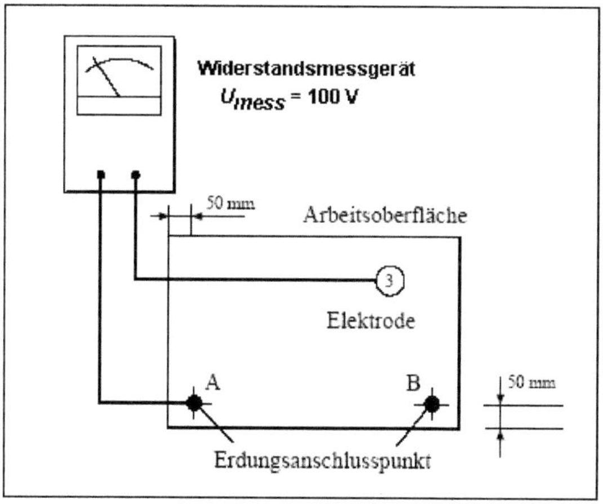

Bild 5.44: Messung des Ableitwiderstandes auf einer Arbeitsoberfläche, Beispiel für eine Elektrodenanordnung

Neben den Messwerten müssen immer die Luftfeuchtigkeit und die Temperatur miterfasst werden.

5.5.1.2. Oberflächenwiderstand von ESD-Arbeitsoberflächen und Materialien für ESD-Arbeitsoberflächen

Für die Auswahl und Qualifizierung von geeigneten Materialien für ESD-Arbeitsoberflächen ist die Ermittlung des Oberflächenwiderstandes sinnvoll. Außerdem ist die Messung des Oberflächenwiderstandes notwendig, weil ein Mindestwiderstand festgelegt ist, der verhindern soll, dass schlagartige Entladungen auftreten. An installierten ESD-Arbeitsoberflächen ist der Oberflächenwiderstand notwendig, wenn nicht sofort zu erkennen ist, dass es sich um ein elektrostatisch ableitfähiges Material handelt.

Die Proben für die Oberflächenwiderstandsmessungen sind entsprechend der Norm vorzubereiten. Die Proben sind gemäß den Angaben des Herstellers zu reinigen. Danach werden die Elektroden auf das Probenmaterial gestellt und die Messung wird mit der vorgeschriebenen Messspannung und in der vorgegebenen Messzeit durchgeführt. Zu beachten ist, dass das Material oder die Volumenanteile miterfasst werden. Werden Vergleichsmessungen an verschiedenen Materialien durchgeführt, dann erfolgen sie immer unter den gleichen Voraussetzungen, so dass angenommen werden kann, dass immer der gleiche Fehlbetrag mit gemessen wird.

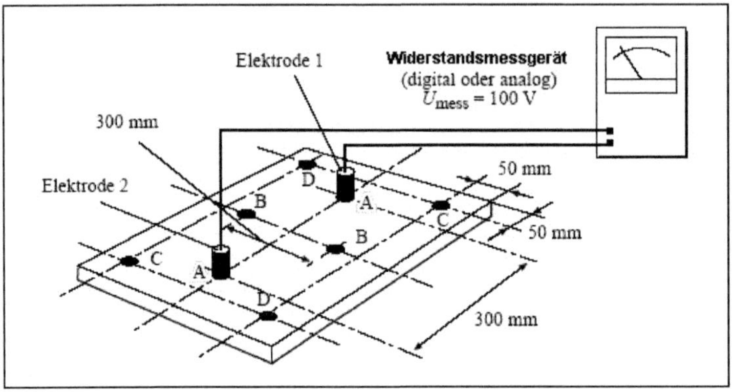

Bild 5.45: Messanordnung für die Ermittlung des Oberflächenwiderstandes an Materialproben für ESD-Arbeitsoberflächen

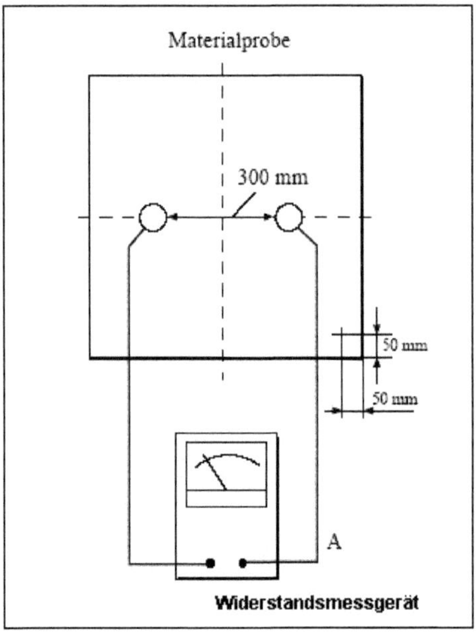

Bild 5.46: Messung des Oberflächenwiderstandes auf einer Arbeitsoberfläche, Beispiel für eine Elektrodenanordnung

Die Bilder 5.45 und 5.46 zeigen Elektrodenanordnungen an verschiedenen Materialproben für ESD-Arbeitsoberflächen. Zu beachten ist auch hier, dass neben den eigentlichen Messwerten auch die Elektroden, Elektrodenanordnungen, Messspannungen, Messgeräte und Umgebungsbedingungen in das Messprotokoll aufgenommen werden.

5.5.1.3. Praktische Messergebnisse für Widerstandsmessungen an ESD-Materialien für Arbeitsoberflächen

Vor einiger Zeit wurden verschiedene Materialien für Arbeitsoberflächen untersucht. Dazu wurden neben den verschiedenen Materialien auch verschiedene Elektroden betrachtet. Die Tabelle 5.12 enthält einige Messwerte aus diesen Untersuchungen [53].

Tabelle 5.12 Messergebnisse bei der Überprüfung von ESD-Arbeitsplatzoberflächen

Material	**Elektroden**			
	2.5 kg Grau	**2.27 kg** schwarz	**5 kg** grau	**5 kg** schwarz
	DIN EN 100015	ANSI/ESD S7.1	DIN EN 61340-4-1 Ed. 1	Sonderbauform (Bild 5.47)
Tischbelag 1	206 MΩ	169 MΩ	118 MΩ	78 MΩ
Tischbelag 2	45 MΩ	32 MΩ	25 MΩ	12 MΩ
Laminat 1	33 MΩ	34 MΩ	21 MΩ	10 MΩ
Laminat 2	18 MΩ	2.8 MΩ	10 MΩ	2.3 MΩ
Laminat 3	20 MΩ	1.7 MΩ	7 MΩ	1.5 MΩ

Anmerkungen:
[1] Relative Luftfeuchtigkeit: 38 % Temperatur: 20 °C
[2] Es wurde verschiedener Leitgummi an den Elektroden verwendet.
[3] Die Materialien kamen von verschiedenen Herstellern.

Die Messergebnisse zeigen, dass das Gewicht der Elektrode einen Einfluss auf den Messwert hat. Je größer das Gewicht, desto kleiner der Widerstand. Bei den Laminat-Materialien für Tische zeigt sich ein anderer Effekt, der in der Tabelle 5.13 bei anderen Materialien noch deutlicher wird. Mit Carbon- oder Graphit gefüllter Leitgummi erzielt Widerstandswerte, die zu niedrig sind.

Bild 5.47: 5 kg Elektroden mit unterschiedlichem Leitgummi

Weitere Untersuchungen dienten zur Ermittlung der Ableitfähigkeit von leitfähigen Beschichtungen oder Lacken. Die Tabelle 5.13 enthält Messwerte mit den gleichen Elektroden und unter gleichen klimatischen Bedingungen wie die Tabelle 5.12 für zwei unterschiedliche Materialgruppen: wasserlösliche Lacke (S) und Pulverbeschichtungen (P).

Tabelle 5.13 Messergebnisse für verschiedene Beschichtungen

Material	**Elektroden**			
	2.5 kg Grau	**2.27 kg** schwarz	**5 kg** grau	**5 kg** schwarz
	DIN EN 100015	ANSI/ESD S7.1	DIN EN 61340-4-1 Ed. 1	Sonderbauform (Bild 5.47)
Beschichtung 1 (P)	3.5 GΩ	6.2 GΩ	8.1 GΩ	33 MΩ
Beschichtung 2 (P)	3.5 GΩ	220 MΩ	0 Ω[1]	6.6 MΩ
Beschichtung 3 (S)	490 kΩ	200 kΩ	40 kΩ	95 kΩ
Beschichtung 4 (S)	300 kΩ	180 kΩ	170 kΩ	270 kΩ

Als Untergrund kam immer Metall zum Einsatz. Die Kontaktierung erfolgte über einen entsprechenden Anschluss am Metall. Grundsätzlich ist festzustellen, dass nur die schwarzen Elektroden positive Ergebnisse für den Ableitwiderstand liefern. Der graue, mit Metall gefüllte Leitgummi kontaktiert die Leitpartikel direkt, und der Widerstandswert geht gegen null oder es gibt keine Ableitfähigkeit. Demgegenüber sind alle wasserlöslichen Beschichtungen elektrostatisch leitfähig. Spätere Untersuchungen [54] haben gezeigt, dass Pulverbeschichtungen nur ableitfähig sind, wenn sie ausreichend dünn sind. Sind „leitfähige" Pulverbeschichtungen im elektrostatischen Sinn überhaupt „elektrostatisch ableitfähig"?

5.5.1.4. Aufladbarkeit und Entladezeitmessung von ESD-Arbeitsoberflächen

Üblicherweise werden ESD-Arbeitsoberflächen nur nach den Widerstandseigenschaften bewertet. Das liegt auch daran, dass Materialien mit Widerständen größer 10^9 Ω nicht zugelassen werden für alle Flächen auf denen ungeschützte ESDS abgelegt oder gelagert werden können. Da aber von allen ESD-Arbeitsoberflächen elektrostatische Aufladungen gefahrlos abgeleitet werden müssen, existiert ein erweitertes Messverfahren für die Ermittlung dieses Parameters. Die amerikanische Standardtestmethode ANSI/ESD STM4.2 [55] beschreibt einen etwas aufwendigen Messaufbau. Das Bild 5.48 zeigt diesen Aufbau.

Auf der Testtischpositioniereinrichtung wird das zu untersuchende Probenmaterial aufgespannt. An der Scheibenaufnahme können verschiedene Materialien befestigt werden, mit denen das Probenmaterial elektrostatisch aufgeladen werden soll. Die angebrachte Sonde ist mit einem Charge Plate Monitor verbunden. Dieser zeichnet die elektrostatische Aufladung auf. Mit dieser Anordnung kann aber auch die Entladezeit gemessen werden. Dazu wird das Probenmaterial elektrostatisch aufgeladen und die Zeit, bis die elektrostatischen Aufladungen abgeflossen sind, wird gemessen. Üblicherweise wird von 1000 V ausgegangen und die Zeit, bis der Endwert von 100 V erreicht wird, gemessen.

Die Messung der Ableitzeit wird vom Messaufbau, von der Durchführung der Messung und den Umgebungsparametern sehr stark beeinflusst. Aus diesem Grund erfolgt die Messung selbst in einem Faraday'schen Käfig.

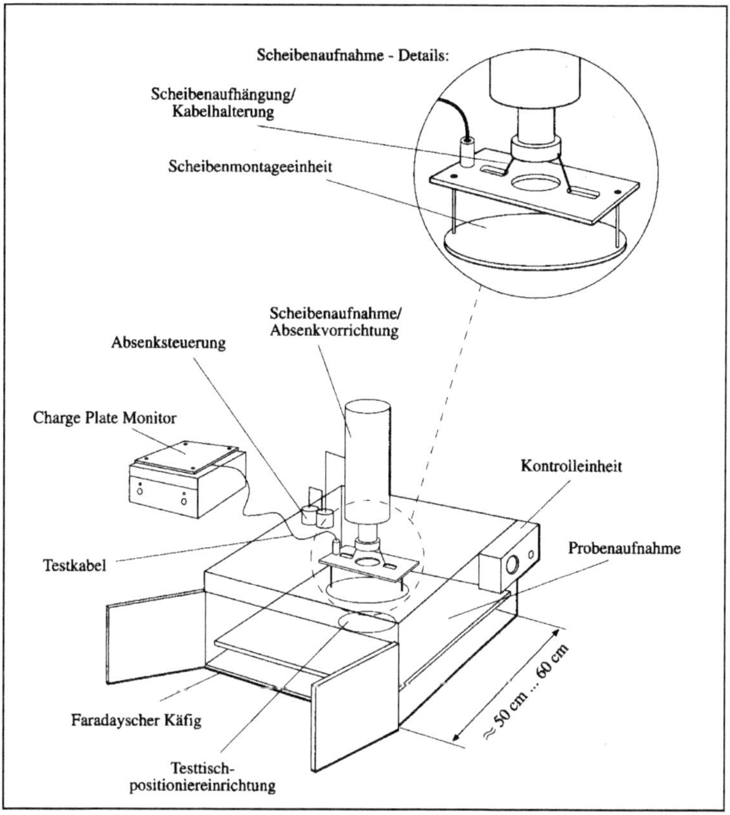

Bild 5.48: Messanordnung für die Ermittlung der Aufladbarkeit und die Entladezeitmessung von ESD-Arbeitsoberflächen [55]

Diese Messungen werden nur im Labor und an Materialproben durchgeführt. Sie dienen der besseren Bewertung von Materialien für ESD-Arbeitsoberflächen.

5.5.1.5. Regaloberflächen

Die Regaloberflächen oder -böden müssen die gleichen Anforderungen wie die ESD-Arbeitsoberflächen (Abschnitt 4.3.1. Tabelle 4.8) erfüllen, weil hier auch ungeschützte ESDS abgelegt werden können. Die Messung des Ableit- und Oberflächenwiderstandes erfolgt nach denselben Messmethoden wie für die ESD-Arbeitsoberflächen, siehe Abschnitte 5.5.1.1. und 5.5.1.2.

5.5.2 ESD-Fußböden

Der ESD-Fußboden ist nach den Normen DIN EN 61340-5-1 bzw. DIN EN 61340-4-1 zu messen. Das wichtigste Kriterium für die Funktion des ESD-Fußbodens in einem ESD-Bereich ist das Ableitverhalten von elektrostatischen Ladungen zum Potentialausgleich oder Erdungsanschluss.

5.5.2.1. Ableitwiderstand von ESD-Fußböden

Die Bewertung des Fußbodens erfolgt grundsätzlich mit dem Ableitwiderstand. Für einige Fußbodenmaterialien ist das nicht ausreichend. Hier werden zur Bewertung die neuen Messverfahren für den Systemwiderstand und die Personenaufladung nach der Norm DIN EN 61340-4-5 zusätzlich herangezogen. Unterschiedliche Elektrodenmaterialien werden verglichen und bewertet.

Der Ableitwiderstand des ESD-Fußbodens wird grundsätzlich zwischen einer Elektrode, die auf dem Fußboden aufgesetzt wird, und dem Potentialausgleich gemessen.

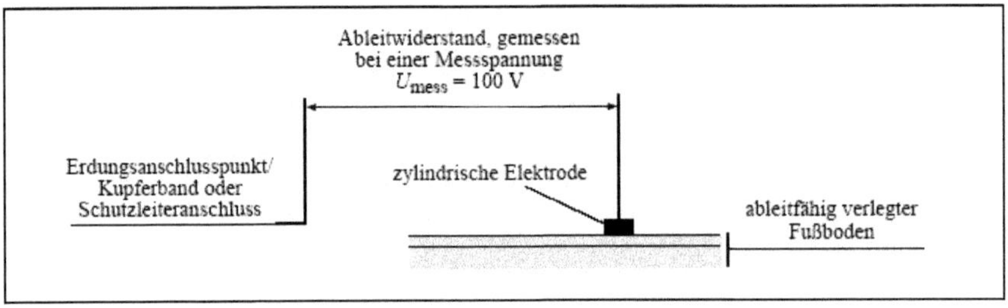

Bild 5.49: Aufbau für die Messung des Ableitwiderstandes von verlegten ESD-Fußböden

Der Potentialausgleich kann zum einen der Erdungsanschlusspunkt des Kupferbandes und zum anderen der Schutzleiter (PE) sein. Zwischen aufgesetzter Elektrode und Potentialausgleich wird eine Messspannung von 100 V angelegt. Die Messung des verlegten Materials in einer EPA erfolgt unter unkontrollierten Bedingungen, d.h., die relative Luftfeuchtigkeit und die Temperatur sind variabel. Die Werte für beide Umweltparameter gehören neben den Angaben zur Elektrode, der Messanordnung und der Messspannung in das Messprotokoll. Je nach Größe der zu überprüfenden Fußbodenfläche ist eine Anzahl von Messpunkten festzulegen. Die Norm [25] empfiehlt 1 Messpunkt pro 100 m^2 bzw. mindestens 6 Messpunkte, wenn der Raum oder die Fläche kleiner sind. Der Mindestabstand von der Messelektrode zum Erdungspunkt muss mindestens 100 mm betragen.

Grundsätzlich hängt die Anzahl der Messpunkte von der Art des verlegten ESD-Fußbodens ab. Es kann davon ausgegangen werden, dass bei einem homogenen Fußbodenmaterial weniger Messpunkte notwendig sind, als bei einem inhomogenen Material. Ein homogener ESD-Fußboden ist z. B. ein volumenleitfähiger Belag. Als inhomogenes Material kann man z. B. Linoleumbelag betrachten, der mit Ruß oder Graphit versetzt ist. Aber auch so genannte Epoxidharzböden sind inhomogen.

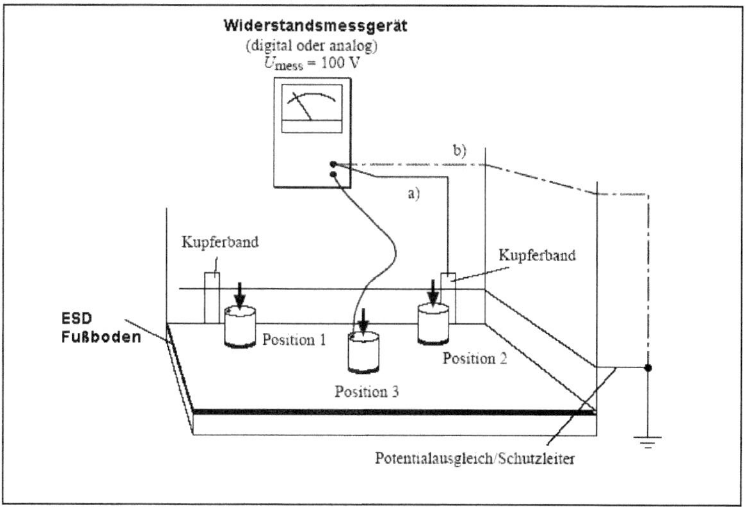

Bild 5.50: Anordnung der Messpunkte auf einem verlegten ESD-Fußboden
a) Messung gegen den Erdungsanschlusspunkt
b) Messung gegen Schutzleiteranschluss (PE)

Weiterhin sind die Anzahl und die Anordnung der Messpunkte von den verlegten Kupferbändern, Fußbodenbahnen, Potentialausgleichsanschlusspunkte usw. abhängig. Das angegebene Beispiel (Bild 5.50) zeigt Messpunkte in der Nähe von Kupferbändern und an Erdungspunkten. Meistens ist es aber so, dass nicht nachvollzogen werden kann, wo z. B. die einzelnen Kupferbänder liegen oder wie der Fußboden verlegt wurde. Hier ist es notwendig, eine größere Anzahl von Messpunkten zu erfassen. Alle Messpunkte sind auf dem Grundriss des Raumes oder in Raumplänen zu markieren. Je nach Abweichung der Messwerte sind weitere Messpunkte notwendig, d.h. unterscheiden sich die Messwerte zwischen den einzelnen festgelegten Messpunkten sehr stark, ist die Anzahl der Messpunkte zu erhöhen. Können keine Abweichungen zwischen den Messpunkten festgestellt werden, kann die Anzahl reduziert werden. Von Abweichungen kann gesprochen werden, wenn die Messwerte sich um Zehnerpotenzen unterscheiden. Die oben angegebene Anzahl von 1 Messpunkten/100 m^2 bzw. mindestens 6 Messpunkte sollte das Minimum an Messpunkten darstellen. Als Messpunkte sind einmal Punkte in der Nähe des Potentialausgleichs und zum anderen Punkte in der Nähe von Stützpfeilern oder Schweißnähte von Fußbodenbelagsbahnen auszuwählen. Also kritische Stellen des ESD-Fußbodens.

5.5.2.2. Oberflächen-, Durchgangs- und Volumenwiderstand von verlegten ESD-Fußböden und von Materialien

Für verlegte ESD-Fußböden ist der Oberflächenwiderstand nicht interessant. Wie bereits im vorigen Abschnitt festgestellt wurde, muss der ESD-Fußboden elektrostatische Ladungen von Einrichtungen und Personen ableiten können. Die Messung des Oberflächenwiderstandes dient also nur der Bewertung der elektrischen Eigenschaften eines Materials für ESD-Fußböden oder bei Unklarheit über das Ableitverhaltens.

Andererseits sind Materialproben noch nicht verlegte Fußböden und somit kann der Ableitwiderstand nur ermittelt werden, wenn diese korrekt auf Proben oder anderen Untergründen als Muster fachgerecht verlegt sind. Aus diesem Grund kann davon ausgegangen werden, dass bei Materialproben nur der Oberflächenwiderstand und der Durchgangs- bzw. Volumenwiderstand gemessen werden kann. Die Messung von Materialproben für ESD-Fußböden ist genau erläutert und in den drei Normen [23, 25, 49] vorgeschrieben. Die Messungen erfolgen immer unter genau definierten klimatischen Bedingungen. Wichtig sind die Anweisungen des Materialherstellers für die vorhergehende Reinigung des Materials. Der Hersteller gibt in den meisten Fällen auch die Art und Weise der Verlegung vor, damit der ESD-Fußboden die geforderten Eigenschaften erreicht. Messanordnung, Messspannung und Messdauer sind durch die Normen festgelegt. Die Verfahren müssen es erlauben, verschiedene Materialien nach gleichen Kriterien zu überprüfen.

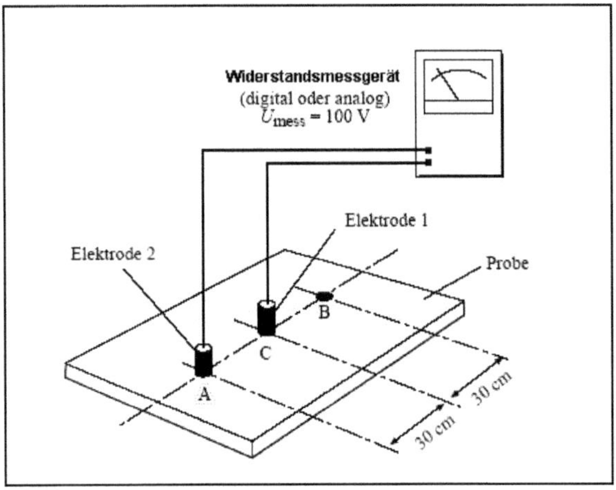

Bild 5.51: Messaufbau zur Ermittlung des Oberflächenwiderstandes von Materialproben

Für das bereits beschriebene Messverfahren (vgl. Abschnitt 5.4.3.) nach der DIN EN 61340-4-1 sind Materialproben in den geforderten Abmessungen notwendig. Die Proben werden entsprechend der Norm und den Herstellerangaben vorbereitet und dann mit der im Bild 5.51 angegebenen Messanordnung gemessen.

Bei der Durchführung der Messung muss davon ausgegangen werden, dass die Proben entweder nicht nach den Herstellerangaben vorbereitet wurden oder die Prüfungen nur ein Messergebnis liefern, das nicht unbedingt mit dem wahren Widerstandswert vergleichbar ist. D.h., ein Fußbodenmaterial kann z. B. erst die gewünschten Widerstandswerte erzielen, wenn es fachgerecht verlegt ist. Die Oberflächenwiderstandsmessungen können aber auch einen völlig anderen Wert liefern.

In die Durchgangs- oder Volumenwiderstandsmessung geht zusätzlich die Dicke des Materials ein. Die Messung des Durchgangs- bzw. Volumenwiderstandes erfolgt nach den Messanordnungen in den Bildern 5.35 und 5.36. Der Messwert setzt sich aus dem Oberflächenwiderstand und dem Widerstand des Volumens zusammen. Der Volumenwiderstand kann zur Materialbewertung und zum Vergleich verschiedener Materialien herangezogen werden.

5.5.2.3. Praktische Messergebnisse für Widerstandsmessungen an Materialien für ESD-Fußböden

Sehr viele Messungen an den verschiedensten Fußbodenmaterialien mit den unterschiedlichen Messverfahren wurden durchgeführt [53, 56]. Dabei kamen alle vorher beschriebenen Normen zur Anwendung. Nicht alle Messergebnisse sollen hier beachtet, sondern nur einige wesentliche Ergebnisse diskutiert werden.

Die verschiedenen Fußböden sind unterschiedlich aufgebaut. Es gibt mehrschichtige Beläge, Beläge, die mit chemischen Bestandteilen versetzt wurden und es gibt Fußböden, die mit Fasern und anderen Leitpartikeln hergestellt werden, vgl. Abschnitt 4.3.2. Grundsätzlich wurden alle Materialien unter gleichen klimatischen Bedingungen, meistens in einer Klimakammer, untersucht.

Tabelle 5.14 Messergebnisse des Ableitwiderstandes von Fußbodenmaterialien (Beläge) mit unterschiedlichen Elektroden

Material	**Elektroden**				
	2.27 kg schwarz	**5 kg (1)** grau	**5 kg (2)** hellgrau	**5 kg** schwarz	**2.27 kg** spezial
	ANSI/ESD S7.1	DIN EN 61340-4-1 Ed. 1		Sonderform (Bild 5.47)	Sonderform (Bild 5.52)
Fußbodenbelag 1	169 MΩ	118 MΩ	-	78 MΩ	-
Fußbodenbelag 2	32 MΩ	25 MΩ	-	12 MΩ	-

Tabelle 5.15 Messergebnisse des Ableitwiderstandes von Epoxidharzböden mit unterschiedlichen Elektroden

Material	**Elektroden**				
	2.27 kg schwarz	**5 kg (1)** grau	**5 kg (2)** hellgrau	**5 kg** schwarz	**2.27 kg** spezial
	ANSI/ESD S7.1	DIN EN 61340-4-1 Ed. 1		Sonderform (Bild 5.47)	Sonderform (Bild 5.52)
Fußboden 1	26 kΩ	86 GΩ	55 GΩ	44 GΩ	21 GΩ
Fußboden 2	37 kΩ	61 GΩ	14 MΩ	51 kΩ	27 GΩ
Fußboden 3	60 kΩ	95 GΩ	112 GΩ	38 GΩ	93 GΩ

Die verschiedenen Prüfungen wurden durchgeführt, um die unterschiedlichen Kontaktmaterialien, d.h. die Leitgummis an den Elektroden, zu untersuchen.

Bei ableitfähigen Belägen, vgl. Tabelle 5.14, gibt es nur eine Abhängigkeit des Gewichtes vom Widerstand, der einfach erklärbar ist. Bei harten Materialien, also den Epoxidharzböden gibt es sehr große Unterschiede bei den gemessenen Widerstandswerten. Es wurde immer angegeben, dass die Härte des Leitgummis an den Elektroden entscheidend ist für den Kontakt zwischen Elektrode und Material. Das kann so nicht bestätigt werden. Es wurde eine Spezialelektrode, vgl. Bild 5.52, mit einem zusätzlichen leitfähigen Schaumstoff hergestellt, der besser anliegen soll.

Bild 5.52: Elektrode, speziell angefertigt mit einem leitfähigen Schaumstoff unter dem leitfähigen Gummi

Aber die Ergebnisse in Tabelle 5.15 zeigen, dass diese „Verbesserung" keinen Widerstandswert in den zugelassenen Grenzwerten liefert. Die Elektroden 5 kg (1) und 5 kg (2) unterscheiden sich in der Härte des Leitgummis. Die Elektrode 5 kg (2) besitzt einen Leitgummi mit einer niedrigeren Härte. Aber auch hier ist zu sehen, dass keine Verbesserung auftritt. Der Widerstandswert im MΩ Bereich ist damit zu begründen, dass hier Leitpartikel kontaktiert wurden. Die Frage steht im Raum: Welche Messung ist die richtige oder welches Kontaktmaterial ist das richtige. Ausgehend von den benutzten Schuhen, die die Personen in einer EPA tragen, muss der graue Leitgummi verwendet werden. Elektrostatische Ladungen werden über die Personen abgeleitet und diese benutzen keine Schuhe mit einer ruß- oder kohlenstoffgefüllten Sohle.

Es wurden weitere Untersuchungen zum Aufbau der Epoxidharzböden durchgeführt, speziell mikroskopische Untersuchungen zum Aufbau. Bereits im Abschnitt 4.3.2. sind zwei Bilder des Querschnittes von zwei verschiedenen Fußbodenmaterialien dargestellt. Diese zeigen, dass die Leitpartikel meistens nicht an der Oberfläche liegen. Sie sinken regelmäßig an den Boden, so dass sich lediglich ein paar an der Oberfläche befinden. Diese können mehr oder weniger kontaktiert werden, im ungünstigsten Fall nie. Die Messergebnisse zeigen dies. Auch die Messergebnisse der harten Tischoberflächen bestätigen dieses Ergebnis.

Warum sind aber nun die Messergebnisse mit den schwarzen Elektroden im zulässigen Bereich? Vermutlich lösen sich Ruß- oder Kohlenstoffpartikel aus dem Leitgummi heraus und verteilen sich auf der Oberfläche des Fußboden- oder Tischmaterials. Damit stellen sie einen Kontakt zu möglichen Leitpartikeln her. Es wird also ein Widerstandswert „vorgetäuscht". Die Bilder 5.53 und 5.54 geben einen ersten Eindruck von diesem Sachverhalt wieder.

Leider tragen die Personen in einer EPA keine Schuhe mit „schwarzen" Sohlen, die ruß- oder kohlenstoffgefüllt sind.

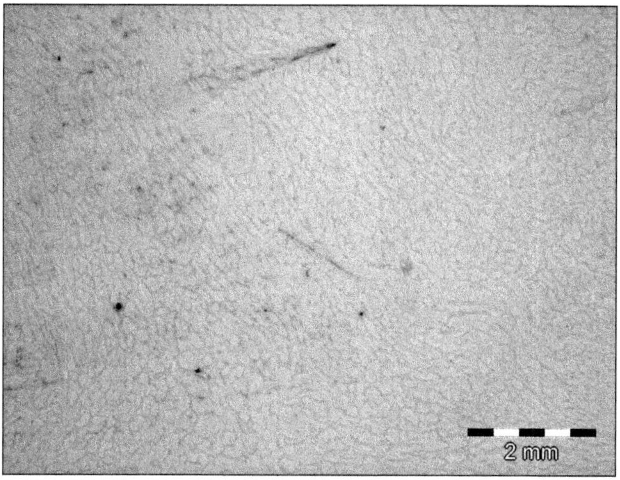

Bild 5.53: Mikroskopische Aufnahme eines Fußbodenmaterials nach der Messung mit einer schwarzen Elektrode, schwarze Streifen auf der Oberfläche.

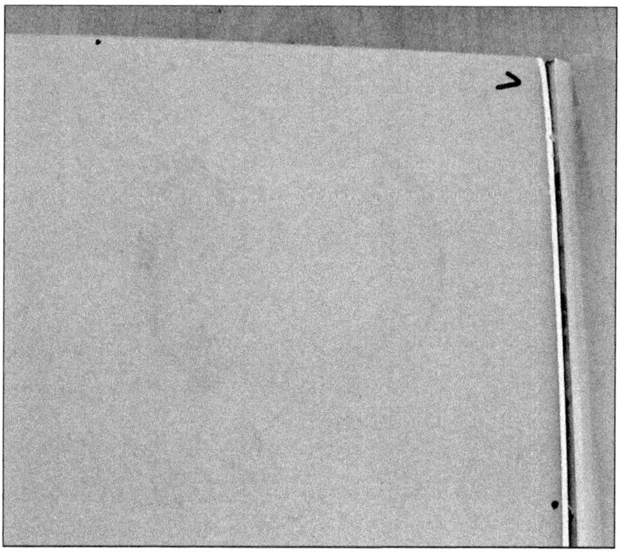

Bild 5.54: Aufnahme von der Oberfläche eines harten Materials nach dem Entfernen der schwarzen Elektrode

Beide Bilder zeigen den Abrieb der Leitpartikel. Da es immer wieder zu falschen Ergebnissen kommt, wurden zwei weitere Messmethoden geschaffen: die Messung des Systemwiderstandes und der Personenaufladung.

5.5.2.4. Systemwiderstand und Personenaufladung

Ausgangspunkt war die Tatsache, dass Personen sich nicht elektrostatisch aufladen dürfen und wenn sie aufgeladen sind, ihre elektrostatischen Ladungen gefahrlos über den ESD-Fußboden ableiten, sofern sie nicht über das Handgelenkband mit dem Potentialausgleich verbunden sind.

Grundsätzlich ist nicht zu vermeiden, dass Personen sich elektrostatisch aufladen, wenn sie über einen Fußboden laufen. Gleichgültig ist es, ob es sich um einen Nicht-ESD oder einen ESD-Belag handelt oder ob die Personen ESD-Schuhe tragen. Daraus ergibt sich die Messmethode für die Personenaufladung, die so genannte Body Voltage Methode. Sie ist ein wichtiges Kriterium für die komplette Bewertung eines ableitfähigen Fußbodens für Elektronikfertigungen. Wie vorher ausführlich beschrieben, reichen die Widerstandsmessungen nicht aus. Inzwischen hat sich gezeigt, dass neben der eigentlichen Widerstandsmessung mit Elektroden sowohl der Systemwiderstand als auch die Personenaufladung von großer Bedeutung sind – weil immer höher empfindliche elektronische Bauelemente und Baugruppen (ESDS) verarbeitet werden. Heute sind bereits 10 V elektrostatische Aufladungen für viele ESDS zu viel. Die Messmethode für die Personenaufladung entstammt der amerikanischen Messmethode ANSI/ESD STM97.2 [57] und liegt als gültige Norm DIN EN 61340-4-5 [58] vor. Diese Norm geht davon aus, dass eine Person mit ESD-Schuhen über einen ESD-Fußboden läuft und sich elektrostatisch auflädt. Die elektrostatische Aufladung wird mit einem Charge-Plate-Monitor (CPM) erfasst und dargestellt. Das Bild 5.55 zeigt den prinzipiellen Messaufbau. Etwas aufwendiger ist der Bewegungsablauf für die Testperson (Bild 5.49)

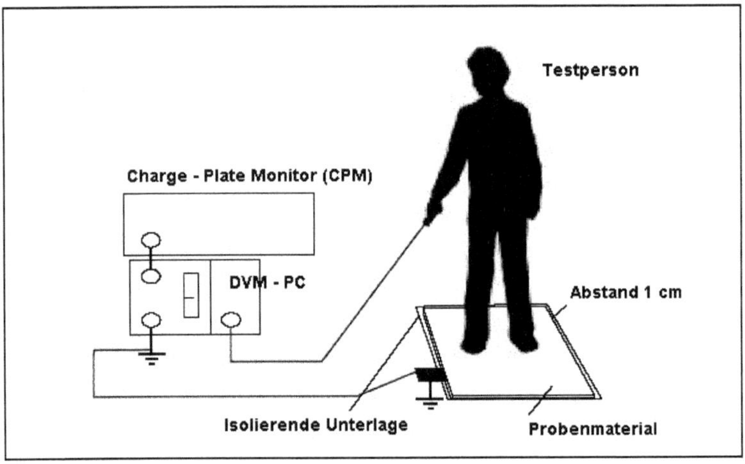

Bild 5.55: Messaufbau für die Ermittlung der Personenaufladung beim Gehen über einen ESD-Fußboden nach DIN EN 61340-4-5 [58]

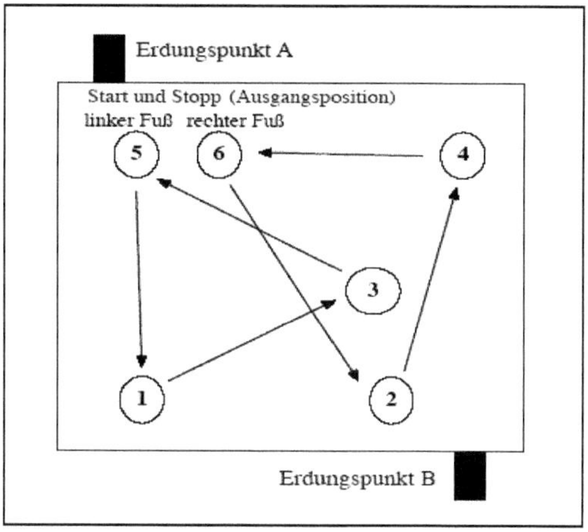

Bild 5.56: Schrittfolge für die Ermittlung der Personenaufladung nach DIN EN 61340-4-5 [58]

Grundsätzlich muss davon ausgegangen werden, dass diese Messmethode nur eine Ergänzung zur eigentlichen Widerstandsmessung ist, denn jede Person ist sehr verschieden und nicht normier bar. Weiterhin sind die Testschuhe nicht spezifiziert. Damit sind die Ergebnisse mit weiteren Personen sehr schlecht vergleichbar.

Weiterhin ist es sehr schwierig, die wirkliche Personenaufladung zu erfassen. Es wurde ein Messaufbau nach der ANSI/ESD STM 97.2 mit einem Charge-Plate-Monitor mit einem Aufbau, der nur aus einem empfindlichen elektrostatischen Voltmeter besteht, verglichen. Dabei waren die Eingangsparameter, gleiche Person, gleiche Schuhe und die Ausgangsparameter, Erfassung der Messwerte aus dem CPM und dem Elektrostatik Voltmeter (EVM) mit einem sehr schnellen Digitalmultimeter gleich. Der CPM besitzt eine Eingangskapazität von 20 pF, das EVM eine undefinierte sehr kleine Kapazität oder gar keine Eingangskapazität.

MS 1 CPM (Charge-Plate-Monitor)
Eingangskapazität: 20 pF, Abtastrate des Digitalvoltmeters: 100 kHz

MS 2 EVM (Elektrostatik-Voltmeter)
Eingangskapazität: klein, Abtastrate des Digitalvoltmeters: 100 kHz

Die Ergebnisse also den Vergleich der Messsysteme zeigt die Tabelle 5.16. Die Tabelle 5.17 vergleicht verschiedene Fußbodenmaterialien mit verschiedenen Schuhen, wobei bewusst nichtleitfähige mit ESD-Schuhen verglichen wurden.

Tabelle 5.16 Messergebnisse mit gleichen Fußbodenmaterialien, unterschiedliche Messsysteme

Material	**Personenaufladung MS1**	**Personenaufladung MS2**
Epoxidharzboden 1 Schuhe 1	+ 220 V ... + 10 V	- 32 V ... - 460 V
Epoxidharzboden 1 Schuhe 2	- 158 V ... - 398 V	- 7 V ... - 39 V
Epoxidharzboden 1 Schuhe 3	- 945 V ... - 1013 V	- 131 V ... - 265 V

Tabelle 5.17 Messergebnisse mit dem Messsystem MS 1 und verschiedenen Fußbodenmaterialien

Material	**Personenaufladung Schuhe 1 (leitfähig)**	**Personenaufladung Schuhe 2 (nicht leitfähig)**
Epoxidharzboden 1	+ 220 V ... + 10 V	- 158 V ... - 398 V
Epoxidharzboden 2	+ 240 V ... + 440 V	- 555 V ... - 1055 V
Epoxidharzboden 3	- 97.5 V ... - 20 V	- 675 V ... - 727 V
Linoleum, leitfähig	+ 20 V ... - 25 V	-
Linoleum, dissipative	- 642.5 V ... - 652 V	- 900 V ... - 892 V

Die Messergebnisse zeigen, dass die Parameter für das Messsystem sehr sensibel sind. Neben den Parametern ist in der neuen Norm DIN EN 61340-4-5 das Gehen genau beschrieben: Der Operator muss zwei Schritte pro Sekunde gehen, nach Möglichkeit vorwärts und rückwärts, dabei dürfen die Schuhe zwischen 50 mm und 80 mm angehoben werden, die Schritte aber nicht größer als 0.5 m sein. Die gesamte Dauer des Vorganges darf 60 s nicht überschreiten [58]. Das Messsystem MS 2 weicht von der inzwischen gültigen Norm ab. Diese verlangt unbedingt eine Eingangskapazität bis maximal 30 pF und/oder einen Eingangswiderstand größer $10^{14}\ \Omega$. Nur wenn beide Parameter erfüllt werden, ist der ermittelte Wert für die Personenaufladung realistisch darstellbar. Dass die Kapazität notwendig ist, zeigt das Coulomb'sche Gesetz:

$$Q = C * U \tag{5.43}$$

Wenn die Kapazität gegen null geht, dann wäre die Spannung auch „0“. Die Messergebnisse des Systems MS 2 demonstrieren diese Aussage. Bei kleiner Kapazität oder keiner Kapazität ist auch die gemessene Spannung sehr klein oder „0“. Dies führt dazu, dass diese Messergebnisse grundsätzlich falsch interpretiert werden. Ohne normgerechte Eingangskapazität kann die Messung der Personenaufladung nicht erfolgen. Die Kapazität von 20 pF ist eine gute Basis, ein größerer Wert wäre empfehlenswert. Die Personenkapazität liegt normalerweise im Bereich von 100 bis 150 pF.

Für die weiteren Messungen wurden verschiedene Fußbodenmaterialien verwendet. Neben PVC, Linoleum und Epoxidharz kam auch ein normaler Betonboden zum Einsatz. Alle Messungen bei diesen Versuchen wurden in einer Klimakammer mit konstanten Parametern und einer Person sowie verschiedenen Schuhen durchgeführt.

Die Ergebnisse in den Tabellen 5.16 und 5.17 sind gut vergleichbar, weil diese Messungen unter gleichen klimatischen Bedingungen in einer Klimakammer, also bei konstanter Luftfeuchtigkeit und Temperatur durchgeführt wurden. Besonders in der Tabelle 5.16 wird deutlich, dass ein Messsystem unbedingt eine Eingangskapazität benötigt. Das MS 2, fast ohne Eingangskapazität, zeigt wesentlich kleinere elektrostatische Aufladungen. Für die weitere Beurteilung von Fußböden wäre das eine falsche Aussage, denn der Boden wird fälschlicherweise als in Ordnung eingestuft, weil keine elektrostatischen Aufladungen gemessen werden können. Das Messsystem MS 1 ist sehr empfindlich und lieferte bei allen durchgeführten Messungen sehr gute Ergebnisse. Das zeigen auch noch die Bilder 5.57 und 5.58.

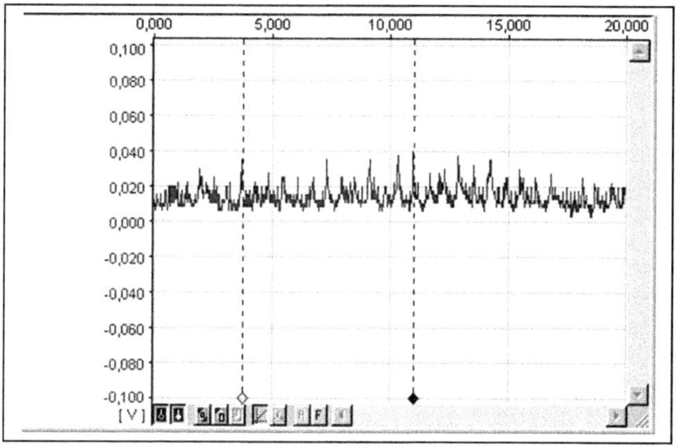

Bild 5.57: Messung der Personenaufladung mit dem Messsystem MS 1
Anmerkung: 0,100 V entspricht 1,000 kV

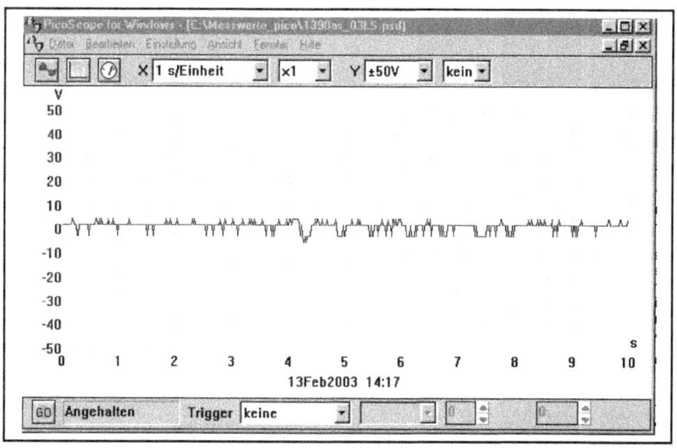

Bild 5.58: Messung mit Personenaufladung mit dem Messsystem MS 2

Zusammenfassend kann festgestellt werden, dass, obwohl die Messungen mit der gleichen Person durchgeführt wurden, die Messergebnisse sehr unterschiedlich sind. Sehr schnelle Entladungen können nur registriert werden, wenn eine ausreichend große Eingangskapazität zur Speicherung der elektrostatischen Ladungen vorhanden ist. Ein Voltmeter mit einem hohen Eingangswiderstand reicht nicht aus. Die Kapazität des CPM (Charge-Plate-Monitors) ist unbedingt notwendig.

Zusätzlich wird die Messung des Systemwiderstandes Person-Schuhe-Fußboden beschrieben. Beide Messverfahren sind in der neuen DIN EN 61340-4-5 enthalten. Das Bild 5.59 zeigt den Messaufbau für die Ermittlung des Systemwiderstandes.

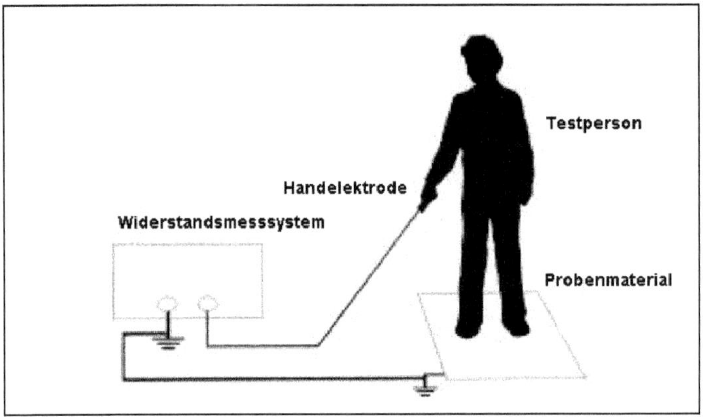

Bild 5.59: Messaufbau für die Ermittlung des Systemwiderstandes nach DIN EN 61340-4-5 [58]

Eine Person steht mit beiden Füßen auf dem Probenmaterial. Über die definierte Handelektrode ist sie mit einem Widerstandsmessgerät verbunden. Die Messung wird mit einer Messspannung von 100 V durchgeführt. Die Tabelle 5.18 zeigt einige Messwerte auf unterschiedlichen Fußbodenmaterialien. Dabei werden die Messwerte mit den Elektrodenmessungen verglichen.

Tabelle 5.18 Messwerte für Widerstände und Personenaufladung für zwei unterschiedliche Fußbodenmaterialien

Material	**Elektrode 2.27 kg** schwarz	**Elektrode 5 kg (1)** grau	**Systemwiderstand**	**Personenaufladung**
	ANSI ESD S7.1	DIN EN 61340-4-1 Ed. 1	DIN EN 61340-4-5	
Epoxydharzboden	180 kΩ	100.GΩ	8,9 MΩ	+ 90 V ... - 210 V
normaler Betonboden	2,1 kΩ	37 kΩ	17 MΩ	+ 35 V ... - 11 V

Die Messmethoden mit dem Messsystemen MS1 und MS 2 demonstrieren, dass alle Messungen, sowohl die Elektrodenmessungen des Ableitwiderstandes als auch die folgenden Messungen des Systemwiderstandes, unbedingt notwendig sind, um ein Fußbodenmaterial ausreichend zu qualifizieren.

Bei den beschriebenen Fußbodenmessungen mit Elektroden, dem Systemwiderstand und der Personenaufladung muss festgestellt werden, dass es sehr schwierig ist ein ESD-Fußbodenmaterial ausschließlich mit Widerstandsmessungen zu beschreiben. Es ist wichtig, dass alle Parameter für die Beschreibung herangezogen werden, um eine exakte Interpretation zu erhalten. Die Klassifizierung eines ESD-Fußbodens durch ausschließlich einen Parameter, z. B. der Personenaufladung, ist nicht ausreichend, sogar falsch. Die Messung mit Elektroden ist nicht einfach, weil die Anforderungen an den leitfähigen Kontaktgummi nicht ausreichend definiert sind. Außerdem ist die Person sowohl als Bestandteil der Messverfahren für die Personenaufladung als auch als Bestandteil für den Systemwiderstand so gut wie nicht normierbar.

Die Messergebnisse weisen weiter darauf hin, dass das Kontaktmaterial einen entscheidenden Einfluss auf die Messergebnisse besitzt. Sie zeigen, dass der graue Leitgummi mit Metallteilen eher den ESD gerechten Schuhen, die verwendet werden, entspricht. Der schwarze Leitgummi liefert grundsätzlich sehr niedrige Widerstandswerte. Die Bilder im Abschnitt 4.3.2. und die Bilder 5.53 sowie 5.54 sind erste mikroskopische Aufnahmen, die der Erklärung des Aufbaus eines leitfähigen Fußbodens dienen sollen. Sehr eindeutig ist die Verteilung der leitfähigen Partikel im Material zu erkennen. Nur wenn sich ausreichend leitfähige Partikel an der Oberfläche befinden, kann es eine elektrische Leitfähigkeit bzw. einen Kontakt geben. Die Leitpartikel haben die Eigenschaft beim Aushärten nach unten zu sinken. Außerdem zeigen die Bilder, dass an der Oberfläche leitfähige Partikel der Elektroden vorhanden sind, die einen Kontakt verursachen und das Messergebnis verfälschen.

Diese Untersuchungen zeigen außerdem, dass der Aufbau eines ableitfähigen Fußbodens sehr kritisch ist. Die Konstruktion, der Aufbau und die Verteilung der Leitpartikel sind nicht so einfach zu beherrschen. Weitere mikroskopische Untersuchungen werden zeigen, wie wichtig der reale Kontakt zwischen Schuhen und Fußboden ist.

5.5.3 Prüfung von ESD-Transportwagen

Transportwagen müssen „ESD-gerecht" ausgestattet sein, wenn sie in ESD-Bereichen eingesetzt werden. Die Prüfung erfolgt ähnlich der Messung des Ableitwiderstandes von ESD-Arbeitsoberflächen. Die Prüfung selbst ist spezifiziert in der DIN EN 61340-5-1. Die Elektrode entspricht der Norm DIN EN 61340-2-3. Sie wird auf die obere Fläche des Transportwagens gestellt. Als Gegenelektrode wird eine entsprechende Auflage für die leitfähigen Räder eingesetzt. Das kann eine Metallplatte oder ein Stück ableitfähiger Fußbodenbelag sein. Der ESD-Wagen kann natürlich auch über den ableitfähigen Fußboden gemessen werden. Für Erstprüfungen muss aber eine Metallplatte o. ä. Platte benutzt werden, um Fehler auszuschließen. Zwischen diesen Elektroden wird die Messspannung von 100 V angelegt und der Messwert nach der vorgeschriebenen Messzeit am Messgerät abgelesen. Die Messung muss in jedem Einlageboden des ESD-Transportwagens durchgeführt werden. Es ist sinnvoll mehrere Messungen pro Einlageboden durchzuführen und die Lage der Messpunkte zu definieren, vgl. Bild 5.60.

Besitzt der Transportwagen keine ableitfähigen Räder, so muss er nach der Norm mit einem Potentialausgleichspunkt ausgestattet sein. Dann wird der Ableitwiderstand zwischen der

Elektrode, die auf den Einlageboden gestellt wird und dem Potentialausgleichspunkt gemessen. Das gleiche gilt auch, wenn der ESD-Wagen mit einem Ableitband oder einer ähnlichen Ableitvorrichtung (z. B. Metallkette) versehen ist. Die Gegenelektrode ist dann die entsprechende Ableitvorrichtung. Wichtig ist immer, dass die Messung so erfolgt, wie der ESD-Transportwagen ständig benutzt wird.

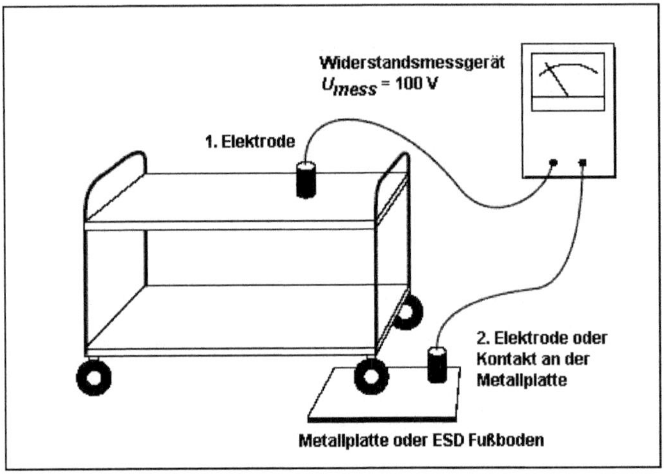

Bild 5.60: Messanordnung für die Messung des Ableitwiderstandes von ESD-Transportwagen

Zu beachten ist, dass die Räder ständig sauber sind. Neben Messfehlern ist der ESD-Wagen mit schmutzigen Rädern meist nicht ESD-gerecht und damit nicht einsetzbar. Eine regelmäßige Reinigung ist notwendig. Üblicherweise sollten heute keine Ketten oder Ableitbänder eingesetzt werden, weil diese nicht 100%ig den Kontakt zum ESD-Fußboden gewährleisten.

5.5.4 Prüfung von ESD-Stühlen

Alle in der Fertigung verwendeten Stühle müssen den ESD-Anforderungen nach DIN EN 61340-5-1 genügen. In der Regel sind die Stühle mit einem leitfähigen Stoff oder einem leitfähigen Kunstleder bezogen. Die Ableitung erfolgt über die Sitz- oder Rückenlehne, der Gasfeder und den leitfähigen Rollen. Für die Messung der ESD-Anforderungen von Stühlen gibt es bisher noch kein normgerechtes Messverfahren. Grundprinzip ist wiederum die Überprüfung der Ableitfunktion des Stuhles, d.h., eine Elektrode wird auf die Sitzoberfläche gestellt. Der andere Anschluss erfolgt unter den Rollen, vgl. Bilder 5.61 und 5.62. Als Elektrode kann eine Metallelektrode oder der ableitfähige Belag oder der vorhandene ESD-Fußboden dienen. Probleme können durch Verschmutzungen an den Rollen auftreten.

Der Widerstand zwischen Rückenlehne und Sitzfläche ist nach der vorgegebenen Messanordnung (vgl. Bild 5.63) schwer zu bestimmen. Hier geht es aber nur darum, ob beide Teile elektrisch verbunden sind. Der verwendete Stoff ist meistens sehr gut elektrisch leitfähig, so dass nur überprüft werden muss, ob die Verbindung funktioniert. Dann ist der Andruck nicht mehr entscheidend.

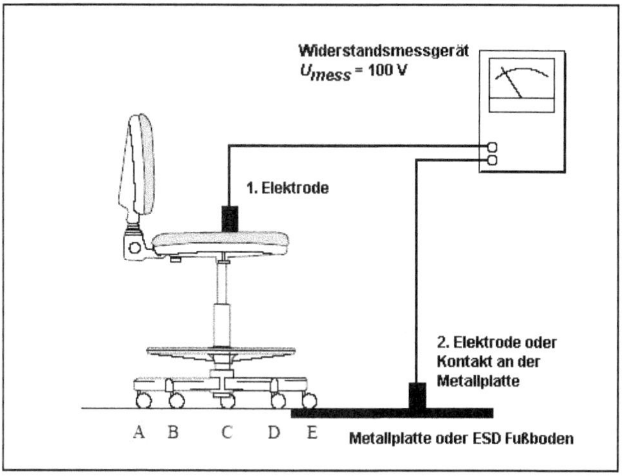

Bild 5.61: Messanordnung für den Ableitwiderstand von Stühlen

Bild 5.62: Praktische Messanordnung für den Ableitwiderstand

Kritischer ist die Bewertung der eventuell vorhandenen Armlehnen und der Abdeckung der Rückenlehne. Hier wird oft nicht ESD-Material eingesetzt, sondern normaler Kunststoff, der sich elektrostatisch auflädt. Das ist nach der Norm DIN EN 61340-5-1 nicht zulässig. Nur in begründeten Ausnahmefällen kann dieses Material eingesetzt werden.

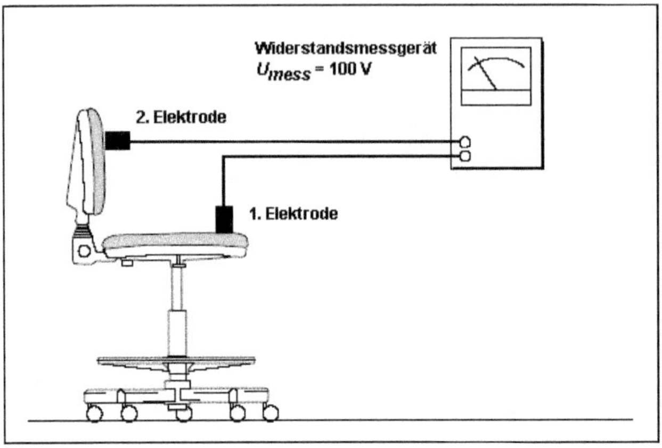

Bild 5.63: Messanordnung für den Widerstand zwischen Rückenlehne und Sitzfläche

Weitere Probleme kann es bei Reinraumstühlen geben. Das eingesetzte Kunstleder erfüllt in der Regel die geforderte Reinraumklasse, ist aber sehr hochohmig. Diese Stühle sind unter besonderen Bedingungen zu messen und zu überprüfen.

5.5.5 Prüfung von ESD-Bekleidung und ESD-Schuhen

Die vorliegende Norm DIN EN 61340-5-1 verlangt den Einsatz von ESD-Arbeitsbekleidung, d.h., die Bekleidung selbst muss elektrostatische Ladungen ableiten können und verhindern, dass elektrostatische Aufladungen entstehen. Früher war der Einsatz von Materialien zulässig, die sich nicht elektrostatisch aufladen können, z. B. Baumwolle. Selbstverständlich ist inzwischen der Einsatz von ableitfähigem oder ESD-Schuhen notwendig.

5.5.5.1. ESD-Schuhe

Ableitfähige Schuhe bestehen aus einer ableitfähigen Sohle und einem Ableitsystem im Schuh, z. B. einer Metallniete, einer Einlage aus einem leitfähigen Band oder einer leitfähigen Einlagesohle. Der Aufbau ist für die Prüfung uninteressant, wichtig ist, dass die elektrostatischen Ladungen der Person über die ESD-Schuhe abgeleitet werden. Die zweite Funktion des Schuhes ist die, dass elektrostatische Ladungen, die durch das Laufen entstehen, sofort wieder an den ableitfähigen Fußboden abfließen können.

ESD-Schuhe werden normalerweise täglich vor dem Betreten der EPA an einer entsprechenden Eingangskontrollstation durch jede Person, die in die EPA will, überprüft. Zusätzlich wird gefordert, dass ESD-Schuhe mindestens halbjährlich gemessen werden. Dazu liegt inzwischen die gültige Norm für die Prüfung der ESD-Schuhe vor: DIN EN 61340-4-3. Dieses Verfahren, vorrangig für Laboruntersuchungen, erfordert, dass die ESD-Schuhe mit einer genau definierten Menge Stahlkugeln ($\varnothing \leq 3$ mm) gefüllt sind, 12.5 kg $\pm$ 2.5 kg. Die Schuhe werden auf eine Metallplatte, Mindestgröße: 150 mm x 300 mm, gestellt und es wird eine Messspannung von 10 V oder 100 V angelegt, vgl. Tabelle 5.4. Nach der geforderten Messzeit zwischen 8 und 15 s wird der Widerstandswert abgelesen. Die Prüfung erfolgt unter strengen klimatischen Anforderungen. Die Proben werden entsprechend vorbehandelt und nach einer definierten Lagerzeit bei festgelegten Werten für die Luftfeuchtigkeit und Temperatur geprüft. Danach erfolgt die Einteilung in entsprechende Klimaklassen, vgl. Tabelle 5.19.

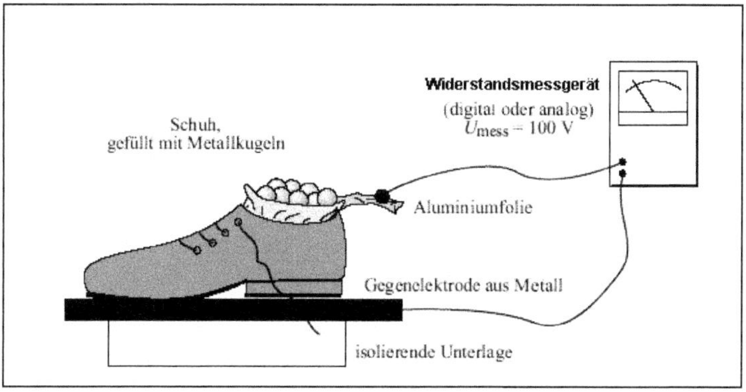

Bild 5.64: Messanordnung für die Messung der ESD-Schuhe [39]

Tabelle 5.19 Klimaklassen für die Messung der ESD-Schuhe nach DIN EN 61340-4-3 [39]

Klimaklasse zur Vorbehandlung, zur Koordinierung und zur Messung	**Vorbehandlung** in h	**Konditionierung** in h	**Messung**
1	$96_{0}^{+10}\,h$ (40 ± 3) °C RH[1] < 15 %	$96_{0}^{+10}\,h$ (23 ± 2) °C (12 ± 3) % RH[1]	(23 ± 2) °C (12 ± 3) % RH[1]
2		$96_{0}^{+10}\,h$ (23 ± 2) °C (25 ± 3) % RH[1]	(23 ± 2) °C (25 ± 3) % RH[1]
3		$48_{0}^{+5}\,h$ (23 ± 2) °C (50 ± 5) % RH[1]	(23 ± 2) °C (50 ± 5) % RH[1]

Anmerkungen:
[1] RH = relative Luftfeuchtigkeit
[2] Die in der Tabelle 9.1 festgelegten Konditionierungszeiten brauchen nicht unbedingt auszureichen, um die Probekörper mit der Umgebung ins völlige Gleichgewicht zu bringen. Sie sind ein Kompromiss zwischen den Versuchskosten und der Genauigkeit.

Die ESD-Schuhe werden nach der vorliegenden Norm [39] konditioniert und vor der Messung gereinigt. Es müssen 3 Probekörperpaare geprüft werden. Alle Messwerte und Parameter werden in dem Messprotokoll festgehalten.

Die vorgestellten Messanordnungen sind nicht für Einwegschuherdungsstreifen und Dauerfersen- sowie Dauerzehenbänder geeignet. Hier liegen noch keine besseren Überprüfungsmethoden als die tägliche Überprüfung an einer Eingangskontrollstation vor.

5.5.5.2. ESD-Bekleidung

Als ESD-Bekleidung sind hier Arbeitsmäntel, T-Shirts und Hosen gemeint. Zum einen müssen die Materialien für diese Bekleidungen überprüft werden, zum anderen müssen die fertigen Bekleidungsstücke auf ihre Funktion hin getestet werden.

Die Materialien werden nach den Messmethoden, in Übereinstimmung mit den Messverfahren für Oberflächen- und Durchgangswiderstände, gemessen. Das Material wird zwischen die Messanordnung gelegt — so wird der Durchgangswiderstand ermittelt. Das Bild 5.65 zeigt eine praktische Anordnung für die Messung des Materials. Die im Bild gezeigte Elektrode entspricht den Abmessungen im Abschnitt 5.4.3.4. sowie dem Bild 5.27. Die Kontaktfläche der Elektrode ist „nur" die Metalloberfläche.

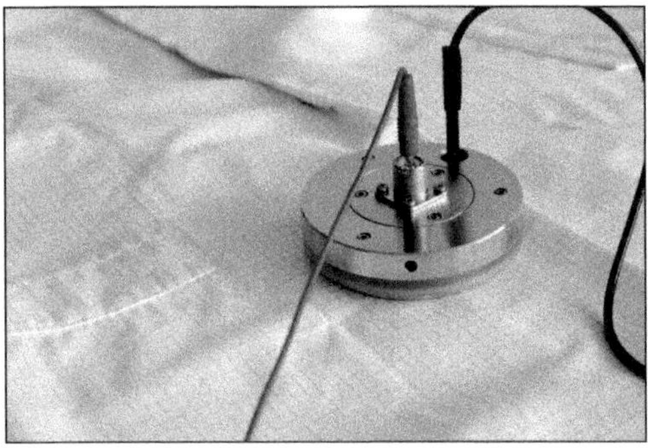

Bild 5.65: Messung des Oberflächenwiderstandes von ESD-Bekleidungsmaterial mit einer Spezialelektrode nach DIN EN 1149

Bild 5.66: Messung des Oberflächenwiderstandes von ESD-Bekleidungsmaterial mit der Elektrode nach DIN EN 61340-2-3/DIN EN 61340-4-9

Das zweite praktische Beispiel zeigt die Messung des Oberflächenwiderstandes mit einer Anordnung aus einer Ringelektrode mit Leitgummi als Kontaktmaterial.

Der entscheidende Unterschied ist, dass die Ringelektrode nach DIN EN 61340-2-3 (Bild 5.66) als Kontaktmaterial einen Leitgummi besitzt. Für die Ermittlung der elektrischen Eigenschaften von Bekleidungsmaterialien wird zurzeit die Elektrodenanordnung nach Bild 5.65 verwendet. Die Tabelle 5.20 zeigt einige Messwerte von ESD-Bekleidungen, die sowohl mit der einen als auch der anderen Elektrode gemessen wurden. Die klimatischen Bedingungen waren gleich.

Tabelle 5.20 Messwerte für den Oberflächenwiderstand von ESD-Bekleidung mit zwei Ringelektroden

ESD-Bekleidung	**Elektrode**	
Oberflächenwiderstand	DIN EN 1149/DIN EN 62631-3-2	DIN EN 61340-2-3
Messpunkt 1	1,04 MΩ	88,8 GΩ
Messpunkt 2	0,93 MΩ	37,9 GΩ
Messpunkt 3	0,66 MΩ	37,7 GΩ

Die Messwerte zeigen, dass es schwierig ist den Oberflächenwiderstand von Materialien für ESD-Bekleidung zu ermitteln. Da es verschiedene Ausführungen von ESD-Materialien gibt, ist damit keine eindeutige Aussage möglich. Einige Materialien beinhalten Metallfasern, andere Kupferfasern, wieder andere verwenden Kohlenstofffasern usw., einige Fasern sind offen, andere umschlossen.

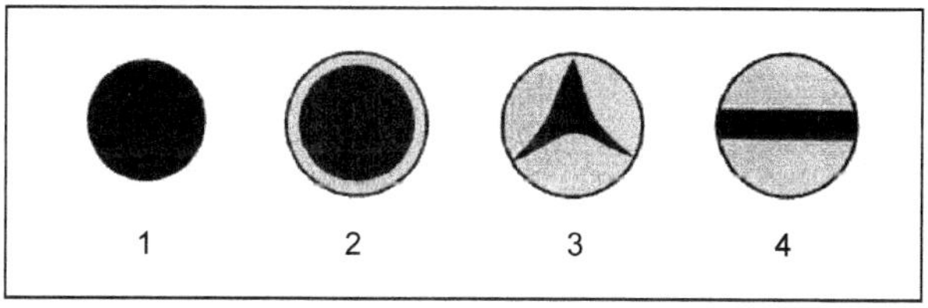

Bild 5.67: Ausführung von leitfähigen Fasern

Das Bild 5.67 zeigt verschiedene Ausführungen von leitfähigen Fasern, die zur Herstellung von ESD-Stoffen verwendet werden. Jeweils der schwarze Anteil ist das leitfähige Material in der Faser. Die Faser 1 ist vollleitfähig, die Faser 2 dagegen voll isoliert. Die anderen Fasern sind spezielle Strukturen, die bei der Herstellung erzeugt werden. Grundsätzlich können die Fasern 1, 3 und 4 durch eine Widerstandsmessung bewertet werden. Die Faser 2 wird bei der Messung des elektrischen Widerstandes einen Wert gegen „∞„ anzeigen.

Die folgenden Bilder 5.68, 5.69 und 5.70 enthalten Messanordnungen für den Oberflächenwiderstand von fertigen Kleidungsstücken. Wichtig ist es, den Widerstand von innen nach außen, den eigentlichen Oberflächenwiderstand und den Widerstand über die Nähte zu messen. ESD-Bekleidung muss kontinuierlich die elektrostatischen Ladungen ableiten können. Unterbrechungen führen dazu, dass sich die ESD-Bekleidung elektrostatisch auflädt. In diesem Fall würde sie sich wie ein Kondensator verhalten und elektrostatische Ladungen speichern. Das wäre für die ESDS sehr gefährlich. Es würden zusätzliche elektrostatische Felder entstehen.

Diese Widerstandsmessungen können nur bei den Fasertypen 1, 3 und 4 durchgeführt werden. Beim Typ 2 ist eine Widerstandsmessung nicht aussagekräftig.

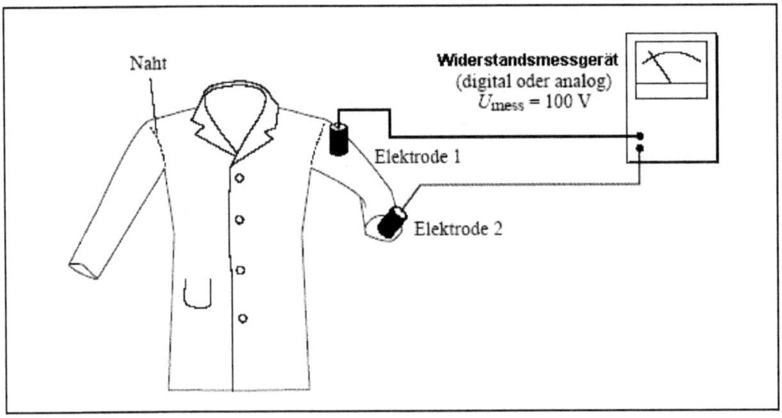

Bild 5.68: Messanordnung zur Ermittlung des Durchgangswiderstandes von ESD-Bekleidung, von innen nach außen oder umgekehrt

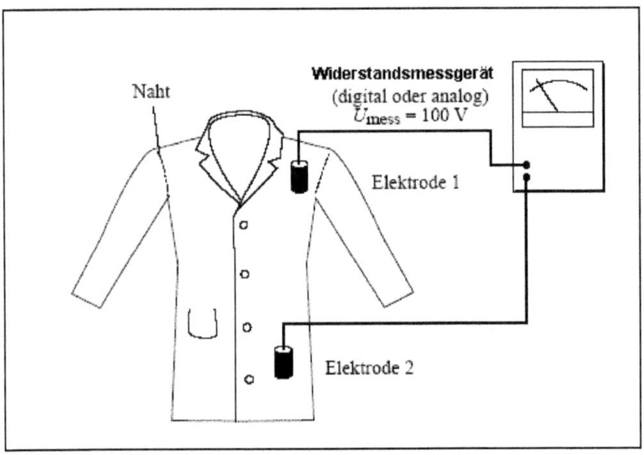

Bild 5.69: Messanordnung zur Ermittlung Oberflächenwiderstandes von ESD-Bekleidung

In verschiedenen Normen und Entwürfen wird eine Messung gegen einen „Anschlusspunkt" oder Erdungspunkt vorgeschlagen. Diese Messung ergibt sich, wenn die ESD-Bekleidung über diesen mit Potentialausgleich verbunden wird. Einige spezielle Länder und Hersteller bieten diese Möglichkeit an, obwohl sie sicher unpraktisch ist. Außerdem schränkt diese Erdungsmöglichkeit die Bewegungsfreiheit der Person stark ein. Eine direkte Kontaktierung der Person über diesen Anschlusspunkt mit Potentialausgleich ist nicht möglich. Diese spezielle ESD-Bekleidung muss, wie im Bild 5.70 gezeigt, gemessen werden.

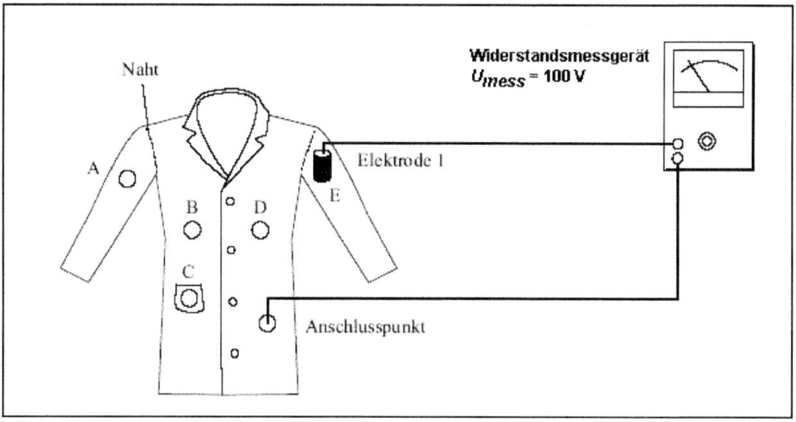

Bild 5.70: Messanordnung für den Oberflächenwiderstand von ESD-Bekleidung über Nähte und zusätzlich zu einem Anschlusspunkt

Eine andere einfache Möglichkeit der Widerstandsmessung von ESD-Bekleidung, ist die Methode mit zwei Klammern, nach der ANSI/ESD STM 2.1. Die ESD-Bekleidung wird mit zwei speziellen, genormten Klammern kontaktiert. Dabei wird die Bekleidung aufgehängt oder auf eine isolierende Unterlage gelegt. Die Bilder 5.71 und 5.72 zeigen Beispiele für diese Messmethode. Die Messspannung wird an die Klammern angelegt und der Widerstand über die entsprechenden Bereiche ermittelt. Mit dieser einfachen Methode können das Material und gleichzeitig die Nähte überprüft werden. Diese Messung ist aber auch nur für leitfähige Materialien geeignet.

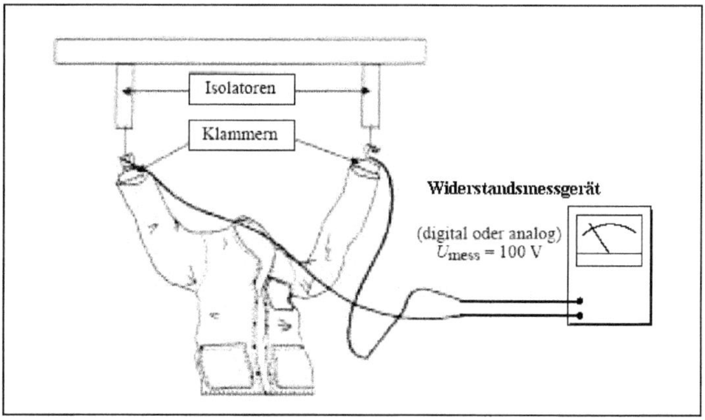

Bild 5.71: Anordnung zur Messung von ESD-Bekleidung mit Klammern nach ANSI/ESD STM 2.1, Prinzipschaltung

Allein die Widerstandsmessung ist nicht ausreichend, um ESD-Bekleidung umfassend zu charakterisieren. Entsprechend der Aufgabenstellung muss die ESD-Bekleidung zusätzlich verhindern, dass elektrostatische Felder der normalen Bekleidung die ESDS beeinflusst. ESD-

Bekleidung darf sich weiterhin nicht selbst elektrostatisch aufladen. Für diese beiden Eigenschaften gibt es zurzeit nur Vorschläge für die Messanordnungen. Weiterhin ist die Frage, ob die gesamte ESD-Bekleidung untersucht werden muss, oder ob es genügt, wenn Stoffproben untersucht werden.

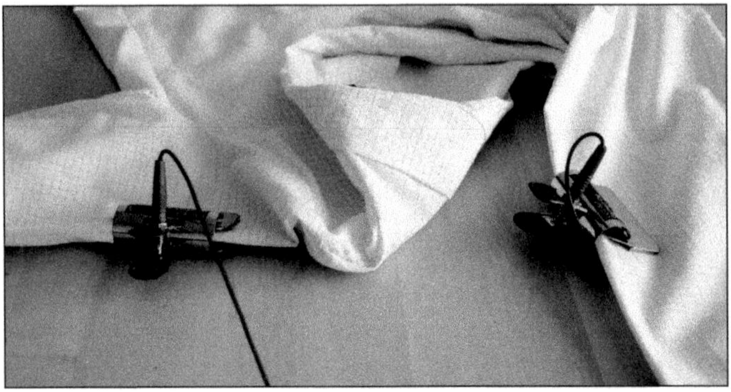

Bild 5.72: Anordnung zur Messung von ESD-Bekleidung mit Klammern nach ANSI/ESD STM 2.1, praktische Anordnung

Vorschläge gibt es für die Messung der elektrostatischen Aufladung der ESD-Bekleidung als so genannte „Shirley Method 202" [59] und als ein NP (Normungsvorschlag) [59]. Die zweite Methode wird derzeit abgelehnt. Das Grundprinzip ist, dass eine Person mit ESD-Bekleidung oder ein Körper mit ESD-Bekleidung elektrostatisch aufgeladen wird und danach die ESD-Bekleidung isoliert in einen großen Faraday'schen Becher gelegt wird. Oder eine isolierte Person zieht die Bekleidung aus und legt sie in den Faraday'schen Becher. Dabei müssen alle umliegenden Kontaktmöglichkeiten verhindert werden. Mit diesen zwei Methoden kann ermittelt werden, ob die ESD-Bekleidung elektrostatische Ladungen erzeugt, die den ESDS gefährlich werden.

Weitere Methoden [59] gehen von einem Materialmuster aus. Gegenüber der vorhergehenden Methode entfällt hier die Abhängigkeit von der Person, die nicht genormt werden kann. Das Material wird bewusst aufgeladen und das Entladeverhalten wird ermittelt. Aus diesen Messwerten wird dann das elektrostatische Verhalten des Materials beurteilt. Alle Messverfahren befinden sich noch im Erprobungsstadium.

Eine Aussage zum „Abdeckverhalten" oder „Abschirmverhalten" erfordert ein weiteres Messverfahren. Eine so genannte Ladungstransfermessung ist vorgesehen. Hier liegen bisher noch keine Ergebnisse vor.

Aus der Beschreibung der Messverfahren kann zusammenfassend geschlossen werden, dass im Moment das Widerstandsverhalten von ESD-Bekleidung und teilweise das Auf- und Entladeverhalten gemessen werden kann.

5.5.5.3. Handschuhe und Fingerlinge

Zur Vermeidung von Schweiß- und Fettablagerungen an elektronischen Bauelementen und Baugruppen (ESDS) sowie von Reaktionen der Haut auf Chemikalien werden immer mehr Handschuhe und Fingerlinge in den Elektronikfertigungen verwendet. Die Handschuhe und Fingerlinge müssen natürlich die Anforderungen, die an Materialien gestellt werden, welche in einer EPA verwendet werden, erfüllen. Diese Materialien müssen elektrostatische Ladungen vermeiden oder elektrostatische Ladungen von der Person ableiten. Aus dieser Funktion heraus, ergibt sich die Notwendigkeit der Messung des Ableitwiderstandes. Wird bei Handschuhen und Fingerlingen eine normale Elektrode entsprechend DIN EN 61340-2-3 und DIN EN 61340-4-1 verwendet, dann werden die Handschuhe oder Fingerlinge nicht sachgemäß kontaktiert, weil die Elektroden zu groß sind. Weiterhin gibt es noch eine Vorschrift, die verlangt, dass die Handschuhe mit der großen Elektrode nach Bild 5.65 gemessen werden. Auch diese Elektrode ist zu groß. Die Norm DIN EN 61340-5-1 (2001) Anlage 5 verlangt die Messung mit leitfähigen Platten, die einen Durchmesser von 20 mm aufweisen müssen. Das Bild 5.73a zeigt diese Messanordnung und das Bild 5.73b als ein praktisches Beispiel. Der Andruck oder das Gewicht dieser Elektroden ist nicht definiert. Die Messspannung ist üblicherweise 10 V oder 100 V, je nach zu erwartendem Widerstand (vgl. Tabelle 5.4).

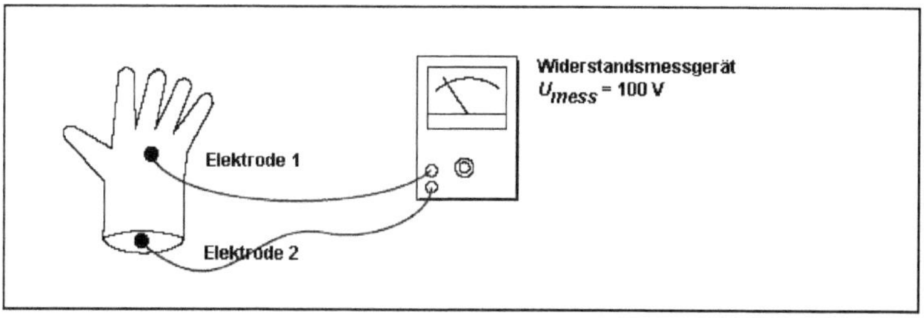

Bild 5.73a: Messanordnung für die Überprüfung des Durchgangswiderstandes von ESD-Handschuhen [10]

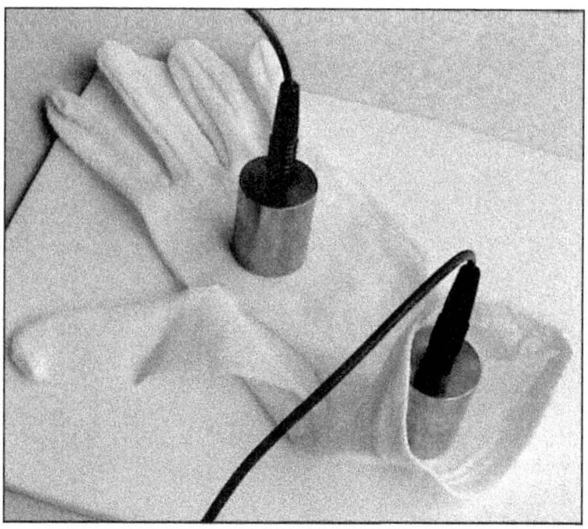

Bild 5.73b: Praktische Messanordnung für die Messung des Durchgangswiderstandes von ESD-Handschuhen

Ein neueres Prüfverfahren für Handschuhe ist in Vorbereitung. Das Bild 5.74 zeigt die Messanordnung. Hier wird über die Hand und jeweils über einen Finger geprüft. In der Praxis hat sich dieses Verfahren schon sehr gut bewährt. Gerade bei der Prüfung von so genannten Nitrilhandschuhen für Reinraumanwendungen. Da diese Handschuhe sehr hochohmig sind, lassen sich sehr gute Vergleichsmessungen durchführen.

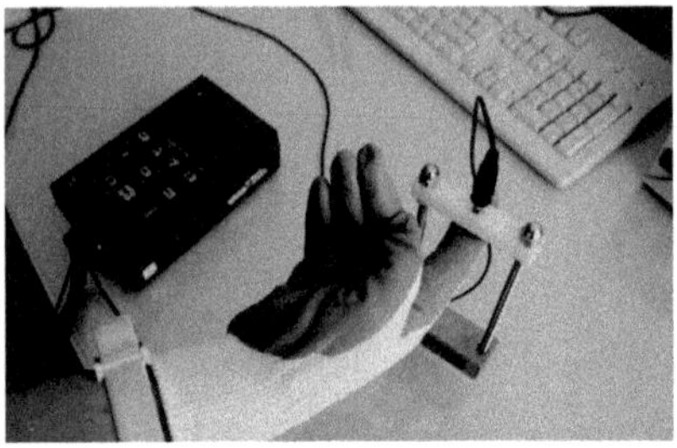

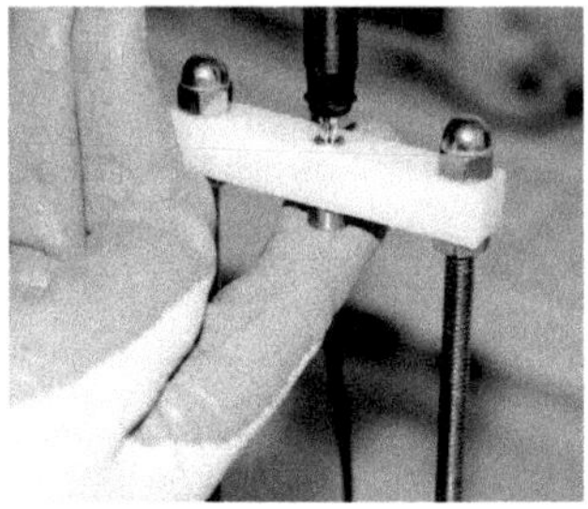

Bild 5.74: Neue Messanordnung für die Messung des Durchgangswiderstandes von ESD-Handschuhen und Fingerlingen

Bei Handschuhen hängt es auch davon ab, ob es sich um elektrostatisch leitfähige, elektrostatisch ableitfähige oder so genannte gering aufladbare Handschuhe handelt. Grundsätzlich sind die gering aufladbaren Handschuhe nicht definiert. Angaben zu Widerstandswerten gibt es dazu überhaupt nicht, so dass nur elektrostatisch ableitfähige oder elektrostatisch leitfähige Handschuhe eingesetzt werden dürfen. Die Ableitfähigkeit von ESD-Handschuhen kann nach der folgenden praktischen Anordnung ermittelt werden.

Eine Person, die die ESD-Handschuhe trägt, ist über ein Handgelenkband mit dem Potentialausgleich verbunden. Die Platte des Charged-Plate-Monitors wird aufgeladen und die Entladezeit der Platte wird gemessen, siehe Bild 5.75. Üblicherweise gelten die Anforderungen: von 1000 V auf 100 V in weniger als 2 s. Das ist bei allen Materialien notwendig, deren Widerstand größer $1 \cdot 10^9\ \Omega$ ist. Dieses Verfahren ist noch nicht genormt, charakterisiert jedoch die Anforderung, dass sich Personen über die ESD-Handschuhe entladen müssen, falls elektrostatische Ladungen vorhanden sind.

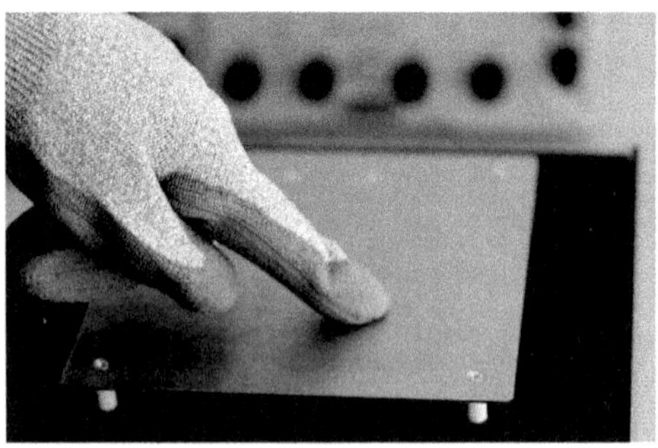

Bild 5.75: Ermittlung der Entladezeit von ESD-Handschuhen mit einem Charged-Plate-Monitor

Die Messung von ESD-Fingerlingen erfolgt nach dem gleichen Prinzip, nur das jeder einzeln gemessen werden muss.

5.5.6 Prüfung von ESD-Werkzeugen

Das in der EPA verwendete Werkzeug muss so konstruiert werden, dass keine elektrostatischen Aufladungen entstehen können. Falls elektrostatische Aufladungen bereits vorhanden sind, müssen diese gefahrlos abgeleitet werden können. Da die Werkzeuge sehr vielfältig sind, werden nur grundsätzliche Messmethoden beschrieben. Erstens müssen die Widerstandseigenschaften und zweitens das Entladeverhalten beurteilt werden. Die einfachste Variante ist die Messung von Widerständen. Zwei Klemmen werden so am Werkzeug befestigt, dass ein Widerstand ermittelt werden kann. Dabei sind sowohl die Griffe als auch Metallbestandteile einzubeziehen. Das Bild 5.76 zeigt eine prinzipielle Messanordnung für eine Zange. Dieses Messverfahren wird auch in der Norm DIN EN 61340-5-1 (2001) Anlage 5 beschrieben. Die Klemmen sind leider nicht spezifiziert. In einer EPA dürfen nur Werkzeuge verwendet werden, die elektrostatisch ableitfähig sind. Entsprechend den vorhergehenden Ausführungen können auch Metallwerkzeuge eingesetzt werden, dann dürfen aber keine elektrostatischen Ladungen an einem ESD-Arbeitsplatz vorhanden sein.

Das zweite Messverfahren beschreibt das Entladeverhalten. Der Aufbau ist ähnlich dem Bild 5.75 für die ESD-Handschuhe, nur dass die Person hier ein Werkzeug in der Hand hält, über das die Entladung erfolgt, siehe Bild 5.77. Die Messspannung beträgt, entsprechend des zu erwartenden Widerstandes, 10 V oder 100 V (vgl. Tabelle 5.4).

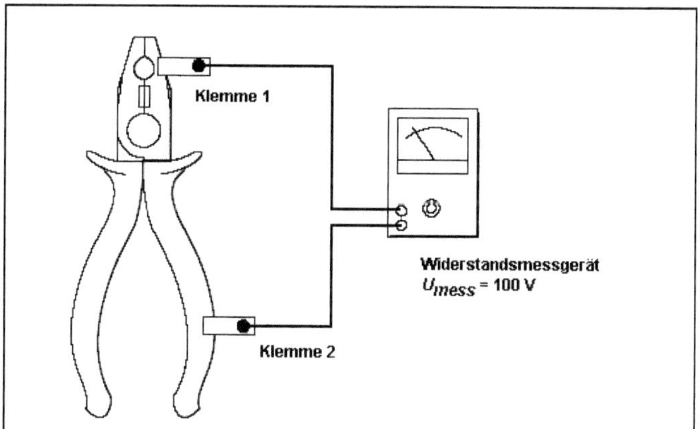

Bild 5.76: Messanordnung für das Widerstandsverhalten von Werkzeugen

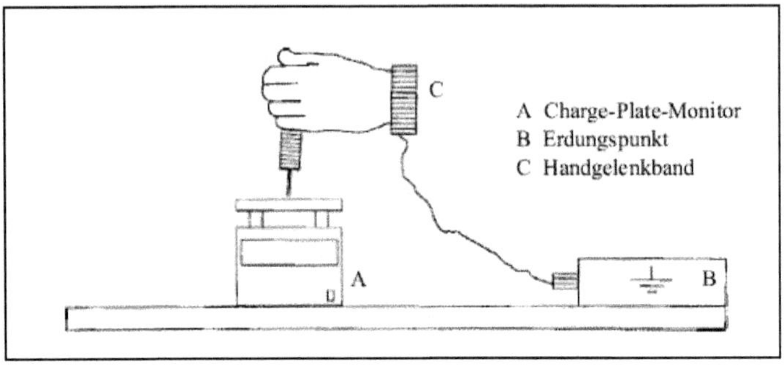

Bild 5.77: Messanordnung zur Ermittlung des Entladeverhaltens von Werkzeugen [10]

5.5.7 Messverfahren für ESD-Verpackungsmaterialien

ESD-Verpackungsmaterialien werden durch drei Eigenschaften klassifiziert: dem Widerstand (Oberflächen- und Durchgangs- oder Volumenwiderstand) des Materials, dem Abschirmverhalten des Beutels oder des Behälters gegenüber äußeren elektrostatischen Entladungen und der Ableitzeit (static decay time) von elektrostatischen Ladungen, wenn diese über den Beutel oder das Verpackungsmaterial außen abfließen. Je nachdem, ob es sich um ein sehr gut elektrostatisch leitfähiges oder um ein elektrostatisch ableitfähiges Material handelt, reicht oft eine Materialeigenschaft nicht aus und es müssen mehrere zur Bewertung herangezogen werden. Die Mess- und Überprüfungsmethoden für ESD-Verpackungsmaterialien hängen von sehr vielen Faktoren ab. Handelt es sich um elektrostatisch leitfähige oder ableitfähige Materialien, z. B. schwarze, ruß gefüllte Materialien, dann genügen Oberflächen- und Durchgangswiderstandsmessungen. Handelt es sich hingegen um elektrostatisch abschirmende Materialien und Folien, z. B. mit einer innen liegenden Metallfolie, dann sind weitere Messverfahren notwendig.

Sind die Materialien sehr hochohmig, d.h., liegen die Widerstandswerte oberhalb $1 \cdot 10^9\ \Omega$, dann sind Ableitzeitmessungen erforderlich. Außerdem ist entscheidend, ob es sich um Folien, Wellpappe oder Versandstangen handelt. D.h., die Art der Materialbereitstellung ist für die Messverfahren und -anordnungen von großer Bedeutung. Folien sind flach und somit können flächenhafte Proben verwendet werden. Dagegen können bei konfektionierten Materialien, wie es z. B. bei einer Versandstange der Fall ist, keine normalen Flächenelektroden eingesetzt werden. Hier müssen die neuen Mikroproben (vgl. Abschnitt 5.4.3.7. und 5.4.3.8.) verwendet werden.

5.5.7.1. Oberflächenwiderstand von ESD-Verpackungsmaterialien

Durch die Messung des Oberflächenwiderstandes können elektrostatisch leitfähige und elektrostatisch ableitfähige Materialien charakterisiert werden. Die Messung des Oberflächenwiderstandes erfolgt mit einer Ringelektrode, um Einflüsse von äußeren Feldern oder anderen Materialien so klein wie möglich zu halten. Der Oberflächenwiderstand von leitfähigen, schwarzen Beuteln wird mit der Ringelektrode nach DIN EN 61340-2-3 ermittelt. Der Oberflächenwiderstand liegt in der Regel unterhalb von $1 * 10^4\ \Omega$. Zu beachten ist, dass eine kleine Messspannung gewählt wird, weil ansonsten die Elektrode und das Material an der Messstelle zu stark erwärmt werden. Sinnvoll sind in diesem Fall gemäß Tabelle 5.4 Messspannungen $U_{mess} < 10$ V.

Tabelle 5.21 Übersicht über die notwendigen Messverfahren für ESD-Verpackungsmaterialien

Materialeigenschaft	**Messverfahren**			
	Oberflächenwiderstand	Durchgangs- oder Volumenwiderstand	Abschirmverhalten	Ableitzeit (Static Decay)
elektrostatisch leitfähig	*	**	*·	-
elektrostatische ableitfähig	·	·	·	-
elektrostatisch abschirmend	(·)		·	·

Für die Messung des Oberflächenwiderstandes von elektrostatisch ableitfähigem und elektrostatisch abschirmendem Verpackungsmaterial muss eine Ringelektrode wie oben verwendet werden. Bei der Messung des Oberflächenwiderstandes mit zwei Flächenelektroden nach DIN EN 61340-4-1 würde generell ein undefinierbarer Anteil des Materials miterfasst, der außerhalb der Messstelle liegt. Aus diesem Grund ist die Ringelektrode die beste Alternative zur Vermeidung der zusätzlichen undefinierten Materialanteile. Die Messung des Oberflächenwiderstandes erfolgt zwischen dem äußeren und dem inneren Ring der Elektrode. Die kleinen definierten Elektrodenabstände gewährleisten einen minimalen Anteil undefinierten Materials.

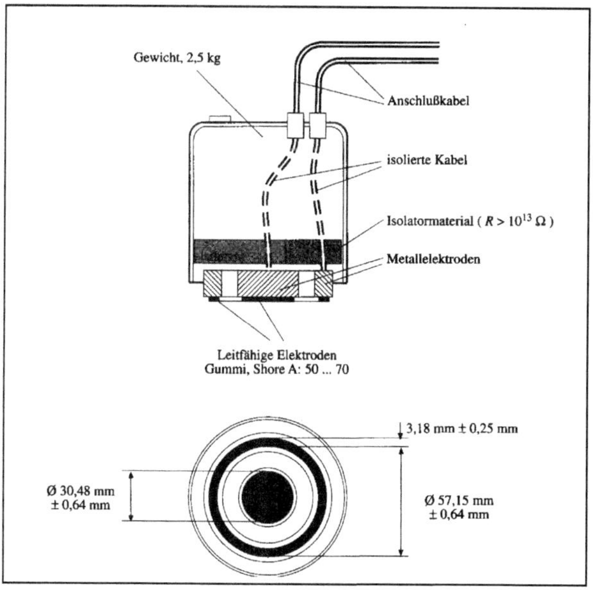

Bild 5.78: Messaufbau der Ringelektrode nach DIN EN 61340-2-3 [26] für ESD-Verpackungsmaterialien

Als Messspannung werden wieder, je nach zu erwartenden Widerstandswert, 10 V oder 100 V (vgl. Tabelle 5.4) verwendet. Der abgelesene Messwert ist der Oberflächenwiderstand mit der Maßeinheit (Ω). Soll der spezifische Oberflächenwiderstand angegeben werden, muss folgende Umrechnung erfolgen:

$$\rho_s = \left(\frac{2\pi}{\ln\left(\frac{D_1}{D_2}\right)} \right) R \tag{5.44}$$

Üblicherweise wird in der vorliegenden Norm DIN EN 61340-5-1 (2008) nicht mehr von spezifischen Widerständen gesprochen, sondern der Einfachheit halber von ohmschen Widerständen. Das setzt voraus, dass mit einer definierten Elektrode gemessen wird. Da die Messanordnung nach Bild 5.78 verwendet wird, muss ein Faktor 10 eingefügt werden, der die Elektrodenabmessungen charakterisiert.

5.5.7.2. Volumenwiderstand von ESD-Verpackungsmaterialien

Der Volumenwiderstand von elektrostatisch leitfähigen und ableitfähigen Verpackungsmaterialien wird ebenfalls mit der Ringelektrode nach DIN EN 61340-2-3, aber zusätzlich mit einer definierten Gegenelektrode, gemessen. Den Messaufbau zeigt das Bild 5.79.

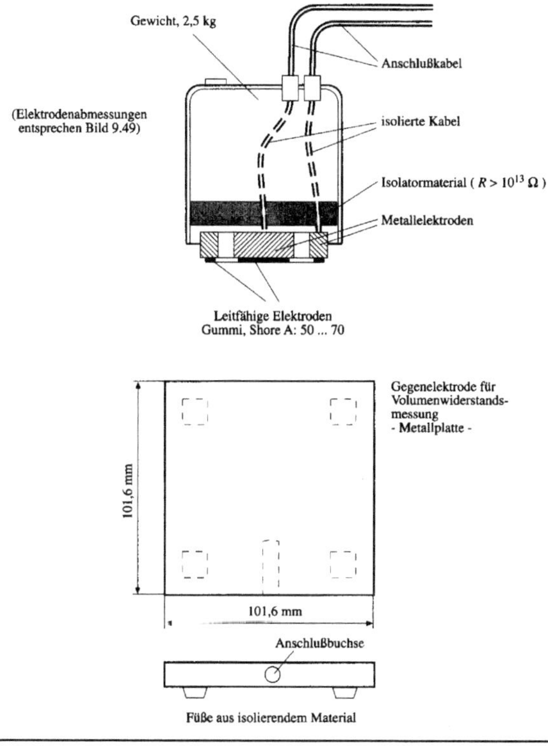

Bild 5.79: Messaufbau für den Volumenwiderstand von ESD-Verpackungsmaterialien [45]

Die zu untersuchenden Materialproben müssen eine bestimmte Mindestabmessung aufweisen. Genauso wie bei der Oberflächenwiderstandsmessung muss die Materialprobe „groß“ sein gegenüber der Messelektrode. In der Norm wird von einer Probenabmessung von ca. 75 mm x 125 mm ausgegangen. Die Messspannung beträgt 10 V oder 100 V (vgl. Tabelle 5.4). Für die Untersuchung und Qualifizierung von ESD-Verpackungsmaterial müssen alle Materialproben unter definiertem Klima gemessen werden.

5.5.7.3. Ermittlung des Abschirmverhaltens von ESD-Verpackungsmaterialien

ESD-Verpackungsmaterialien müssen ESDS außerhalb einer EPA vor elektrostatischen Entladungen und Feldern schützen. Dazu müssen diese ein definiertes Abschirmverhalten aufweisen. Die Prüfung des Abschirmverhaltens erfolgt nach der Methode, die in der DIN EN

61340-4-8 beschrieben wird. In das Verpackungsmaterial wird ein definierter Sensor (Bild 5.80) eingebracht. Die genauen Abmessungen der Norm sind einzuhalten.

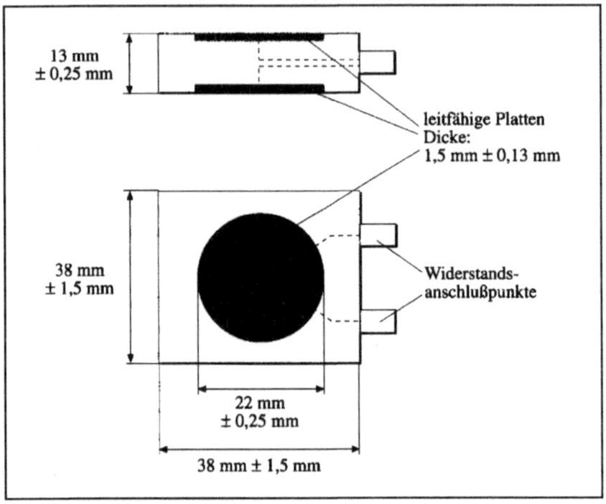

Bild 5.80: Sensor für die Ermittlung des Abschirmverhaltens von ESD-Verpackungsmaterialien

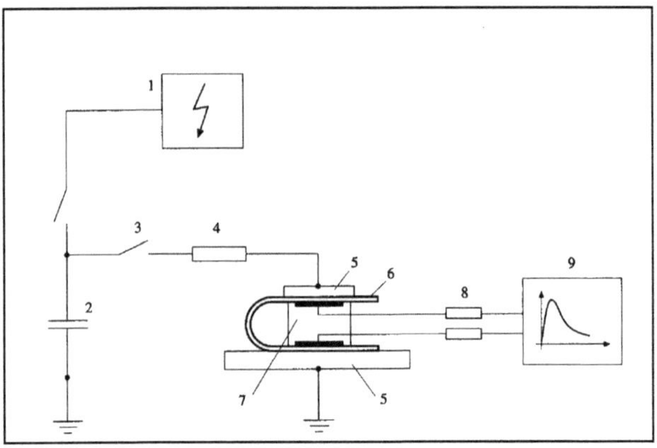

Bild 5.81: Messaufbau für die Prüfung des Abschirmverhaltens

Prüfaufbau:
1 Gleichstrom – Hochspannungsquelle, Einzelimpuls (Entladeparameter: R = 1.5 kΩ, C = 100 pF)
2 Kondensator (200 pF)
3 Prell- und lichtbogenfreier Schalter

4 Widerstand (400 kΩ)
5 Einspannvorrichtung, Entladeelektrode oben (∅ > 38 mm), Elektrode unten (200 mm x 250 mm)
6 Zu untersuchendes Material
7 Kapazitiver Sensor, Bild 5.80
8 Tastköpfe
9 Speicheroszilloskop, Messbandbreite größer 200 MHz, Einzelimpulsbetrieb, Abtastrate > 500 x 10^6 Punkte pro Sekunde

Der kapazitive Sensor wird in die ESD-Verpackung eingebracht. Nach dem kompletten Aufbau der Messanordnung wird die obere Elektrode mit einer Impulsspannung von 1000 V belastet. Die Entladung erfolgt nach dem Human Body Modell. Je nach gemessener Spannung am kapazitiven Sensor werden die ESD-Verpackungsmaterialien eingestuft. Für eine funktionsfähige Verpackung darf die maximale Spannung im Inneren nur 100 V betragen, nach DIN EN 61340-5-3: maximal 50 nJ, zukünftig: 20 nJ.

Abweichend von den anderen Messverfahren werden zwei Grenzwerte für die relative Luftfeuchtigkeit untersucht: 12 % ± 3 % und 50 % ± 3 %. Die Proben selbst werden bei dem entsprechenden Klima 48 h gelagert und die Messung erfolgt bei den festgelegten Grenzwerten. Die Energie, die in der ESD-Verpackung ankommt, errechnet sich nach der Gleichung 5.45:

$$W_{el} = R * t * \sum_{i=1}^{n} I_i^2 \qquad (5.45)$$

mit

R Widerstandswert des Entladekreises (z. B. 500 Ω Entladewiderstand und 1500 Ω vom ESD-Generator)
t Zeit zwischen den Messwerten
I Strom vom Sensor
n Anzahl der Messwerte

Sinnvoll ist die Übernahme der Messwerte des Speicheroszilloskops in einen PC. Diese Messmethode ist etwas aufwendiger als die bisherige Methode. Sie liefert aber reale Messwerte für die korrekte Beurteilung von ESD-Verpackungsmaterialien. Diese Vorrichtung kann nicht nur für Beutel, sondern auch andere Verpackungen, z. B. Wellpappkartons, eingesetzt werden.

5.5.7.4. Messverfahren für die Ableitzeit oder Static Decay Time

Gemäß den Festlegungen ist die Entladezeit der elektrostatischen Ladungen zu messen, wenn der Materialwiderstand den Wert von 1 · 10^9 Ω übersteigt. Dann muss die Ableitzeit zusätzlich zu den anderen Messwerten angegeben. Dies ist notwendig für den Nachweis, dass elektrostatische Ladungen noch ausreichend schnell abfließen. Die Normen DIN EN 61340-5-1 (2001) und DIN EN 61340-2-1 schreiben ein Messverfahren nach Bild 5.82 vor. Dieses Messverfahren wird empfohlen, ist aber nicht verbindlich. Die Erfahrungen zeigen, dass es verschiedene Messverfahren und Anordnungen gibt, aber die Ergebnisse schlecht oder überhaupt nicht reproduzierbar sind. Untersuchungen von verschiedenen Materialien bei gleichen klimatischen Voraussetzungen mit den angegebenen Messaufbauten haben dies gezeigt.

Die Messaufbauten unterscheiden sich z. B. durch die Art des Ladungsaufbaus und des folgenden Abbaus. Einige Messverfahren benutzen Corona-Ladungsquellen (Bild 5.82 und 5.83), andere normale Spannungsquellen (Bild 5.84). Zum Teil werden die Ladungsquellen bewegt, bei anderen Anordnungen sind sie fest angeordnet. Allein das Bewegen der entsprechenden Aufladungsvorrichtung kann das Messergebnis beeinflussen. Eine Aufladung des Materials mit einer normalen Spannungsquelle kann zudem sehr lange dauern, oder bei sehr hochohmigen Materialien nur sehr schlecht erfolgen. Auch die Anordnung der Messeinrichtung spielt eine entscheidende Rolle.

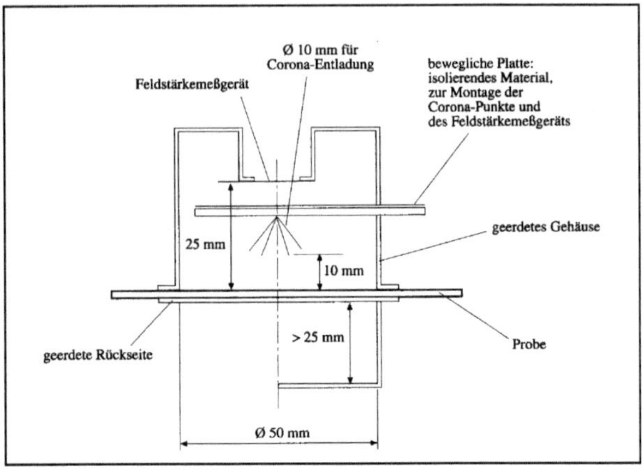

Bild 5.82: Messanordnung zur Bestimmung der Entladezeit von ESD-Verpackungsmaterialien

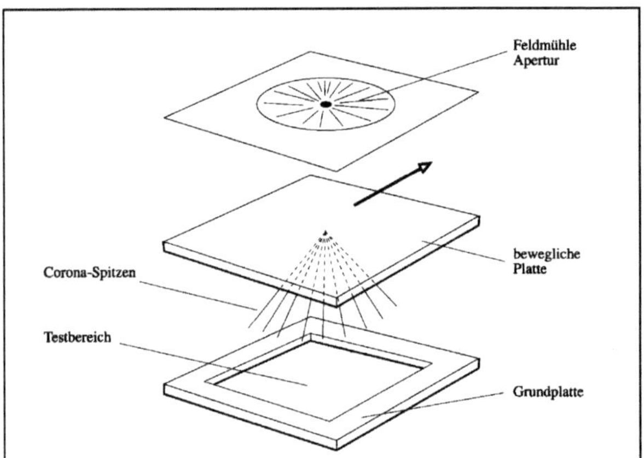

Bild 5.83: Messanordnung nach J. Chubb [60]

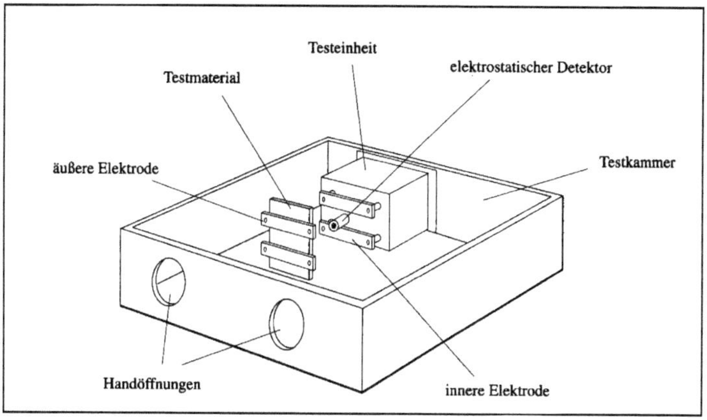

Bild 5.84: Messanordnung nach dem amerikanischen FTMS – Standard [61]

Das ESD-Verpackungsmaterial, welches untersucht werden muss, wird in eine der drei Messvorrichtungen eingespannt. Dann erfolgt eine Aufladung des Materials auf einen Wert von mindestens 1000 V. Die Spannungsquelle wird abgeschaltet und bei 1000 V beginnt ein Zähler oder Zeitmesser die Dauer zu messen, bis 10 % des Anfangswertes (100 V) erreicht werden. Die Zeit darf den Wert von 2 s nicht überschreiten. Nochmals zu den Unterschieden aller drei Messmethoden:

Bei der amerikanischen FTMS-Methode wird das zu prüfende Material direkt über die Befestigungseinrichtung mit einer Hochspannung verbunden. Das Material wird auf die vorgegebene Spannung von + oder – 1000 V aufgeladen. Bei der Methode nach J. Chubb erfolgt die Aufladung des Probenmaterials über eine Corona-Spitze. Die Standards DIN EN 61340-5-1 und DIN EN 61340-2-1 verwenden eine ähnliche Anordnung. Die Messung der Entladezeit erfolgt bei allen drei Methoden über ein Feldstärkemessgerät. Dabei wird die Dauer der Entladung bis zu einem definierten Spannungsendwert gemessen.

Grundsätzlich muss festgestellt werden, dass die Untersuchungen weitergehen. Einige Ergebnisse liegen in den Berichten [62, 63] vor. Bezüglich der Durchführung der Messungen muss festgestellt werden, dass alle Verfahren sehr aufwendig sind und teure Aufbauten in Klimakammern benötigen. Im folgenden Abschnitt werden einige praktische Versuche für diese Messung beschrieben.

5.5.7.5. Praktische Messungen an ESD-Verpackungsmaterialien

Die folgenden Ergebnisse zeigen Erfahrungen bei der Realisierung und Durchführung von Messungen von ESD-Verpackungsmaterialien [64]. Als gültige Vorschrift für ESD-Verpackungen gibt es die DIN EN 61340-5-3, die im Anhang einige Hinweise für Messverfahren enthält. ESD-Verpackungsmaterialien sind aber komplex zu betrachten. Es gibt Wellpappverpackungen, Trays, IC-Stangen, Gurte, Reels usw. Zum Teil müssen auch Kombinationen dieser Verpackungsarten untersucht werden. Weitere Normen und genormte Messverfahren gibt es nicht. Die bisher vorhandenen Messmethoden sind teilweise nicht einsetzbar oder sehr aufwendig. Neben den „normalen" Messmethoden mit den üblichen 2.5 kg oder 5 kg Elektroden, werden die zwei Miniaturelektroden (vgl. 5.4.3.7. und 5.4.3.8.) in der Praxis vorgestellt.

Anhand von Messaufbauten wird gezeigt, dass nur mit diesen Elektroden eine sinnvolle Messung möglich ist. Weiterhin wird versucht, einfache Messmethoden anzuwenden.

In der Tabelle 5.22 werden zur Vollständigkeit nochmals die Anforderungen an ESD-Verpackungsmaterialien definiert. Die Werte und Beschreibungen wurden der gültigen Norm [10] entnommen.

Tabelle 5.22 Anforderungen an ESD-Verpackungsmaterialien

Material	Parameter
elektrostatisch leitfähig	$> 1 \cdot 10^2 \ldots < 1 \cdot 10^4\ \Omega$
elektrostatisch ableitfähig	$> 1 \cdot 10^4 \ldots < 1 \cdot 10^{11}\ \Omega$
elektrostatisch abschirmend	max. Energie: 50 nJ/20 nJ bei einer HBM-Entladung von 1000 V

Die Messaufbauten entsprechen den festgelegten Messmethoden für die Widerstandsmessungen: Ableitwiderstand, Durchgangs- und Volumenwiderstand (vgl. Abschnitt 5.4). Der Widerstand wird zwischen einer definierten Elektrode und einer definierten Gegenelektrode gemessen. Für Oberflächenwiderstandsmessungen wird grundsätzlich die Ringelektrode nach DIN EN 61340-2-3 eingesetzt. Der reale Kontakt ist entscheidend für den richtigen Widerstandswert. Die ESD-Verpackungsmaterialien sind entweder „weich" oder haben verschiedene Formen. Sie sind in den seltensten Fällen flach oder planar, außer bei ESD-Verpackungsbeuteln.

Praktische Messungen und Messergebnisse
Es wurden Messungen an typischen ESD-Verpackungen und ESD-Verpackungsmaterialien für elektronische Bauelemente und Baugruppen (ESDS) durchgeführt. Zum Nachweis der Schwierigkeiten wurden große und kleine Verpackungen mit großen und kleinen Elektroden gemessen. In der Praxis werden bisher grundsätzlich die Standardelektroden (2.5 kg und 5 kg) verwendet. Welche Schwierigkeiten die Messungen verursachen, zeigen die Bilder 5.85 und 5.86.

Bild 5.85: Typische Messanordnung auf einer IC-Versandstange mit einer 5-kg-Elektrode

Die zu messende Fläche wird nur zum Teil von der Elektrodenfläche bedeckt. Damit wird auch nur ein Teil des eigentlichen Widerstandes gemessen. Die abgedeckte Fläche ist nicht bekannt, kann aber sicher berechnet werden. In der Praxis wird das in der Regel nicht erfolgen.

Da ständig verschiedene Materialien gemessen werden, müsste ständig die Fläche errechnet werden.

Die in Bild 5.86 gezeigte Mikro-Elektrode ist wesentlich besser geeignet, um sehr kleine Verpackungsmaterialien zu beurteilen.

Bild 5.86: Mikro-Ringelektrode zur Messung des Oberflächenwiderstandes von IC – Versandstangen

Die Mikro-Elektrode mit einem Durchmesser von 12 mm liefert sehr gleichmäßige und reproduzierbare Messergebnisse. Es sind keine weiteren Berechnungen der Fläche notwendig oder Fehlkontakte enthalten. Die Tabelle 5.23 enthält einige typische Messwerte von verschiedenen ESD-Materialien. Die Messergebnisse sind sehr gut reproduzierbar. Alle Messungen wurden unter gleichen klimatischen Bedingungen durchgeführt.

Tabelle 5.23 Messergebnisse an verschiedenen Verpackungsmaterialien mit der Mikro-Ringelektrode

Material	**Messpunkte**			
	1	**2**	**3**	**4**
IC-Versandstange bedruckt mit „antistatic“	$5.91 \cdot 10^{12}\,\Omega$	$5.00 \cdot 10^{12}\,\Omega$	$5.52 \cdot 10^{12}\,\Omega$	$4.58 \cdot 10^{12}\,\Omega$
IC-Versandstange leitfähig, schwarz	$1.03 \cdot 10^{6}\,\Omega$	$1.03 \cdot 10^{6}\,\Omega$	$1.34 \cdot 10^{6}\,\Omega$	$1.17 \cdot 10^{6}\,\Omega$
Fenster einer leitfähigen IC-Versandstange („low charging“)	$4.31 \cdot 10^{12}\,\Omega$	$4.32 \cdot 10^{12}\,\Omega$	$4.05 \cdot 10^{12}\,\Omega$	$4.21 \cdot 10^{12}\,\Omega$
Tray für IC's schwarz	$2.94 \cdot 10^{12}\,\Omega$	$3.29 \cdot 10^{12}\,\Omega$	$2.73 \cdot 10^{12}\,\Omega$	$3.48 \cdot 10^{12}\,\Omega$

Die Messwerte in Tabelle 5.23 bestätigen, dass die Mikro-Ringelektrode reproduzierbare Messwerte liefert und in der Praxis für die Messung von ESD-Verpackungsmaterialien bis $10^{12}\,\Omega$ oder $10^{14}\,\Omega$, je nach Ausführung, eingesetzt werden kann. Sie liefert sehr gute Ergebnisse. Die folgenden Bilder (5.87 bis 5.90) von praktischen Untersuchungen ergänzen die Messwerte und Aussagen.

Bild 5.87: Messung eines elektrostatisch leitfähigen Blistergurtes mit einer 5-kg-Elektrode

Bild 5.88: Messung des gleichen elektrostatisch leitfähigen Blistergurtes mit der Mikro-Ringelektrode

Bild 5.89: Messung eines elektrostatisch ableitfähigen Trays mit einer normalen Elektrode

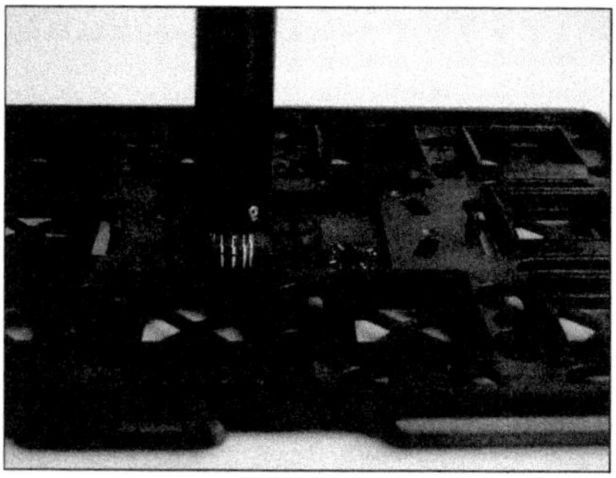

Bild 5.90: Messung eines Trays mit der Mikro-Ringelektrode

Weiterhin wurden gleiche ESD-Verpackungsmaterialien mit unterschiedlichen Messelektroden gemessen. Die ersten Ergebnisse werden in der Tabelle 5.24 aufgelistet. Ein direkter Vergleich der Ergebnisse mit den verschiedenen Elektroden ist sehr schwierig. Die Mikro-Elektroden liefern vergleichsweise sehr gute Messergebnisse. Eine Beziehung zwischen den zwei Mikro-Elektroden und der normalen 2.27-kg-Elektrode lässt sich nicht herstellen. Die Messungen wurden an gleichen Blistergurten durchgeführt. Auch hier ist das Grundprinzip, dass alle Messungen bei gleichen klimatischen Bedingungen durchgeführt werden, beachtet worden.

Tabelle 5.24 Vergleich der unterschiedlichen Messelektroden an gleichen ESD-Materialien

Probe	**Messpunkte**			
	1	**2**	**3**	**4**
2.27-kg-Elektrode	$1.25 \cdot 10^7\,\Omega$	$5.71 \cdot 10^6\,\Omega$	$1.25 \cdot 10^7\,\Omega$	$1.53 \cdot 10^7\,\Omega$
Zweipunkt-Mikroelektrode	$1.68 \cdot 10^9\,\Omega$	$1.31 \cdot 10^9\,\Omega$	$8.01 \cdot 10^8\,\Omega$	$2.58 \cdot 10^9\,\Omega$
Mikro-Ringelcktrode	$5.29 \cdot 10^8\,\Omega$	$6.82 \cdot 10^8\,\Omega$	$2.85 \cdot 10^9\,\Omega$	$1.68 \cdot 10^9\,\Omega$

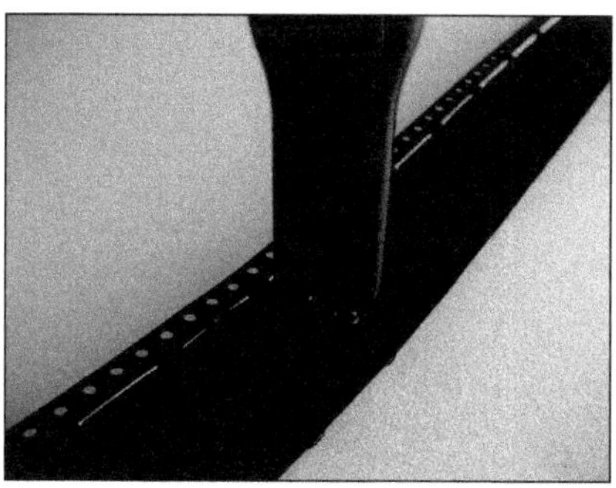

Bild 5.91: Messung eines Blistergurtes mit der Zweipunkt Mikroelektrode

Bisher wurden nur Widerstandswerte für die Beurteilung von ESD-Verpackungsmaterialien betrachtet. Andere ESD-Verpackungseigenschaften sind: Abschirmung, Entladezeit (Static Decay) usw. Diese erfordern weitere Messmethoden. Diese Messverfahren sind in der Regel sehr aufwendig, wie vorher beschrieben wurde. Grundsätzlich muss es aber das Ziel sein, ein einfaches Messverfahren für die Beurteilung eines ESD-Verpackungsmaterials zu verwenden. Die Messung des Abschirmverhaltens bzw. der Entladezeit ist sehr kostenaufwendig, vor allem die notwendige Messtechnik. Die Bilder 5.92 und 5.93 zeigen einfache Messanordnungen. Diese sind außerdem sehr kostengünstig und liefern reproduzierbare Messergebnisse für die Praxis. Die bisherigen Ergebnisse werden in den Tabellen 5.25 und 5.26 zusammengefasst.

Beide Methoden benutzen ein Digitales Feldstärkemessgerät sowie einen passenden Charged-Plate-Monitor- Assembly (CPM). Zusätzlich wird für die Messung der Entladezeit ein Zeitmesser (Timer) und eine Ladungsquelle (Charger) benötigt. Die definierte Kapazität des CPMA wird auf mehr als 1000 V aufgeladen. Danach erfolgt die Entladung bis auf einen Endwert von 10 % (100 V). Der angeschlossene Zeitmesser beginnt bei 1000 V und ermittelt die Zeitdauer, bis 100 V erreicht werden.

Bild 5.92: Einfache Messanordnung für die Ermittlung der Entladezeit

Tabelle 5.25 Messergebnisse an zwei verschiedenen ESD-Verpackungsbeuteln für die Entladezeit (Static Decay Time)

Material	**Beutel ableitfähig**		**Beutel ESD abschirmend**	
Entladezeit	+ 1000 V ⇒ + 100 V	- 1000 V ⇒ - 100 V	+ 1000 V ⇒ + 100 V	- 1000 V ⇒ - 100 V
	2.9 s	5.6 s	0.6 s	4.8 s
	2.3 s	7.8 s	0.7 s	11.5 s
	5.3 s	12.1 s	0.9 s	8.8 s
	7.3 s	15.5 s	1.0 s	11.2 s
	7.0 s	14.9 s	1.2 s	17.7 s
Oberflächenwiderstand	$5.78 \cdot 10^{10}\ \Omega$		$2.07 \cdot 10^{10}\ \Omega$	

Die Messungen wurden jeweils von +1000 V und von -1000 V auf 10 % (100 V) des Endwertes durchgeführt, entsprechend der Norm DIN EN 61340-5-1. Sie wurden bei normalen Umgebungsbedingungen durchgeführt. Das Messverfahren muss möglichst praxisgerecht realisiert werden. Abschließend wurde der Oberflächenwiderstand mit der definierten Ringelektrode nach DIN EN 61340-2-3 gemessen.

Eine andere Methode wurde auch getestet. Es sollte das Abschirmverhalten von ESD-Verpackungsbeuteln ermittelt werden. Dazu wurde wiederum ein digitales Feldstärkemessgerät mit einem passenden CPM verwendet, vgl. Bild 5.93. Mit einer Ladungsquelle wurde die Elektrode auf der Oberseite des ESD-Beutels aufgeladen, üblicherweise auf ±1000 V. Die „ankommende" elektrostatische Spannung wurde am Feldstärkemessgerät abgelesen.

Die Tabelle 5.26 enthält die bisherigen Messergebnisse für die unterschiedlichen Materialien. Die Messergebnisse zeigen sehr gute Reproduzierbarkeit und bestätigen die Eigenschaften der untersuchten Materialien.

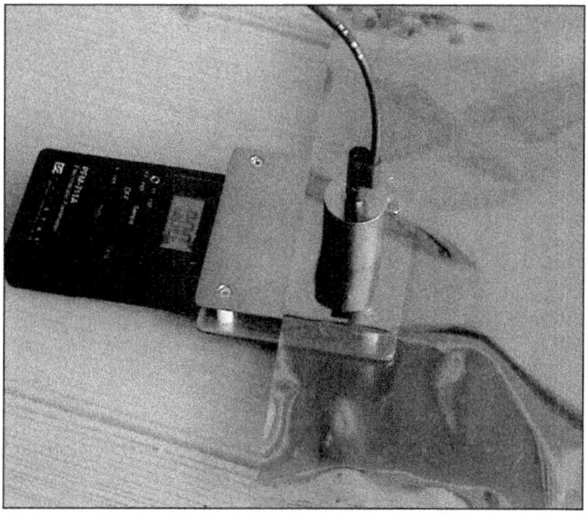

Bild 5.93: Einfache Messanordnung für die Ermittlung der Abschirmeigenschaften von verschiedenen ESD-Verpackungsbeuteln

Tabelle 5.26 Messergebnisse für das Abschirmverhalten nach der Messmethode im Bild 5.93

Material	**Beutel ableitfähig**	**Beutel ESD abschirmend**
Ladung: 1000 V	innerhalb	innerhalb
	860 V	20 V
	870 V	30 V
	950 V	80 V

Die ermittelten Messergebnisse in den Tabellen 5.25 und 5.26 zeigen, dass der Weg für einfache Messverfahren für die Ermittlung der Entladezeit und das Abschirmverhalten richtig ist. Diese beschriebenen einfachen Messmethoden erlauben eine schnelle Überprüfung der Eigenschaften von ESD-Verpackungsmaterialien. Gegenüber Labormessungen ergeben sich Unterschiede. Andere Differenzen ergeben sich, weil das verwendete elektrostatisch ableitfähige Material ein „undefiniertes“ Material aus einer praktischen Umgebung war. Die Messung des Abschirmverhaltens zeigt, dass diese einfache Methode vergleichbare Messwerte lieferte.

Zusammenfassung
Die verwendeten Messmethoden und die zwei neuen Mikroelektroden für die Überprüfung von ESD-Verpackungsmaterial zeigen die Probleme bei der Beurteilung des ESD-Materials. Für Widerstandsmessungen wurden Vergleichsmessungen durchgeführt. Die Grenzen der herkömmlichen Elektroden konnten aufgezeigt werden. Die Kontaktfläche ist nicht identisch mit der eigentlichen Messfläche. Damit ergeben sich sehr große Unterschiede in den Messergebnissen.

Die Versuche zur Entladezeit und dem Abschirmverhalten werden dazu beitragen, dass einfache Messmethoden für die Praxis gefunden werden, die später auch in die entsprechenden Standards einfließen werden. Bisher wurden nur Laborversuche unter gleichen klimatischen Bedingungen durchgeführt. Eine einfache und vor allem kostengünstige Möglichkeit für eine Überprüfung der ESD-Verpackungsmaterialien wurde noch nicht gefunden. In der täglichen Arbeit müssen selbstverständlich auch ESD-Verpackungsmaterialien überprüft werden. Zum Einsatz kamen zwei einfache Anordnungen mit einem Feldstärkemessgerät und praxisnahem Zubehör. Dabei kam es auch auf universell einsetzbare Messgeräte an, die eventuell vorhanden sind.

Neben der Messung von flachen oder planaren Verpackungsmaterialien, Trays, IC-Versandstangen, Blistergurte usw. kommen eigentlich *Verpackungssysteme* aus äußerer und innerer Verpackung zum Einsatz. Für diese Systeme gibt es im Moment wenige oder überhaupt keine Messmethoden. Das Ziel ist es, so genannte Systemtests einzuführen. In der Praxis wird oft der Aufbau von ESD-Verpackungssystemen falsch verstanden.

5.6 Überprüfung von Ionisatoren

Werden Ionisatoren zum Abbau von elektrostatischen Ladungen eingesetzt, dann muss die Funktion der Geräte regelmäßig überprüft werden. Als Messgerät dient ein so genannter Charged-Plate-Monitor (CPM). Eine Metallplatte mit den Abmessungen von 150 mm x 150 mm (6 inch x 6 inch) und einer Mindestkapazität von 15 pF, typisch 20 pF, bildet den Sensor des Charged-Plate-Monitors. Die Kapazität des gesamten Messaufbaues darf 20 pF nicht übersteigen. Die isoliert aufgebaute Metallplatte darf sich nicht, wenn sie aufgeladen ist, innerhalb von 5 min um mehr als 10 % von der gewählten Messspannung entladen.

Das verwendete Messgerät (CPM) muss eine Spannung von 100 V (± 20 %) an die Metallplatte liefern. Der Ausgangsstrom wird begrenzt. Die Messgenauigkeit muss ± 2 % betragen. Weiterhin wird ein Coulombmeter mit einer Auflösung von ± 0.02 nC benötigt. Die Messskala muss mindestens einen Endausschlag von 3 nC aufweisen. [10, 11]

Für die Messdurchführung wird zwischen den verschiedenen Arten der Ionisatoren und der Raumionisation (vertikale und horizontale Luftströmung in einer Laminarhaube) unterschieden. Werden Ionisatoren an einem ESD-Arbeitsplatz als zusätzliche Maßnahme für den Abbau von elektrostatischen Aufladungen genutzt, dann muss natürlich die Wirksamkeit des Gerätes an diesem Ort überprüft werden.

Folgende Testparameter werden durch die Norm DIN EN 61340-5-1 gefordert: Bei einer Initialspannung von 1000 V auf dem Charged-Plate-Monitor muss diese nach 20 s 10 % des Wertes erreicht haben. Bei der Raumionisation sind der Anfangswert 5000 V und der Endwert 500 V, der in der gleichen Dauer erreicht werden muss.

Den prinzipiellen Aufbau eines CPM (Charged-Plate-Monitors) zeigt das Bild 5.94. Die folgenden Bilder beschreiben die notwendigen Messanordnungen bei verschiedenen Ionisationsgeräten. Dabei ist zu beachten, dass die Entfernungen des CPM zum Ionisationsgerät genau eingehalten werden, um reproduzierbare Messwerte zu erhalten. Der Wirkungsbereich der Ionisationsgeräte ist sicher viel größer.

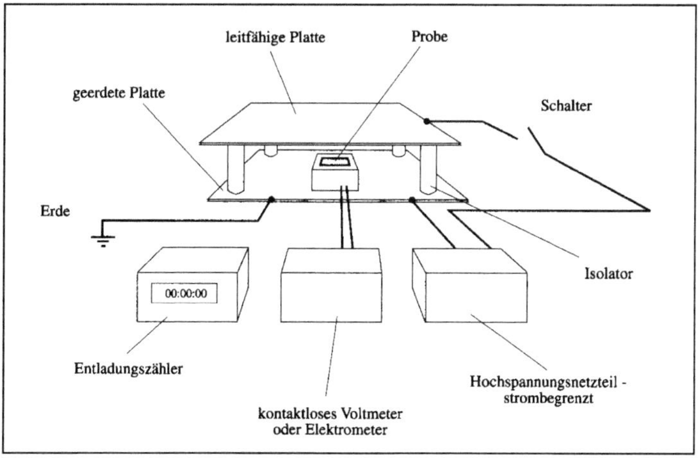

Bild 5.94: Aufbau eines typischen Charged-Plate-Monitors (CPM)

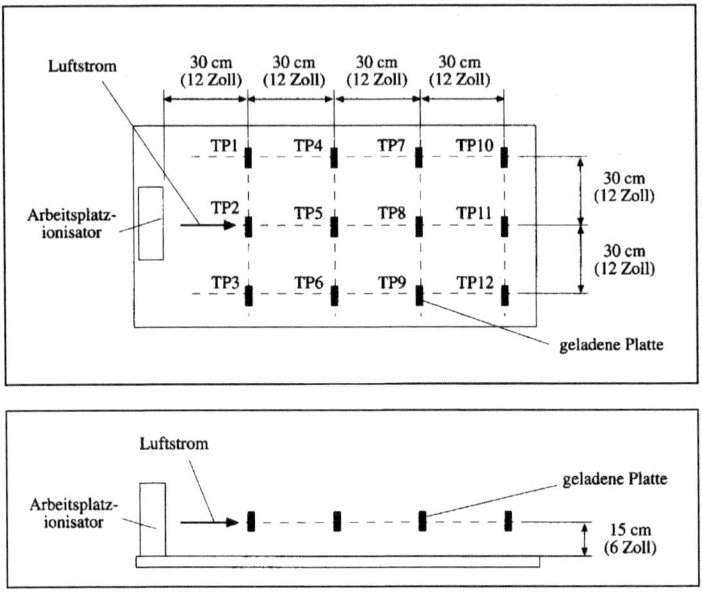

Bild 5.95: Anordnung des CPM zur Überprüfung eines Ionisationsgerätes (Arbeitsplatz-ionisator, seitlich) an einem ESD-Arbeitsplatz
a) von oben - Anordnung der Messpunkte des CPM
b) seitlich

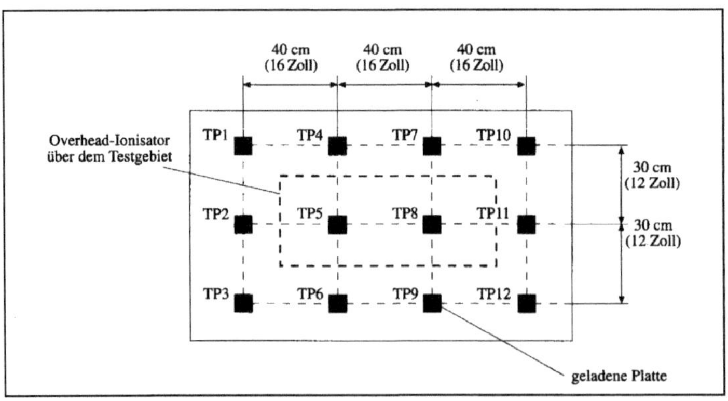

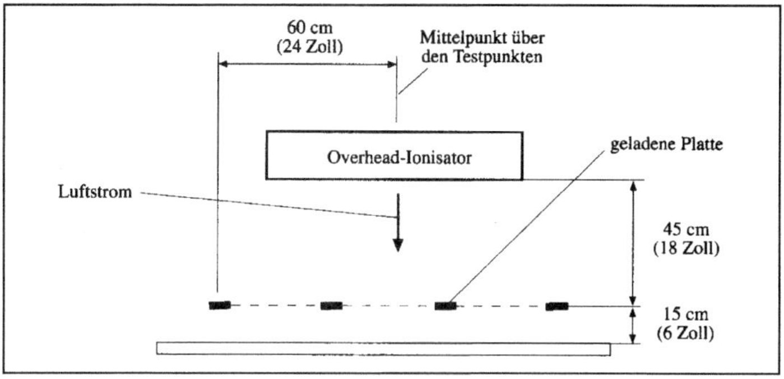

Bild 5.96: Anordnung des CPM zur Überprüfung eines Overhead-Ionisators an einem ESD-Arbeitsplatz
a) von oben - Anordnung der Messpunkte des CPM
b) seitlich

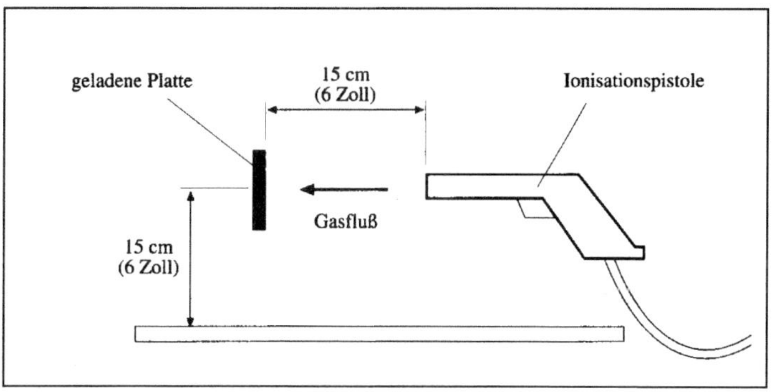

Bild 5.97: Anordnung des CPM zur Überprüfung einer Ionisationspistole

Die Beurteilung und die Messwerte für die Überprüfung der Ionisationsgeräte werden in einer Tabelle aufgenommen. Dabei müssen folgende Anforderungen erfüllt werden: Die Messwerte müssen 10 % des Anfangswertes nach maximal 20 s erreichen. Typische Werte sind 5 s oder 10 s. Weitere Messaufbauten und Prüfvorschriften für spezielle Anordnungen sind der Norm [65] zu entnehmen.

Zusammenfassung

Die regelmäßige Überprüfung der Ionisatoren ist zwingend erforderlich. Es genügt nicht die Spannung an den Spitzen zu kontrollieren (wie manche Firmen das mit einem sogenannten Spannungsprüfer durchführen). Es muss die Funktion des Ionisators auf dem Arbeitsplatz oder an der Position, an der die Ionisation wirken soll, überprüft werden. Dazu werden geeignete Charged-Plate-Monitor Systeme benötigt. Auch die Aussage über eine „Wartungsfreiheit“ der Ionisatoren ist falsch. Je nach Spitzenmaterial wird dort Material abgetragen und die Spitzen müssen ausgetauscht werden. Die angegebenen Methoden sind einfach und praktisch sehr gut nachzuvollziehen.

5.7 Einfluss der Luftfeuchtigkeit und der Temperatur

Alle Messwerte sind abhängig von der relativen Luftfeuchtigkeit und der Temperatur. Aus diesem Grund haben die Messergebnisse nur Bedeutung, wenn diese Parameter im Messprotokoll angegeben werden. Für die Messung dieser Parameter werden Messgeräte mit einer Messgenauigkeit von mindestens 3 % gefordert.

Literaturverzeichnis

[1] International Technology Roadmap for Semiconductors, Update 2016, Factory Integration

[2] Leitfaden für ESD-Schutz. Schutz elektrostatisch gefährdeter Bauteile und Geräte in der Praxis. Fachausschuss Elektrostatik – VDE/VDI-Gesellschaft Mikroelektronik(GME). Berlin und Offenbach: VDE VERLAG, 1994

[3] DIN EN 100015-1:1993-06: Schutz von elektrostatisch gefährdeten Bauelementen –
Teil 1: Allgemeine Anforderungen

[4] ESD Association advisory for Electrostatic Discharge Terminology – Glossary. ESD-ADV-1.0-2004, Rome, New York: ESD Association

[5] Berndt, H.: Verhalten von elektronischen Bauelementen bei ESD – Grundlagen, Wirkungen, Schutzmaßnahmen. Schriftenreihe Mikroelektronik - Information/Applikation, Heft 36. Bezirksvorstand Frankfurt/Oder der KDT, 1986

[6] ESD Association advisory for protection and sensitive testing of electrostatic discharge susceptible items – Handbook. ESD-ADV-2.0-1994. Rome, New York: ESD Association

[7] Habiger u. a.: Handbuch Elektromagnetische Verträglichkeit. Grundlagen - Maßnahmen - Systemgestaltung. Berlin, München: Verlag Technik, 1992

[8] VDE Schriftenreihe 71 „Elektrostatik – Ursachen, Wirkungen, Schutzmaßnahmen, Messungen, Prüfungen, Normung“, VDE-Verlag GmbH 2. Ausgabe 2005

[9] BGR 132 Vermeidung von Zündgefahren infolge elektrostatischer Aufladungen
Berufsgenossenschaftliche Regeln für Sicherheit und Gesundheit bei der Arbeit, BG Chemie, März 2003

[10] DIN EN 61340-5-1 Elektrostatik - Teil 5-1: Schutz von elektronischen Bauelementen gegen elektrostatische Phänomene - Allgemeine Anforderungen, August 2001

[11] DIN EN 61340-5-2 Elektrostatik - Teil 5-2: Schutz von elektronischen Bauelementen gegen elektrostatische Phänomene - Benutzerhandbuch, Januar 2002

[12] DIN IEC 61340-5-1 Elektrostatik - Teil 5-1: Schutz von elektronischen Bauelementen gegen elektrostatische Phänomene - Allgemeine Anforderungen, Juli 2008

[13] DIN EN 61340-3-1 Elektrostatik Teil 3-1: Verfahren zur Simulation elektrostatischer Entladung - Human Body Model (HBM) - Bauelementeprüfung; Februar 2003

[14] ANSI/ESD STM5.1-2007 ESD Association standard test method for Electrostatic Discharge Sensitivity Testing - Human Body Model (HBM) Component Level

[15] DIN EN 61340-3-2 Elektrostatik Teil 3-2: Verfahren zur Simulation elektrostatischer Entladung - Machine Model (MM) - Bauelementeprüfung; Februar 2003

[16] ANSI/ESD STM5.2-1999 ESD Association standard test method for Electrostatic Discharge Sensitivity Testing - Machine Model (MM) Component Level

[17] Wunsch, D.; Bell, R. R.: Determination of threshold failure levels of semiconductor diodes and transistors due to pulse voltages. IEEE Transactions on Nuclear Science, NS-15, 1968

[18] ANSI/ESD SP5.3.2-2004 ESD Association standard practice for the Protection of Electrostatic Discharge Susceptible Items - Sensitivity Testing Socketed Device Model (SDM) Component Level

[19] IEC 60749-28 Halbleiterbauelemente, Mechanische und klimatische Prüfverfahren Teil 28: Prüfung der Empfindlichkeit gegen elektrostatische Entladungen (ESD) - Charged Device Model (CDM), Entwurf 2004

[20] ANSI/ESD STM5.5.1-2008 ESD Association standard practice for the Protection of Electrostatic Discharge Susceptible Items - Electrostatic Discharge Sensitivity Testing Transmission Line Pulse (TLP) Component Level

[21] Speakman, T. S.: A model for the failure of bipolar silicon integrated circuits subjected to electrostatic discharge. Proc. of the 12th Annual Reliability Physics Symp. 1974

[22] Wunsch, D.: The application of electrical overstress models to gate protective Networks. Proc. of the 16th Annual Reliability Physics Symp. 1978

[23] IEC 61340-4-1 Ed. 2.0: Electrostatics – Part 4-1: Standard test methods for specific applications - Electrical resistance of floor coverings and installed floors, 2003-12

[24] DIN IEC 60093 (VDE 03033-0): Prüfverfahren für Elektroisolierstoffe – Spezifischer Durchgangswiderstand und spezifischer Oberflächenwiderstand von festen, elektrisch isolierenden Werkstoffen, Dezember 1993, siehe DIN EN 62631-x-x [104, 105, 106, 107]

[25] DIN EN 1081: Elastische Bodenbeläge, Bestimmung des elektrischen Widerstandes, April 1998

[26] DIN EN 61340-2-3 (VDE 0300 Teil 2-3) Prüfverfahren zur Bestimmung des Widerstandes und des spezifischen Widerstandes von festen planaren Werkstoffen, die zur Vermeidung elektrostatischer Aufladungen verwendet werden, Dezember 2000

[27] DIN VDE 0100-610: Errichten von Niederspannungsanlagen - Teil 6-61 Prüfungen – Erstprüfungen, April 2004

[28] Berndt, H.: Five Steps for an ESD control system - ESD control and machines, measurement methods, Proceedings APEX 2005, Los Angeles, CA, U.S.A.

[29] Berndt, H.: ESD and ESD control - Steps against electrostatic discharge - prevention of electronic devices and assemblies, Proceedings HKPCA-IPC 2003, Guangzhou, China

[30] Sze, S.: Physics of semiconductor devices. New York:Wiley Interscience, 1969

[31] Keller, J. K.: Protection of MOS integrated circuits from destruction by electrostatic discharge. Proc. of the 2nd Annual EOS/ESD Symp. 1980

[32] Bhar, T. N.; McMahon, E. J.: Electrostatic Discharge Control. Rochelle Park, New Jersey: Hayden Book Company, Inc., 1983

[33] Daout, B.; Ryser, H.; Germond, A.; Zweiacker, P.: The correlation of rising slope and speed of approach in ESD tests. 7th Int. Symp. and Tech. Exh. on EMC, Zürich, March, 1987, S. 461–466

[34] Guggenmos, X.: ESD-Optimierung von hochintegrierten CMOS-Schaltungen – Design- und/oder Prozessmaßnahmen. IG ESD, Tagungsband 3. ESD-Forum 1993/ 1994, S. 9–18

[35] IEC 61340-3-3 NP TR: Methods for Simulation of electrostatic effects - Socketed Device Model (SDM) - Component Testing; 2001

[36] Freemann, S. P.; Moss, R. Y.: Sources of error in resistance measurements on conductive floors. EOS/ESD Symposium Proc. 1991, S. 216–223

[37] Haase, J.; Löbel, W.: Elektrostatische Sicherheit von Schutzkleidung und ihre Prüfung. ITB Vliesstoffe, Technische Textilien (1995) H. 3

[38] Löbel, W.: Wirkung permanenter antistatischer Applikationen bei Textilien

und deren komplexe Prüfung. Meiland Textilberichte (1995) H. 10

[39] DIN EN 61340-4-3 (VDE 0300 Teil 4-3) Elektrostatik Teil 4-3: Standard - Prüfverfahren für spezielle Anwendungen - Schuhwerk, September 2002

[40] Berufsgenossenschaft der Feinmechanik und Elektrotechnik: Sicherheitsregel - Sicherheitstechnische Anforderungen an Handgelenkerdung, Fassung 1/94

[41] EIA-541: Electronic Industries Association, 2001 Eye Street, N.W., Washington DC 20006, Standard „Packaging material standards for ESD sensitive items", 1988

[42] Schumacher, K.: Untersuchung verschiedener Konzepte (HBM) zur Prüfung der ESD Schutzwirkung von „Transparent Static Shielding Bags", in Anlehnung an den Standard ANSI EIA-541. IG ESD, Tagungsband 2. ESD-Forum 1991, Düsseldorf

[43] Ewler, T.: Auf- und Entladung von ICs beim Transport in Vibrationsfedern. EMV'96 Tagungsband, S. 171–178, Berlin und Offenbach: VDE VERLAG, 1996

[44] ANSI/ESD STM11.13-2004 ESD Association standard test method for the Protection of Electrostatic Discharge Susceptible Items - Two-Point Resistance Measurement

[45] ANSI/ESD STM11.11-2006 ESD Association standard test method for the Protection of Electrostatic Discharge Susceptible Items - Surface Resistance Measurement of Static Dissipative Planar Materials

[46] ANSI/ESD S541-2003 ESD association standard for the Protection of Electrostatic Discharge Susceptible Items - Packaging Materials for ESD Sensitive Items

[47] Lord Kelvin. Contact electricity of metals, Philos. Mag., 46:82.120, 1898.

[48] DIN 51953: Prüfung von organischen Belägen, Prüfung der Ableitfähigkeit für elektrostatische Ladungen für Bodenbeläge in explosionsgefährdeten Räumen, August 1975, zurückgezogen 1999

[49] DIN EN 61340-4-1 (VDE 0300 Teil 4-1): Festgelegte Untersuchungsverfahren für spezielle Anwendungen - Elektrostatischer Widerstand von Bodenbelägen und von verlegten Fußböden, September 2004

[50] ANSI/NFPA 99: National fire protection association, health care facilities, 1993

[51] ASTM F150-98 Standard Test Method for Electrical Resistance of Conductive and Static Dissipative Resilient Flooring.

[52] ASTM D257: Standard test method for DC resistance or conductance of insulating material, 1983

[53] Berndt, H.: Studies on ESD - flooring material, especially the comparison of the measurement methods - walking test and system test with normal resistance methods, microscopically explorations, Electrostatics 2005, Helsinki, Finland

[54] Berndt, H.: Untersuchungsbericht zu leitfähigen Pulverlackiersystemen, 2003 (intern, unveröffentlicht)

[55] ANSI/ESD STM4.2-2006 ESD Association standard test method for the Protection of Electrostatic Discharge Susceptible Items - ESD Protective Work surfaces Charge Dissipative Characteristics

[56] Berndt, H.: Untersuchungsbericht zu Reinigungsmitteln und Floor Finish Produkten, 2003 (intern, unveröffentlicht)

[57] ANSI/ESD STM97.2-2006 ESD Association standard test method for the Protection of Electrostatic Discharge Susceptible Items - Floors Materials and Footwear - Voltage Measurement in Combination with a Person

[58] IEC 61340-4-5, Electrostatics Part 4-5: Standard test methods for specific

applications - Methods for characterizing the electrostatic protection of footwear and flooring in combination with a person, 2004-07

[59] DIN EN 61340-4-5, Elektrostatik - Teil 4-5: Standard - Prüfverfahren für spezielle Anwendungen - Verfahren zur Charakterisierung der elektrostatischen Schutzwirkung von Schuhwerk und Boden in Kombination mit einer Person, März 2005

[60] Chubb, J. N.: Experimental comparison of methods of charge decay measurement for a variety of materials. EOS/ESD Symposium Proceedings, 1992

[61] FTMS, US Federal Standard 101C, Method 4046, October 1982

[62] Ehrmaier, B.; Schmeer, H.: Some results in measuring static decay. EOS/ESD Symposium Proceedings, 1996

[63] Ehrmaier, B.; Kraus, R.: Analyse und Simulation von Testmethoden zur Bestimmung des Ladungsabbauverhaltens (Static decay). IG ESD e.V., Tagungsband 5. ESD-Forum, 1995

[64] Berndt, H.: Experiences at the measurements of packaging material for electronic devices according to the standard IEC 61340-5-1, Electrostatics 2005, Helsinki, Finland

[65] ANSI/ESD STM3.1-2006: ESD association standard für protection of electrostatics
discharge susceptible items - ionization

[66] DOD-HDBK-263B: Electrostatic discharge control handbook for protection of electrical and electronic parts, assemblies and equipment, 1990

[67] MIL-STD 1686 B: Military Standard, ESD-control program for protection of electrical
and electronic parts, assemblies and equipment, August 1988

[68] IEC 61340-1-2 Ed. 1.0: Electrostatics - Part 1-2: Definitions of all parts of the electrostatics-series 61340-x-y, Entwurf Mai 2005

[69] Mardiguian, M.: Electrostatic discharge - Understand, simulate and fix ESD-Problems.
Interference Control Technologies, Inc., USA, 1986

[70] Unger, B. A.: Electrostatic discharge failures of semiconductor devices. Proc. of the IEEE Int. Reliability Physics Symp. 1981, S. 193–199

[71] IEC 60749-26 Halbleiterbauelemente, Mechanische und klimatische Prüfverfahren Teil 26: Prüfung der Empfindlichkeit gegen elektrostatische Entladungen (ESD) - Human Body Model (HBM), 2007

[72] IEC 60749-27 Halbleiterbauelemente, Mechanische und klimatische Prüfverfahren Teil 27: Prüfung der Empfindlichkeit gegen elektrostatische Entladungen (ESD) - Machine Model (MM), 2007

[73] DIN EN 1149-1 Schutzkleidung - Elektrostatische Eigenschaften - Teil 1: Oberflächenwiderstand (Prüfverfahren und Anforderungen); Ausgabe 1996-01 + Entwurf 2004-09

[74] DIN EN 1149-3 Schutzkleidung - Elektrostatische Eigenschaften - Teil 3: Prüfverfahren für die Messung des Ladungsabbaus, Ausgabe 2004-07

[75] ESTAT Garments - research Report NO BTUO45-051338 (14.04.2005) Recommendations for the use and test of ESD protective garments in electronic industry, VTT Technical Research Centre of Finland

[76] Numaguchi, T.: Control of static charge on personnel, impact of socks on resistance to ground through footwear. EOS/ESD Symposium Proc. 1996, S. 333–337

[77] ANSI/ESD-S7.1-2005 ESD association standard for the Protection of Electrostatic Discharge Susceptible Items - Floor Materials Characterization of Materials

[78] ANSI/ESD STM12.1-2006 ESD Association standard test method for the Protection of Electrostatic Discharge

Susceptible Items - Seating - Resistive Measurement

[79] ANSI/ESD STM 9.1-2006 ESD association standard for the Protection of Electrostatic Discharge Susceptible Items - Footwear - Resistive Characterization

[80] ESD SP9.2-2003 ESD association standard practice for the Protection of Electrostatic Discharge Susceptible Items - Footwear - Foot Grounders Resistive Characterization

[81] ANSI/ESD STM11.31-2006 ESD Association standard test method for evaluating the Performance of Electrostatic Discharge Shielding Materials - Bags

[82] ANSI/ESD STM11.12-2007 ESD association standard for protection of electrostatics discharge susceptible items - volume resistance measurement of static dissipative planar materials

[83] MSC 16642: Anti-static-specification-NASA, Safe Handling Practices for Electrostatic Sensitive Devices, October 1978

[84] ANSI/ESD-S6.1-2005 ESD-Association standard for protection of electrostatics discharge susceptible items - grounding - recommended practice, 1999

[85] ANSI/ESD S20.20-2014 ESD association standard for the Development of an Electrostatic Discharge Control Program for - Protection of Electrical and Electronic Parts, Assemblies and Equipment (Excluding Electrically Initiated Explosive Devices)

[86] Berndt, H.: ESD and ESD control - Steps against electrostatic discharge - prevention of electronic devices and assemblies, Proceedings APEX 2004, Anaheim, USA

[87] Berndt, H.: A study of the Variables of Electrodes used in the Measurement of Table and Floor Materials and How They Affect the Test Results 23. EOS/ESD - Symposium 2001, Portland, OR, U.S.A.

[88] Berndt, H.: Experience at the measurements of packaging material for electronic devices according to the standard IEC 61340-5-1
ESA Annual Meeting 2004, Rochester, NY, U.S.A.

[89] Berndt, H.: Studies on ESD - flooring material, especially the comparison of the measurement methods - walking test and system test with normal resistance methods, microscopically explorations
ESA Annual Meeting 2004, Rochester, NY, U.S.A.

[90] Berndt, H.: ESD - steps against electrostatic discharge - prevention of electronic devices and assemblies, Proceedings APEX 2003, Los Angeles, CA, U.S.A.

[91] Berndt, H.: Electrostatic Discharge (ESD) and the Requirements for Personnel and Machines, Proceedings Pan Pacific Microelectronic Symposium 2009, Big Island, HI, U.S.A.

[92] ANSI/ESD STM97.1-2006 ESD Association standard test method for the Protection of Electrostatic Discharge Susceptible Items - Floors Materials and Footwear - Resistance Measurement in Combination with a Person

[93] DIN EN 61340-4-10 Prüfverfahren für den Schutz von elektrostatisch empfindlichen Bauelementen - Zweipunkt-Widerstandsmessungen, 2012

[94] ANSI/ESDA/JEDEC JS-001-2011 ESDA/JEDEC Joint Standard for Electrostatic
Discharge Sensitivity Testing – Human Body Model (HBM) – Component Level, August 2011

[95] IEC 61340-5-1 Electrostatics - Part 5-1: Protection of electronic devices from electrostatic phenomena - General requirements, 2016-06

[96] IEC TR 61340-5-2 Electrostatics - Part 5-2: Protection of electronic devices from electrostatic phenomena - User guide 2018-03

[97] DIN EN 61340-5-1 Elektrostatik - Teil 5-1: Schutz von elektronischen Bauelementen gegen elektrostatische Phänomene - Allgemeine Anforderungen, 2017-07

[98] DIN IEC/TR 61340-5-2 Elektrostatik - Teil 5-2: Schutz von elektronischen Bauelementen gegen elektrostatische Phänomene – Benutzerhandbuch, 2019-04

[99] DIN EN 61340-5-3 Elektrostatik - Teil 5-3: Schutz von elektronischen Bauelementen gegen elektrostatische Phänomene - Eigenschaften und Anforderungen für die Klassifizierung von Verpackungen, welche für Bauelemente verwendet werden, die gegen elektrostatische Entladungen empfindlich sind, 2016-04

[100] IEC 61340-5-4 (Entwurf) Electrostatics – Part 5-4: Protection of electronic devices from electrostatic phenomena – Compliance verification, 2018

[101] IEC 61340-5-5 (Entwurf) Electrostatics – Part 5-5: Protection of electronic devices from electrostatic phenomena – Packaging systems used in electronic manufacturing, 2018

[102] ANSI/ESD S541 ESD Association Standard for the Protection of Electrostatic Discharge Susceptible Items - Packaging Materials 2018

[103] ANSI/ESDA/JEDEC JS-001-2017 ESDA/JEDEC Joint Standard for Electrostatic Discharge Sensitivity Testing – Human Body Model (HBM) – Component Level, Mai 2017

[104] DIN EN 62631-1 Dielektrische und resistive Eigenschaften fester Elektroisolierstoffe - Teil 1: Grundlagen, 2012-03

[105] DIN EN 62631-3-1 Dielektrische und resistive Eigenschaften fester Isolierstoffe - Teil 3-1: Bestimmung resistiver Eigenschaften (Gleichspannungsverfahren) – Durchgangswiderstand und spezifischer Durchgangswiderstand – Basisverfahren, 2017-01

[106] DIN EN 62631-3-2 Dielektrische und resistive Eigenschaften fester Isolierstoffe - Teil 3-2: Bestimmung resistiver Eigenschaften (Gleichspannungsverfahren) – Oberflächen widerstand und spezifischer Oberflächenwiderstand, 2016-10

[107] DIN EN 62631-3-3 Dielektrische und resistive Eigenschaften fester Isolierstoffe - Teil 3-3: Bestimmung resistiver Eigenschaften (Gleichspannungsverfahren) – Isolationswiderstand, 2016-10

[108] ESDA/JEDEC JS-002-2018 ESDA/JEDEC Joint Standard for Electrostatic Discharge Sensitivity Testing – Charged Device Model (CDM) – Device Level

[109] DIN EN 61340-4-6 Elektrostatik - Teil 4-6: Standard-Prüfverfahren für spezielle Anwendungen – Handgelenkerdungsbänder, 2016-04

[110] DIN EN 61340-4-7 Elektrostatik - Teil 4-7: Standard-Prüfverfahren für spezielle Anwendungen – Ionisation, 2018-01

[111] DIN EN 61340-4-8 Elektrostatik - Teil 4-8: Standard-Prüfverfahren für spezielle Anwendungen - Schirmwirkung gegen elektrostatische Entladung – Beutel, 2015-08

[112] DIN EN 61340-4-9 Elektrostatik - Teil 4-9: Standard-Prüfverfahren für spezielle Anwendungen – Bekleidung, 2017-03

Stichwortverzeichnis

M

N

O

P

R

S

T

U

V

W